办公软件应用（Windows平台）

Office 2007 应试指南

（高级操作员级）

国家职业技能鉴定专家委员会
计算机专业委员会 编写

北京希望电子出版社
Beijing Hope Electronic Press
www.bhp.com.cn

内容简介

本书包含办公软件应用模块（Windows 平台）Office 2007 高级操作员级考试的全部试题、试题解答和知识点讲解等内容，试题经国家职业技能鉴定专家委员会计算机专业委员会审定。本书既可供正式考试时使用，也可供考生考前练习之用，是参加办公软件应用（Windows 平台）Office 2007 高级操作员级考试的考生人手一册的必备技术资料。同时，本书可供考评员和培训教师在组织培训、操作练习等方面使用，也可作为大中专院校、技校、中高职、职高、高校和社会相关领域培训班进行办公软件应用培训与测评的首选教材。

为方便考生练习，全部的题库素材将在北京希望电子出版社微信公众号、微博，以及北京希望电子出版社网站（www.bhp.com.cn）上提供。

需要本书或技术支持的读者，请与北京市海淀区中关村大街 22 号中科大厦 A 座 10 层（邮编：100190）发行部联系，电话：010-82620818（总机），传真：010-62543892，E-mail：bhpjc@bhp.com.cn。

图书在版编目（CIP）数据

办公软件应用（Windows 平台）Office 2007 应试指南：高级操作员级 / 国家职业技能鉴定专家委员会计算机专业委员会编写. —北京：北京希望电子出版社，2013.6

ISBN 978-7-83002-104-7

Ⅰ. ①办… Ⅱ. ①国… Ⅲ. ①办公自动化－应用软件－技术培训－教材 Ⅳ. ①TP317.1

中国版本图书馆 CIP 数据核字(2013)第 095725 号

出版：北京希望电子出版社
地址：北京市海淀区中关村大街 22 号
中科大厦 A 座 10 层
邮编：100190
网址：www.bhp.com.cn
电话：010-82620818（总机）转发行部
010-82626237（邮购）
传真：010-62543892
经销：各地新华书店

封面：张　洁
编辑：石文涛　刘　霞
校对：全　卫
开本：787mm×1092mm　1/16
印张：23.5
字数：557 千字
印刷：北京昌联印刷有限公司
版次：2020 年 8 月 1 版 7 次印刷

定价：54.80 元

国家职业技能鉴定专家委员会

计算机专业委员会名单

主 任 委 员： 路甬祥

副主任委员： 张亚男　周明陶

委　　　员：（按姓氏笔画排序）

丁建民　王　林　王　鹏　尤晋元　石　峰

冯登国　刘　旸　刘永澎　孙武钢　杨守君

李　华　李一凡　李京申　李建刚　李明树

求伯君　肖　睿　何新华　张训军　陈　钟

陈　禹　陈　敏　陈　蕾　陈孟锋　季　平

金志农　金茂忠　郑人杰　胡昆山　赵宏利

赵曙秋　钟玉琢　姚春生　袁莉娅　顾　明

徐广懋　高　文　高晓红　唐　群　唐韶华

桑桂玉　葛恒双　谢小庆　雷　毅

秘　书　长： 赵伯雄

副 秘 书 长： 刘永澎　陈　彤　何文莉　陈　敏

办公软件应用（Windows 平台）
Office 2007 高级操作员级考试
命题组成员

（按姓氏笔画排序）

张　瑜　孙　平　孟庆远　柳　超
胡　芳　陈　敏　康　荔　张训军
徐建华　石文涛　杨　莉　刘　霞

出 版 说 明

本书包含办公软件应用模块（Windows 平台）Office 2007 高级操作员级考试的全部试题、试题解答和知识点讲解等内容，书中试题根据办公软件应用模块（Windows 平台）培训和考核标准及高级操作员级考试大纲编写，经国家职业技能鉴定专家委员会计算机专业委员会审定。

本书既可供正式考试时使用，也可供考生考前练习之用，是参加办公软件应用（Windows 平台）Office 2007 高级操作员级考试的考生人手一册的必备技术资料。同时，本书可供考评员和培训教师在组织培训、操作练习等方面使用，也可作为大中专院校、技校、中高职、职高、高校和社会相关领域培训班进行办公软件应用培训与测评的首选教材。

本书执笔人有张瑜、孙平、孙静、王雅男、杨艳春、张彦菲。感谢北京智源时代科技有限公司及江西九江学院两家单位提供技术支持。本书的不足之处敬请批评指正。

目　录

第 1 章　操作系统的应用 1
Ⅰ.知识讲解 1
1.1　认识 Windows XP 系统 1
1.1.1　Windows XP 的启动 2
1.1.2　认识 Windows XP 的桌面 3
1.1.3　“开始”菜单与“任务栏”的使用 4
1.2　系统的设置与优化 8
1.2.1　美化 Windows XP 的桌面 9
1.2.2　系统的设置与优化 12
1.2.3　磁盘维护工具的应用 22
1.3　文件夹的共享 23
Ⅱ.试题汇编 25
1.1　第 1 题 25
1.2　第 2 题 26
1.3　第 3 题 27
1.4　第 4 题 28
1.5　第 5 题 29
Ⅲ.试题解答 30
1.1　第 1 题 30
1.2　第 2 题 32
1.3　第 3 题 34
1.4　第 4 题 36
1.5　第 5 题 37
第 2 章　文档处理的基本操作 40
Ⅰ.知识讲解 40
2.1　页面格式的设置 40
2.1.1　页眉、页脚与页码的设置 41
2.1.2　文档的页面设置 44
2.1.3　特殊版式的设置 46
2.2　文档格式的编排 50
2.2.1　文本格式的设置 50
2.2.2　段落格式的设置 53
2.2.3　项目符号与编号的设置 56
2.3　文档内容的图文混排 58
2.3.1　图片的插入与编辑 58
2.3.2　艺术字的插入与编辑 64
2.3.3　文本框的插入与编辑 67
2.3.4　表格的插入与设置 69
2.4　文档的保护 77
2.4.1　设置只读文档 78
2.4.2　设置文档密码 78
2.4.3　设置文档权限 79
Ⅱ.试题汇编 80
2.1　第 1 题 80
2.2　第 2 题 81
2.2　第 2 题 82
2.3　第 3 题 84
2.4　第 4 题 86
2.5　第 5 题 88
Ⅲ.试题解答 90
2.1　第 1 题 90
2.2　第 2 题 98
2.3　第 3 题 102
2.4　第 4 题 104
2.5　第 5 题 106
第 3 章　文档处理的综合操作 109
Ⅰ.知识讲解 109
3.1　样式的应用 110
3.2　模板的应用 114
3.3　使用 Word 域 117
3.4　邮件合并操作 119
Ⅱ.试题汇编 126
3.1　第 1 题 126
3.2　第 2 题 128
3.3　第 3 题 130
3.4　第 4 题 132
3.5　第 5 题 134

Ⅲ.试题解答......135
3.1 第 1 题......135
3.2 第 2 题......140
3.3 第 3 题......142
3.4 第 4 题......144
3.5 第 5 题......145
第 4 章 数据表格处理的基本操作......149
Ⅰ.知识讲解......149
4.1 表格的环境设置与修改......150
4.1.1 设置单元格、行和列......150
4.1.2 操作工作表......152
4.2 表格格式的编排与修改......157
4.2.1 设置字体格式......157
4.2.2 设置边框和底纹......158
4.2.3 设置对齐方式......159
4.2.4 调整行高和列宽......159
4.3 数据的管理与分析......161
4.3.1 数据排序......161
4.3.2 数据筛选......162
4.3.3 数据分类汇总......166
4.3.4 合并计算......169
4.3.5 使用条件格式......170
Ⅱ. 试题汇编......173
4.1 第 1 题......173
4.2 第 2 题......175
4.3 第 3 题......177
4.4 第 4 题......179
4.5 第 5 题......181
Ⅲ.试题解答......183
4.1 第 1 题......183
4.2 第 2 题......187
4.3 第 3 题......190
4.4 第 4 题......193
4.5 第 5 题......195
第 5 章 数据表处理的综合操作......198
Ⅰ.知识讲解......198
5.1 图表的使用......199
5.1.1 创建图表......199
5.1.2 编辑图表......201
5.2 数据透视表的使用......212
5.2.1 创建数据透视表......212
5.2.2 编辑数据透视表......214
Ⅱ.试题汇编......218
5.1 第 1 题......218
5.2 第 2 题......219
5.3 第 3 题......220
5.4 第 4 题......221
5.5 第 5 题......222
Ⅲ.试题解答......223
5.1 第 1 题......223
5.2 第 2 题......226
5.3 第 3 题......228
5.4 第 4 题......229
5.5 第 5 题......230
第 6 章 演示文稿的制作......232
Ⅰ.知识讲解......232
6.1 演示文稿的格式编排......232
6.1.1 设置幻灯片的版式......232
6.1.2 设置幻灯片的文本......233
6.1.3 设置幻灯片的图片、剪贴画或形状......239
6.1.4 设置幻灯片的表格、图表......242
6.1.5 设置幻灯片的主题......245
6.1.6 设置幻灯片的背景......246
6.1.7 设置幻灯片的超链接......247
6.2 演示文稿的插入设置......248
6.2.1 插入动作按钮......248
6.2.2 插入声音......249
6.3 演示文稿的放映设置......251
6.3.1 设置幻灯片的切换效果......251
6.3.2 设置幻灯片的动画效果......252
Ⅱ. 试题汇编......254
6.1 第 1 题......254
6.2 第 2 题......256

6.3 第 3 题 258
6.4 第 4 题 261
6.5 第 5 题 263
Ⅲ. 试题解答 265
6.1 第 1 题 265
6.2 第 2 题 270
6.3 第 3 题 274
6.4 第 4 题 278
6.5 第 5 题 280
第 7 章 办公软件的联合应用 282
Ⅰ. 知识讲解 282
7.1 Word 与其他应用软件的联合操作 283
7.1.1 在文档中创建、编辑、使用宏 283
7.1.2 在文档中插入对象 287
7.1.3 Word 文档的类型转换 290
7.2 Excel 与其他应用软件的联合操作 292
7.2.1 Excel 的宏操作 292
7.2.2 发布 Web 页 293
7.3 PowerPoint 与其他应用软件的联合操作 295
7.3.1 发送 Word 文档到演示文稿 .. 295
7.3.2 在演示文稿中插入影片或声音对象 296
7.3.3 在演示文稿中插入工作表或图表 297
7.3.4 发布演示文稿 299
Ⅱ. 试题汇编 301
7.1 第 1 题 301
7.2 第 2 题 303
7.3 第 3 题 305
7.4 第 4 题 308
7.5 第 5 题 310
Ⅲ. 试题解答 312
7.1 第 1 题 312
7.2 第 2 题 313
7.3 第 3 题 316
7.4 第 4 题 320
7.5 第 5 题 322
第 8 章 桌面信息管理程序应用 324
Ⅰ. 知识讲解 324
8.1 邮件的基本操作 324
8.1.1 创建电子邮件 325
8.1.2 答复或转发邮件 328
8.1.3 将邮件标记为已读或未读 329
8.2 日历的基本操作 329
8.2.1 创建约会 329
8.2.2 组织会议 331
8.2.3 安排任务 333
8.3 通讯簿的基本操作 333
8.3.1 创建联系人 334
8.3.2 添加新联系人 334
8.4 数据保存 336
8.4.1 创建.pst 文件 336
8.4.2 将.pst 文件导入 Outlook 337
8.4.3 将项目导出到.pst 文件 337
Ⅱ.试题汇编 339
8.1 第 1 题 339
8.2 第 2 题 343
8.3 第 3 题 347
8.4 第 4 题 351
8.5 第 5 题 355
Ⅲ. 试题解答 359
8.1 第 1 题 359
8.2 第 2 题 362
8.3 第 3 题 363
8.4 第 4 题 364
8.5 第 5 题 365

第 1 章　操作系统的应用

Ⅰ. 知识讲解

知识要点

- 认识 Windows XP 系统
- 系统的设置与优化
- 文件夹的共享

评分细则

本章有 5 个评分点，每题 12 分。

评分点	分值	得分条件	判分要求
进入操作系统	1	正确完成开机，进入操作系统并启动资源管理器	
建立考生文件夹	1	使用考生准考证号的后 7 位正确建立考生文件夹	考生文件夹的名称必须正确
复制考试文档	2	按照选题单所指定的题号，将考试文件正确的复制到考生文件夹中	复制的文件与选题单的题号一致
重命名文件	2	将复制到考生文件夹中的文件正确的重命名为所要求的文件名	重命名文件名无误
系统设置与优化	6	正确完成题目要求的操作（磁盘清理、磁盘碎片整理、设置任务栏、设置桌面背景、创建桌面快捷方式、文件夹共享、设置系统声音、设置时间和日期、查找文件等）并将包含查找结果的屏幕保存为图片	完成操作得 2 分，将效果保存为图片得 1 分

1.1　认识 Windows XP 系统

Windows XP 是基于 Windows 2000 代码的产品，拥有新的用户图形界面。Windows XP 中文全称为视窗操作系统体验版，是微软公司发布的一款视窗操作系统。XP 是英文单词 experience（体验）的缩写。发行于 2001 年 10 月 25 日，原来的名称是 Whistler。微软最初发行了两个版本，家庭版（Home）和专业版（Professional），家庭版的消费对象是家庭用户，专业版则是在家庭版的基础上添加了新的面向商业设计的网络认证、双处理器等特性。

1.1.1 Windows XP 的启动

首先连接好计算机电源，按一下主机箱的电源开关，计算机会自动进行检测。自检顺利通过后，系统会进入 Windows XP 的登录界面，可以在其中选择要登录的用户名。如果没有设置登录密码，系统会自动登录；如果设置了密码，在“用户账户”图标的右下角会出现一个空白文本框，可以在这里输入密码，如图 1-1 所示。

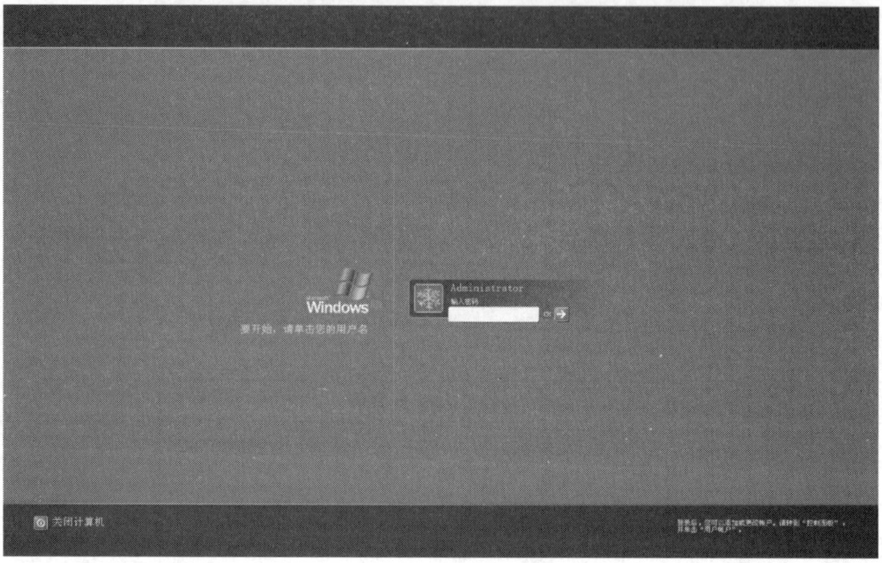

图 1-1

输入正确的密码后，单击按钮或直接按 Enter 键，系统将进入 Windows XP 桌面，如图 1-2 所示。

图 1-2

操作系统登录注意事项：

- 登录操作系统时，必须输入正确的密码。
- 多用户共用 1 台计算机时，不要使用其他用户的帐户登录，以免损坏他人的数据。
- 不要把自己帐户密码告诉他人，以保证数据的私密性。

1.1.2　认识 Windows XP 的桌面

登录 Windows XP 后，使用计算机完成的各种工作都是在桌面上进行的。Windows XP 的桌面包括桌面背景、图标、任务栏、“开始”按钮等部分，如图 1-3 所示。

图 1-3

- 桌面背景也称为桌布或者墙纸，Windows XP 系统安装后默认的桌面背景是蓝天、白云和开阔的绿草地，给人一种清新的感觉。Windows XP 允许根据自己的喜好来更改桌面背景。
- 图标是由一个形象的图片和说明文字组成的，图片作为它的标识，文字表示它的名称或者功能。在 Windows XP 中，所有的文件、文件夹都用图标来形象地表示，双击这些图标，即可快速打开文件或文件夹。在实际使用的过程中，可以根据个人的需要，将一些常用的快捷方式图标放到桌面上，以便于使用。
- 任务栏是位于桌面最底端、具有立体感的海蓝色长条。任务就是指一个正在运行的程序，Windows XP 是一个多任务操作系统，可以让计算机同时做多份工作。每运行一个程序，就会在任务栏上显示出相应的程序按钮，通过单击任务栏上的程序按钮，可以在多个应用程序中进行切换。如果同时运行的程序过多，Windows XP 会自动将同一类型的程序按钮折叠为一个按钮，此时如果想切换到该类型的某一个程序，只要单击该程序按钮，从弹出的列表中选择相应的程序即可。

- 使用 Windows XP 通常是从使用“开始”按钮出发的，单击按钮弹出“开始”菜单，几乎可以在此完成所有的任务，如连接 Internet、收发邮件、启动应用程序、打开文档、查找文件以及退出系统等。
- 语言栏用于文字输入，通过它可以添加或者删除输入法、切换中/英文输入状态、切换中文输入法以及设置默认输入法等。
- 任务栏最右边的区域被称为通知区域，也可称为系统提示区或系统托盘。在该区域中可以显示活动和紧急的通知图标，隐藏不活动的图标。出现在通知区域里的实际上也是一些程序快捷图标，只不过与快速启动栏的图标相比，这些程序已经是在运行过程中了。但与活动任务区里的运行程序不同，通知区域里的运行程序是在后台运行，而不是在前台运行。

1.1.3　“开始”菜单与“任务栏”的使用

1. “开始”菜单的组成

“开始”菜单的操作是 Windows XP 中最基本的操作之一。打开“开始”菜单的方法有很多种，最常用的方法是单击按钮即可弹出“开始”菜单，或者按住 Ctrl 键不放，同时再按下 Esc 键，也可以弹出“开始”菜单，如图 1-4 所示。在桌面的任意空白处单击，即可退出“开始”菜单。

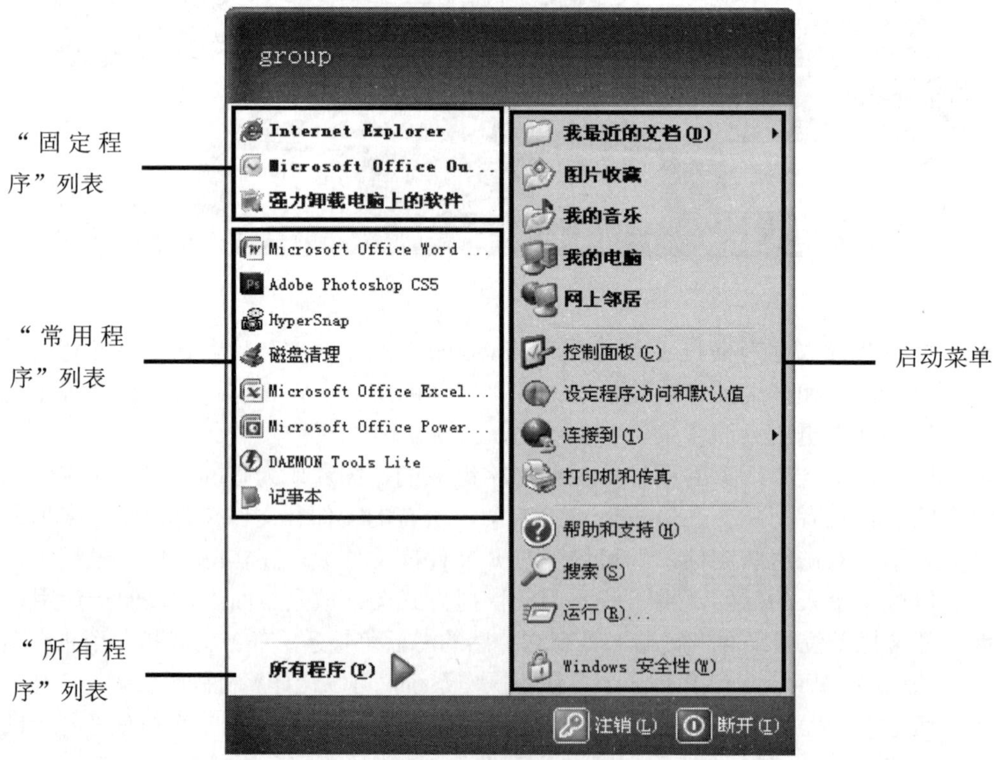

图 1-4

- “固定程序”列表中的项目会固定显示在“开始”菜单中，方便用户快捷打开其中的程序。此菜单默认只有两个程序——Web 浏览器和电子邮件软件。
- “常用程序”列表中开始只存放默认的 5 个程序，随着不断地使用程序，逐渐会替换成自己最常应用的程序。
- “所有程序”菜单可以查找到系统中安装的所有程序。打开“开始”菜单，将指针放在“所有程序”选项上，即可显示所有程序的子菜单。菜单中后面标示有 ▸ 的项目，表示该菜单下还隐藏着子菜单，如图 1-5 所示。按 Esc 键可以取消菜单，每按下一次就收起一层菜单。
- 启动菜单分为 3 个区域。最上面的区域列出了几个特殊的文件夹，包括“我的文档”、“图片收藏”和“我的计算机”等，使用启动菜单可能快速打开这几个特殊的文件夹。

图 1-5

2. 自定义“开始”菜单

（1）“开始”菜单样式的切换。

Windows XP 提供了两种“开始”菜单样式：默认“开始”菜单和经典“开始”菜单。默认“开始”菜单适合经常使用网络的用户，可以轻松地打开各种应用程序和使用网络；经典“开始”菜单则是针对不习惯使用默认菜单的用户设计的，可以方便地打开本地计算机上的各种应用程序。

默认“开始”菜单与经典“开始”菜单的切换操作步骤是：右击按钮，在弹出的快捷菜单中选择“属性”选项。打开“任务栏与「开始」菜单属性”对话框的“「开始」菜单”选项卡，从中可以选择使用“开始”菜单或经典“开始”菜单，然后单击“确定”按钮即可，如图 1-6 所示。

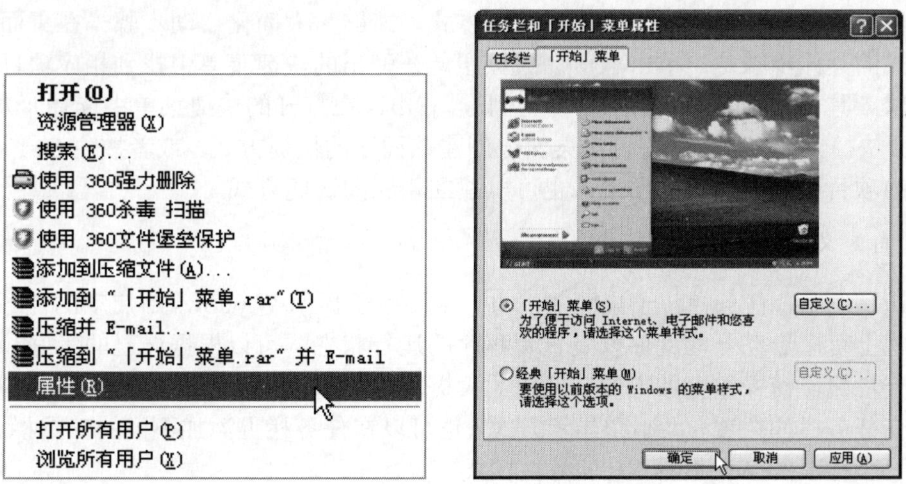

图 1-6

（2）自定义“常用程序”列表中程序的数目。

Windows XP 能够将最经常使用的应用程序显示在“开始”菜单的“常用程序”列表中，以便快速启动这些应用程序。默认情况下，列表中存放的程序数目是 6 个，如果觉得不够用可以自行设定。在“任务栏与「开始」菜单属性”对话框的“「开始」菜单”选项卡中单击自定义(C)...按钮，打开“自定义「开始」菜单”对话框，在“「开始」菜单上的程序数目”微调框中输入或调整至新的数值，最后单击“确定”按钮，如图 1-7 所示。

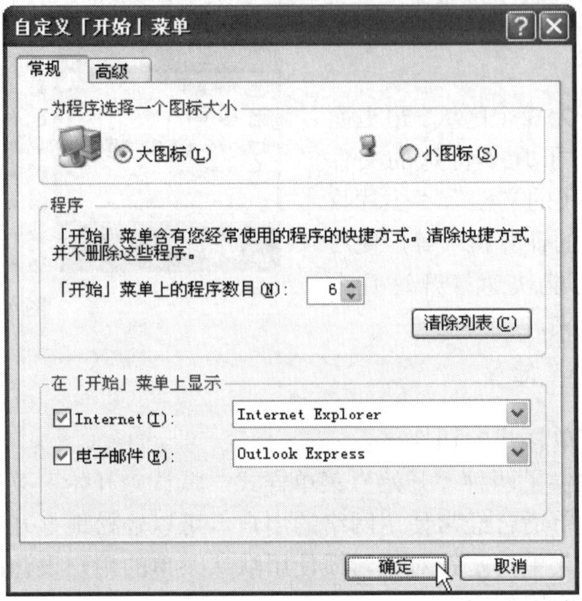

图 1-7

（3）创建桌面快捷方式。

快捷方式是 Windows 系统为方便用户而设计的一个快捷功能，有了它，就可以快速打开各种文件。可以把快捷方式图标放在自己喜欢的位置上，例如桌面、开始菜单或指定的文件夹。尤其使用桌面上建立的快捷方式，能够大大简化启动步骤。在桌面上创建快捷方式的具体步骤是：单击开始按钮，在弹出的快捷菜单中找到相应项目的位置（此处以工具 Windows Media Player 为例），右击，在打开的快捷菜单中选择“发送到”→“桌面快捷方式”选项，即可在桌面上创建该程序的快捷方式。或者按住 Ctrl 键不放，将选中的项目直接拖放至桌面上，也可以建立相应的快捷方式。

3. 自定义“任务栏”

默认情况下，任务栏位于桌面的下方，主要用于显示 Windows 所启动的任务，同时从任务栏上可以启动一些程序以及查看程序的运行状态。可以根据自己的爱好和习惯把任务栏个性化，使操作更加方便，从而大大提高学习和工作效率。在 Windows XP 中，可以改变任务栏的位置、大小和显示方式，也可以在任务栏上添加不同的工具栏。图 1-8 所示为一个标准的 Windows XP 任务栏样式。

图 1-8

在任务栏的空白处右击，从弹出的快捷菜单中选择“属性”选项，即可打开“任务栏与「开始」菜单属性”对话框，在“任务栏”选项卡可以对任务栏的外观、样式进行设置，如图 1-9 所示。

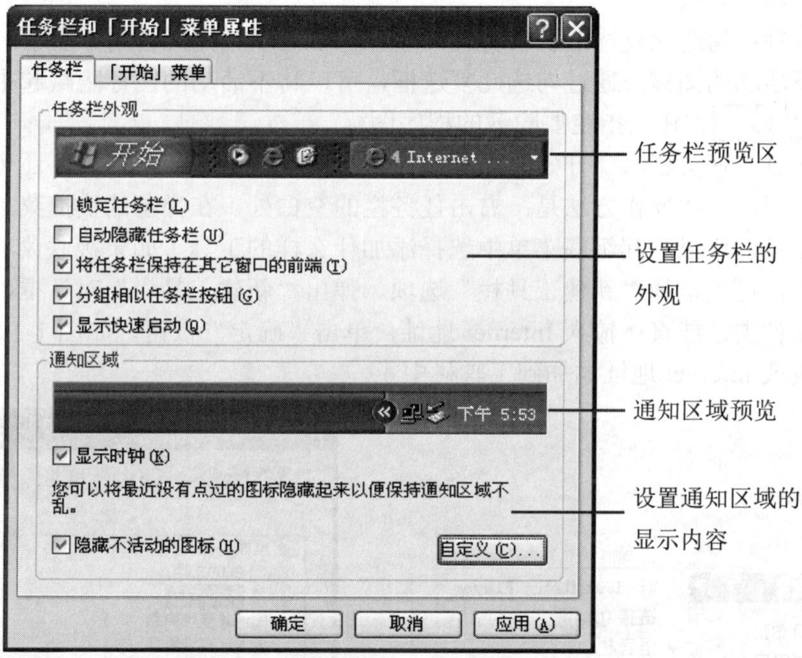

图 1-9

- 锁定任务栏：若不勾选此复选框，用鼠标拖动任务栏的上边界，可以改变它的大小；在任务栏空白处按住鼠标左键不放，可以将任务栏拖放至屏幕的顶部、左边或右边。若勾选此复选框，将不能改变任务栏的大小和位置，同时还锁定了显示在任务栏上任意工具栏的大小和位置，工具栏也不会被更改。
- 自动隐藏任务栏：勾选此复选框可以将任务栏隐藏起来，当把光标移向屏幕的底部时，任务栏才显示出来。
- 将任务栏保持在其他窗口的前端：若不勾选此复选框，启动某个程序后，该程序的最大化窗口将遮盖任务栏，只有最小化程序窗口或者改变大小后任务栏才可以显示；若勾选此复选框，任务栏将始终显示在其他窗口的最前端。
- 分组相似任务栏按钮：将相似的程序按钮分组显示是 Windows XP 的新功能。勾选此复选框后，如果任务栏上的按钮太拥挤，以至于按钮之间的宽度缩小超过一定的程度，则同一程序的按钮将会折叠为一个按钮，单击此按钮将打开一个菜单，从中选择需要访问的程序即可。若不勾选此复选框，任务栏将为每个程序按钮保留空间，在打开的程序过多时，程序按钮将在任务栏上分页显示，并在任务栏的右端出现按钮，单击可以向前或者向后翻页。

- 显示快速启动：快速启动栏中存放的是一些程序的快捷方式，单击则可启动相应的程序。勾选此复选框，快速启动栏将显示在任务栏中。将程序的快捷方式拖放至快速启动栏中释放鼠标，即可将该程序的快捷方式添加至快速启动栏中。
- 通知区域：通知区域在任务栏的最右端，通常是查看当前日期和时间的地方，因为 Windows 在发生某事件时（如添加了新硬件），将在此区域中显示通知图标，所以把它叫做通知区域。
- 显示时钟：勾选此复选框表示将要在任务栏中显示时钟，否则不显示。
- 隐藏不活动的图标：通过勾选此复选框，可以将不活动的图标隐藏起来，也可以通过自定义(C)...按钮，指定要隐藏的程序图标。

除了通过“任务栏与「开始」菜单属性”对话框自定义任务栏外，还可以向任务栏中添加工具栏。具体操作方法是：右击任务栏的空白处，在弹出的快捷菜单中选择“工具栏”菜单项，可以从其级联菜单中选择添加什么样的工具。如果级联菜单中没有需要添加的工具，可以选择“新建工具栏”选项，弹出“新建工具栏”对话框，从中选择需要添加的文件夹，或直接输入 Internet 地址，单击“确定”按钮，如图 1-10 所示。即可将该文件夹或 Internet 地址添加到工具栏中了。

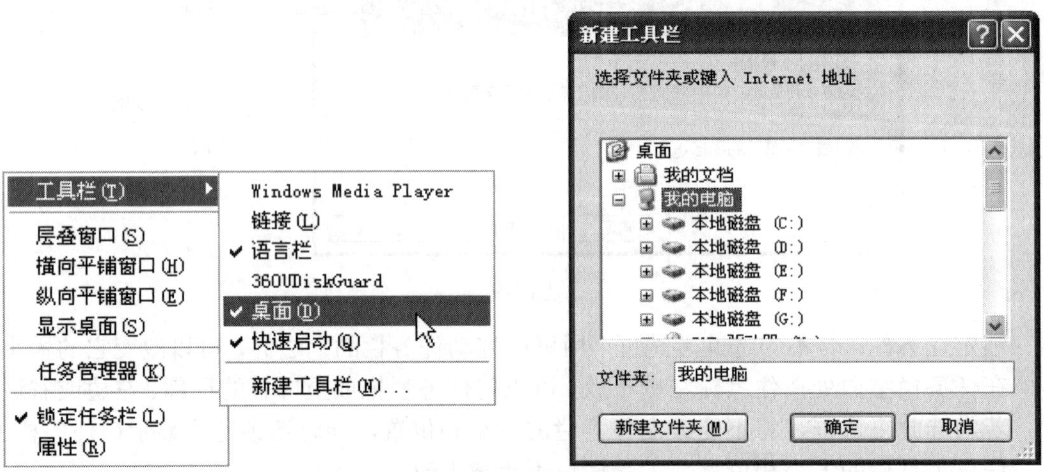

图 1-10

1.2　系统的设置与优化

Windows XP 安装完成后，安装程序会提供一种默认的标准配置，如鼠标、键盘、桌面和开始菜单等。但系统所提供的这些默认配置未必适合所有的人，因此可以根据自己的需要和爱好调整 Windows XP 的各种系统属性。系统优化是指通过对计算机的合理设置、调整和功能维护，以及使用工具软件进行操作，使计算机性能最优化，保证计算机处于理想的工作状态。

1.2.1　美化 Windows XP 的桌面

桌面是对系统进行操作的一种媒介，是操作系统的外观。Windows XP 桌面把计算机内的各部分硬件和软件、计算机的外部设备有机地联系在一起，个性化的桌面能让用户操作起来更方便。

1. 更改桌面主题

桌面主题是指 Windows XP 操作系统为用户提供的桌面配置方案，改变桌面主题将会得到另一种桌面外观。具体操作步骤是：在桌面的空白区域右击，从弹出的快捷菜单中选择“属性”选项，即可打开“显示 属性”对话框，如图 1-11 所示。在该对话框的“主题”选项卡下，单击“主题”下拉列表框右边的按钮，从弹出的列表中选择一个主题，并在下方的“示例”中查看预览效果，单击“确定”按钮或“应用”按钮，即可将新主题应用到当前的系统中了。

还可以对所选择的主题进行修改，例如修改它的颜色、桌面背景等内容，修改完成后单击另存为(S)...按钮，即可保存为一个新主题，以后就可以在“主题”下拉列表中直接选用这个主题了。选中某个不需要的主题，单击后面的删除(D)按钮则可将其删除。

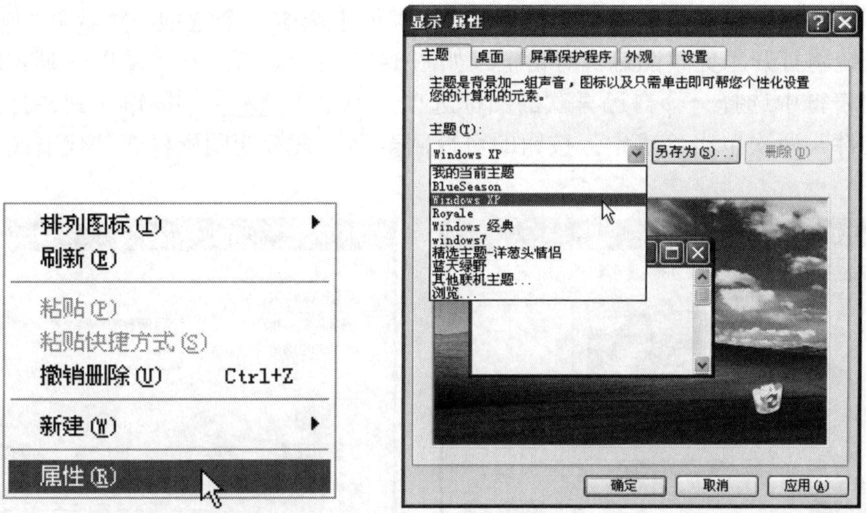

图 1-11

2. 更改桌面背景及图标

（1）更改桌面背景。

桌面的背景也可以称为墙纸，是可以在桌面上显示的图片或者图像，在 Windows 操作系统中墙纸是用来装饰桌面用的。一个绚丽的桌面不仅仅要有好的风格，更要有一幅动人的画卷——背景来展现。在 Windows XP 中，使用任何图片格式，系统都可自动处理。

在“显示 属性”对话框的“桌面”选项卡下，Windows XP 提供了几十种背景图片，直接在“背景”列表框中选择一个背景，就可在预览窗口中看到效果了，如图 1-12 所示。如果对系统所提供的背景都不满意，想使用保存在自己计算机里的图片作背景，只需单击[浏览(B)...]按钮，从弹出的对话框中查找并选择想要作为背景的图片文件即可。同时也可以通过互联网下载、图片复制等方式获得喜爱的墙纸。

如果要调整图片在桌面中的位置，可以在“位置”下拉列表中选择“拉伸”、“平铺”或“居中”3 种效果。“拉伸”是让图片适应屏幕分辨率，在桌面上只显示一幅图片并将它拉伸成与桌面尺寸一样的大小。“平铺”是表示以这幅图片为单元，一张一张拼接起来平铺在桌面上。“居中”则表示在桌面上只显示一幅图片并保持它的原始尺寸，并处于桌面正中间的位置。如果所选图片尺寸较小，当选择“居中”位置后不能完全覆盖整个桌面，图片的周围会露出背景色，那么在“颜色”下拉列表框中可以选择自己喜欢的颜色作为背景色。

（2）更改桌面图标。

对于桌面上的几个系统默认的图标，例如“我的电脑”、“网上邻居”、“回收站”和“我的文档”，可以通过设置更改它们的样式，以设计出个性化的桌面图标。更改桌面图标样式的操作步骤是：在“显示 属性”对话框的“桌面”选项卡下，单击[自定义桌面(D)...]按钮，弹出“桌面项目”对话框。在“常规”选项卡下，可以在“桌面图标”选项区域中选择允许显示在桌面上的常用图标项目，其中可选项包括“我的文档”、“网上邻居”和“我的电脑”，如图 1-13 所示。可以根据自己的需要选择要在桌面上显示的项目图标。如果要更改图标的样式，可在“桌面图标”列表框中选定一个选项，然后单击[更改图标(H)...]按钮，系统将打开“更改图标”对话框，如图 1-14 所示。可以在“从以下列表选择一个图标”列表框中选择一个自己喜欢的图标选项，或单击[浏览(B)...]按钮找到并打开制作好的图标文件，两次单击“确定”按钮即可返回至桌面查看新图标样式替代旧图标样式的效果了。

图 1-12

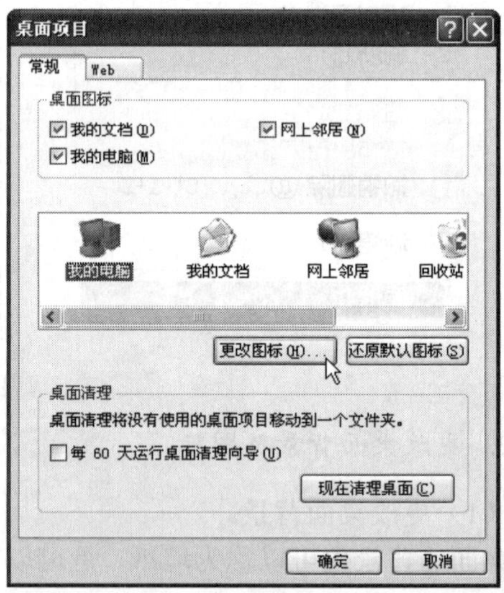

图 1-13

3. 调整屏幕分辨率与刷新频率

（1）调整屏幕分辨率。

屏幕分辨率（resolution）是指屏幕图像的精密度，即显示器所能显示的点数的多少。

由于屏幕上的点、线和面都是由点组成的，显示器可显示的点数越多，画面就越精细，屏幕区域内能显示的信息也越多，所以分辨率是个非常重要的性能指标之一。可以把整个图像想象成一个大型的棋盘，而分辨率的表示方式就是所有经线和纬线交叉点的数目。

“最佳分辨率”其实就是只有当图像的每一个像素点与显示器的每一个物理像素点相对应时，画面会变得锐利无比，这时的显示效果最佳。而如果刻意的把最佳分辨率为 1440×900 的宽屏显示器调整为 1024×768 的分辨率时，即从原来的 16:10 宽屏压缩成 4:3 的宽屏来用，屏幕的字体和图形显示都随着分辨率的缩小而增大，在短期内方便观看内容，但是长时期观看会造成视觉模糊，眼睛比较疲劳甚至发酸。而且字体和图形的增大使得显示的效果比较差，字体和图形的毛边突起，锯齿感十足。所以在满足视觉效果的同时，也必须保护眼睛，设置显示器的最佳分辨率能达到最理想、最平衡的效果。

调整屏幕分辨率的操作步骤是：在“显示 属性”对话框的“设置”选项卡下，拖动“屏幕分辨率”的滑动条可以调节屏幕的分辨率，将滑动条拖向“多”，屏幕分辨率增大；拖向“少”，屏幕分辨率降低。在“颜色质量”下拉列表中可以选择一种颜色质量，如图 1-15 所示。颜色质量的高低应根据计算机的硬件配置和需求而定，一般使用 32 位的颜色质量。

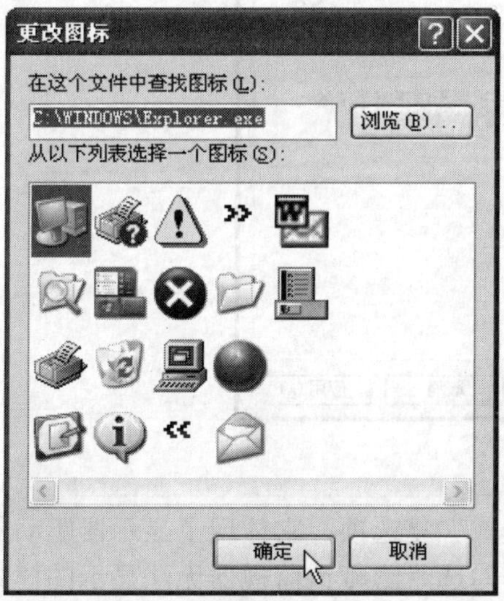

图 1-14

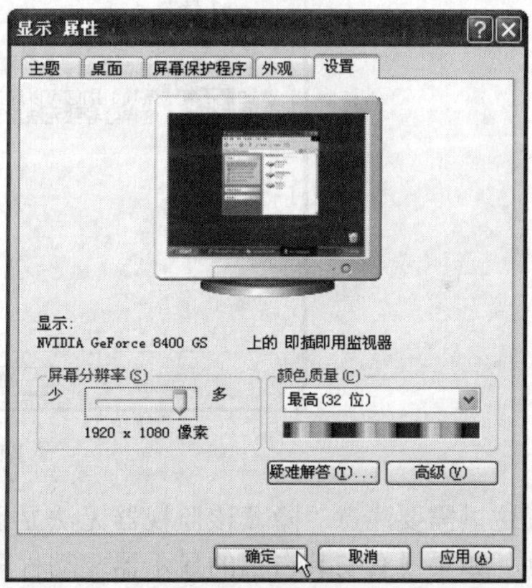

图 1-15

调整完成后单击“确定”或“应用”按钮，此时屏幕将出现几秒钟黑屏，然后弹出“监视器设置”对话框，单击 是(Y) 按钮，所做的设置将立即生效。单击 否(N) 按钮或者在 15 秒内不做任何操作，系统将取消所做的更改，保存原来的设置。

（2）调整刷新频率。

刷新频率是指电子束对屏幕上的图像重复扫描的次数。刷新频率越高，所显示的图像（画面）稳定性就越好。但是由于刷新频率与分辨率两者相互制约，因此只有在高分辨率下达到高刷新频率，这样的显示器才能称之为性能优秀。

刷新频率分为垂直刷新频率和水平刷新频率，一般提到的刷新频率通常指垂直刷新频率。垂直刷新频率表示屏幕的图像每秒钟重绘多少次，也就是每秒钟屏幕刷新的次数，以 Hz（赫兹）为单位。刷新频率越高越好，图像就越稳定，图像显示就越自然清晰，对眼睛的影响也越小。刷新频率越低，图像闪烁和抖动就越厉害，眼睛疲劳也越快。显然刷新频率越高越好，但是建议不要让显示器一直以最高刷新频率工作，那样会加速 CRT 显像管的老化，一般比最高刷新频率低一到两档是比较合适的。

调整刷新频率的操作步骤是：在“显示 属性”对话框的“设置”选项卡下，首先拖动屏幕分辨率滑动条调节至适合显示器的分辨率。分辨率调节完成后，单击该对话框中的 高级(V) 按钮，在弹出的对话框中选择“监视器”选项卡，在“屏幕刷新频率”下拉列表中选择合适的刷新频率，如图 1-16 所示。

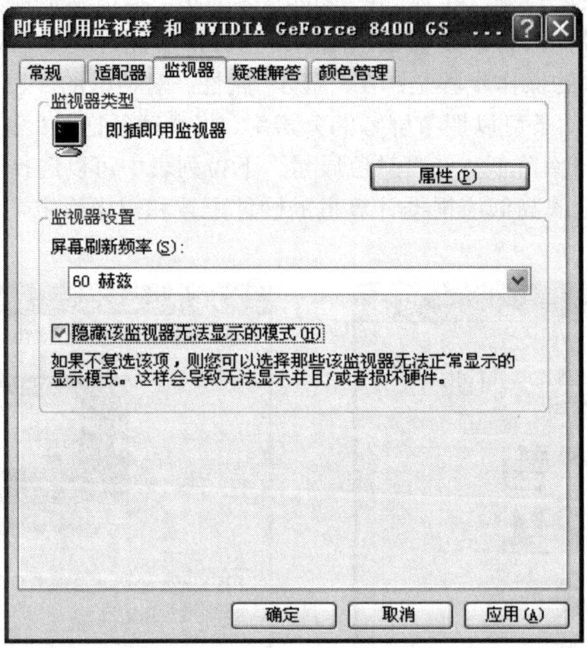

图 1-16

这里需要注意“隐藏该监视器无法显示的模式”复选项，它体现了显示器驱动的重要性。如果没有安装自己的显示器驱动程序，当勾选“隐藏该监视器无法显示的模式”复选框时，最大可调节的刷新频率不会超过 85Hz。若正确安装了自己显示器的驱动程序，那么 Windows 就会根据显示器驱动提供的参数来确定此分辨率下的最大刷新频率。这时如果显示器参数较高的话，85Hz 以上的选项就会出现，如 100Hz、120Hz、150Hz 等。

根据自己的实际配置情况将刷新频率最优化调节完毕后，回到桌面，马上就会看到不一样的效果。如果在显示器支持的范围内成功将刷新频率调高了，那么画面看上去就让人感觉很舒服且稳定，闪烁几乎看不出来，长时间使用也不容易造成眼睛疲劳。

1.2.2　系统的设置与优化

计算机在安装了 Windows XP 后，已经设置了默认的系统环境，可以使用“控制面板”来调整系统设置对计算机进行优化。实际上是通过对系统进行“开启”、“禁用”这样一些“瘦身”所做出的选择，这些选择以牺牲部分美化菜单和放弃一些不必要功能为代价，重新分配硬件资源，用以提高系统整体运行速度。了解这些很少使用的功能，以及它们占用资源的方式，能够对它们进行合理选择。

1. 键盘和鼠标的设置

键盘和鼠标是两种主要的输入设备，对它们进行设置可以使之更适合用户的工作习惯，提高工作的效率。可以设置的键盘属性有：改变键盘的响应方式、改变已安装语言支持的键盘布局、添加键盘语言和布局等。可以设置的鼠标属性有：改变左右手习惯、改变双击速度、改变鼠标指针方案等。

（1）更改键盘设置。

键盘是一个重要的输入设备，其功能是其他设备代替不了的。例如在开机启动 Windows XP 时需要输入登录密码，向文档中输入文字等都离不开键盘，并且在操作 Windows XP 窗口时，通过键盘使用系统的快捷键有时比使用鼠标更方便、快捷。改变键盘设置，使它更适合用户的习惯，能大大提高学习和工作的效率。

改变键盘设置的操作步骤是：

①在“开始”菜单中选择“控制面板”选项，打开“控制面板”窗口，双击其中的“键盘”图标，如图 1-17 所示。

图 1-17

②在弹出的“键盘 属性”对话框中，可以调整按键首次重复前的延迟值、调整按键的重复速度以及光标的闪烁频率，如图 1-18 所示。

（2）更改鼠标设置。

安装 Windows XP 时，系统会自动对鼠标进行默认的设置，也可以根据自己的喜好和使用习惯自行设置。在“开始”菜单中选择“控制面板”选项，打开“控制面板”窗口，双击其中的“鼠标”图标。在弹出的“鼠标 属性”对话框中，可以对鼠标的功能进行设置，如图 1-19 所示。

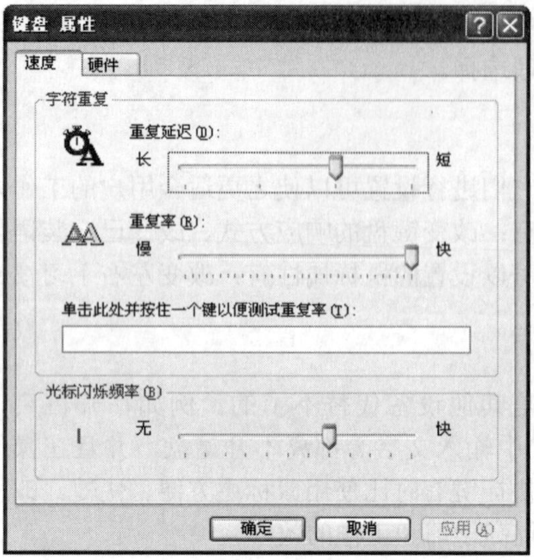

图 1-18

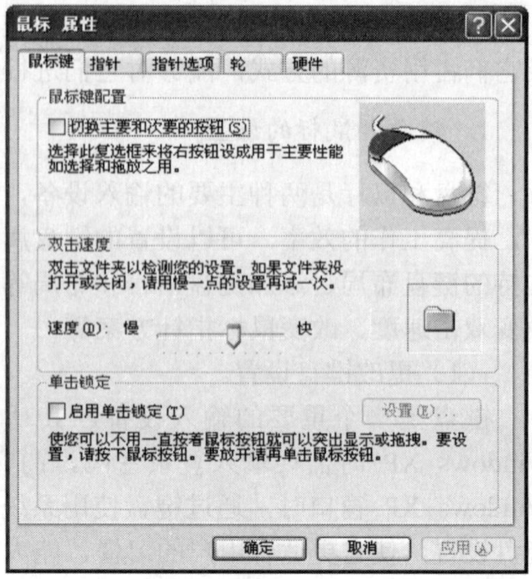

图 1-19

鼠标键设置

在“鼠标键”选项卡下，可以在“鼠标键配置”选项区域中切换鼠标左右键。默认状态下，取消选中“切换主要和次要的按钮”复选框，表示鼠标左键用于选择和一般拖放，右键用于弹出快捷菜单和特殊拖放。如果勾选“切换主要和次要的按钮”复选框，鼠标左、右按键的功能就被切换过来了。

所谓“双击速度”是指双击时两次击键之间的时间间隔，可以根据实际情况对双击速度进行调整。如果滑块向左拖动，鼠标两次单击的间隔就会加长，向右拖动则可使间隔时间缩短。

勾选“启用单击锁定”复选框，即可使用鼠标的单击锁定功能。启用该功能后，在想要选择区域的开始位置按住鼠标左键，经过一段时间后再放开，移动鼠标会看到有些内容被选中，表示单击已被锁定。在想要选择区域的终止处单击一下，两次单击之间的内容就被选定了。

鼠标方案设置

在“鼠标 属性”对话框的“指针”选项卡下，可以对鼠标指针的形状进行选择，系统默认使用的是“Windows 默认”方案。在“自定义”列表中列出了选定的方案中各种指针形状所代表的含义，如图 1-20 所示。所以选择一种方案后，通过对鼠标指针的观察，就能大概了解它所处的状态了。

2. 设置系统的日期与时间

如果系统的日期和时间不正确，可以在 Windows XP 系统中调整过来。具体操作步骤是：

（1）在“开始”菜单中单击“控制面板”选项，打开“控制面板”窗口，双击其中的“日期和时间”图标。在弹出的“日期和时间 属性”对话框中，可以对系统的日期和时间进行设置，如图 1-21 所示。双击任务栏最右侧的数字时钟，也可以打开“日期和

时间 属性”对话框。

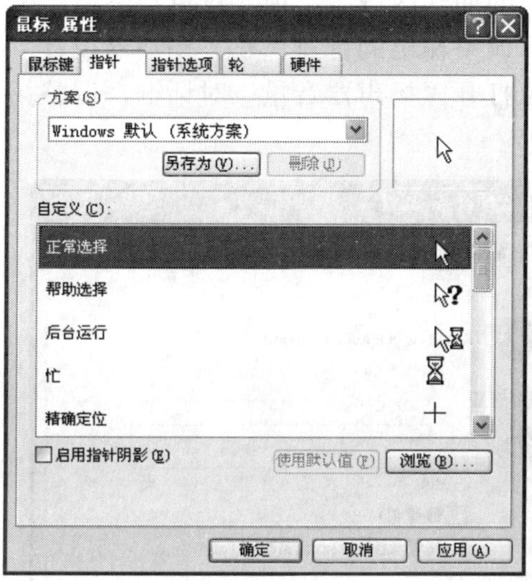

图 1-20

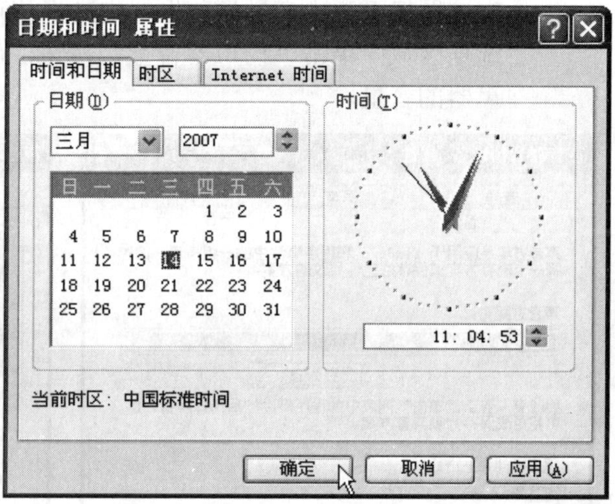

图 1-21

- “日期”区域用来查看和更改系统的日期。从月份下拉列表中选取正确的月份，在年份文本框中输入或微调至正确的年份值，在日期列表框中选择正确的日期值。
- “时间”区域用来查看和更改系统的时间。单击时间文本框中的时、分或秒数值，然后按上下箭头按钮改变相应的时间值，或者单击时间文本框中的某个数字，直接输入相应的数值即可。

（2）正确完成设置后，单击“确定”按钮，新的日期和时间即被应用到系统中。

3. 设置声音和音频设备

打开计算机进入 Windows 系统时，计算机就会发出某种声音。如果是 Windows XP 的标准安装方式，启动时发出的是环绕声效果。如果是其他厂商预装的 Windows XP 则可能是其他的声音。Windows 不光在启动时会发出声音，如果进行了错误操作，还会传来一个刺耳的和弦音。有邮件到了，邮件程序会发出响亮的号声。而清空 Windows 回收站时，会听到一种把公文揉成一团后丢弃的声音。Windows 自带一个声音库，在不同事件发生时使用不同的声音作提示。如果不喜欢这些声音，可以选择把它们直接关掉，也可以从网上下载音乐甚至自己录制的声音进行代替。具体操作方法是：在“开始”菜单中单击“控制面板”选项，打开“控制面板”窗口，双击其中的“声音和音频设备”图标。

- 在弹出的“声音和音频设备 属性”对话框的“声音”选项卡下，可以从“声音方案”下拉列表中选择一种声音方案，如图 1-22 所示。在“程序事件”列表框中将显示该声音方案中的各种程序事件声音。选择某一种程序事件声音，单击“浏览”按钮，可为该程序事件选择另一种声音。单击“应用”按钮，即可应用设置。
- 在“音量”选项卡下，可在“设备音量”选项区域中拖动滑块调整音频设备的音量，如图 1-23 所示。若勾选“静音”复选框，则不输出声音；若勾选“将音量图标放入任务栏”复选框，则在任务栏的通知区域中出现“音量”图标，单击该图标可弹出音量调整框，拖动滑块可调整输出的音量。在“扬声器设置”选项区域中单击“扬声器音量”按钮，可打开“扬声器音量”对话框，调整扬声器的音量。

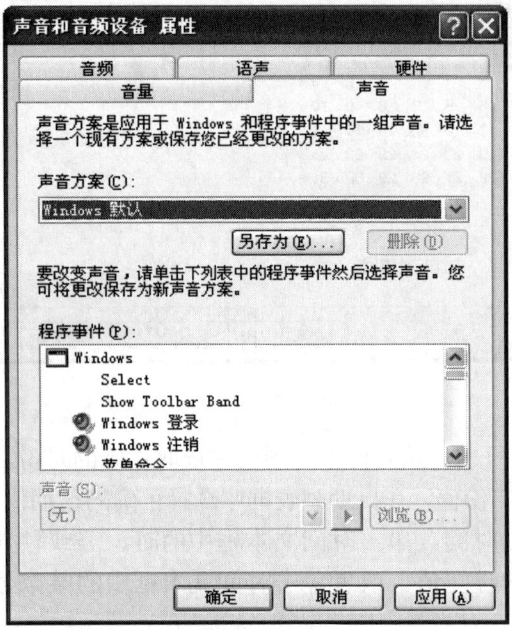

图 1-22

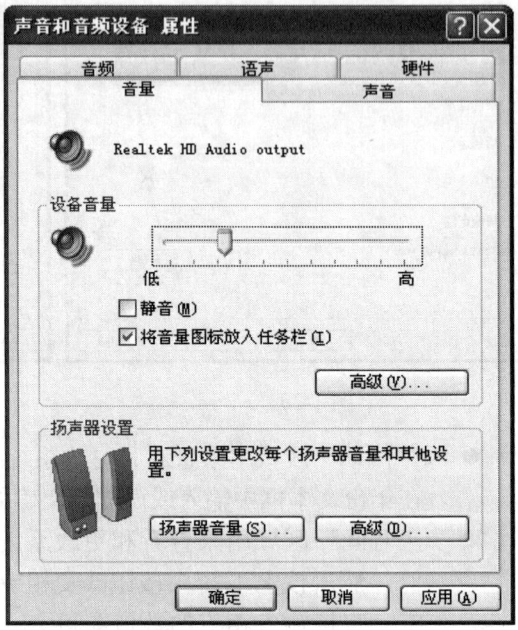

图 1-23

- 在“音频”选项卡的“声音播放”选项区域中，从“默认设备”下拉列表框中可选择声音播放的设备；在“录音”选项区域的“默认设备”下拉列表中可选择录音的设备；在“MIDI 音乐播放”选项区域的默认设备下拉列表中可选择播放 MIDI 音乐的设备，如图 1-24 所示。设置完毕后，单击“应用”按钮即可应用设置。
- 在“语声”选项卡的“声音播放”选项区域中，从“默认设备”下拉列表中可选择播音的默认设备；在“录音”选项区域中的“默认设备”下拉列表中可选择录音的默认设备，如图 1-25 所示。单击“测试硬件”按钮，可在弹出的“声音硬件测试向导”对话框中进行录音及播音的测试。
- 在“硬件”选项卡的“设备”列表框中显示了所有声音和音频设备的名称和类型。单击一种声音和音频设备，可在“设备属性”选项区域中看到该设备的详细信息，如图 1-26 所示。单击“属性”按钮，可查看该设备的属性及详细信息、驱动程序等。

图 1-24

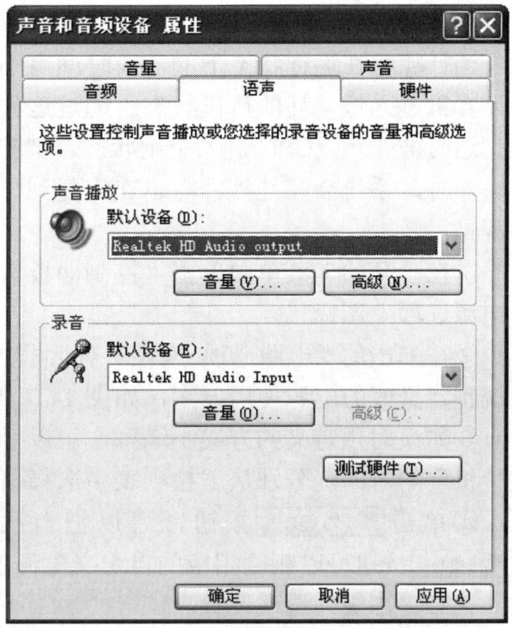

图 1-25

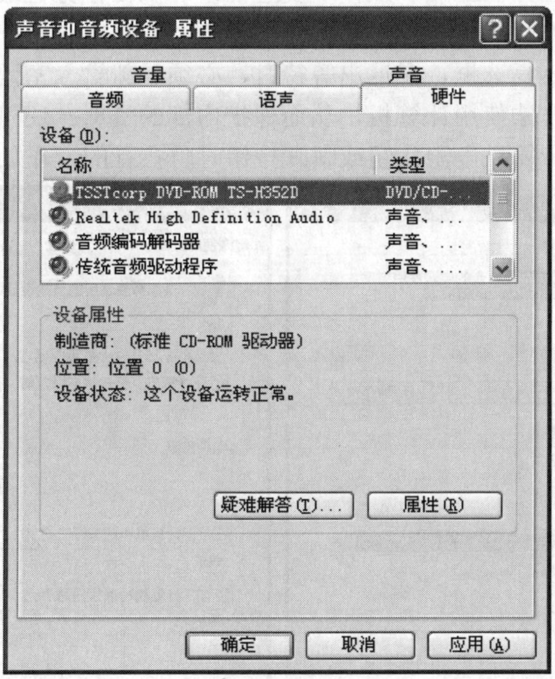

图 1-26

4. 电源选项的设置

使用 Windows XP 的电源设置功能，不仅可以降低计算机的损耗，还可以保护显示器、硬盘等设备，延长其使用寿命。

（1）电源使用方案。

当计算机在运行状态下的一段时间内不被使用时，可以设置合适的电源使用方案，使计算机进入低功耗的待机状态。通过这种电源管理技术，硬盘和监视器可以在设定时间到达时被关闭，CPU 进入空闲状态，把整机的电源消耗降至最小。当鼠标或者键盘进行操作时，系统会在几秒钟内迅速恢复到待机前的状态。设定电源使用方案的具体操作步骤是：

①在“开始”菜单中单击“控制面板”选项，打开“控制面板”窗口，双击其中的“电源选项”图标。

②在弹出的“电源选项 属性”对话框的“电源使用方案”选项卡下，从列表中选择系统预定义好的电源使用方案，如图 1-27 所示。

③如果对预定义的方案不满意，可以手动调整“关闭监视器”、“关闭硬盘”及“系统待机”的时间，分别从下拉列表中选择自己满意的时间即可。

④单击 另存为(S)... 按钮，可以把自己的设置保存为一套电源使用方案，单击 删除(D) 按钮可以删除相应的自定义电源使用方案。

（2）“高级”选项设置。

在“电源选项 属性”对话框的“高级”选项卡下，可以对电源的一些高级选项进行设置。勾选“总是在任务栏上显示图标”复选框，可以在任务栏最右侧显示电源选项的图标，双击该图标，即可打开“电源选项 属性”对话框；勾选“在计算机从待机状态恢复时，提示输入密码”复选框，在退出等待时，必须重新输入密码才能够再使用系统，这样可以防止被别人非法使用计算机，从而保护内部的资料；还可以在“电源按钮”选项区域中指定当按下计算机电源按钮或睡眠按钮时将执行的操作如图 1-28 所示。

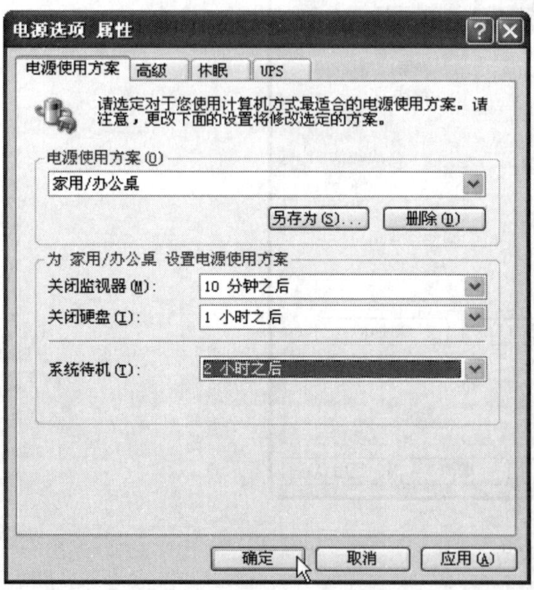

图 1-27

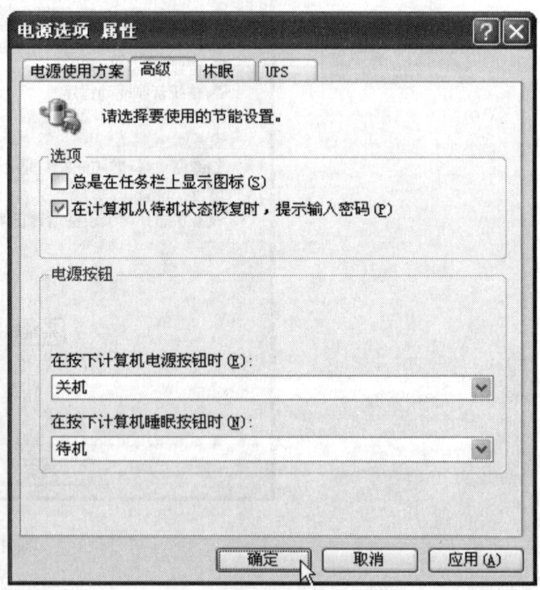

图 1-28

5. 辅助功能选项的设置

Windows 的辅助功能原本是为了照顾残疾人士而开发的功能，但通过对这些辅助功能的了解，会发现这些功能对通常的操作会有所帮助。辅助功能选项里面包括键盘、声音、显示、鼠标、常规等辅助设置，具体操作方法是：在“开始”菜单中单击“控制面板”选项，打开“控制面板”窗口，双击其中的“辅助功能选项”图标。在弹出的“辅助功能选项”对话框中，可以对辅助功能的各个选项进行设置，如图 1-29 所示。

（1）键盘辅助功能设置。

Windows 中的粘滞键是专为同时按下两个或多个键有困难的人设计的。粘滞键的主要功能是方便 Shift、Ctrl、Alt 与其他键的组合使用。在“键盘”选项卡下，可以启用该功能键的使用。单击该选项后面的“设置”按钮，弹出“粘滞键设置”对话框，可以对该功能进行具体设置，如图 1-30 所示。

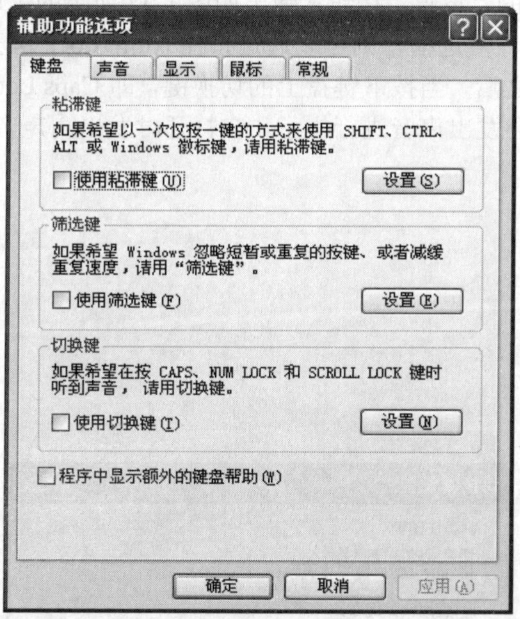

图 1-29

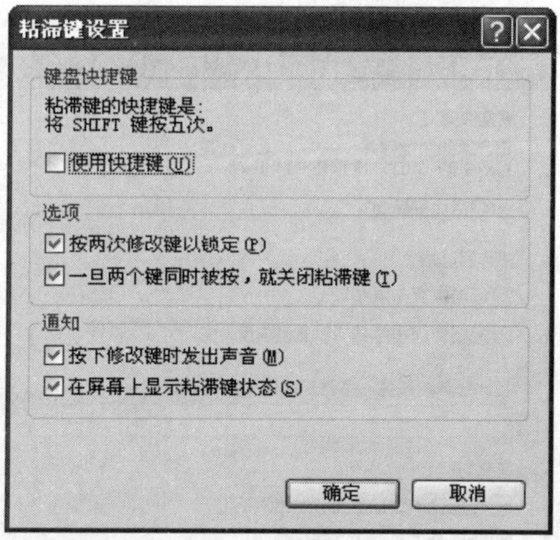

图 1-30

勾选“使用快捷键”复选框，当按下 Shift 键五次时可以启动粘滞键，粘滞键 Shift、Ctrl、Alt 或 Windows 徽标键，一次按一个键。勾选“按两次修改键以锁定”复选框，那么连续按两下 Ctrl、Alt 或 Shift 键即可通知计算机使此键保持被按下的状态，直到再次按下相同的键时为止；若取消选中该复选框，则在按下这一组合键以外的键时，被按下键的按下状态即被取消。勾选“一旦两个键同时被按，就关闭粘滞键”复选框，表示如果同时按下 Shift、Ctrl、Alt 或 Windows 徽标键中的任意两个键，系统将关闭粘滞键功能。勾选“通知”区域的“按下修改键时发出声音”复选框，那么在按下这几个键时，计算机将发出声音提示。勾选“在屏幕上显示粘滞键状态”复选框，任务栏右边的系统托盘区将显示粘滞键的使用状况指示图标。

筛选键可以使 Windows 忽略短暂或重复的击键，也可以调整击键的重复率（按下某个键时的重复性）。利用该项功能，可以将计算机设置成适合自己习惯的击键速度。单击该选项后面的“设置”按钮，弹出“筛选键设置”对话框，可以对该功能进行具体设置，如图 1-31 所示。

筛选键的设置方法与粘滞键的设置方法类似，也会在任务栏上显示出一个状态图标，不同之处在于使用快捷方式的方法上。在筛选键中，按住键盘右边的 Shift 键不放，并停留 8～16 秒的时间，就可切换筛选键的开关状态。若选中“忽略重复击键”单选按钮，则计算机将只对快于设定间隔时间的连续击键响应，如果需要调整可识别的连续击键的时间间隔，可以单击该项目后面的“设置”按钮，打开“筛选键的高级设置”对话框，重新设置出两次击键之间的间隔时间。设置该功能有助于按下或释放键时忽略因为手的颤动而导致的连续击键。若选中“忽略快速击键并减缓重复速度” 单选按钮，则通知计算机忽略短暂的击键。

在 Windows 中提供的“切换键”功能，可以让系统在按下切换键时发出声音，以提醒确认是否误按了切换键。单击该选项后面的“设置”按钮，弹出如图 1-32 所示的“切换键设置”对话框，如果勾选“使用快捷键”复选框，则可以通过按住 Num Lock 键五秒钟的方法来打开或关闭“切换键”功能。之后，当按下键盘上的切换键，即 Caps Lock 键、Scroll Lock 键或 Num Lock 键时，系统会发出声音进行提示，在打开时发出高声音，而在关闭这些键时则发出低声音。

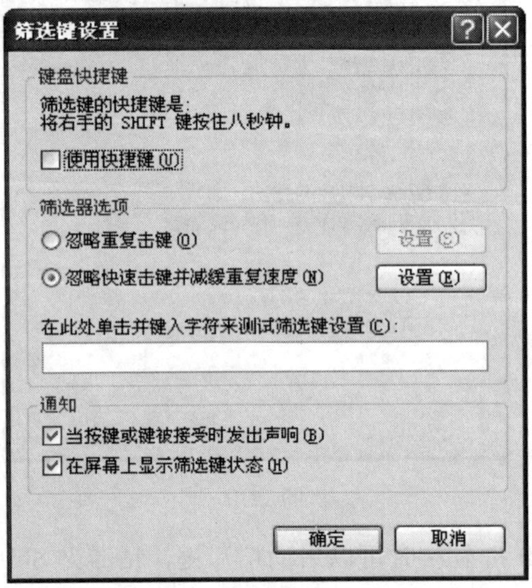

图 1-31

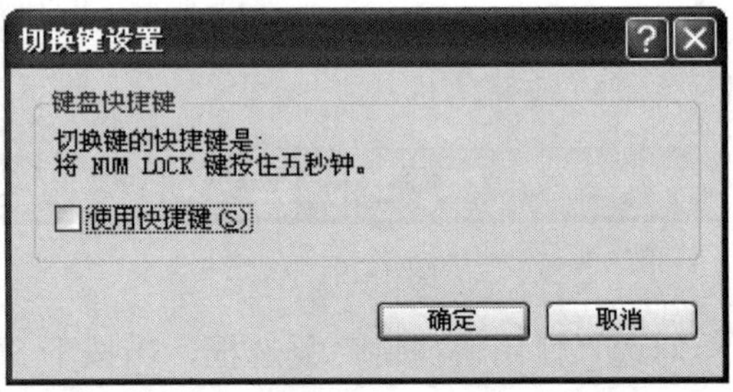

图 1-32

（2）声音辅助功能设置。

在“辅助功能选项”对话框的“声音”选项卡下，可以对声音选项进行设置，如图 1-33 所示。勾选“声音卫士”选项区域中的“使用‘声音卫士’”复选框允许更改设置，以便在计算机发出声音时生成可视警告，如闪烁的标题栏或屏幕闪烁。同时，还可以为窗口程序或全屏幕文本程序发出的声音选择可视警告。当勾选“声音显示”选项区域中的“使用‘声音显示’”复选框时，可看到计算机程序所生成的语音或其他声音的字幕。

（3）显示辅助功能设置。

在“辅助功能选项”对话框的“显示”选项卡下，可以对显示的相关功能进行设置，如图 1-34 所示。“使用高对比度”选项原是为视力有损伤的人设计的，通过用可选的颜色组合来提高屏幕对比度，则更容易查看屏幕，而通过更改字体大小，则更容易阅读。在该选项卡下还可以设置光标插入点闪烁的速度以及光标的大小。

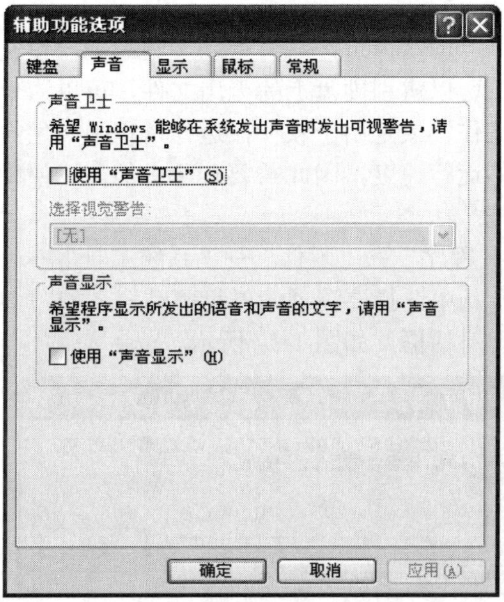

图 1-33

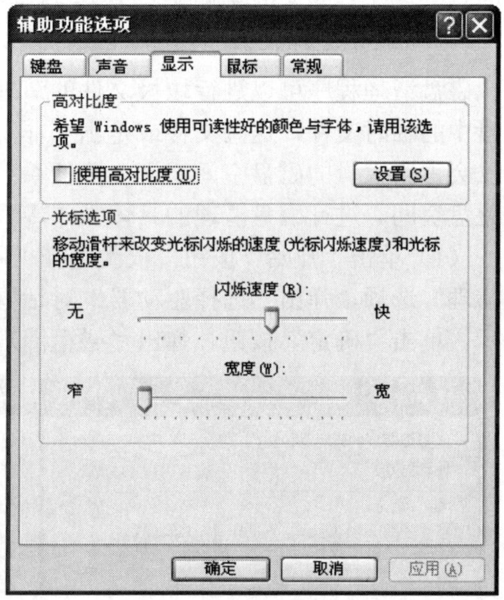

图 1-34

（4）鼠标辅助功能设置。

如果鼠标坏了或者找不到了，那想要移动鼠标该怎么办呢？在“鼠标”选项卡下可以设置用数字小键盘来控制鼠标指针的移动。勾选“使用鼠标键”复选框后，单击该选项后面的“设置”按钮，弹出“鼠标键的设置”对话框，可以进行鼠标移动速度、Num Lock 键状态、快捷键等选项的详细设置，如图 1-35 所示。

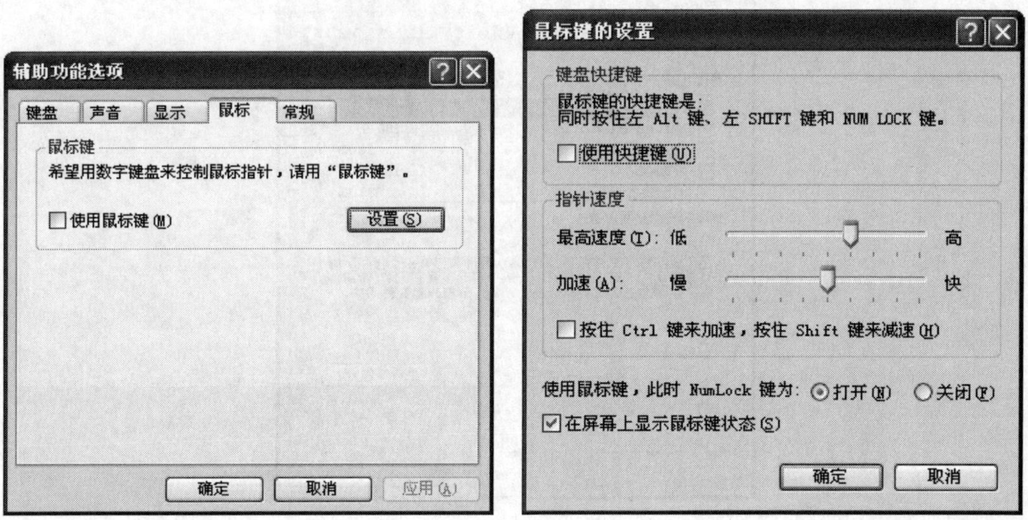

图 1-35

1.2.3 磁盘维护工具的应用

Windows 提供了多种磁盘维护工具，包括磁盘检查程序、磁盘碎片整理程序、磁盘空间管理程序、磁盘清理程序和数据备份等程序。

1. *磁盘清理程序*

磁盘清理程序可以进行垃圾文件的清理，可以辨别硬盘上的无用文件，可以清理掉硬盘中的临时文件，这些文件或是由于非法操作，或是由于软件在运行过程中产生的。不仅会占用大量的磁盘空间，还会降低系统的运行速度，因此需要删除它们，以便释放出磁盘空间。进行磁盘清理的具体操作步骤是：

（1）单击“开始”按钮，依次选择“所有程序”→“附件”→“系统工具”→“磁盘清理”选项，弹出“选择驱动器”对话框，从中选择要清理的磁盘驱动器，如图 1-36 所示。单击“确定”按钮，弹出“磁盘清理”对话框，如图 1-37 所示。

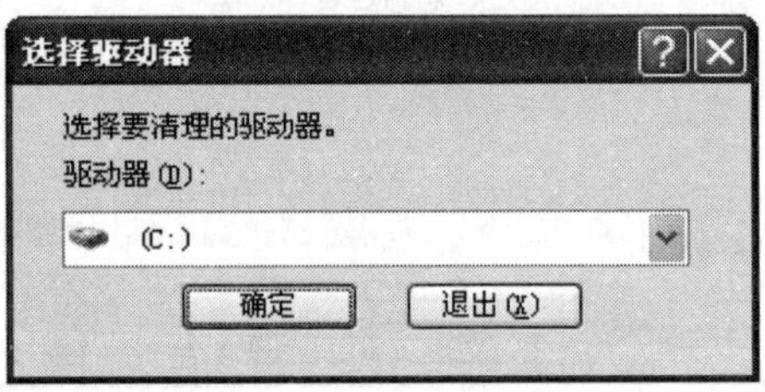

图 1-36

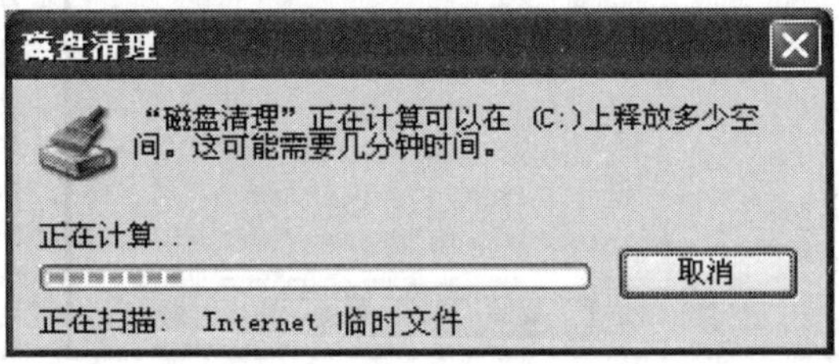

图 1-37

大概几秒钟后，会自动弹出如图 1-38 所示的对话框，可在“要删除的文件”列表中滚动查看并选择要清理的所有文件。单击“确定”按钮，弹出确认对话框，单击“是（Y）”按钮以确认此操作，磁盘清理将删除计算机上所有不需要的文件。几分钟之后该过程完成，“磁盘清理”对话框关闭，这时的计算机更干净、性能更佳。

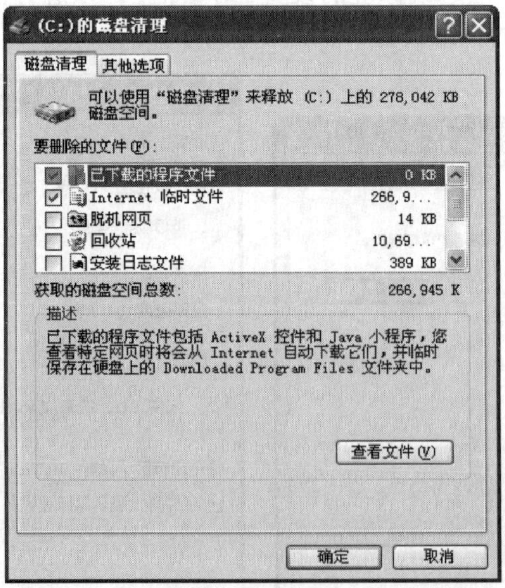

图 1-38

2. 磁盘碎片整理程序

磁盘碎片整理程序是一种用于分析本地卷以及查找和修复碎片文件和文件夹的系统实用程序。磁盘碎片整理程序能够重新组织磁盘上的文件，合并碎片文件和文件夹，把碎片文件放在一起，同时安排好磁盘上的剩余空间，使其形成连续的块。这样就加快了文件的读取速度，并腾出更多的存储空间来存放文件。合并文件和文件夹碎片的过程称为碎片整理。通过整理，可以明显地提高设备的运行效率。进行磁盘碎片整理的具体操作步骤是：

（1）单击“开始”按钮，依次选择“所有程序”→“附件”→“系统工具”→“磁盘碎片整理程序”选项，弹出“磁盘碎片整理程序”对话框，如图 1-39 所示。

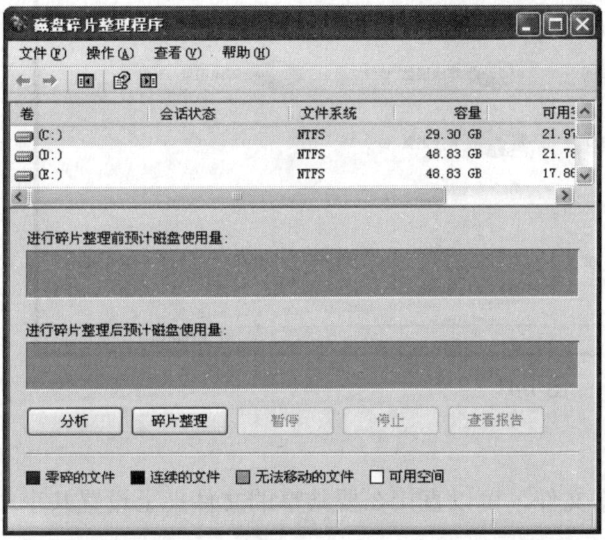

图 1-39

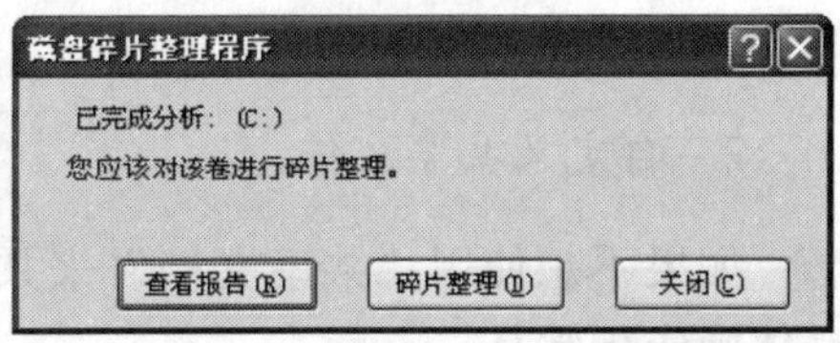

图 1-40

（2）从“卷”列表中选择要进行整理的磁盘驱动器，如果想知道是否有必要整理该磁盘的碎片，可以单击“分析”按钮。分析完成后将弹出如图 1-40 所示的对话框。单击 查看报告(R) 按钮可打开“分析报告”对话框，从中可以看到有关磁盘卷和一些分析出来的碎片文件的信息。

（3）单击 碎片整理(D) 按钮，系统将会对磁盘进行碎片整理操作，在整理窗口的状态条中显示整理的进度。如果分析结果表明不需要进行碎片整理，单击“关闭”按钮即可。

1.3 文件夹的共享

一般是通过共享文件夹来与其他用户共享文件的。Windows XP 系统新增了一个默认的“共享文档”，可以将共享的文件直接复制到“共享文档”中，让其他用户来访问其中的资源。

1. 使用共享文档设置共享

设置共享文件和文件夹的具体操作步骤是：双击桌面上“我的电脑”图标，打开“我的电脑”窗口，如图 1-41 所示。可以看到窗口中有一个“共享文档”文件夹，只需将要共享的文件或文件夹直接复制或者拖放到“共享文档”文件夹中，网络上的其他计算机用户就可以共享该文件或文件夹了。

图 1-41

2. 自定义共享文件

如果不想使用“共享文档”来共享文件，可以直接在要共享的文件夹上设置共享。具体操作步骤是：

（1）首先找到并选中所要共享的文件夹，然后在窗口左侧的“文件和文件夹任务”任务空格中选择“共享此文件夹”选项，弹出“文件夹 属性”对话框，如图 1-42 所示。

（2）在该对话框的“共享”选项卡下，勾选“网络共享和安全”选项区域中的“在网络上共享这个文件夹”复选框，然后在“共享名”文本框中输入共享名称，这里默认使用的共享名是文件夹本身的名称。如果不想让网络上的用户更改此文件，可以取消选中“允许网络用户更改我的文件”复选框。

（3）单击“确定”按钮，共享设置完毕。设置好的共享文件夹样式会变为，这样网络上的用户就可以通过“网上邻居”来访问共享的文件夹。

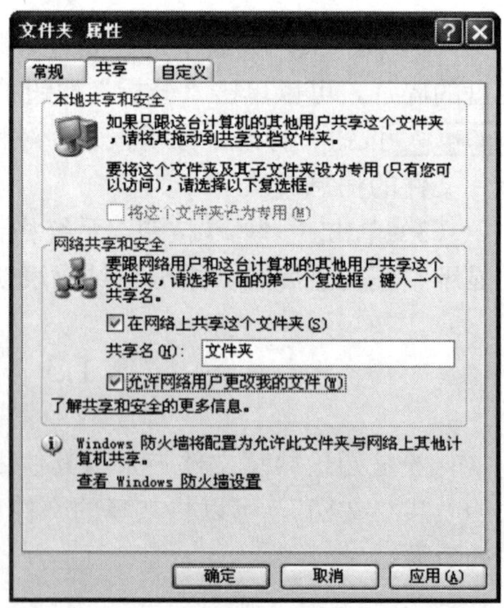

图 1-42

Ⅱ. 试题汇编

1.1　第 1 题

【操作要求】

考生按如下要求进行操作。

1. 进入操作系统

开机，进入 Windows XP 系统，启动“资源管理器”。

2. 建立考生文件夹

建立考生文件夹，文件夹名为考生准考证后 7 位。

3. 打开题库

C 盘中有考试题库 Win2007GJW 文件夹，文件夹结构如下：

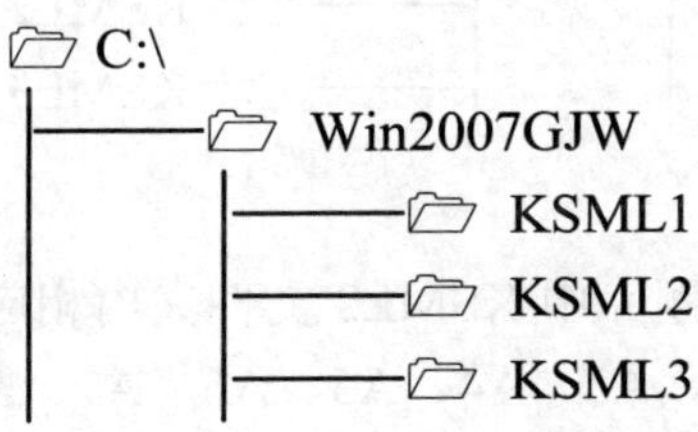

4. 复制、重命名文件

根据选题单指定题号，将题库中 KSML2 文件夹内相应的文件复制到考生文件夹中，将文件分别重命名为 A1、A2、A3、A4、A5、A6、A7、A8，扩展名不变。例如：选题单指定第二单元题号为 8，则将题库中 KSML2 文件夹内的 KS2-8.docx 复制到文件夹中，并重命名为 A2.docx。

5. 系统设置与优化

- 查找 C 驱动器中前 7 日创建的、大小至少在 30KB 的、扩展名为“.docx”的文件。
- 在任务栏上添加“桌面”工具栏，并将任务栏置于桌面的顶端。

1.2　第 2 题

【操作要求】

考生按如下要求进行操作。

1．进入操作系统

开机，进入 WindowsXP 系统，启动“资源管理器”。

2．建立考生文件夹

建立考生文件夹，文件夹名为考生准考证后 7 位。

3．打开题库

C 盘中有考试题库 Win2007GJW 文件夹，文件夹结构如下：

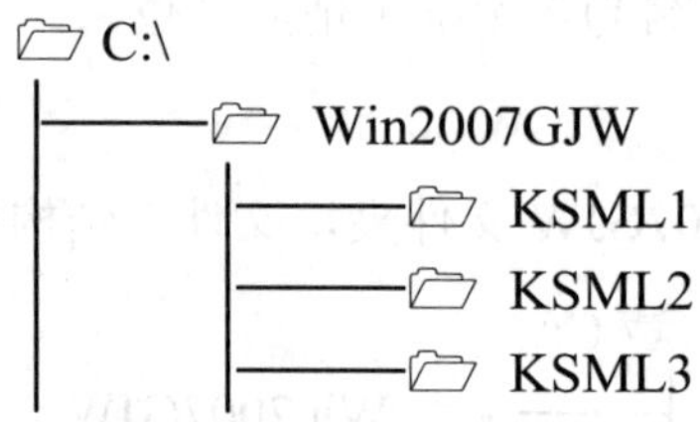

4．复制、重命名文件

根据选题单指定题号，将题库中 KSML2 文件夹内相应的文件复制到考生文件夹中，将文件分别重命名为 A1、A2、A3、A4、A5、A6、A7、A8，扩展名不变。例如：选题单指定第二单元题号为 8，则将题库中 KSML2 文件夹内的 KS2-8.docx 复制到文件夹中，并重命名为 A2.docx。

5．系统设置与优化

- 为“程序”菜单“附件”子菜单中的“画图”工具创建桌面快捷方式，并设置桌面图标为大图标。
- 创建新的电源使用方案，设置该方案名称为“考生方案”，15 分钟后关闭监视器，30 分钟后关闭硬盘，设置完成后应用该方案。

1.3　第 3 题

【操作要求】

1．进入操作系统

开机，进入 Windows XP 系统，启动“资源管理器”。

2．建立考生文件夹

建立考生文件夹，文件夹名为考生准考证后 7 位。

3．打开题库

C 盘中有考试题库 Win2007GJW 文件夹，文件夹结构如下：

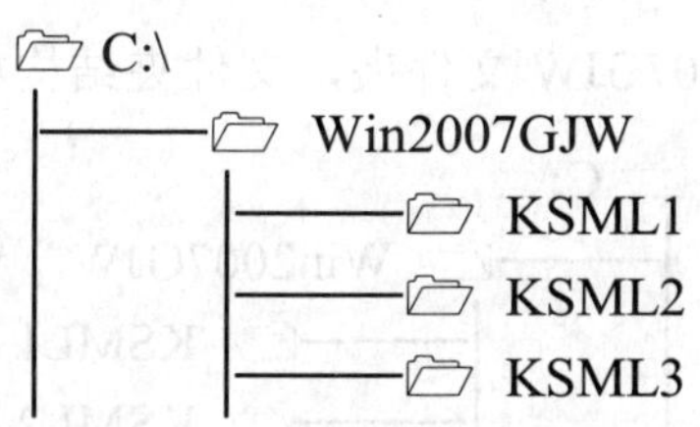

4．复制、重命名文件

根据选题单指定题号，将题库中 KSML2 文件夹内相应的文件复制到考生文件夹中，将文件分别重命名为 A1、A2、A3、A4、A5、A6、A7、A8，扩展名不变。例如：选题单指定第二单元题号为 8，则将题库中 KSML2 文件夹内的 KS2-8.docx 复制到文件夹中，并重命名为 A2.docx。

5．系统设置与优化

- 使用磁盘碎片整理程序对 C 驱动器进行整理。
- 将考生文件夹设置为共享，并设置共享名为“考试专用”，但不允许网络用户更改该文件。

1.4　第 4 题

【操作要求】

考生按如下要求进行操作。

1．进入操作系统

开机，进入 Windows XP 系统，启动“资源管理器”。

2．建立考生文件夹

建立考生文件夹，文件夹名为考生准考证后 7 位。

3．打开题库

C 盘中有考试题库 Win2007GJW 文件夹，文件夹结构如下：

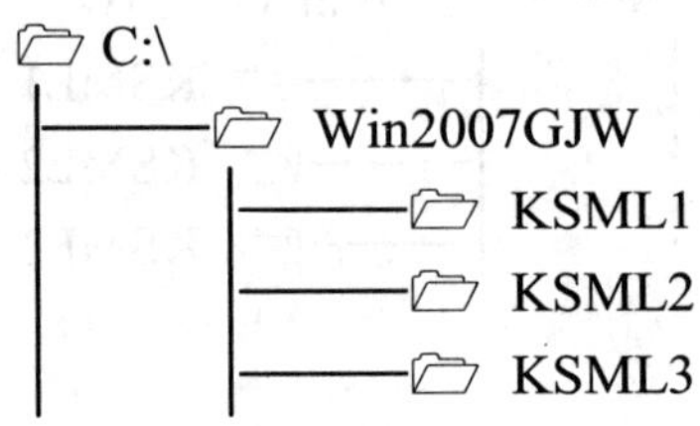

4．复制、重命名文件

根据选题单指定题号，将题库中 KSML2 文件夹内相应的文件复制到考生文件夹中，将文件分别重命名为 A1、A2、A3、A4、A5、A6、A7、A8，扩展名不变。例如：选题单指定第二单元题号为 8，则将题库中 KSML2 文件夹内的 KS2-8.docx 复制到文件夹中，并重命名为 A2.docx。

5．系统设置与优化

- 将桌面背景设置为图片 C:\Win2007GJW\KSML3\TUPIAN1-4.jpg，定位方式为居中。
- 设置当前日期为 2007 年 12 月 12 日，时间为 12 点 12 分 12 秒。

1.5　第 5 题

【操作要求】

考生按如下要求进行操作。

1．进入操作系统

开机，进入 Windows XP 系统，启动“资源管理器”。

2．建立考生文件夹

建立考生文件夹，文件夹名为考生准考证后 7 位。

3．打开题库

C 盘中有考试题库 Win2007GJW 文件夹，文件夹结构如下：

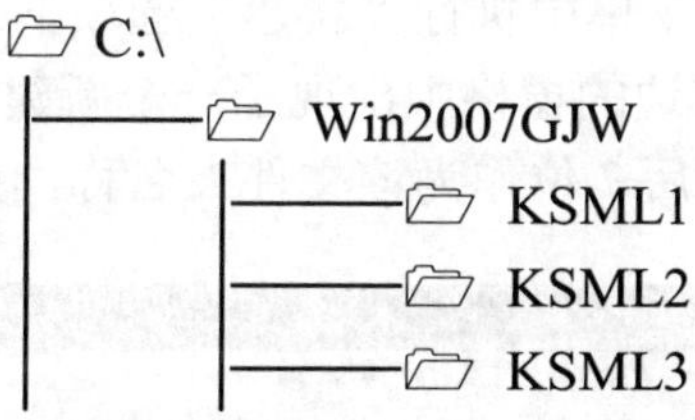

4．复制、重命名文件

根据选题单指定题号，将题库中 KSML2 文件夹内相应的文件复制到考生文件夹中，将文件分别重命名为 A1、A2、A3、A4、A5、A6、A7、A8，扩展名不变。例如：选题单指定第二单元题号为 8，则将题库中 KSML2 文件夹内的 KS2-8.docx 复制到文件夹中，并重命名为 A2.docx。

5．系统设置与优化

- 更改系统声音“Windows 默认”方案中“退出 Windows”程序事件的声音为“Windows XP 惊叹号.wav”。
- 将桌面上的“我的电脑”和“网上邻居”两个图标分别更改为 C:\Win2007GJW\KSML3\TUBIAO1-5A.exe 和 TUBIAO1-5B.exe，并设置桌面图标显示为大图标。

III. 试题解答

1.1　第 1 题

1. 进入操作系统

进入 Windows XP 操作系统后，单击“开始”菜单，执行“所有程序”→“附件”→“Windows 资源管理器”命令。

2. 建立考生文件夹

举例：如果考生的准考证号为 0490010610314000001，则考生文件夹名为 4000001。

（1）在打开的“资源管理器”左边的窗格中选择“本地磁盘（C:)”，在右边窗格的空白位置右击，在弹出的快捷菜单中执行“新建”选项下的“文件夹”命令。

（2）在“资源管理器”右边的窗格中出现了一个新建的文件夹，并且该文件夹名处于编辑状态，输入考生准考证后 7 位作为该文件夹名称，如图 1-43 所示。

图 1-43

3. 打开题库

在“资源管理器”左边的窗格中打开 C:\Win2007GJW 文件夹，如图 1-44 所示。

图 1-44

4. 复制、重命名文件

举例：如果考生的选题单为

单元	一	二	三	四	五	六	七	八
题号	12	8	13	14	15	6	18	4

则应将题库中 KSML2 文件夹内的文件 KS1-12.docx、KS2-8.docx、KS3-13.docx、KS4-14.xlsx、KS5-15.xlsx、KS6-6.pptx、KS7-18.docx、KS8-4.pst 复制到考生文件夹中，并分别重命名为 A1.docx、A2.docx、A3.docx、A4.xlsx、A5.xlsx、A6.pptx、A7.docx、A8.pst。

（1）在“资源管理器”左边的窗格中打开 KSML2 文件夹，根据选题单在右边的内容窗格中选择相应的文件。

（2）执行“编辑”菜单的“复制”命令，在“资源管理器”中打开新建的考生文件夹，再执行“编辑”菜单的“粘贴”命令，考题即被复制到考生文件夹中。

（3）依次在每个考题文件上右击，在弹出的快捷菜单中执行“重命名”命令，根据试题要求对每个文件进行重命名，重命名时注意不要改变原试题文件的扩展名。

5. 系统设置与优化

（1）打开“资源管理器”，在工具栏上单击“搜索”按钮 搜索 ，对话框左侧弹出“搜索”任务窗格。在“搜索范围”下拉列表中选择“本地磁盘（C:）”选项；打开“搜索选项”下拉列表，勾选“日期”复选框，在“日期”下拉列表中选择“创建的文件”选项；勾选“前”复选框，在后面的文本框中输入或调整为“7”天；勾选“大小”复选框，在下拉列表中选择“至少”选项，在后面的文本框中输入或调整为“30”KB；在“要搜索的文件或文件夹名为”文本框中输入“.docx”。单击“立即搜索”按钮，则右边的窗格中出现搜索的文件结果。如图 1-45 所示。

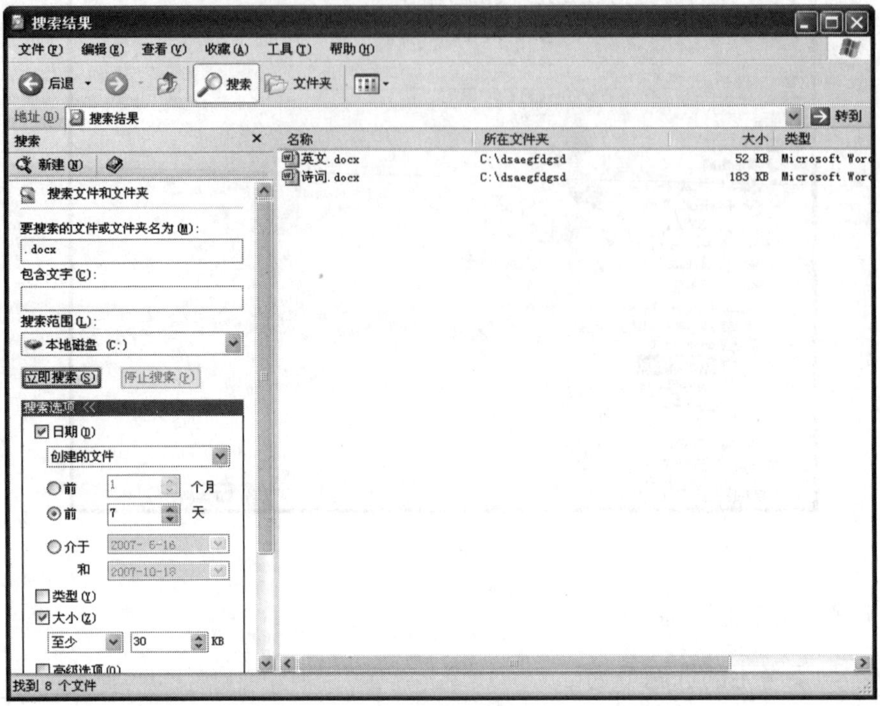

图 1-45

（2）右击任务栏，在弹出的如图 1-46 所示的快捷菜单中选择“工具栏”子菜单中的“桌面”选项，“桌面”工具栏即可显示在任务栏上。

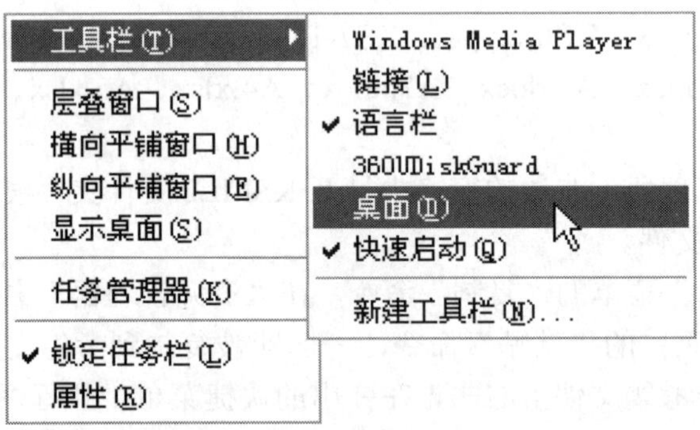

图 1-46

（3）右击任务栏，在弹出的快捷菜单中单击“锁定任务栏”选项，取消锁定任务栏，将光标置于任务栏上，按住鼠标左键拖拽至桌面的顶端，释放鼠标，即可将任务栏置于桌面的顶端。

1.2　第 2 题

步骤 1~4 请参考 1.1 解答，此处略。

5. 系统设置与优化

（1）单击“开始”菜单，找到“所有程序”→“附件”→“画图”工具，右击“画图”工具，打开快捷菜单，在“发送到”列表中选择“桌面快捷方式”选项即可。

（2）在“桌面”空白处右击鼠标，在打开的快捷菜单中选择“属性”选项。

（3）在“显示 属性”对话框的“外观”选项卡下，单击“效果”按钮，如图 1-47 所示。

（4）在打开的“效果”对话框下，勾选“使用大图标”复选框，单击“确定”按钮，如图 1-48 所示。返回至“显示 属性”对话框，单击“确定”按钮即可。

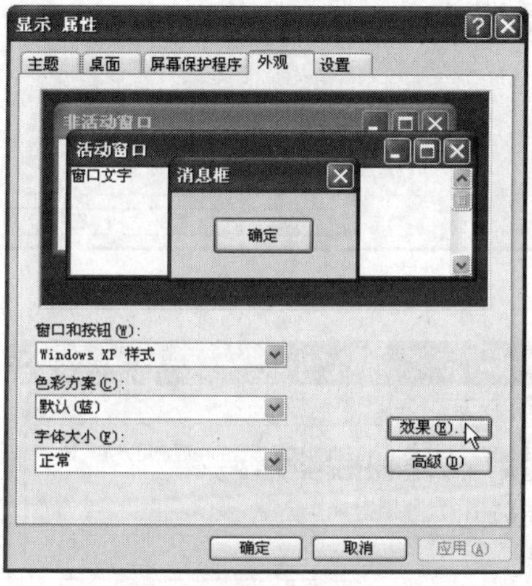

图 1-47

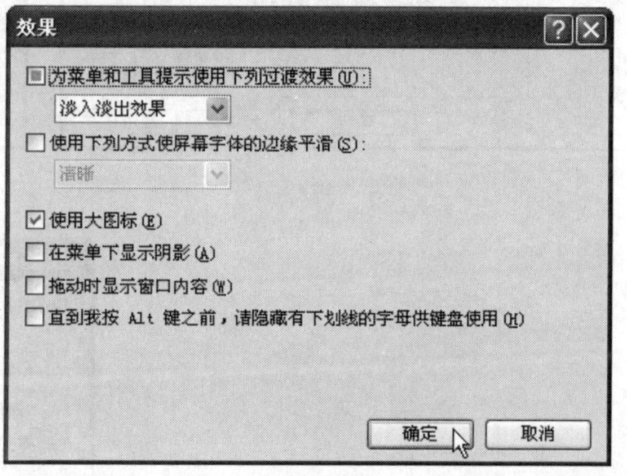

图 1-48

（5）在“桌面”空白处右击，在打开的快捷菜单中选择“属性”选项，弹出“显示 属性”对话框。

（6）在“显示 属性”对话框的“屏幕保护程序”选项卡下，单击“电源”按钮，如图 1-49 所示。

（7）在打开“电源选项 属性”对话框的“电源使用方案”选项卡下，单击“另存为”按钮，如图 1-50 所示。

（8）打开 “保存方案”对话框，在“将这个电源使用方案另存为”文本框中输入“考生方案”，单击“确定”按钮，如图 1-51 所示。返回至“电源选项 属性”对话框。

（9）在“电源选项 属性”对话框的“电源使用方案”选项卡下，单击“关闭监视器”的下拉按钮，选择“15 分钟之后”选项；单击“关闭硬盘”的下拉按钮，选择“30 分钟之后”选项，单击“确定”按钮，如图 1-52 所示。返回至“显示 属性”对话框，单击“确定”按钮即可。

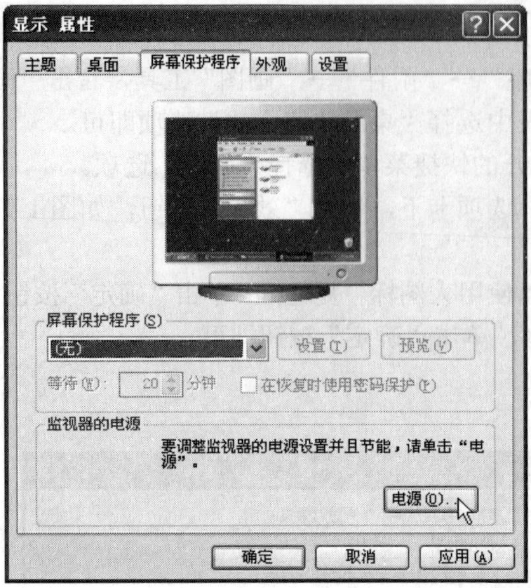

图 1-49

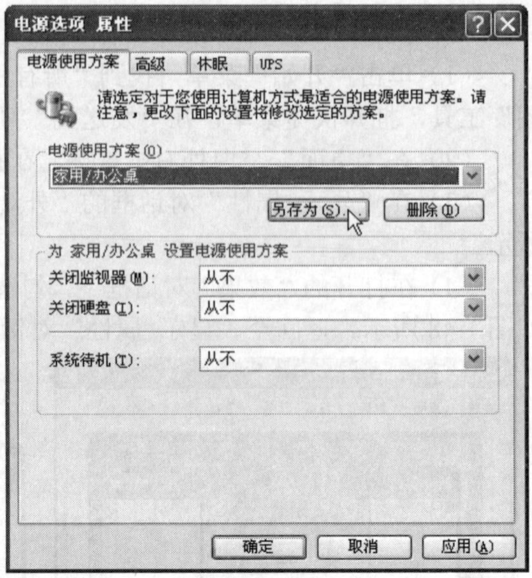

图 1-50

图 1-51

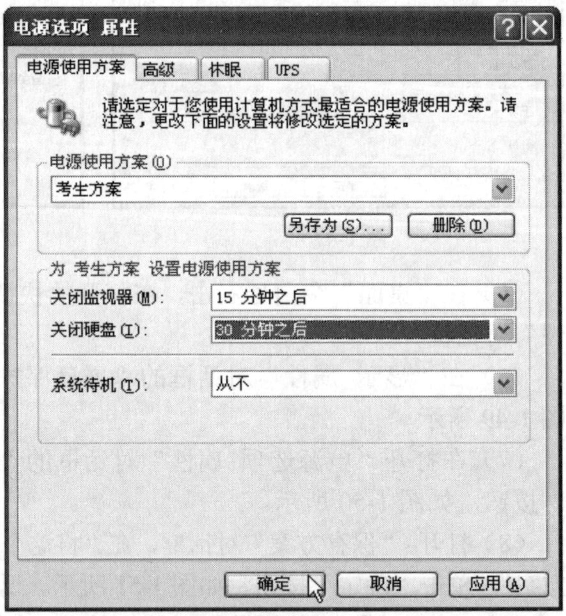

图 1-52

1.3 第 3 题

步骤 1~4 请参考 1.1 解答，此处略。

5. 系统设置与优化

（1）单击“开始”菜单，执行“所有程序”→“附件”→“系统工具”→“磁盘碎片整理程序”命令，打开“磁盘碎片整理程序”对话框，将 C 驱动器为选中状态，单击“碎片整理”按钮，如图 1-53 所示。开始整理 C 驱动器。

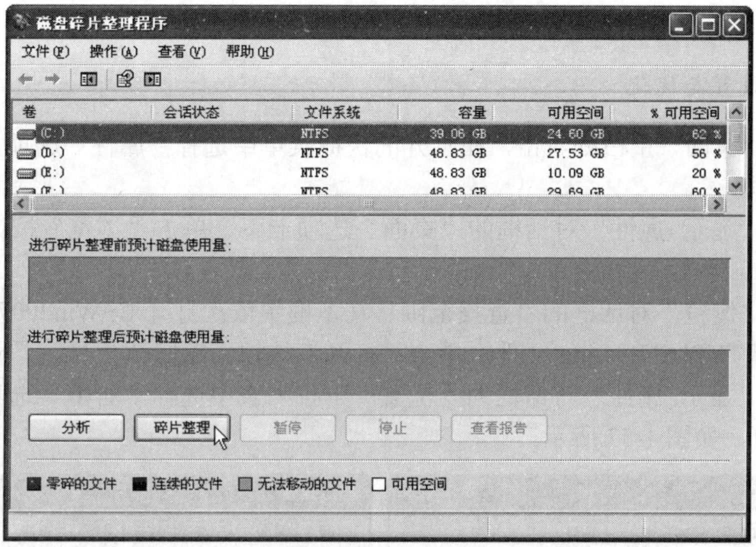

图 1-53

举例：如果考生的准考证号为 0490010610314000001，则考生文件夹名为 4000001。

（2）右击考生文件夹，打开快捷菜单，选择“属性”选项，弹出“4000001 属性”对话框。在“4000001 属性”对话框的“共享”选项卡下，勾选“网络共享和安全”选项区域的“在网络上共享这个文件夹”复选框，在“共享名”后面的文本框中输入“考试专用”，取消选中“允许网络用户更改我的文件”复选框，单击“确定”按钮即可，如图 1-54 所示。

（3）文件夹下出现一个手形的图标，表示设置成功，如图 1-55 所示。

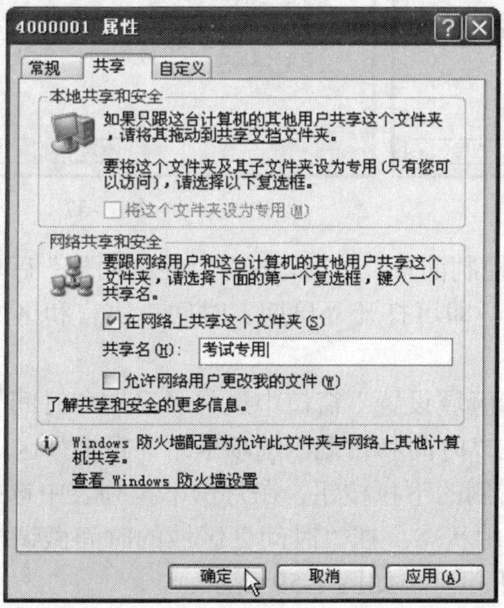

图 1-54

图 1-55

1.4 第 4 题

步骤 1~4 请参考 1.1 解答，此处略。

5. 系统设置与优化

（1）在“桌面”空白处右击，在打开的快捷菜单中选择“属性”选项，弹出“显示 属性”对话框。

（2）在“显示 属性”对话框的“桌面”选项卡下，单击“浏览”按钮，如图 1-56 所示。

（3）在“浏览”对话框的“查找范围”文本框中依次打开 C:\Win2007GJW\KSML3 文件夹，选择 TUPIAN1-4.jpg 文件，单击“打开”按钮。返回至“显示 属性”对话框。

（4）在“显示 属性”对话框的“位置”下拉列表中选择“居中”选项，单击“确定”按钮即可，如图 1-57 所示。

图 1-56

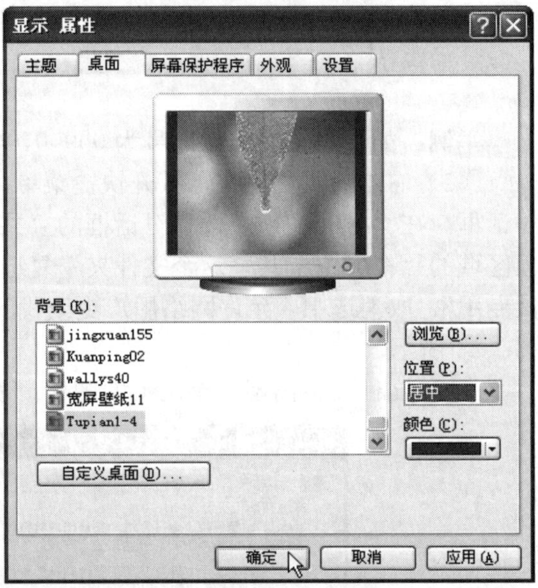

图 1-57

（5）在“开始”菜单中选择“控制面板”选项，打开“控制面板”后单击其中的“日期、时间、语言和区域设置”选项，即可打开“日期、时间、语言和区域设置”窗口，如图 1-58 所示。

（6）在“日期、时间、语言和区域设置”窗口中选择“日期和时间”选项，即可打开“日期和时间 属性”对话框。在“时间和日期”选项卡下“日期”区域的年份微调框中调整或输入“2007”，单击月份右侧的下拉按钮，在月份下拉列表中选择“十二月”选项，在日期列表中单击“12”为选中状态；在“时间”区域的时间微调框中调整或输入“12：12：12”，单击“确定”按钮即可，如图 1-59 所示。

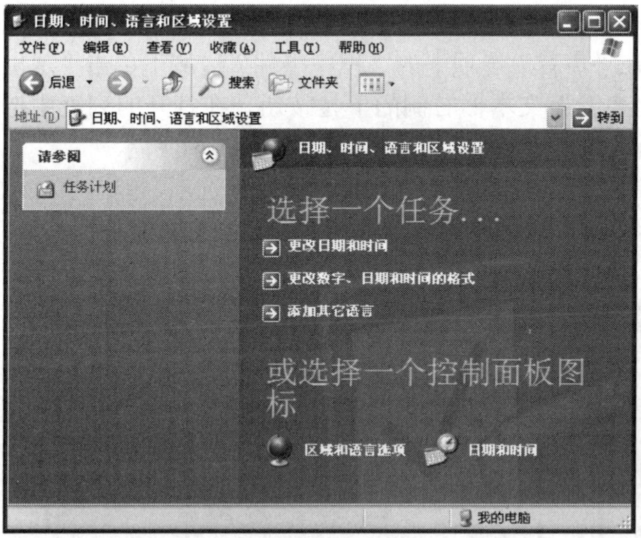

图 1-58

图 1-59

1.5　第 5 题

步骤 1~4 请参考 1.1 解答，此处略。

5. 系统设置与优化

（1）在“开始”菜单中选择“控制面板”选项，打开“控制面板”后选择其中的“声音、语音和音频设备”选项，即可打开“声音、语音和音频设备”窗口，如图 1-60 所示。

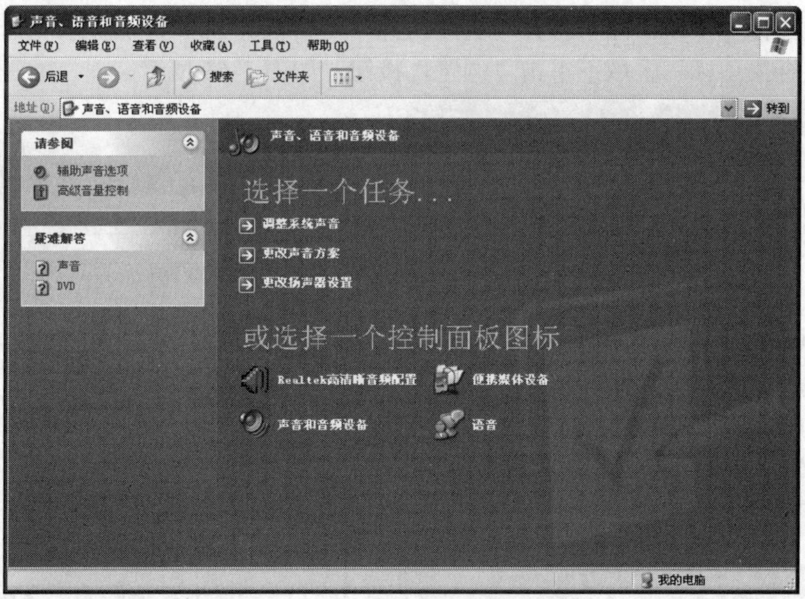

图 1-60

（2）在“声音、语音和音频设备”窗口中选择“声音和音频设备”选项，即可打开“声音和音频设备 属性”对话框。在“声音”选项卡的“程序事件”区域下单击“退出 Windows”选项为选中状态，单击“声音”文本框右侧的下拉按钮，在打开的列表中选择“Windows XP 惊叹号.wav”选项，单击“确定”按钮即可，如图 1-61 所示。

（3）在“桌面”空白处右击，在打开的快捷菜单中选择“属性”选项，弹出“显示 属性”对话框。在“显示 属性”对话框的“桌面”选项卡下，单击“自定义桌面”按钮，如图 1-62 所示。

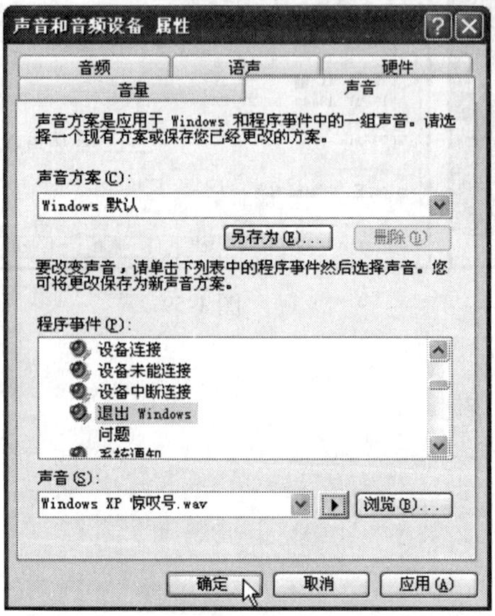

图 1-61

图 1-62

（4）在弹出的“桌面项目”对话框的“常规”选项卡下，选中“我的电脑”图标，单击“更改图标”按钮，即可打开“更改图标”对话框。在“更改图标”对话框的“在这个文件中查找图标”区域下单击“浏览”按钮，如图 1-63 所示。

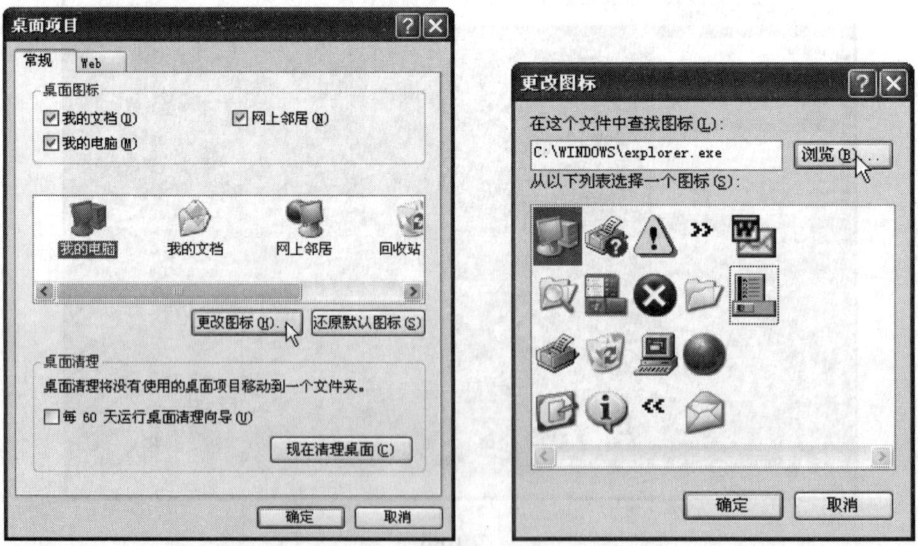

图 1-63

（5）在弹出的“更改图标”查找框的“查找范围”文本框中依次打开 C:\Win2007GJW\KSML3 文件夹，选择 TUBIAO1-5A.exe 文件，单击“打开”按钮，如图 1-64 所示。返回至“更改图标”对话框。

（6）在“更改图标”对话框中单击“确定”按钮，如图 1-65 所示。返回至“桌面项目”对话框。

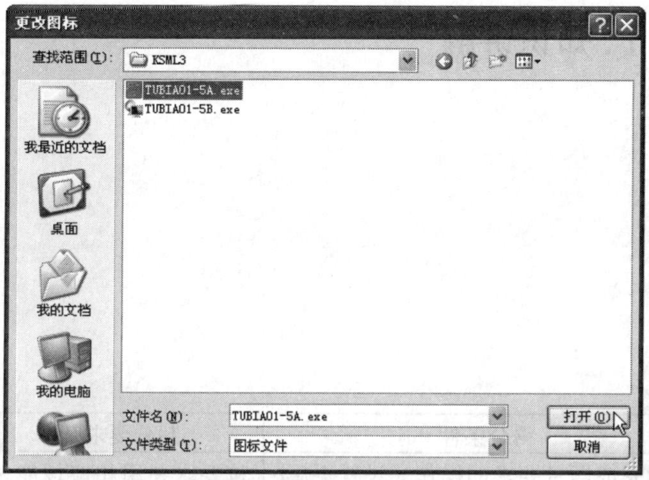

图 1-64

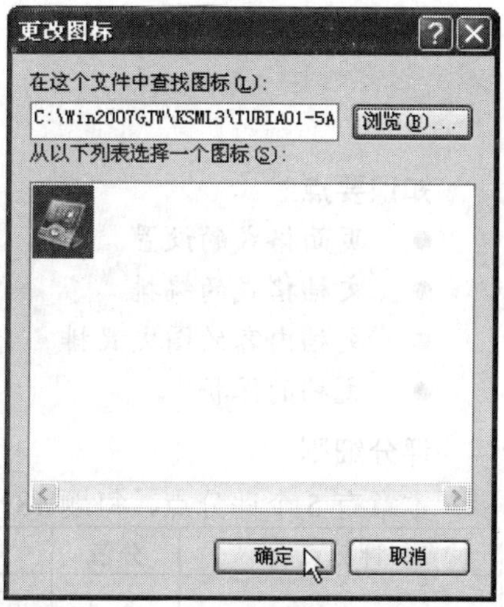

图 1-65

（7）在“桌面项目”对话框中，选中“网上邻居”图标，单击“更改图标”按钮，即可打开“更改图标”对话框。

（8）在“更改图标”对话框的“在这个文件中查找图标”区域下单击“浏览”按钮，在弹出的“更改图标”查找框的“查找范围”文本框中依次打开 C:\Win2007GJW\KSML3 文件夹，选择 TUBIAO1-5B.exe 文件，单击“打开”按钮，返回至“更改图标”对话框。

（9）在“更改图标”对话框中单击“确定”按钮，返回至“桌面项目”对话框。在“桌面项目”对话框中单击“确定”按钮，返回至“显示 属性”对话框。

（10）在“显示 属性”对话框的“外观”选项卡下，单击“效果”按钮，弹出“效果”对话框。

（11）在打开的“效果”对话框下，勾选“使用大图标”复选框，单击“确定”按钮，返回至“显示 属性”对话框，单击“确定”按钮即可。

第 2 章　文档处理的基本操作

Ⅰ. 知识讲解

知识要点

- 页面格式的设置
- 文档格式的编排
- 文档内容的图文混排
- 文档的保护

评分细则

本章有 5 个评分点，每题 18 分。

评分点	分值	得分条件	判分要求
设置文档页面格式	5	正确完成题目要求的操作（设置页眉/页脚、页面大小、页边距、多栏设置等），要求类型选择正确、设置正确、内容完整、项目完整、数值准确	按要求使用相应技能点完成全部设置，否则不得分，有数值要求的须严格掌握
设置文档编排格式	6	正确完成题目要求的操作（设置艺术字、字体格式、段落格式、项目符号和编号、边框和底纹等）	按要求完成全部设置，错一项扣 0.5 分，直至扣完为止
文档的插入设置	2	插入图片的位置、大小、环绕方式正确	有数值要求的，须严格掌握，错一项扣 1 分，直至扣完为止
插入、绘制文档表格	3	插入的表格行、列正确，按要求自动套用格式，按要求为表格添加边框或合并、拆分行与列	错一项酌情扣 0.5--1 分，直至扣完为止
文档整理、修改和保护	2	正确完成指定项目的设置	按要求完成全部设置，否则不得分

2.1　页面格式的设置

虽然现在提倡无纸化办公，但在日常工作中还是经常会使用到书面的文档，这就需要将文档打印出来。将文档编辑完毕后，首先需要设置文档的页面，使其达到所需要的文档要求。对于内容较多的文档，通常还需要为其设置页眉和页脚，以便于进行管理。本节将介绍文档页面格式的设置，主要包括页眉和页脚的设置、文档的页面设置、特殊版式的设置等。

2.1.1　页眉、页脚与页码的设置

页眉和页脚都是文档的重要组成部分，是文档中每个页面的顶部、底部和两侧页边距中的区域。可以在页眉和页脚中插入或更改文本和图形，也可以添加页码、时间和日期、公司徽标、文档标题、文件名或作者姓名等。这样就可以在阅读时从页眉页脚中知道相应的信息，如当前页数、当前阅读的小节、文档名字、编写的信息等。

1. 插入页眉和页脚

在“插入”选项卡的“页眉和页脚”组中，可以执行插入页眉、页脚和页码的操作，如图 2-1 所示。

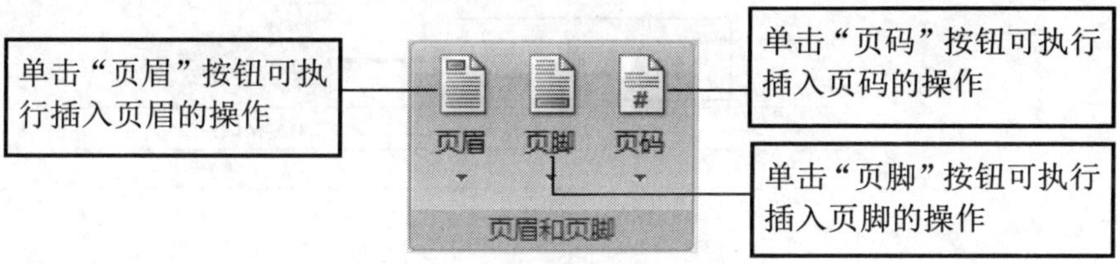

图 2-1

插入页眉的具体操作步骤如下。

（1）在“插入”选项卡的“页眉和页脚”组中，单击“页眉”按钮。

（2）在弹出的下拉列表中选择所需要的页眉样式，如图 2-2 所示。页眉即被插入到文档的每一页中。

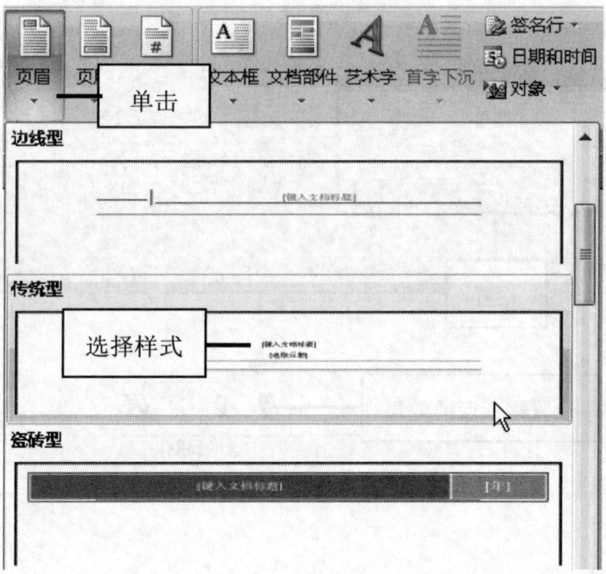

图 2-2

（3）此时光标在文档顶端的页眉区域闪烁，直接输入所需要的页眉内容即可，如图 2-3 所示。

（4）插入页脚的方法与插入页眉是相同的。

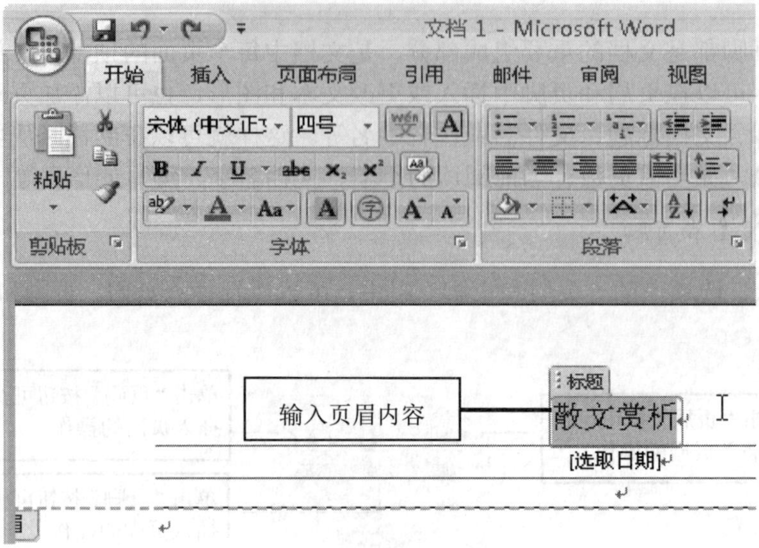

图 2-3

2. 设置页眉和页脚格式

在插入页眉和页脚后，为了使其达到更加美观的效果，还可以为其设置格式。设置页眉和页脚格式的方法与设置文档中的普通文本相同。具体操作步骤为：选择页眉或页脚中的文本内容，切换至“开始”选项卡，为其设置所需要的字体格式，如图 2-4 所示。

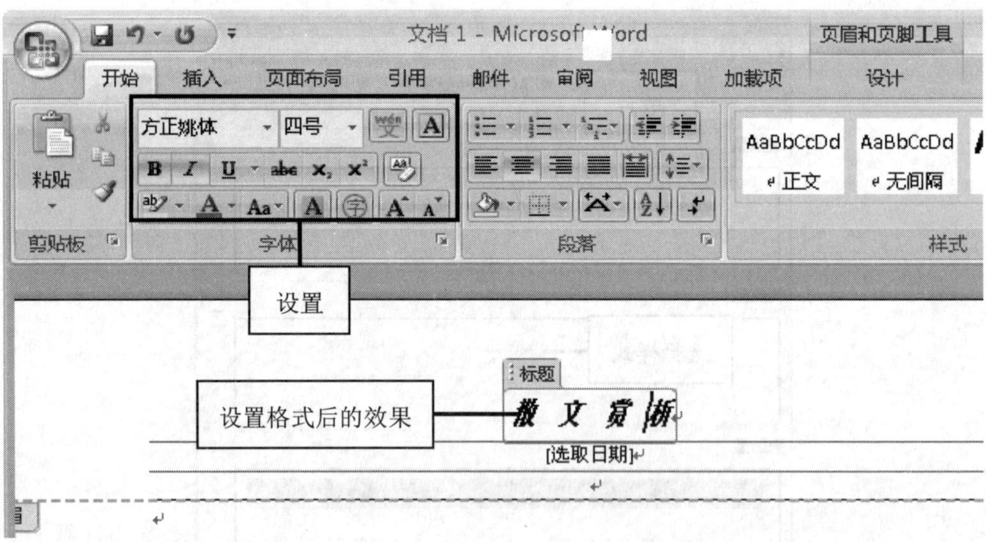

图 2-4

3. 删除页眉、页脚

在“插入”选项卡的“页眉和页脚”组中，单击“页眉”或“页脚”按钮，在下拉列表中选择“删除页眉”或“删除页脚”命令，页眉或页脚即被从整个文档中删除。

4. 页码

（1）插入页码：为了方便对文档进行阅读和管理，还可以在文档中插入页码。一般情况下，页码显示在文档的底端，可以根据自己的需要选择样式来确定页码显示的位置。具体操作步骤为：在“页眉和页脚工具”的“设计”选项卡中，单击“页码”按钮，在弹出的下拉列表中选择插入位置，再在弹出的列表中选择所需要的页码样式即可，如图 2-5 所示。

（2）设置页码格式：如果对页码格式不满意，还可以设置页码的格式。具体操作步骤为：在“页眉和页脚工具”的“设计”选项卡中，单击“页码”按钮，在弹出的下拉列表中选择“设置页码格式”选项，弹出“页码格式”对话框，在“编号格式”列表框中选择所需要的页码格式，如图 2-6 所示。

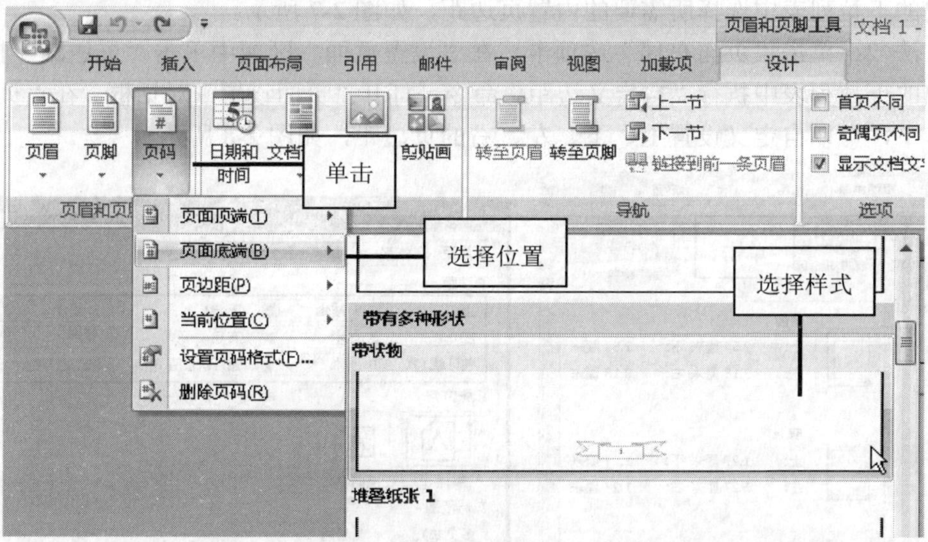

图 2-5

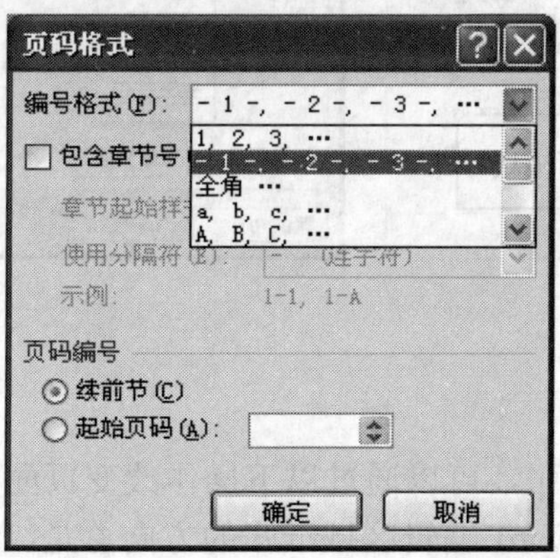

图 2-6

2.1.2 文档的页面设置

文档类型不同，对页面要求也有所不同，为了使文档具有良好的打印效果，需要根据实际需要对文档进行相应的页面设置。页面设置主要包括为设置文档的页边距、纸张方向和大小、分栏格式、页面背景等。

1. 设置页边距

所谓页边距指的是页面上打印区域之外的空白区域，可以根据自己的需要进行相应的设置。在页边距的可打印区域中，可以插入文字和图形，也可以将某些项放在页边距中，如页眉、页脚和页码。设置页边距有两种方法，可以在功能区中选择内置的页边距，也可以在对话框中自定义设置。

方法 1：单击“页面布局”选项卡，在“设置页面”区域中单击“页边距”按钮，在弹出的下拉列表中选择所需要的内置页边距，如图 2-7 所示。

方法 2：单击“页面布局”选项卡，在“设置页面”区域中单击“页边距”按钮，在弹出的下拉列表中执行“自定义边距”命令，打开“页面设置”对话框。在“页边距”选项卡下，可以自定义设置上、下、左、右的页边距，如图 2-8 所示。

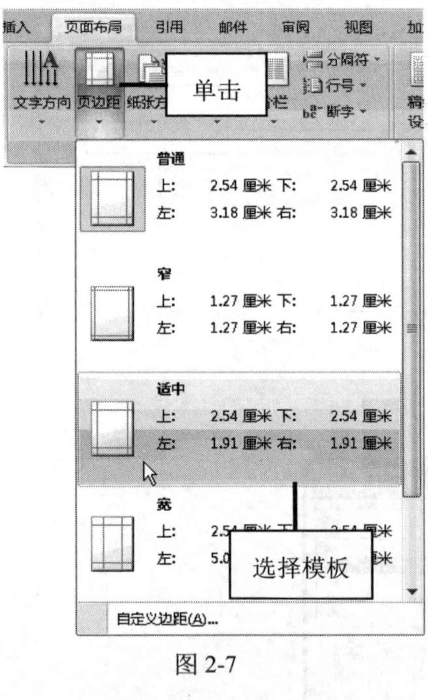

图 2-7

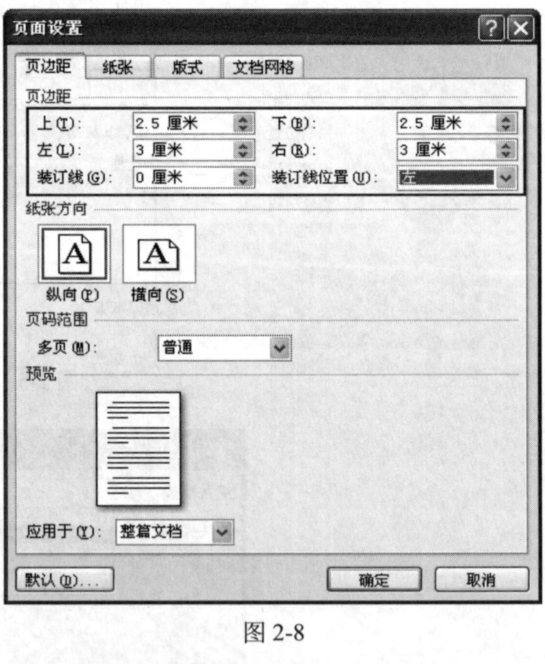

图 2-8

2. 设置纸张方向和大小

为了适应不同的打印纸张，可以通过以下操作改变页面方向和大小。

（1）在默认情况下，Word 编辑区域纸张的方向总是纵向排列的，如果想编辑横幅面的内容，可以在“页面布局”选项卡的“设置页面”区域中，单击“纸张方向”按钮，在弹出的下拉列表中执行“横向”命令，如图 2-9 所示。

（2）在“页面布局”选项卡的“设置页面”区域中，单击“纸张大小”按钮，在弹出的下拉列表中可以选择适合的纸张大小，如 A4、B4 等，如图 2-10 所示。

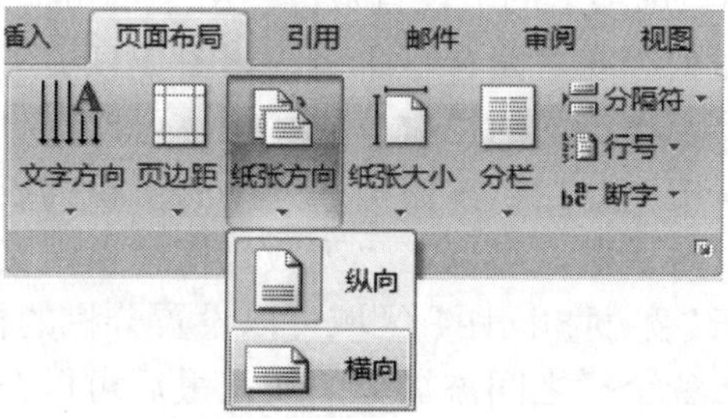

图 2-9

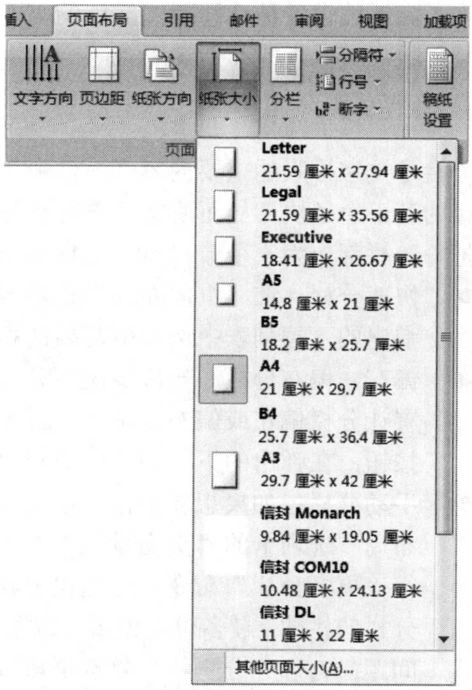

图 2-10

（3）如果使用的打印纸张较为特殊，可以通过以下方法自定义纸张的大小：在“页面布局”选项卡的“页面设置”区域中，单击“纸张大小”按钮，在弹出的下拉列表中执行“其他页面大小”命令。在弹出的“页面设置”对话框中选择“纸张”选项卡，在“纸张大小”区域可直接输入所需要的宽度值和高度值，最后单击“确定”按钮完成此次设置，如图 2-11 所示。

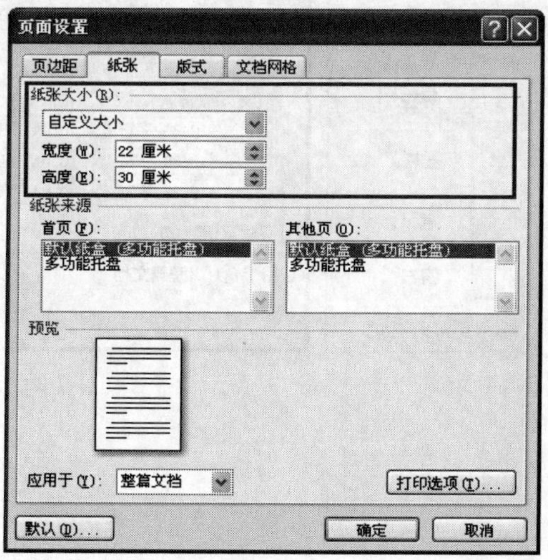

图 2-11

2.1.3　特殊版式的设置

为了满足编辑各种特殊版式文档的需要，Word 2007 提供了各种特殊的排版方式，如分栏排版、特殊版式和中文版式等。

1. 分栏排版

分栏是文字排版的重要内容之一，所谓分栏排版就是指按实际排版需求，将文本分成并排的若干个条块，从而使文档美观整齐，易于阅读。Word 2007 具有分栏排版功能，可以把每一栏都作为一个节对待，这样就可以对每一栏单独进行格式化和版面设计。

- 快速分栏：在“页面布局”选项卡的“设置页面”组中单击“分栏”按钮，在弹出的下拉列表中选择所需要的栏数。
- 偏左、偏右分栏：一般情况下各分栏都是相同的宽度，根据排版的需要可以设置让分栏偏左或偏右。在“页面布局”选项卡的“设置页面”组中单击“分栏”按钮，在弹出的下拉列表中选择“偏左”或“偏右”命令，如图 2-12 所示。
- 手动分栏：如果想要根据自己的需要设置不同的栏数、栏宽等，可以在“页面布局”选项卡的“页面设置”组中单击“分栏”按钮，在弹出的下拉列表中执行“更多分栏”命令，弹出“分栏”对话框，可以在“列数”框中自定义设置分栏的栏数，最多可以设置 12 栏；在“宽度和间距”区域可以设置分栏的栏宽、间距；勾选“分隔线”复选框可以在各个栏之间添加分隔线；最后可以在“应用于”列表下选择将设置应用于“整篇文档”、“所选文字”或是“插入点之后”，如图 2-13 所示。

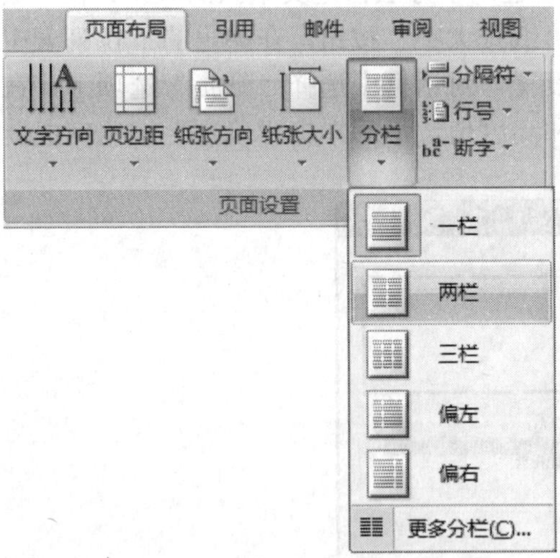

图 2-12

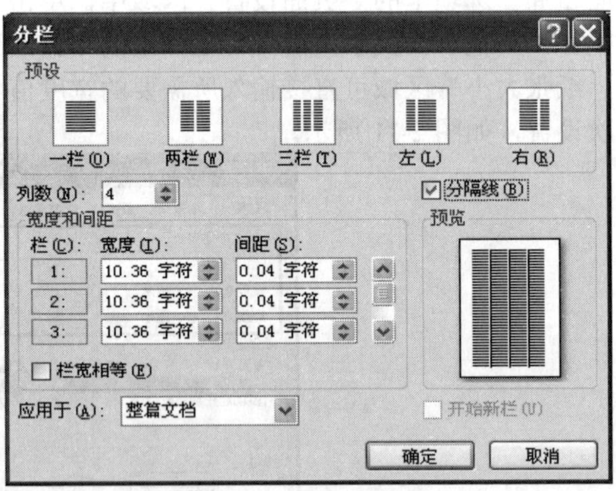

图 2-13

2. 特殊版式

（1）首字下沉。

所谓首字下沉就是文档中段首的一个字或前几个字被放大，放大的程度可以自行设定，并呈下沉或悬挂的方式显示，其他字符围绕在它的右下方。这种排版方式经常用在一些报刊杂志上。在 Word 2007 中，首字下沉共有两种不同的方式，一种是普通下沉，另一种是悬挂下沉。两种方式的区别在于："下沉"方式设置的下沉字符紧靠其他的文字，而"悬挂"方式设置的字符可以随意地移动其位置。

为文档设置首字下沉的具体步骤为：将光标定位在要设置的段落，在"插入"选项卡的"文本"组中单击"首字下沉"按钮，在弹出的下拉列表中单击"下沉"或"悬挂"按钮，如图 2-14 所示。

如果要对下沉方式进行详细设置，可单击"首字下沉选项"按钮，在打开的"首字下沉"对话框的"位置"选项区域中，可以选择首字的方式；在"选项"区域可以设置下沉字符的字体、下沉时所占用的行数以及与正文之间的距离，如图 2-15 所示。

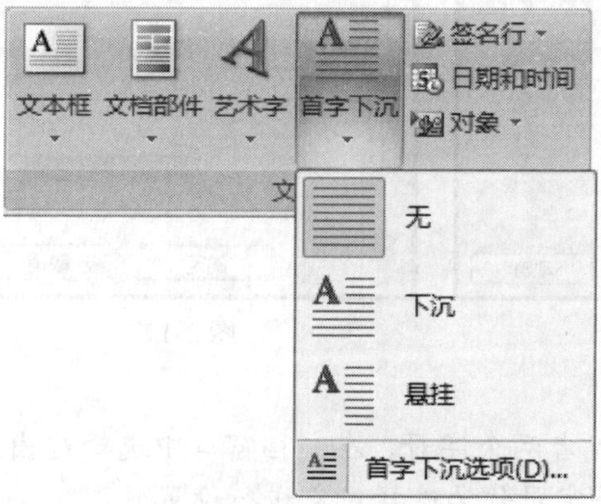

图 2-14

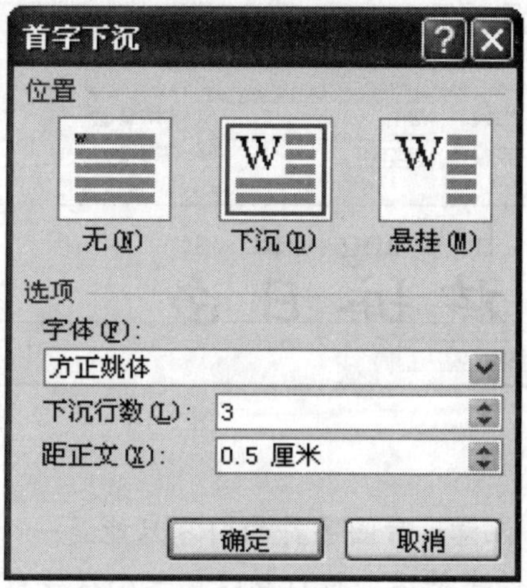

图 2-15

（2）拼音指南。

使用 Word 2007 提供的拼音指南功能可对文档内的任意文本内容添加拼音。添加的拼音位于所选文本的上方，并且可以设置拼音的对齐方式。首先选中需要添加拼音的文本内容，然后在"开始"选项卡的"字体"组中单击"拼音指南"按钮，在弹出的"拼音指南"对话框中设置文本拼音的字体、字号、对齐方式、偏移量等选项，如图 2-16 所示。

各选项的功能如下所示。

- 基准文字：用于修改被标注拼音的字符。
- 拼音文字：用于修改标注的拼音字母。
- 对齐方式：用于设置被标注的拼音的对齐方式。
- 偏移量：用于设置拼音与文字之间的间隔距离。
- 组合：用于将分开标注拼音的单字组合成一个词组，标注的拼音也相应地产生组合。
- 单字：用于拆散组合在一起的词组，使词组分解成单字分别标注拼音。
- 全部删除：用于删除"拼音文字"文本框中的所有拼音。
- 默认读音：用于对文本恢复拼音输入的标准读音。

注意：在 Word 2007 中，使用拼音指南一次只能对 30 个字符进行添加拼音操作，如果选中的字符超过 30 个，那么 30 个以外的字符将不再进行拼音标注。

（3）带圈字符。

在编辑文字时，有时候需要对某些文字进行突出强调，在 Word 2007 中，使用带圈字符功能可以轻松地为字符添加圈号。在制作带圈字符时，必须先选择需要被圈的文字，然后在“开始”选项卡的“字体”组中单击“带圈字符”按钮，在弹出的“带圈字符”对话框中设置圈符样式，并选择不同的圈号，如图 2-17 所示。

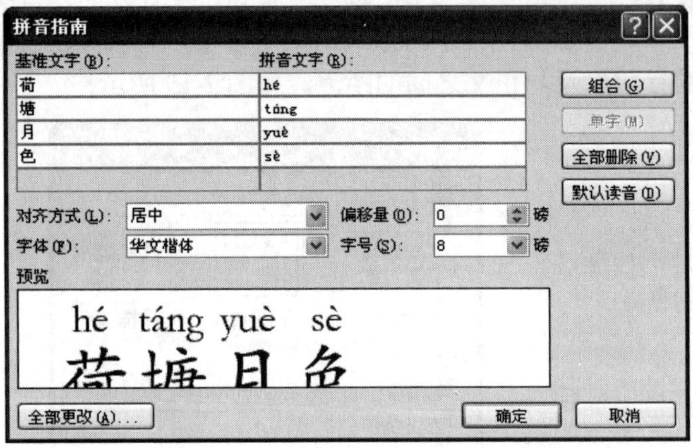

图 2-16

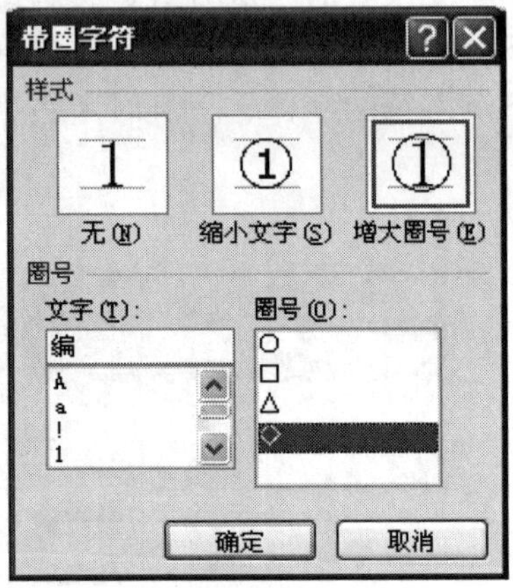

图 2-17

注意：带圈字符的内容只能是一个汉字或者两个字母，在文档窗口中选择超出上述限制的字符后，将自动以第一个汉字或前两个字母作为选择对象进行设置。

3. 中文版式

Word 2007 提供了独特的、具有中文特色的中文版式功能，包括纵横混排、合并字符、双行合一等。

（1）纵横混排。

在默认情况下，文档中文本的内容都是横向排列的，有时出于某种需要必须使文字纵横混排，这时就可以使用 Word 2007 的纵横混排功能，使横向排版的文本在原基础上向左旋转 90°，形成纵横混排。

要给文本设置纵横混排效果，首先要选中需要设置的文本内容，然后在“开始”选项卡的“段落”组中单击“中文版式”按钮，在弹出的下拉列表中选择“纵横混排”选项，如图 2-18 所示。在打开的“纵横混排”对话框中勾选“适应行宽”复选框，Word 将自动调整文本行的宽度，如图 2-19 所示。

如果要删除纵横混排效果，可选择纵向排列的文本，打开“纵横混排”对话框，单击“删除”按钮，即可恢复所选文本的横向排列效果。

（2）合并字符。

在 Word 2007 中可以设置合并字符效果，该效果能使所选的字符排列成上下两行，并且可以设置合并字符的字体和字号。

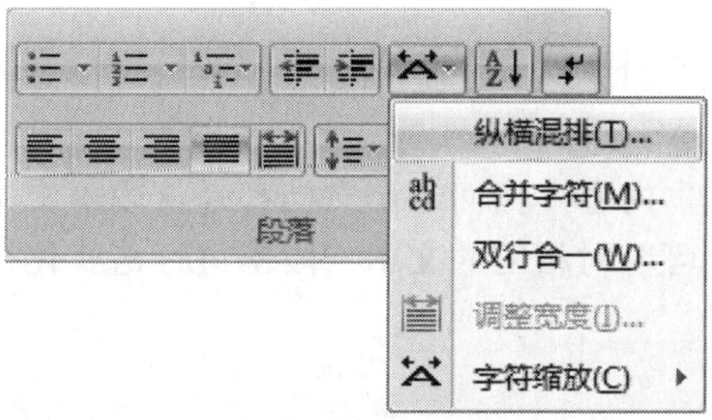

图 2-18

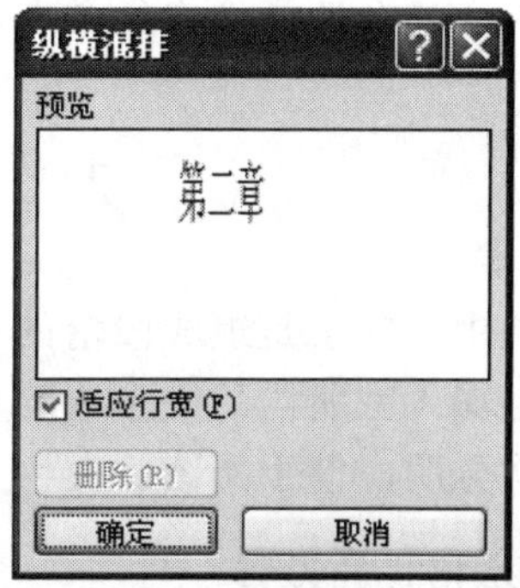

图 2-19

要给文本设置合并字符效果，首先要选中需要设置的文本内容，然后在“开始”选项卡的“段落”组中单击“中文版式”按钮，在弹出的下拉列表中选择“合并字符”选项，打开“合并字符”对话框。在“文字”文本框中可以对文字内容进行修改，在“字体”、“字号”文本框中设置文本的字体、字号，如图 2-20 所示。如果要删除合并字符效果，选中合并的字符，再打开“合并字符”对话框，单击“删除”按钮，即可取消所选字符的合并效果。

注意：合并的字符不能超过 6 个汉字的宽度，即可以合并 12 个半角英文字符，超过此长度的字符，将被自动截断。

（3）双行合一。

在 Word 2007 中设置的双行合一效果能使所选的位于同一行的文本内容平均地变为两行，并使其在一行中显示出来。在必要的情况下，还可以为双行合一的文本添加不同类型的括号。

要给文本设置双行合一效果，首先要选中需要设置的文本内容，然后在“开始”选项卡的“段落”组中单击“中文版式”按钮，在弹出的下拉列表中选择“双行合一”选项，打开“双行合一”对话框。在“文字”文本框中可以对文字内容进行修改；勾选“带括号”复选框后，可在“括号样式”列表框中选择为双行合一的文本添加不同类型的括号，如图 2-21 所示。如果要删除双行合一的文本时，需先选中这些文本，再打开“双行合一”对话框，单击“删除”按钮即可。

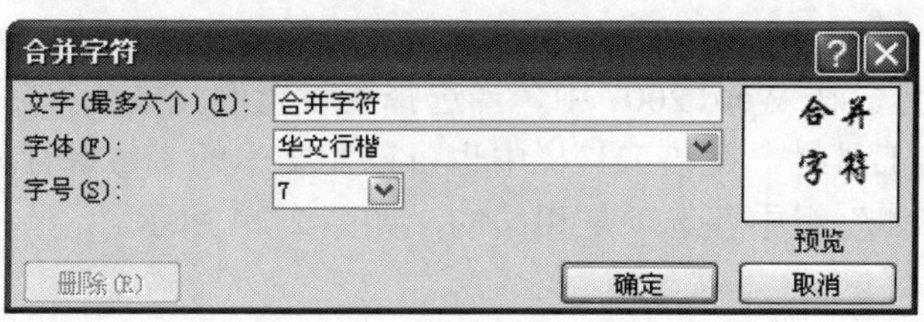

图 2-20

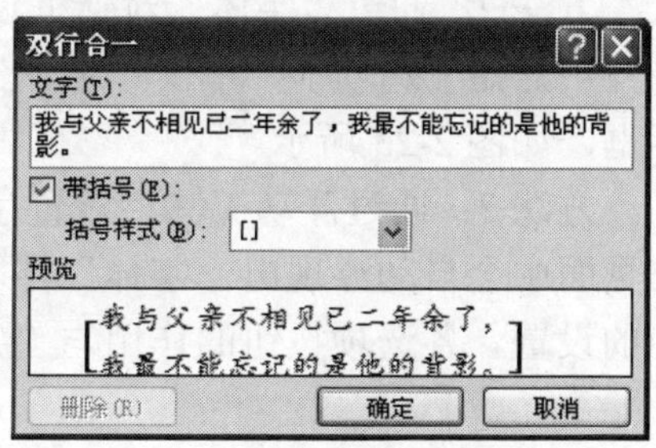

图 2-21

注意：设置双行合一的文本只能是位于同一自然段、连续的内容，如果选择多行不连续的文本，那么只能将首行文本设置为双行合一效果。

2.2 文档格式的编排

在文档中，文字是组成段落的最基本内容，任何一个文档都是从段落文本开始进行编辑的，当输入完所需的文本内容后就可以对相应的文本、段落进行格式化操作，从而使文档层次分明，便于阅读。

2.2.1 文本格式的设置

编辑文档的第一步就是编辑文字。在 Word 2007 文档中，输入的文本默认为五号字体。为了美化文档，提高文档的可阅读性，可以对文档中的文字进行字体格式设置，比如设置文本字体、字号、字形等基本格式，以及字符边框、底纹、突出显示等文字效果，还可以调整字符的间距等。

1. 设置字体

字体是表示文字书写风格的一种简称，在 Word 2007 中默认的字体为宋体、五号、黑色。设置文本的字体包括设置文本的中文字体、西文字体、字号、字形以及字体颜色等。设置字体的方法有 3 种：通过“字体”组设置、通过“字体”对话框设置、通过浮动工具栏设置。

方法 1：通过“字体”组设置字体。在 Word 2007 中，选择要设置的文本字符，打开“开始”选项卡，在“字体”组中汇集了设置字体格式的各种命令，如图 2-22 所示。

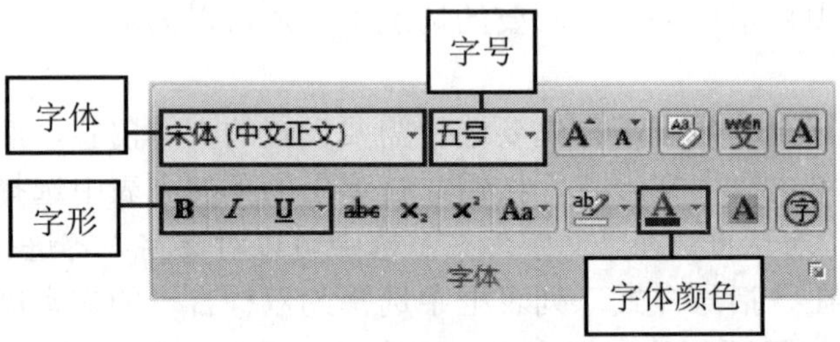

图 2-22

方法 2：通过“字体”对话框设置字体。在 Word 2007 中，选择要设置的文本字符，打开“开始”选项卡，单击“字体”组右下方的对话框启动器按钮，弹出“字体”对话框，如图 2-23 所示。

方法 3：通过浮动工具栏设置字体。在 Word 2007 中，当选择要设置的文本字符后，在页面中会自动浮现出“字体”浮动工具栏，在该工具栏中也可以对文本的字体进行相应的设置，各选项按钮的作用与“字体”组中各选项是相同的，如图 2-24 所示。

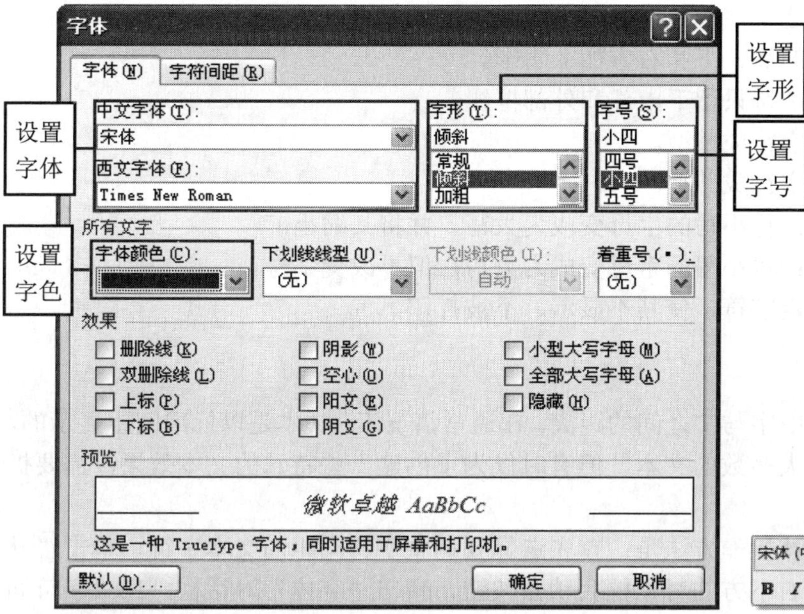

图 2-23

图 2-24

2. 设置文本效果

“文本”效果包括删除线、上标、下标、阴影、阳文、空心文字等。可以为文字添加相应效果，使其突出显示或者看起来更加美观。在 Word 2007 中，选择需要设置效果的文本字符，打开“开始”选项卡，单击“字体”组右下方的对话框启动器按钮，弹出“字体”对话框，这时就可以在该对话框中添加各种文字效果了，如图 2-25 所示。

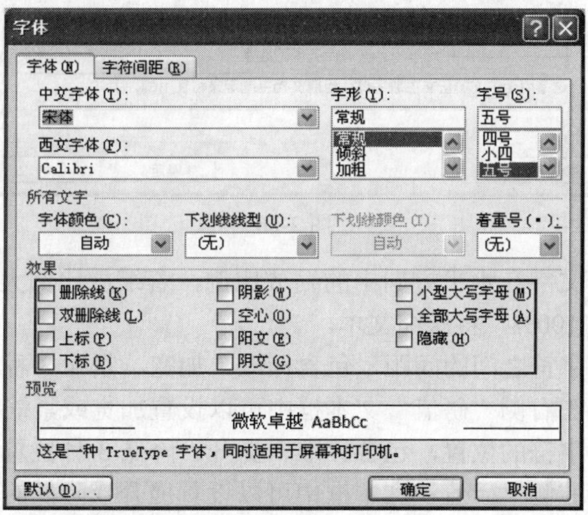

图 2-25

- 删除线：为所选字符的中间添加一条线。
- 双删除线：为所选字符的中间添加两条线。
- 上标：提高所选文字的位置并缩小该文字，如 18^{n+1}。

- 上标：降低所选文字的位置并缩小该文字，如 H_2O。
- 阴影：在文字的后、下和右方加上阴影。
- 空心：将所选字符只留下内部和外部框线。
- 阴文：将所选字符成凹型。
- 阳文：将所选字符成凸型。
- 小型大写字母：将小写的字母变成为大写，并将其缩小。
- 全部大写字母：将小写的字母变成为大写，但不改变字号。
- 隐藏：隐藏选定字符，使其不显示、不被打印。

3. 设置字符间距

字符间距是指文档中字与字之间的距离。在通常情况下，文本是以标准间距显示的，这样的字符间距适用于大多数的文本，但有时候为了创建一些特殊的文本效果，需要扩大或缩小字符间距。

设置字符间距的具体操作方法是：首先选择要调整字符间距的文本字符，单击“开始”选项卡“字体”组右下方的对话框启动器按钮，弹出“字体”对话框，在“字符间距”选项卡中设置字符间距及缩放比例，如图 2-26 所示。

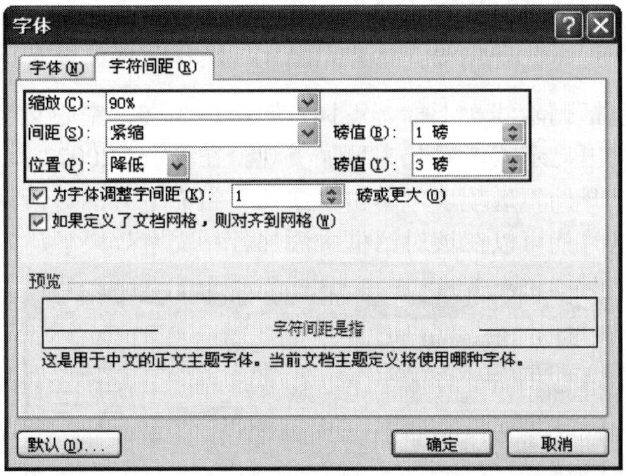

图 2-26

- 缩放：设置文字在水平方向中的缩放比例，若缩放比例大于 100%，将拉伸文本；若小于 100%，将压缩文本。
- 间距：设置字符之间的间距，包含标准、加宽、紧缩 3 种间距，默认情况下是标准间距。在右侧“磅值”文本框中可以设置加宽或紧缩的磅值。
- 位置：设置字符的位置，包含标准、提升、降低 3 种位置，在默认情况下是标准位置，在右侧“磅值”文本框中可以设置提升或降低的磅值。提升与降低的效果只对同一行中的部分文字有效，而不能对整行或整段文字应用该效果。
- 为字体调整字间距：勾选该复选框，可以在大于某一尺寸的条件下自动调整字符间距。

2.2.2　段落格式的设置

段落是构成整个文档的骨架，在编辑文档的同时还需要合理设置文档段落的格式，才能使文档达到层次分明、段落清晰的效果。段落格式包括段落的对齐方式、缩进方式、段落间距与行距、段落边框与底纹、项目符号与编号等。大多数的段落格式都可以在“段落”组中完成设置，如图 2-27 所示。

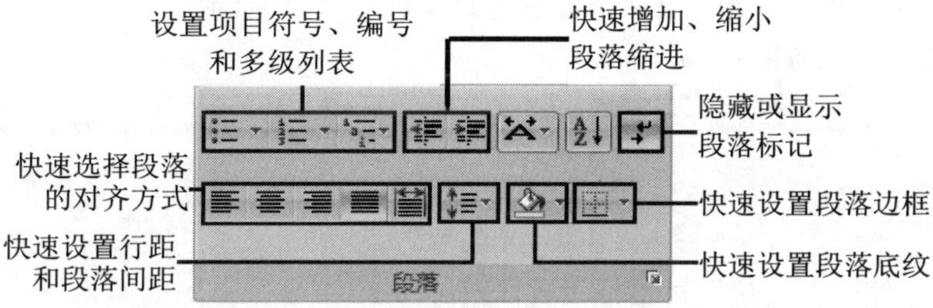

图 2-27

1．设置段落对齐方式

段落对齐是指文档边缘的对齐方式，主要包括两端对齐、居中对齐、左对齐、右对齐和分散对齐。在“开始”选项卡的“段落”组中，有一组快速选择段落对齐方式的按钮，单击相应的对齐方式按钮，即可快速为段落选择对齐方式，如图 2-28 所示。

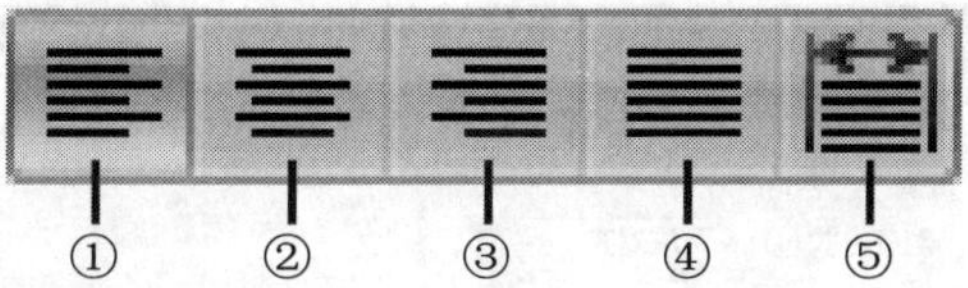

①文本左对齐 ②居中 ③文本右对齐 ④两端对齐 ⑤分散对齐

图 2-28

- 文本左对齐：快速将选择的段落在页面中靠左侧对齐排列，其快捷键为 Ctrl+L。文本左对齐与两端对齐效果相似。
- 居中：快速将选择的段落在页面中居中对齐排列，其快捷键为 Ctrl+E。
- 文本右对齐：快速将选择的段落在页面中靠右侧对齐排列，其快捷键为 Ctrl+R。
- 两端对齐：两端对齐是 Word 2007 中默认的对齐方式，可以将文字左右两端同时对齐，并根据页面需要自动增加字符间距以达到左右两端对齐的效果，其快捷键为 Ctrl+J。
- 分散对齐：快速将选择的段落在页面中分散对齐排列，其快捷键为 Ctrl+Shift+J。

2．设置段落缩进

段落缩进是指段落中的文本与页边距之间的距离，包括左缩进、右缩进、悬挂缩进和首行缩进 4 种方式。

- 左缩进：设置整个段落左边界的缩进位置。

- 右缩进：设置整个段落右边界的缩进位置。
- 悬挂缩进：设置段落中除首行以外的其他行的起始位置。
- 首行缩进：设置段落中首行的起始位置。

方法 1：使用"标尺"设置段落缩进。

在 Word 2007 中，可以通过拖动标尺中的缩进标记来调整段落的缩进，此设置仅对光标所在的段落或所选择的段落发生作用。在"视图"选项卡的"显示/隐藏"组中，勾选"标尺"复选框，即可在页面中显示标尺，如图 2-29 所示。

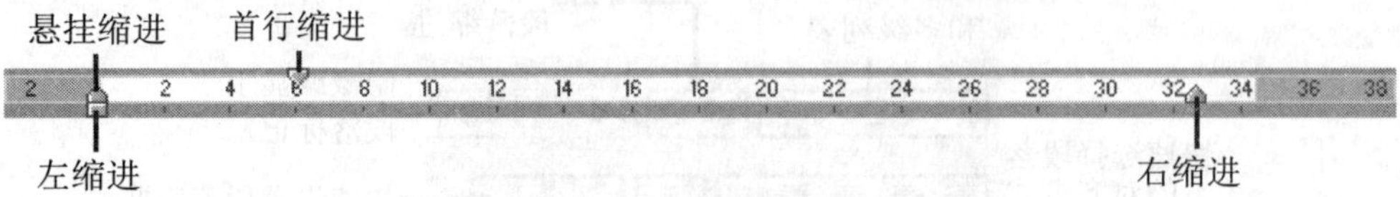

图 2-29

方法 2：使用"段落"对话框设置段落缩进。

使用"段落"对话框可以更准确地设置缩进尺寸。首先选择要进行设置的段落，在"开始"选项卡下单击"段落"组右下方的对话框启动器按钮，弹出"段落"对话框，在"缩进和间距"选项卡中可以进行相关设置，如图 2-30 所示。

在"缩进"区域的"左侧"文本框中输入左缩进的值，则所有行从左边缩进；在"右侧"文本框中输入右缩进的值，则所有行从右边缩进；在"特殊格式"下拉列表中可以选择段落缩进的方式：首行缩进和悬挂缩进。

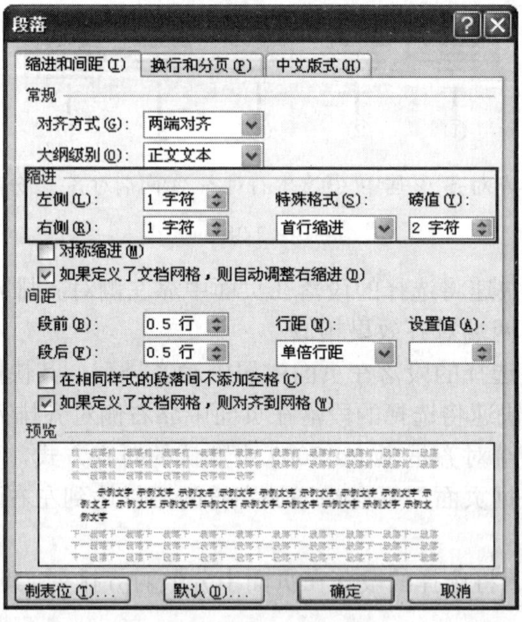

图 2-30

方法 3：使用快捷按钮设置段落缩进。

在"开始"选项卡的"段落"组或"格式"浮动工具栏中，单击"减少缩进量"按钮或"增加缩进量"按钮，可以减少或增加缩进量。

3. 设置段落间距与行距

间距主要包括行间距和段间距，所谓行间距是指段落中行与行之间的距离，所谓段间距是指前后相邻的段落之间的距离。在“开始”选项卡下单击“段落”组右下方的对话框启动器按钮，弹出“段落”对话框，在“缩进和间距”选项卡中可以进行相关设置，如图 2-31 所示。

- 段间距：段间距决定了段落前后空白距离的大小。在“间距”区域的“段前”、“段后”微调框中输入值，就可以设置段落间距。
- 行间距：行间距决定了段落中各行文本之间的垂直距离。在“行距”下拉列表中选择符合要求的间距值，如单倍行距、1.5 倍行距、2 倍行距等。如果下拉列表中没有需要的行距值，也可以在“设置值”微调框中直接输入行距值。

4. 设置段落边框与底纹

设置段落边框与底纹和设置字符边框与底纹相似，也可以为整个段落设置边框，而设置底纹是指为段落文字添加背景颜色。

（1）设置段落边框。

选择要添加边框的文本或段落，在“开始”选项卡的“段落”组中单击“下框线”按钮右侧的下三角按钮，可以在弹出的下拉列表中选择所需要的边框选项，如图 2-32 所示。

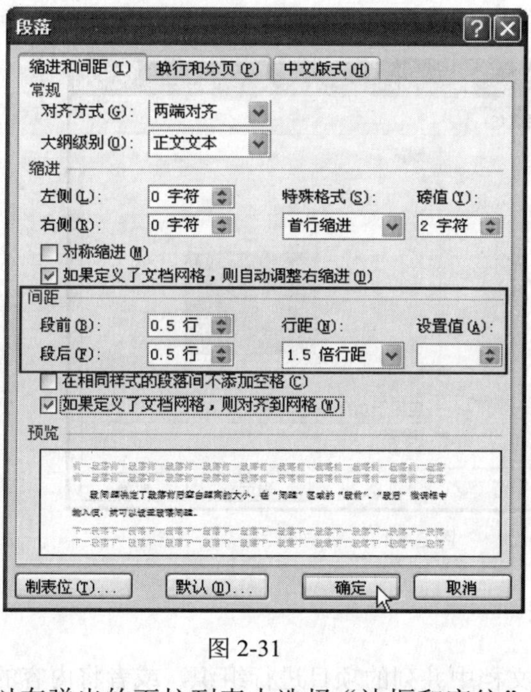

图 2-31

图 2-32

也可以在弹出的下拉列表中选择“边框和底纹”选项，打开“边框和底纹”对话框，在“边框”选项卡下对各选项进行设置。在左侧的“设置”区域内可以选择边框的效果，如方框、阴影、三维等；在“样式”区域可以选择边框的线型，如直线、虚线、波浪线、双实线等；在“颜色”区域可以设置边框的颜色；在“宽度”区域可以设置边框线的粗细，如 0.5 磅、1 磅等；在“应用于”区域可以选择边框应用的范围，如文字或段落，如图 2-33 所示。

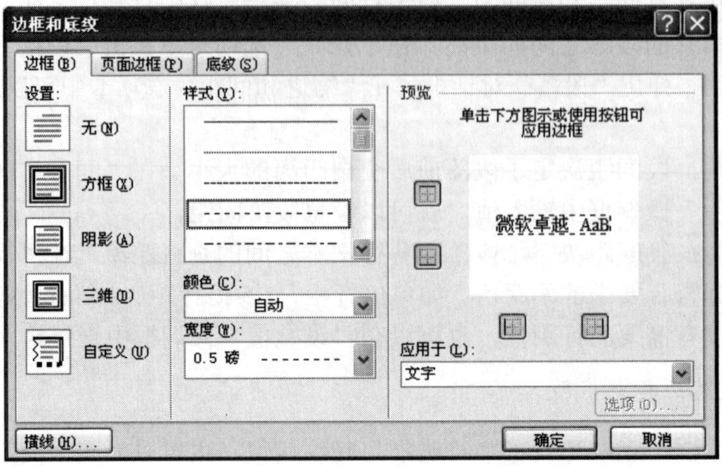

图 2-33

（2）设置段落底纹。

要设置底纹，只需在“开始”选项卡的“段落”组中单击“底纹”按钮右侧的下三角按钮，可以在弹出的下拉列表中选择所要填充的颜色。

也可以在“边框和底纹”对话框中的“底纹”选项卡下进行设置。在该选项卡中可以对底纹的填充颜色、图案样式、图案颜色及应用范围进行设置，如图 2-34 所示。

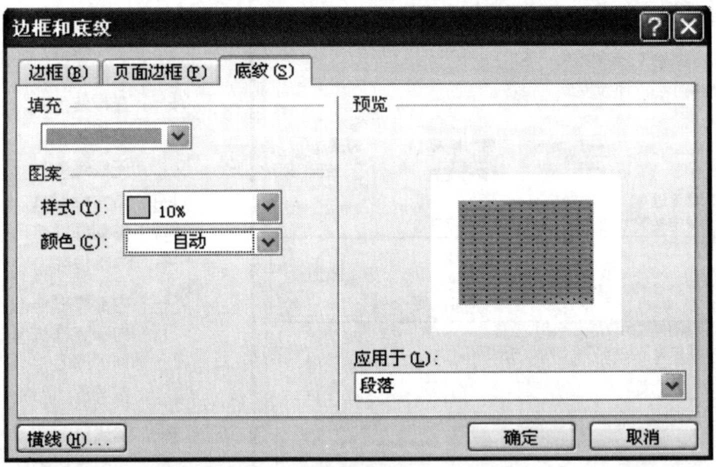

图 2-34

2.2.3 项目符号与编号的设置

使用项目符号和编号，可以对文档中并列的项目进行组织，或者将内容的顺序进行编号，以使这些项目的层次结构更加清晰、有条理。Word 2007 提供了 7 种标准的编号，并且允许自定义项目符号和编号。

1. 添加项目符号和编号

为了使段落层次分明，结构更加清晰，可以为段落添加项目符号或编号，所以，项目符号和编号都是以段落为单位的。

选择需要添加项目符号的段落，在“开始”选项卡的“段落”组中单击“项目符号”按钮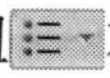右侧的下三角按钮，在弹出库中可以选择所需要的项目符号样式，如图 2-35 所示。

选择需要添加项目符号的段落，在“开始”选项卡的“段落”组中单击“编号”按钮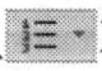右侧的下三角按钮，在弹出的“编号库”中可以选择所需要的编号样式，如图 2-36 所示。

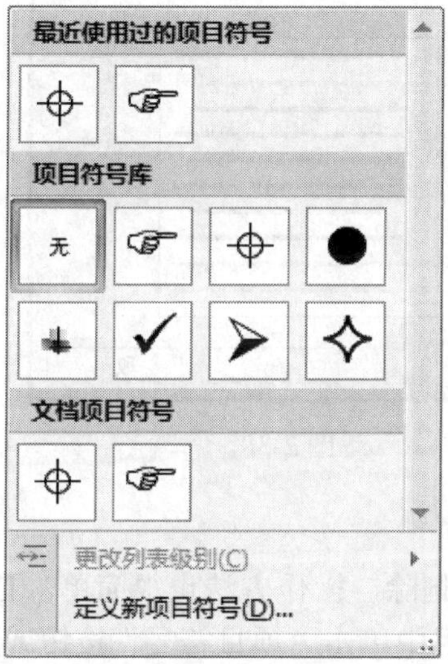

图 2-35

图 2-36

2. 自定义项目符号和编号

要自定义项目符号，可在“项目符号”下拉列表中选择“定义新项目符号”选项，打开“定义新项目符号”对话框，如图 2-37 所示。

- 符号：单击该按钮，打开“符号”对话框，可从中选择合适的符号样式作为项目符号。
- 图片：单击该按钮，打开“图片项目符号”对话框，可从中选择合适的图片符号作为项目符号。
- 字体：单击该按钮，打开“字体”对话框，可以设置项目符号的字体格式。
- 对齐方式：在该下拉列表中列出了 3 种项目符号的对齐方式，分别为左对齐、居中和右对齐。

要自定义编号，可在“编号”下拉列表中选择“定义新编号格式”选项，打开“定义新编号格式”对话框，如图 2-38 所示。

- 编号样式：在该下拉列表中可以选择其他的编号样式。
- 字体：单击该按钮，打开“字体”对话框，可以设置编号的字体格式。
- 编号格式：该文本框中显示的是编号的最终样式，在该文本框中可以添加一些特殊的符号，如冒号、逗号、半角句号等。

- 对齐方式：在该下拉列表中列出了左对齐、居中和右对齐 3 种编号对齐方式。

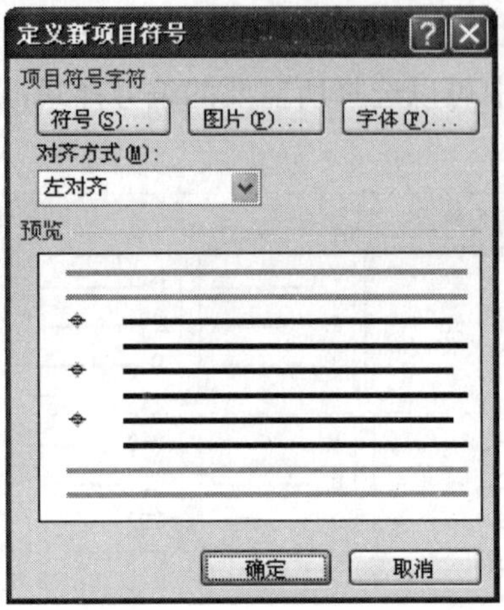

图 2-37

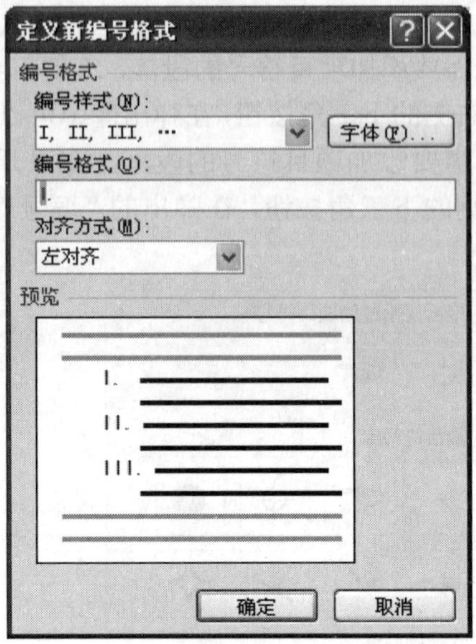

图 2-38

3. 删除项目符号和编号

对于不再需要的项目符号或编号可以随时将其删除，操作方法也很简单。首先选中需要删除项目符号或编号的文本，然后在"段落"组中单击"项目符号"按钮或"编号"按钮即可。如果要删除单个项目符号或编号，可以选中该项目符号或编号，然后直接按 Backspace 键即可。

2.3 文档内容的图文混排

如果一篇文章通篇只有文字，而没有任何修饰性的内容，在阅读时不仅缺乏吸引力，而且阅读起来劳累不堪。在用 Word 2007 编辑文档时，可以插入图片、艺术字、文本框和表格等对象，制作图文并茂、内容丰富的文档，不仅会使文章、报告显得生动有趣，还能更直观地理解文章内容。

2.3.1 图片的插入与编辑

为了使文档更加美观、生动，可以在其中插入图片对象。在 Word 2007 中不仅可以插入系统提供的图片，还可以从其他程序和位置导入图片，或者从扫描仪或数码相机中直接获取图片。

1. 插入剪贴画

在安装 Office 程序后，系统自带了一些图片，即剪贴画。剪贴画图库内容非常丰富，设计精美、构思巧妙，并且能够表达不同的主题，适合于制作各种文档。插入剪贴画的操作步骤为：

（1）在“插入”选项卡的“插图”组中单击“剪贴画”按钮，如图 2-39 所示。

（2）此时在窗口右侧打开“剪贴画”边栏，在“搜索文字”文本框中输入剪贴画关键字，如“工作”，再单击“搜索”按钮，此时可以看到在任务窗格中显示了多个搜索到的剪贴画，如图 2-40 所示。

图 2-39

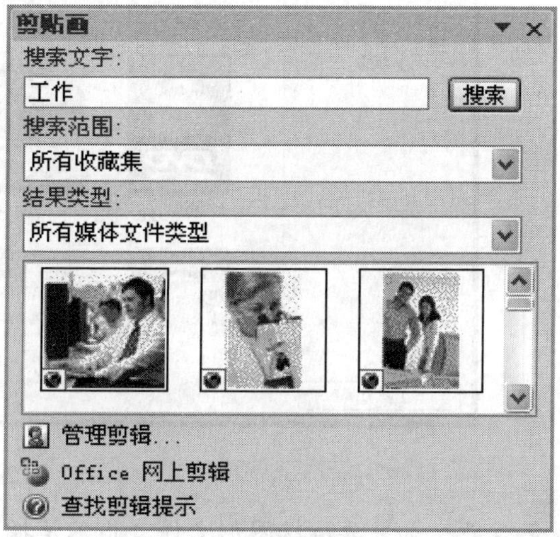

图 2-40

（3）将光标定位在文档中需要插入图片的位置，然后单击所选择的剪贴画，即可将其插入到文档中。还可以在“剪贴画”的搜索结果列表中右击剪贴画，在弹出的快捷菜单中选择“插入”选项，同样可以在文档中插入剪贴画。

2. 插入图片

如果需要使用的图片已经保存在计算机中，那么可以执行插入文件中的图片功能，将图片插入到文档中。这些图片文件可以是 Windows 的标准 BMP 位图，也可是其他应用程序所创建的图片，如 CorelDRAW 的 CDR 格式矢量图片、JPEG 压缩格式的图片、TIFF 格式的图片等。

（1）在“插入”选项卡的“插图”组中单击“图片”按钮，如图 2-41 所示。

图 2-41

（2）在打开的“插入图片”对话框中选择需要插入的图片，单击“插入”按钮即可将图片插入到文档中，如图 2-42 所示。默认情况下，被插入的图片会直接嵌入到文档中，并成为文档的一部分。

图 2-42

注意：如果要链接图形文件，而不是插入图片，可在“插入图片”对话框中选择要链接的图形文件，然后单击“插入”按钮右侧的下拉按钮，从弹出的菜单中选择“链接到文件”选项即可。使用链接方式插入的图片在文档中不能被编辑。

3. 编辑图片

在文档中插入图片后，为使其达到更加美观的效果，还可以为其设置格式，比如调整图片大小和位置，设置图片的文字环绕方式、旋转图片、裁剪图片、为图片重新设置颜色、应用图片样式等。选中要编辑的图片，可自动打开“图片工具”中的“格式”选项卡，如图 2-43 所示。

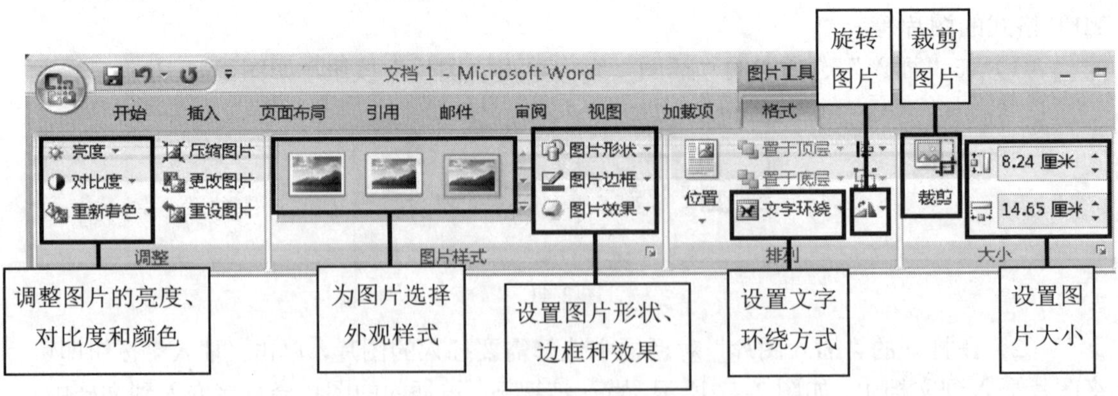

图 2-43

（1）调整图片大小和位置。

通常在默认情况下插入的图片的大小和位置并不符合文档的实际需求，需要对其大小和位置进行调整。

- 调整图片大小的方法。
  - 选中插入的图片，此时图片四周出现 8 个控制点，将光标移动到这些控制点时，光标将变成“↕”、“↔”、“⤡”、“⤢”双向箭头形状，这时按住鼠标拖拽图片控制点，即可任意调整图片大小。
  - 选中插入的图片，并切换至“图片工具”的“格式”选项卡，在“大小”组的“高度”和“宽度”文本框中可以精确设置图片的大小。
  - 选中插入的图片，并切换至“图片工具”的“格式”选项卡，在“大小”组中单击右下角的大小对话框启动器按钮，打开“大小”对话框，如图 2-44 所示。在“缩放比例”选项区域的“高度”和“宽度”微调框中均可输入缩放比例，并勾选“锁定纵横比”和“相对于图片原始尺寸”复选框，即可实现图片的等比例缩放操作。
- 调整图片位置。选中图片并将指针移至图片上方，待光标变成十字箭头✥形状时，按住鼠标进行拖拽，这时光标变为形状，移动图片至合适的位置，释放鼠标即可移动图片。如果移动图片的同时按住 Ctrl 键，即可实现图片的复制操作。

（2）设置图片的文字环绕方式。

默认情况下插入的图片是嵌入到文档中的，可以设置图片的文字环绕方式，使其与文档显示更加协调。要设置图片的环绕方式，可以在“排列”组中单击“文字环绕”按钮，从弹出的下拉列表中选择一种文字和图片的排列方式。Word 2007 提供了 7 种图片环绕方式，如图 2-45 所示。

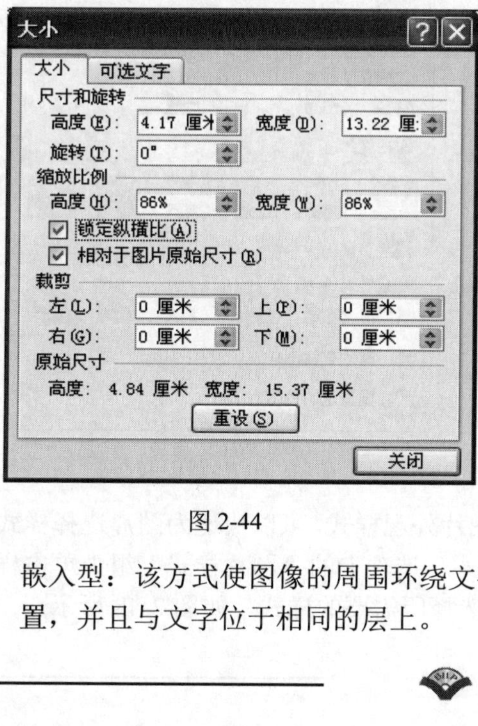

图 2-44

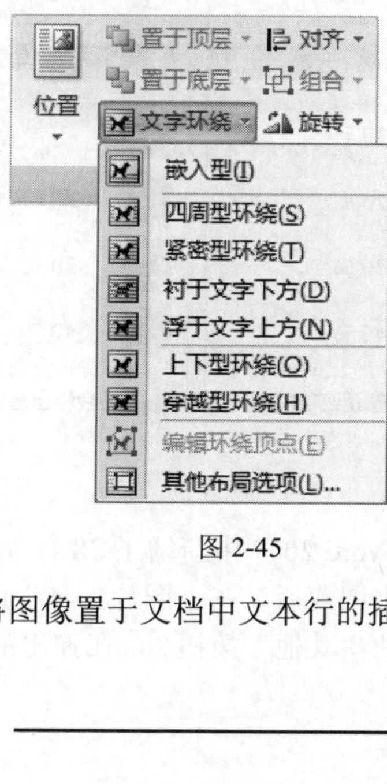

图 2-45

- 嵌入型：该方式使图像的周围环绕文字，将图像置于文档中文本行的插入点位置，并且与文字位于相同的层上。

- 四周型环绕：该方式将文字环绕在所选图像边界框的四周。
- 紧密型环绕：该方式将文字紧密环绕在图像自身边缘的周围，而不是图像边界框的周围。
- 衬于文字下方：该方式将取消文本环绕，并将图像置于文档中文本层之后，对象在其单独的图层上浮动。
- 浮于文字上方：该方式将取消文本环绕，并将图像置于文档中文本层上方，对象在其单独的图层上浮动。
- 上下型环绕：该方式将图片置于两行文字中间，图片的两侧无字。
- 穿越型环绕：该方式类似于四周型环绕，但文字可进入到图片空白处。

（3）调整图片样式。

插入图片后，为了使图片更加美观，可以使用“图片工具”中的“格式”选项卡对图片进行亮度、对比度等参数的设置，还可以设置图片样式，如添加边框、阴影效果等。

要设置图片的亮度和对比度，可在“图片工具”的“格式”选项卡的“调整”组中单击“亮度”和“对比度”按钮，在弹出的下拉列表中可以选择一种合适的亮度和对比度，如图 2-46 所示。

当需要将图片以其他颜色显示在文档中时，也可以为图片重新着色。可在“图片工具”的“格式”选项卡的“调整”组中单击“重新着色”按钮，在弹出的库中选择所需要的颜色即可，如图 2-47 所示。

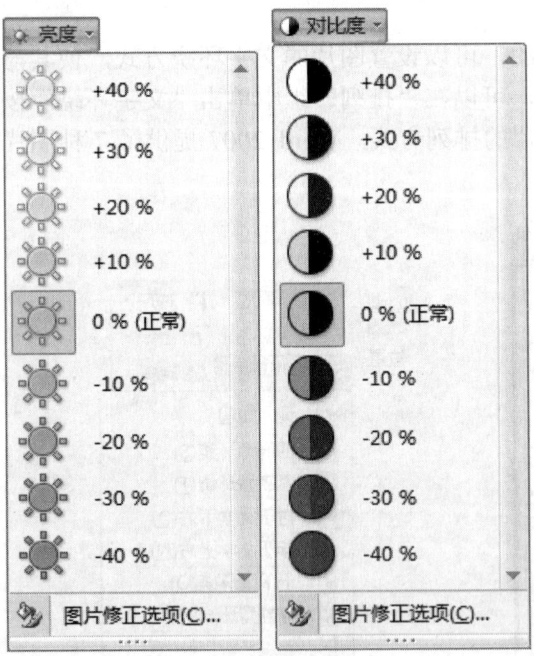

图 2-46

图 2-47

在 Word 2007 中新增了 28 种动态的图片外观样式，可以快速为图片选择样式进行美化。选中图片后，在“图片工具”的“格式”选项卡的“图片样式”组中单击样式区域右下角的“其他”按钮，在弹出的库中选择所需要的样式，如图 2-48 所示。

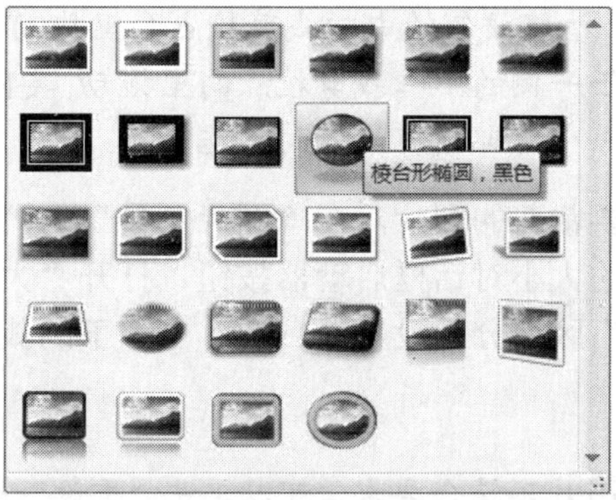

图 2-48

如果在样式库中没有所需要的图片样式，还可以自定义图片样式。在“图片工具”的“格式”选项卡的“图片样式”组中单击“图片形状”按钮，可以在弹出的下拉列表中重新选择图片的形状，单击“图片边框”按钮可以在弹出的下拉列表中选择图片边框的线形、颜色和粗细，单击“图片效果”按钮可以在弹出的下拉列表中为图片选择相应的效果，如发光、阴影、映像、三维旋转等效果。

（4）旋转和裁剪图片。

当需要图片以一定的角度显示在文档中时，可以通过图片的旋转控制点自由旋转图片，也可以选择固定旋转的角度。

- 自由旋转图片：如果对于 Word 文档中图片的旋转角度没有精确要求，可以使用旋转手柄旋转图片。首先选中图片，图片的上方将出现一个绿色的旋转手柄。将光标移动到旋转手柄上，当光标呈旋转箭头的形状时，按住鼠标左键按顺时针或逆时针方向旋转图片即可。
- 固定旋转图片：Word 2007 预设了 4 种图片旋转效果，即向右旋转 90°、向左旋转 90°、垂直翻转和水平翻转。首先选中需要旋转的图片，在“图片工具”的“格式”选项卡的“排列”组中单击“旋转”按钮，可以在打开的下拉列表中选择“向右旋转 90°”、“向左旋转 90°”、“垂直翻转”或“水平翻转”效果。
- 按角度值旋转图片：还可以通过指定具体的数值，以便更精确地控制图片的旋转角度。首先选中需要旋转的图片，在“图片工具”的“格式”选项卡的“排列”组中单击“旋转”按钮，在打开的下拉列表中执行“其他旋转选项”命令。在打开的“大小”对话框中切换到“大小”选项卡，在“尺寸和旋转”区域调整“旋转”编辑框的数值，并单击“确定”按钮即可按指定角度值旋转图片。

裁剪操作通过删除垂直或水平边缘来减小图片的大小，裁剪通常用于隐藏或修剪部分图片，以便进行强调或删除不需要的部分。在 Word 2007 文档中，可以通过两种方式对图片进行裁剪。一种方式是通过“裁剪”工具进行图片裁剪，另一种方式则是在“大小”对话框中指定图片裁剪的精确尺寸。

- 裁剪工具：选择要裁剪的图片，在“图片工具”的“格式”选项卡的“排列”组中单击“裁剪”按钮，这时图片边缘出现了裁剪控制点。将指针移至控制点位置处并按住鼠标左键进行拖拽，拖至合适位置后释放鼠标即可。

注意：要裁剪某一侧，请将该侧的中心裁剪控点向里拖动。要同时均匀地裁剪两侧，请在按住 Ctrl 键的同时将任一侧的中心裁剪控点向里拖动。要同时均匀地裁剪全部四侧，请在按住 Ctrl 键的同时将一个角部裁剪控点向里拖动。

- 精确裁剪：选择要裁剪的图片，在“图片工具”的“格式”选项卡的“大小”组中单击右下角的大小对话框启动器按钮，打开“大小”对话框。在“大小”选项卡的“裁剪”区域分别设置左、右、上、下的裁剪尺寸，并单击“确定”按钮即可。

注意：如果裁剪后的图片不符合要求，可以单击“重设”按钮恢复图片的原始尺寸。在 Word 2007 中可以使用“裁剪”功能来裁剪任何图片，但动态 GIF 图片除外。要裁剪动态图片，则要在动态图片编辑程序中修剪图片，然后重新插入该图片。

2.3.2 艺术字的插入与编辑

所谓艺术字是 Word 2007 自带的具有特殊效果的文字。艺术字和图片一样，是作为对象插入到文档中的。可以在文档中插入艺术字、设置艺术字格式，从而使文档更加生动活泼、具有感染力。

1. 插入艺术字

如果想要制作突出、醒目效果的文字，可以选择使用艺术字，按预定义的形状来创建文字。将光标定位于需要插入艺术字的位置，在“插入”选项卡的“文本”组中单击“艺术字”按钮，在弹出的库中选择所需要的艺术字样式，如图 2-49 所示。

在其中选择一种艺术字样式后，会自动打开“编辑艺术字文字”对话框。在“文本”编辑区中输入所需要的艺术字内容，如“祝大家节日快乐!”。在“字体”列表框中选择艺术字的字体，如“华文新魏”。在“字号”列表框中选择艺术字的大小，如“40”。还可以设置加粗或倾斜字形，设置完毕后单击“确定”按钮即可，如图 2-50 所示。

图 2-49

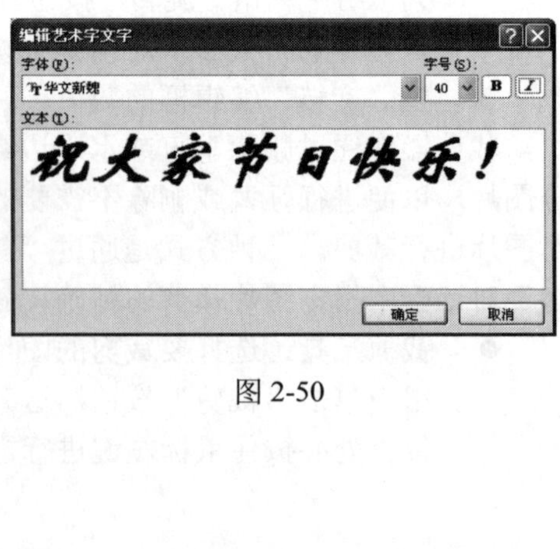

图 2-50

2. 设置艺术字格式

创建好艺术字后，如果对艺术字的样式不满意，可以像设置图片一样设置其样式，如编辑艺术文字、调整字符间距、更改艺术字样式、设置艺术字填充颜色、阴影效果、三维效果、调整其大小和位置等。选择艺术字即会出现“艺术字工具”，在“格式”选项卡下，就可以对艺术字进行各种设置，如图 2-51 所示。

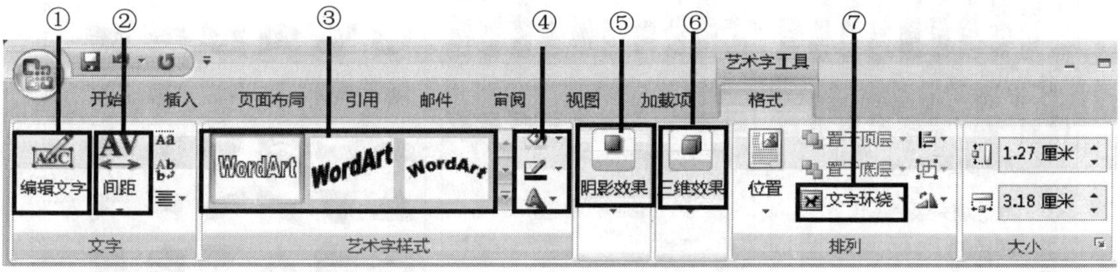

①编辑文字 ②调整艺术字间距 ③更改艺术字样式 ④自定义艺术字样式 ⑤设置艺术字的阴影效果 ⑥设置艺术字的三维效果 ⑦设置艺术字版式

图 2-51

- 编辑文字：在“艺术字工具”的“格式”选项卡的“文字”组中单击“编辑文字”按钮，在弹出的“编辑艺术字文字”对话框中可以对艺术字内容、字体、字号、字形等进行编辑。
- 调整艺术字间距：在“艺术字工具”的“格式”选项卡的“文字”组中单击“间距”按钮，在弹出的下拉列表中选择合适的字符间距，如紧密、常规、稀疏等。
- 更改艺术字样式：在“艺术字工具”的“格式”选项卡的“艺术字样式”组中单击右下角的“其他”按钮，在弹出的库中可以选择需要更改为的样式。
- 自定义艺术字样式：在“艺术字工具”的“格式”选项卡的“艺术字样式”组中单击“形状填充”按钮，在弹出的下拉列表中可以为艺术字选择填充颜色。形状填充效果主要有单色、渐变、纹理、图片、图案等，如图 2-52 左图所示。具体操作方法与页面背景颜色填充方法相同，这里不再赘述。

  在“艺术字工具”的“格式”选项卡的“艺术字样式”组中单击“形状轮廓”按钮，在弹出的下拉列表中可以更改艺术字边框的颜色、线条样式、线条粗细等，如图 2-52 中图所示。

  在“艺术字工具”的“格式”选项卡的“艺术字样式”组中单击“更改形状”按钮，在弹出的下拉列表中可以选择一种艺术字的形状，如图 2-52 右图所示。
- 设置艺术字的阴影效果：选中需要修改的艺术字，在“艺术字工具”的“格式”选项卡的“阴影效果”组中单击“阴影效果”按钮，可以在弹出的库中选择各种不同形状、样式的阴影效果，并可为阴影设置颜色，如图 2-53 左图所示。
- 设置艺术字的三维效果：选中需要修改的艺术字，在“艺术字工具”的“格式”选项卡的“三维效果”组中单击“三维效果”按钮，可以在弹出的库中选择各种不同的平行三维效果、透视三维效果以及旋转三维效果。并可为这些三维效果更改颜色、深度、方向、表面效果等属性，如图 2-53 右图所示。

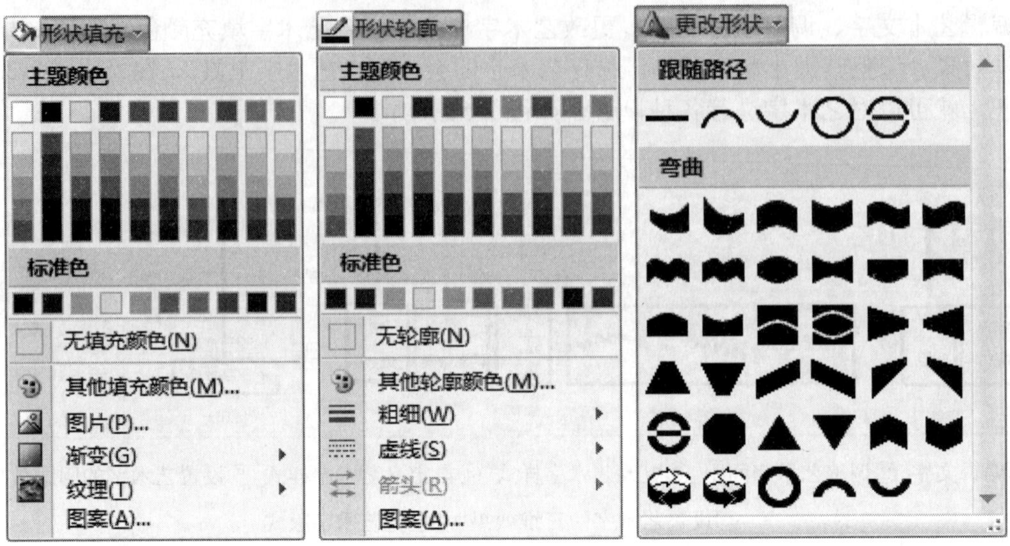

图 2-52

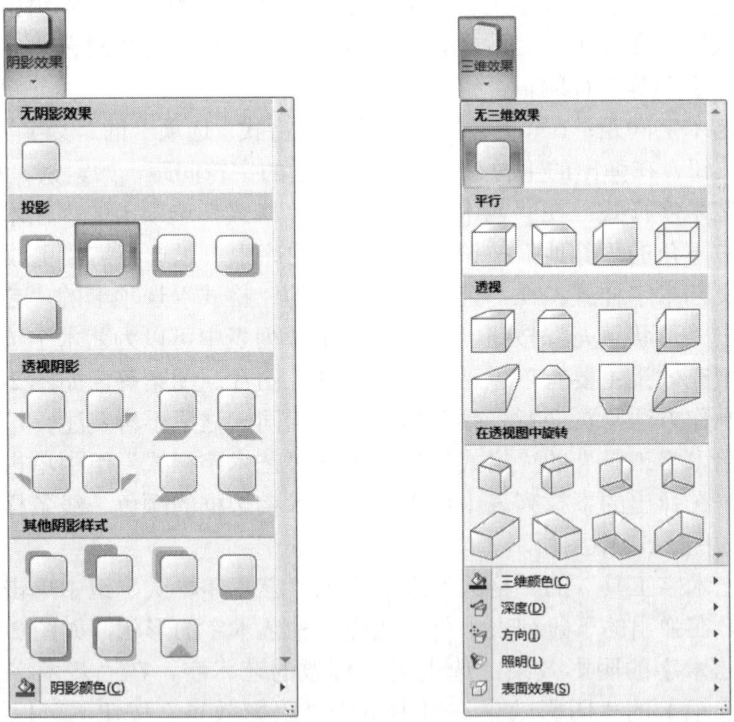

图 2-53

- 设置艺术字版式：选中需要修改的艺术字，在“艺术字工具”的“格式”选项卡的“排列”组中单击“文字环绕”按钮，为艺术字选择版式，更改其周围的文字环绕方式。

2.3.3　文本框的插入与编辑

如果想要在文档中添加部分内容，但又不希望影响文档中的其他文本，可以使用文本框。文本框是一种图形对象，可作为存放文本或图形的容器，能置于页面中的任何位置，并可随意调整其大小。在 Word 2007 中，可以直接插入文本框，在绘制的形状中添加文字后，也将自动视其为文本框。还可以根据不同的需要对其进行一些特殊的处理，如设置其形状、样式、填充、轮廓、对齐、组合、大小、文字环绕方式等。

1. 绘制文本框

文本框是一个可以容纳文字或图片等内容的图形对象，可以将其移动至适当的位置，使文档更具观赏性。在 Word 2007 中可以插入内置文本框，也可以绘制文本框。

（1）插入内置文本框。Word 2007 提供了 36 种内置文本，例如简单文本框、瓷砖型提要栏和大括号型引述等。在“插入”选项卡的“文本”组中单击“文本框”按钮，在弹出的下拉列表中可以选择任意一种内置的文本框样式，如图 2-54 所示。此时系统在文档中会自动插入一个相应样式的文本框，然后将其移动到文档中合适的位置，在文本框中输入相应的文本内容即可。

图 2-54

（2）绘制文本框。在 Word 2007 中除了可以插入内置的文本框外，还可以手动绘制需要的文本框，该文本框分为横排文字的文本框和竖排文字的文本框。

方法 1：在“插入”选项卡的“插图”组中单击“形状”按钮，在弹出的下拉列表中选择“基本形状”下的“文本框”按钮，就可以在文档中绘制一个横排文本框，输入的文字是从左到右横排显示；在弹出的下拉列表中选择“垂直文本框”按钮，可以绘制一个垂直文本框，输入的文字将从右到左竖排显示。

方法 2：在“插入”选项卡的“文本”组中单击“文本框”按钮，在弹出的下拉列表中选择“绘制文本框”选项或“绘制竖排文本框”选项，即可在文档中任意位置绘制横排或竖排的文本框。

2. 编辑文本框

在文本框中添加文本和图片等对象的操作方法与在文档中的操作方法是一样的，这里不再赘述。如果插入的文本框保存默认的样式，可能会显得很单调。可以根据需要对其大小、位置、边框、填充色和版式等进行设置。

（1）通过文本框工具设置文本框效果。选中插入的文本框后，系统将自动打开“文本框工具”的“格式”选项卡，通过该选项卡下的各功能键可以设置出漂亮的文本框样式，如图 2-55 所示。

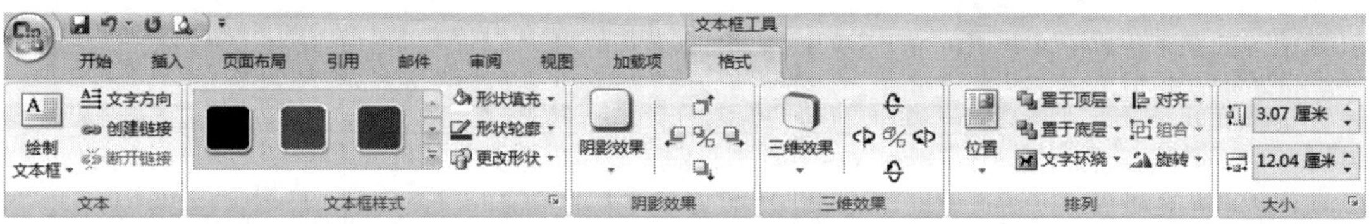

图 2-55

文本框效果的设置方法与其他对象的设置方法类似，可参考前面讲解的艺术字格式的设置方法。

（2）通过对话框设置文本框效果。除了可以通过文本框工具设置文本框效果外，Word 2007 还继承了以前版本中通过“设置文本框格式”对话框来设置文本框效果的功能，在该对话框中可以对文本框格式进行精确设置。

选中插入的文本框后，右击该文本框，从弹出的快捷菜单中选择“设置文本框格式”选项，打开“设置文本框格式”对话框，在该对话框中可以设置文本框的大小、颜色、边框、版式等，如图 2-56 所示。

- 颜色和线条：在该选项卡下可以设置文本框的背景颜色和透明度，还可以设置边框线条的颜色、线型、粗细和虚实。
- 大小：在该选项卡下可设置文本框的高度和宽度，还可以设置将文本框按比例缩放。
- 版式：在该选项卡下可以设置文本框的文字环绕方式，还可以设置文本框在文档中的水平对齐方式。
- 文本框：在该选项卡下可以设置文本框内部文字与边框上下左右之间的距离，还可以设置文本框中文本的垂直对齐方式。

图 2-56

2.3.4　表格的插入与设置

虽然 Excel 是专业的表格、图表制作软件，但对于简单的表格制作，使用 Word 软件同样可以完成。Word 2007 提供了强大、便捷的表格制作、编辑功能，不仅可以快速创建各种各样的表格，还可以方便地修改表格、移动表格位置、调整表格大小或修饰表格样式等。

1. 创建表格

表格中的每一个格称为单元格，由许多行和列的单元格组成一个表格综合体。创建表格的方法有很多种，可以通过快速模板插入尺寸较小的表格、通过“插入表格”对话框快速插入表格、手动自定义绘制表格、将输入的文本转换成表格等，如图 2-57 所示。

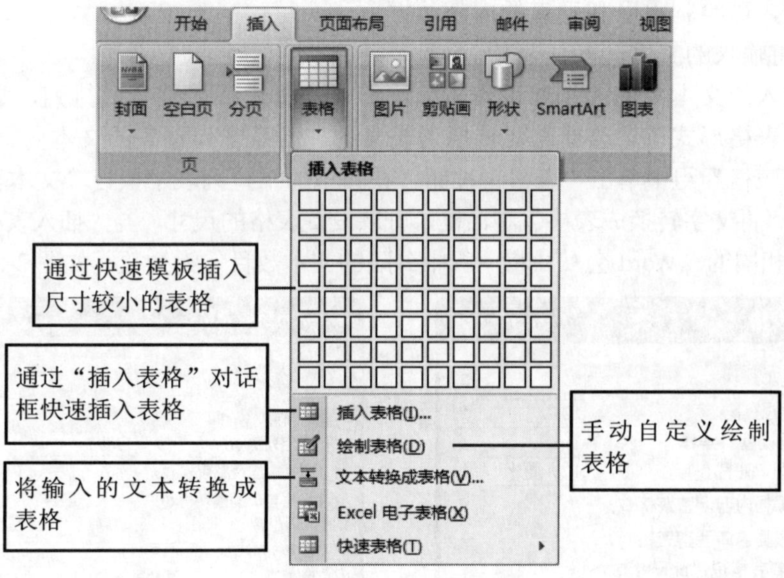

图 2-57

（1）通过快速模板插入表格。

利用快速模板区域的网格框可以直接在文档中插入表格，但最多只能插入 8 行 10 列的表格。将光标定位在需要插入表格的位置，在“插入”选项卡的“表格”组中单击“表格”按钮。在弹出的下拉列表区域，拖动鼠标确定要创建表格的行数和列数，然后单击就可以完成一个规则表格的创建，如图 2-58 所示（以 7 列 4 行的表格为例）。

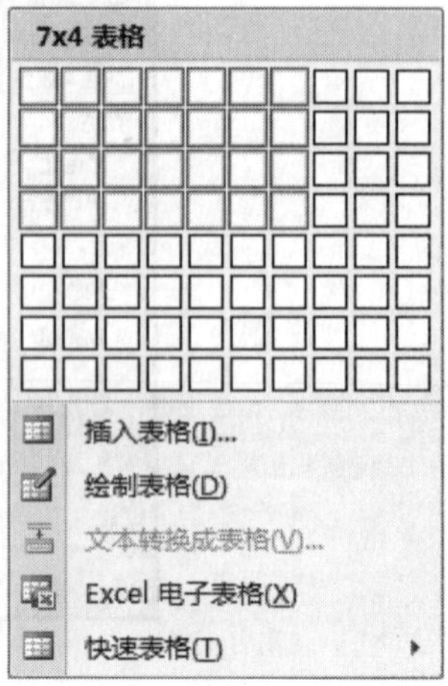

图 2-58

（2）通过对话框插入表格。

使用“插入表格”对话框创建表格时，可以在建立表格的同时精确设置表格的大小。在“插入”选项卡的“表格”组中单击“表格”按钮，在弹出的下拉列表中选择“插入表格”选项，打开“插入表格”对话框。在“表格尺寸”区域可以指定表格的行数和列数，在“自动调整”操作区域可以选择表格自动调整的方式。选中“固定列宽”单选按钮后，再输入内容时，表格的列宽将固定不变；选中“根据内容调整表格”单选按钮后，再输入内容时，将根据输入内容的多少自动调整表格的大小；选中“根据窗口调整表格”单选按钮，将根据窗口的大小自动调整表格的大小。如图 2-59 所示（以 6 列 12 行、固定列宽 1.8 厘米的表格为例）。

（3）手动绘制表格。

当需要创建各种栏宽、行高不等的不规则表格时，可以通过 Word 2007 的绘制表格功能来完成。在“插入”选项卡的“表格”组中单击“表格”按钮，在弹出的下拉列表中执行“绘制表格”命令。这时鼠标指针变为笔的形状，在文档中按住鼠标左键进行拖动，当达到合适大小时，释放鼠标即可生成表格的外部边框。继续在表格边框内部单击并进行拖动，可绘制水平和垂直的内部边框。

（4）将输入的文本转换成表格。

如果输入的文本都使用 Tab 键作为分隔符号，并进行了整齐的排列，那么就可以将文本转换为表格形式了。选择需要转换为表格的、已经排列整齐的文本内容，在“插入”选项卡的“表格”组中单击“表格”按钮，在弹出的下拉列表中执行“文本转换成表格”命令。弹出“将文字转换成表格”对话框，可以设置表格的尺寸，与“插入表格”对话框的设置方法是相同的。Word 会默认将一行中分隔的文本数目作为列数，如图 2-60 所示。

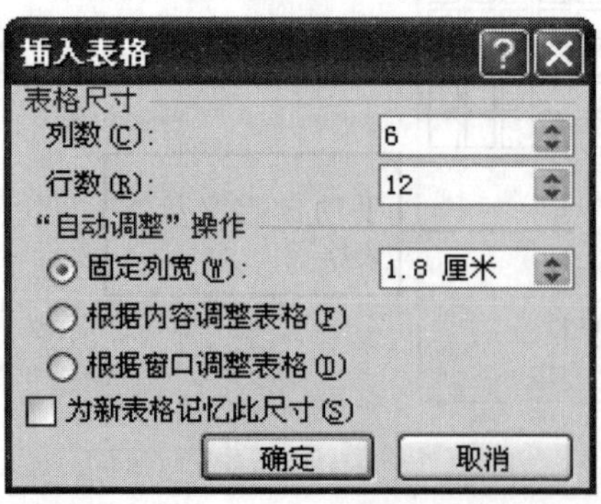

图 2-59

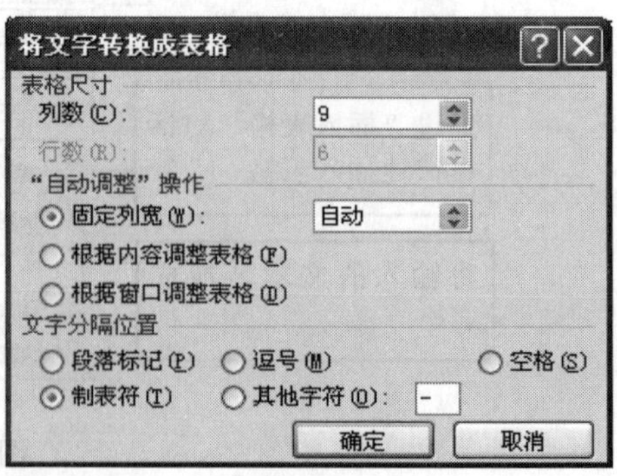

图 2-60

（5）快速插入表格。

Word 2007 提供了许多内置表格，可以快速地插入指定样式的表格，并输入数据。在“插入”选项卡的“表格”组中单击“表格”按钮，在弹出的下拉列表中执行“快速表格”命令，即可在打开的列表中选择需要的内置表格样式，如图 2-61 所示。

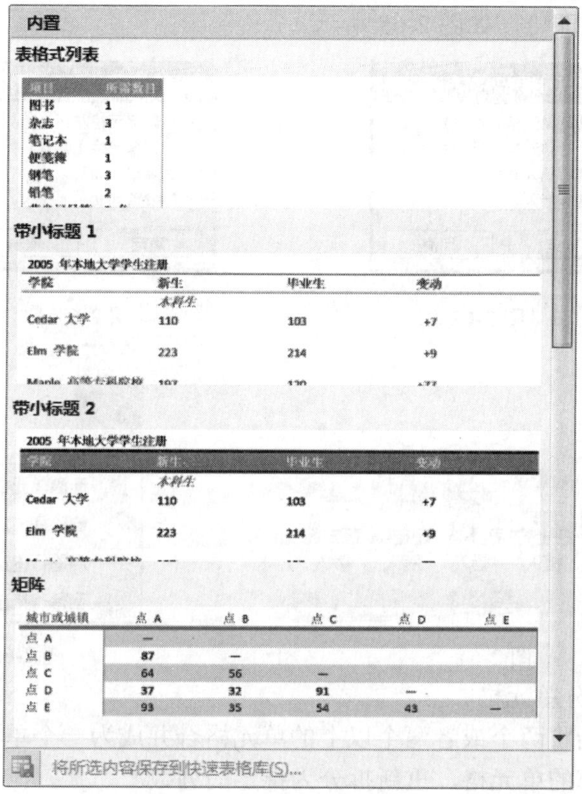

图 2-61

2. 表格的基本操作

表格创建完成后，还需要对其进行编辑操作，如插入与删除单元格、插入与删除行或列、合并与拆分单元格、调整行高与列宽等。

（1）插入与删除单元格。

表格的基本组成就是单元格，在表格中可以很方便地对单元格进行插入和删除操作。

- 插入单元格：选择需要插入单元格位置处的单元格并右击，在弹出的下拉列表中选择“插入”下的“插入单元格”选项，弹出“插入单元格”对话框，直接在其中选择活动单元格的布局即可，如图 2-62 所示。
- 删除单元格：选择需要删除的单元格并右击，在弹出的下拉列表中选择“删除单元格”选项，弹出“删除单元格”对话框，选择删除单元格后活动单元格的布局，如图 2-63 所示。

（2）插入与删除行或列。

- 插入行或列：在表格中选定需要插入行位置相邻的行，选定的行数与要插入的行数相同。在“表格工具”→“布局”选项卡的“行和列”组中单击“在上方插入”或“在下方插入”按钮即可。当插入列时，单击“在左侧插入”或“在右侧插入”按钮即可，如图 2-64 所示。

- 删除行或列：选定需要删除的行或列，或将光标放置在该行或列任意单元格中，在“行和列”组中单击“删除”按钮，在打开的列表中选择“删除行”或“删除列”选项即可，如图 2-65 所示。

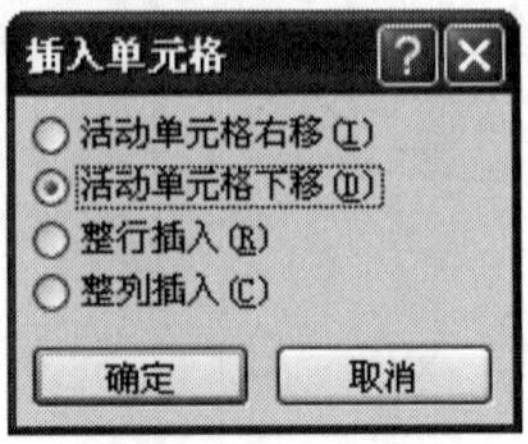

图 2-62

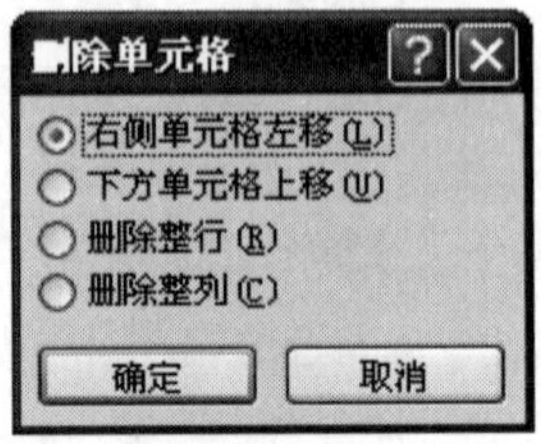

图 2-63

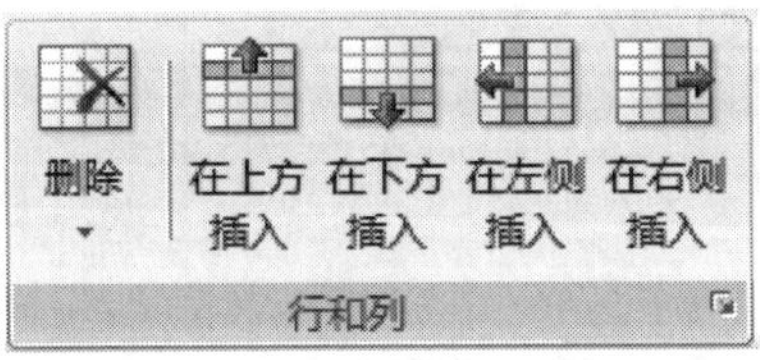

图 2-64

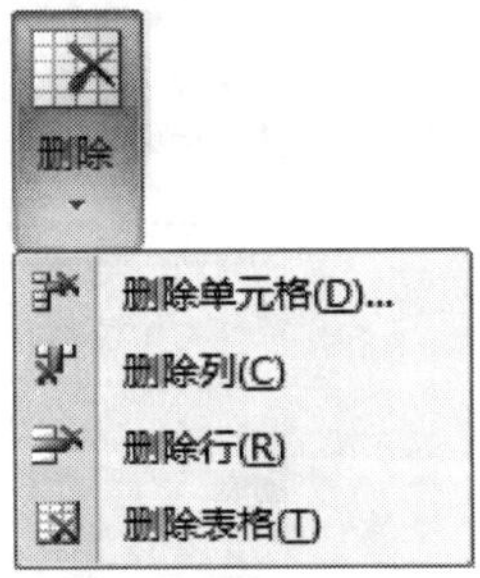

图 2-65

（3）合并与拆分单元格。

合并单元格是指将两个或者两个以上的单元格合并成为一个单元格。拆分单元格是指将一个或多个相邻的单元格，重新拆分为指定的列数。

- 合并单元格：选择需要合并的单元格，打开“表格工具”的“布局”选项卡，在“合并”组中单击“合并单元格”按钮，如图 2-66 所示。或单击选中的单元格，在弹出的快捷菜单中执行“合并单元格”命令。此时所选择的多个单元格区域即可合并为一个单元格。
- 拆分单元格：选择需要拆分的单元格，打开“表格工具”的“布局”选项卡，在“合并”组中单击“拆分单元格”按钮，或右击选中的单元格，在弹出的快捷菜单中执行“拆分单元格”命令。此时弹出“拆分单元格”对话框，在“列数”和“行数”文本框中分别输入要拆分成的行数和列数即可，如图 2-67 所示（以拆分为 5 行 2 列的表格为例）。

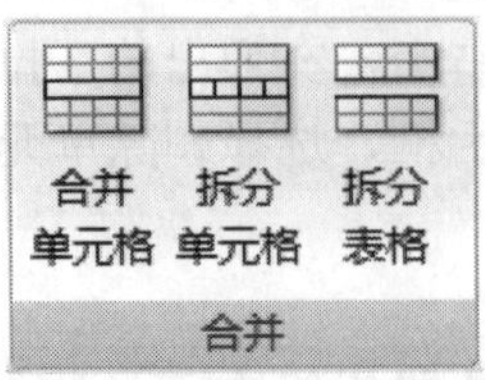

图 2-66

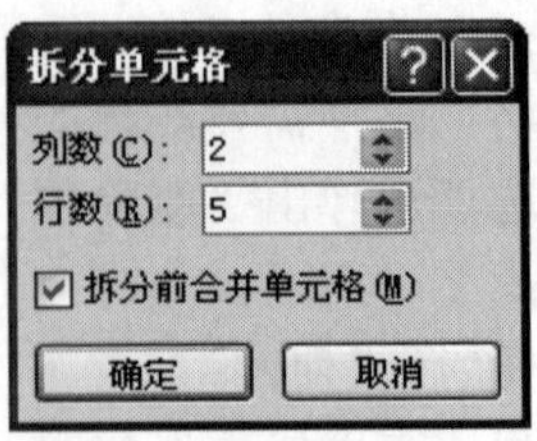

图 2-67

- 拆分表格：所谓拆分表格，就是将一个表格拆分为两个独立的子表格。拆分表格时，将光标定位在需要拆分开的行分界处位置，也就是拆分后形成的第二个表格的第一行处。打开“表格工具”的“布局”选项卡，在“合并”组中单击“拆分表格”按钮，插入点所在行以下的部分就从原表格中分离出来，形成另一个独立的表格。

（4）调整行高与列宽。

根据表格内容的不同，表格的尺寸和外观要求也有所不同，可以根据表格的内容来调整表格的行高和列宽。

- 自动调整：选定需要调整的单元格，打开“表格工具”的“布局”选项卡，在“单元格大小”组中单击“自动调整”按钮，就可以在弹出的下拉列表中选择是根据内容或根据窗口自动调整表格，也可直接指定固定的列宽，如图 2-68 所示。
- 拖动鼠标进行调整：调整行高时，先将光标指向需要调整的行的下边框，当光标指针变为÷形状时拖动鼠标至所需位置即可；调整列宽时，先将光标指向表格中所要调整列的竖边框，当光标指针变为⇹形状时拖动边框至所需要的位置。在拖动鼠标时，如果同时按住 Shift 键，则边框左边一列的宽度发生变化，整个表格的总体宽度也随之改变；若同时按住 Ctrl 键，则边框左边一列的宽度发生变化，右边各列也发生均匀的变化，而整个表格的总体宽度不变。
- 精确调整：可以在“表格属性”对话框中通过输入数值的方式精确调整行高与列宽。将光标定位在需要设置的行中，打开“表格工具”的“布局”选项卡，在“单元格大小”组中单击右下角的对话框启动器按钮，弹出“表格属性”对话框，如图 2-69 所示。在“行”选项卡的“指定高度”后的微调框中输入精确的数值。单击“上一行”或“下一行”按钮，即可将光标定位在“上一行”或“下一行”处，进行相同的设置即可。

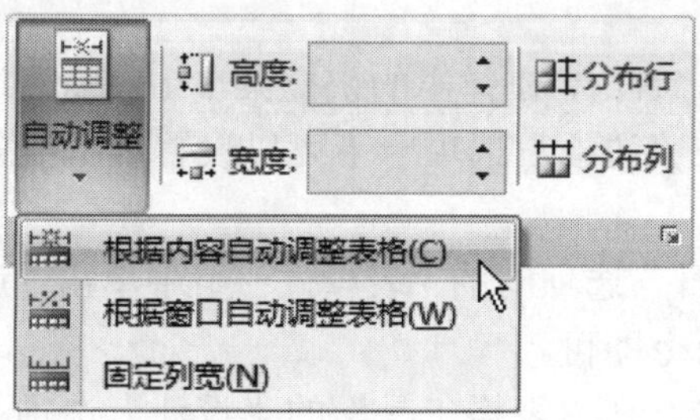

图 2-68

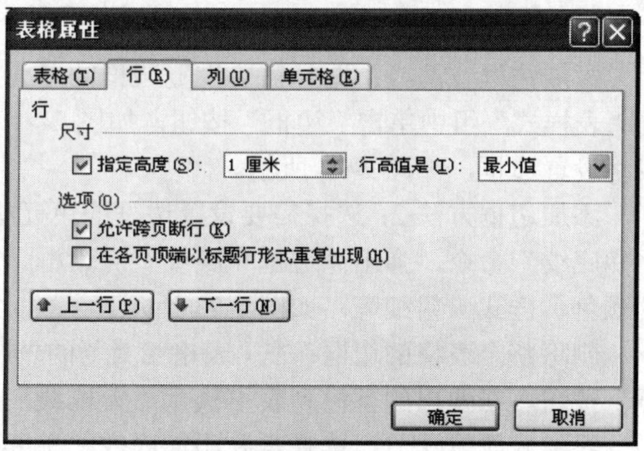

图 2-69

在弹出的“表格属性”对话框的“列”选项卡下，可以在“指定宽度”后的微调框中输入精确的数值，如图 2-70 所示。单击“前一列”或“后一列”按钮，即可将光标定位在“前一列”或“后一列”处，进行相同的设置即可。

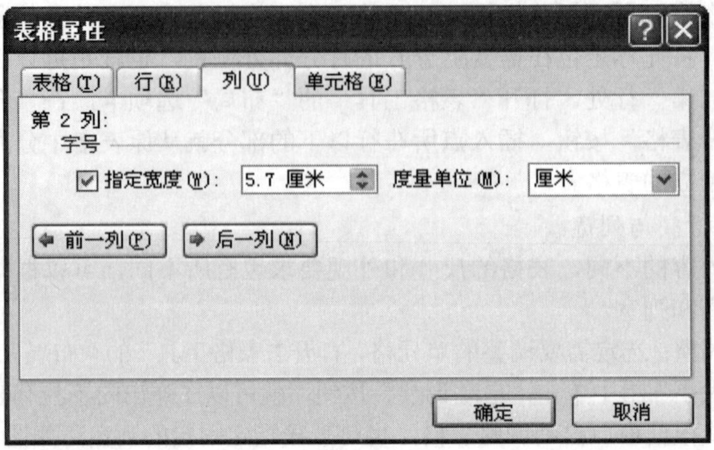

图 2-70

3. 设计表格样式

根据表格的内容不同，表格的尺寸和外观要求也有所不同，可以根据实际情况设置表格的外观样式。设置表格样式主要包括设置表格的边框和底纹以及套用表格样式等。

（1）添加边框与底纹。

为了使表格更加美观，可以为表格设置边框和底纹的样式。

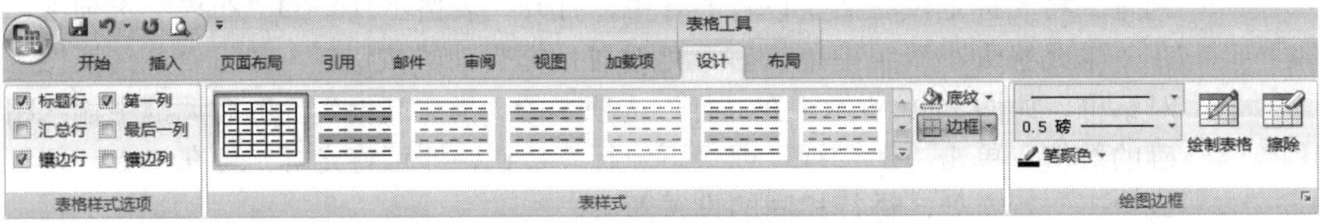

图 2-71

添加边框方法 1：选择需要设置边框的单元格，在“表格工具”的“设计”选项卡的“表样式”组中单击“边框”按钮，如图 2-71 所示。在弹出的下拉列表中可以选择为表格设置边框，如图 2-72 所示。

添加边框方法 2：选择需要设置边框的单元格，右击，在弹出的快捷菜单中执行“边框和底纹”命令，弹出“边框和底纹”对话框，在“边框”选项卡下可以设置边框线条的颜色、样式、粗细等，如图 2-73 所示。

删除整个表格的边框：在“表格工具”的“设计”选项卡的“表样式”组中单击“边框”按钮，在弹出的下拉列表中执行“无框线”命令即可。

添加底纹方法 1：选择需要添加底纹的单元格，在“表格工具”的“设计”选项卡的“表样式”组中单击“底纹”按钮，在弹出的下拉列表中可以选择一种底纹颜色，如图 2-74 所示。

添加底纹方法 2：选择需要添加底纹的单元格，右击，在弹出的快捷菜单中执行“边框和底纹”命令，弹出“边框和底纹”对话框，在“底纹”选项卡中可以设置填充底纹的颜色、填充图案的样式及颜色、应用范围等，如图 2-75 所示。

图 2-72

图 2-73

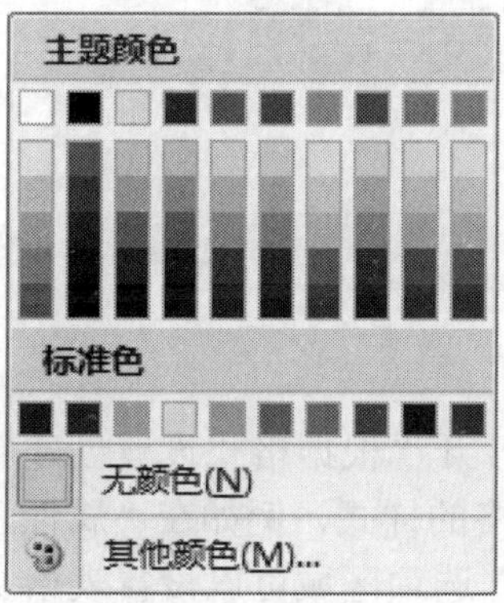

图 2-74

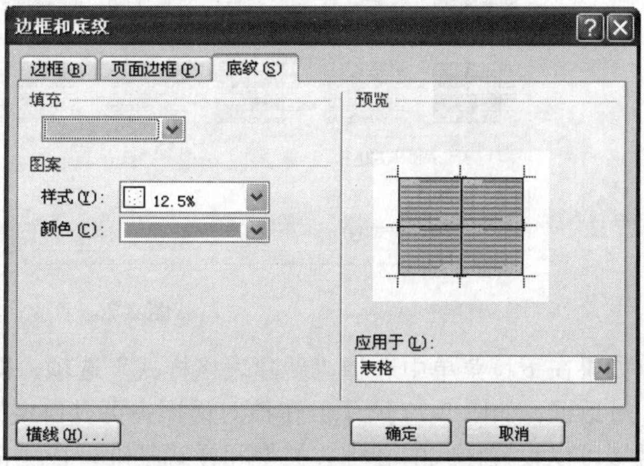

图 2-75

（2）套用表格样式。

Word 2007 自带了 98 种内置的表格样式，可以根据自己的实际需要自动套用表格样式。创建表格后，可以使用“表格样式”来设置整个表格的格式。将指针停留在每个预先设置好格式的表格样式上，可以预览表格的外观。

首先要选中整个表格，打开“表格工具”的“设计”选项卡，在“表样式”组中单击“其他”按钮，在弹出的库中单击所需要的表格样式，即可为表格应用该样式，如图 2-76 所示。

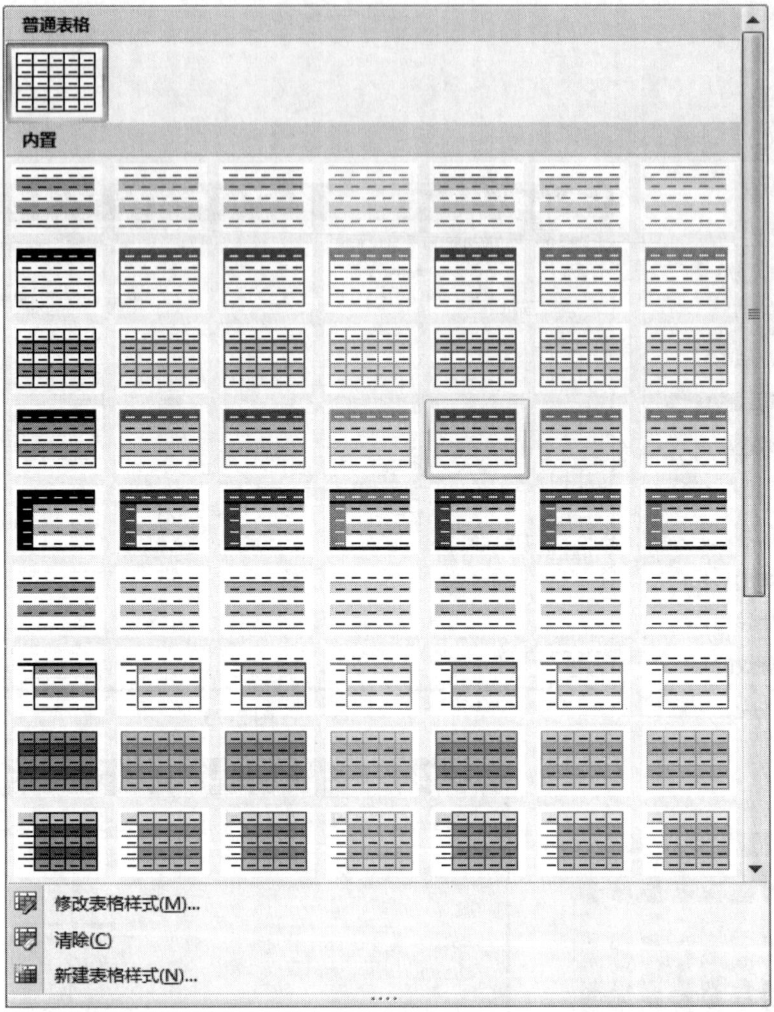

图 2-76

如果在下拉菜单中选择“新建表格样式”选项，即可打开“根据格式设置创建新样式”对话框，如图 2-77 所示。在该对话框中可以自定义表格的样式，例如在“属性”选项区域可以设置样式的名称、类型和样式基准，在“格式”选项区域可以设置表格文本的字体、字号、颜色等格式。

（3）设置表格的对齐方式及文字环绕方式。

在“表格属性”对话框中可以设置表格的对齐方式、文字环绕方式。具体操作方法是：选择要进行设置的表格，在“表格工具”的“布局”选项卡的“表”组中单击“属性”按钮，即可打开“表格属性”对话框。在“表格”选项卡的“对齐方式”区域可以设置表格在文档中的对齐方式；在“文字环绕”区域中选择“环绕”选项，则可以设置文字环绕表格，如图 2-78 所示。

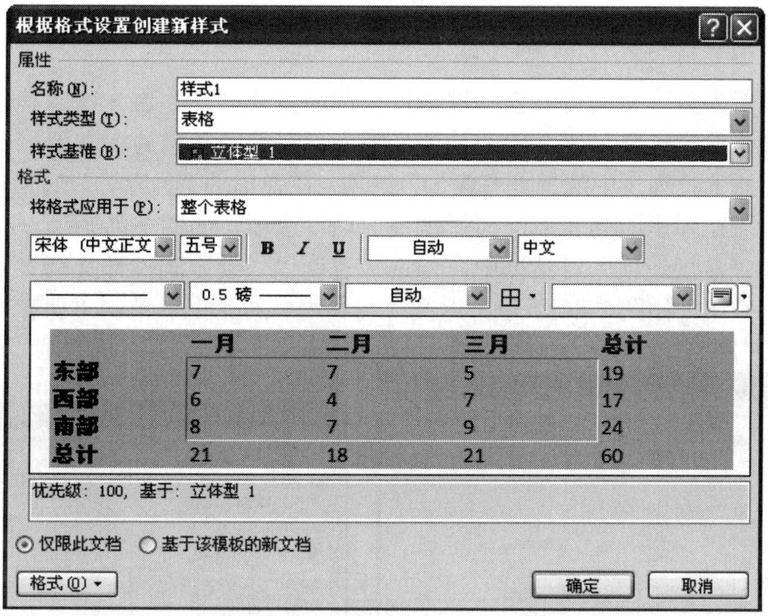

图 2-77

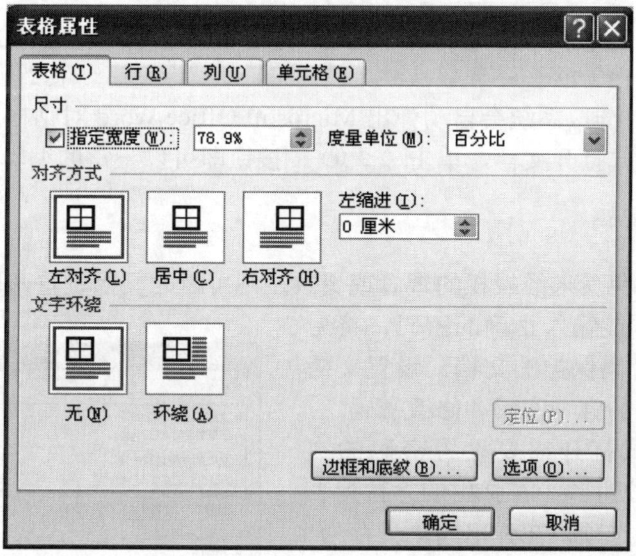

图 2-78

2.4　文档的保护

对文档安全的威胁来自不当的操作、外部病毒、个人疏忽等多方面因素。可以通过设置只读文档、设置文档密码和启动强制保护 3 种方法对文档进行保护，以防止他人随意打开或修改文档。

2.4.1 设置只读文档

将文档设置为只读文档可以强制用户以只读的方式打开，这样可以有效地保护文档中的内容不被修改。设置只读文档的具体步骤为：在编辑文档的状态下，单击 Office 按钮，在弹出的下拉列表中选择“另存为”选项，在弹出的“另存为”对话框中单击“工具”按钮，然后在弹出的列表中选择“常规选项”选项，如图 2-79 所示。

在弹出的“常规选项”对话框中，勾选“建议以只读方式打开文档”复选框，然后单击“确定”按钮，如图 2-80 所示。返回“另存为”对话框，单击“保存”按钮即可完成设置。

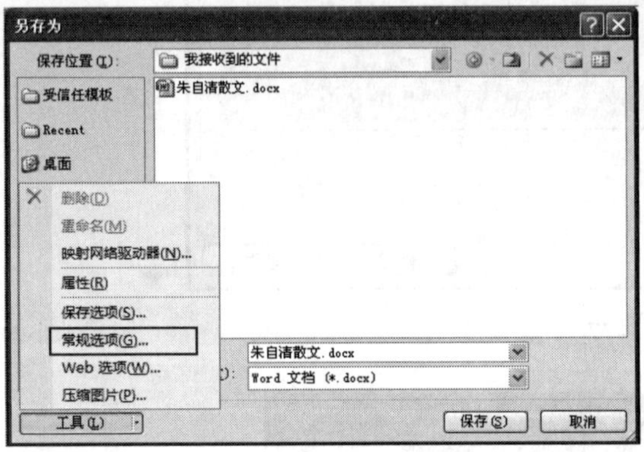

图 2-79

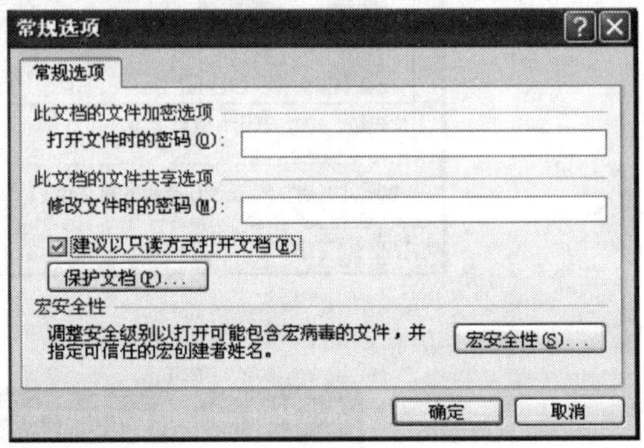

图 2-80

再次打开该文档时，系统会自动弹出 Microsoft Office Word 对话框，此时单击“是(Y)”按钮即可以只读方式打开文档，单击“否(N)”按钮即可以正常的编辑方式打开文档。

2.4.2 设置文档密码

为了保护文档免受未经授权的查看或更改，则可以为文档设置密码。在设置了文档密码之后，如果不能输入正确的密码，将无法打开或访问受密码保护的文档。设置文档密码包括设置文档的打开密码和修改密码。

以非只读方式打开需要设置密码的文档，单击 Office 按钮，在弹出的下拉列表中选择“另存为”选项，在弹出的“另存为”对话框中单击“工具”按钮。然后在弹出的列表中选择“常规选项”选项，在弹出的“常规选项”对话框中可以分别设置文档的打开密码或修改密码，如图 2-81 所示。

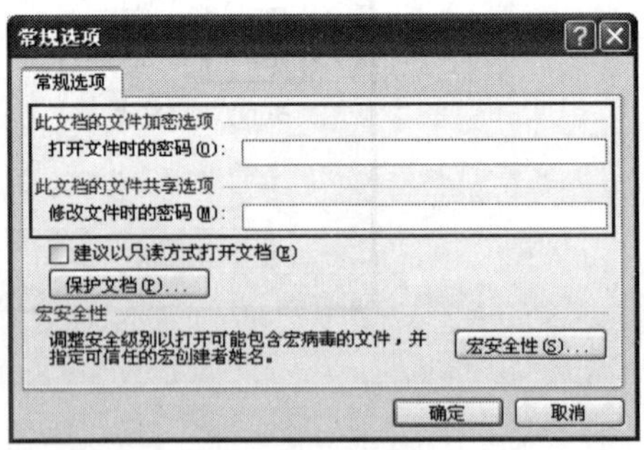

图 2-81

注意：可以将打开密码和修改密码设置为相同的，也可以设置为不同，还可以只设置其中一项的密码。

单击“确定”按钮后，会依次弹出“确认密码”对话框，分别将打开文件密码和修改文件密码再输入一次，单击“确定”按钮即可。

当再次打开加密文档时，会自动弹出要求输入密码的对话框，输入正确的密码，并单击“确定”按钮，就可以打开文档了。编辑结束并执行保存操作后，文档将会自动再次加密。如果文档的密码已经泄漏，需要重新设置时，修改文档密码的操作方法与第一次设置的操作方法是相同的。

2.4.3　设置文档权限

还可以通过设置文档的编辑权限、启动文档的强制保护功能等方法保护文档的指定内容不被修改。在“审阅”选项卡的“保护”组中单击“保护文档”按钮，在弹出的下拉列表中选择“限制格式和编辑”选项，如图 2-82 所示。

在文档的右侧会打开“限制格式和编辑”边框栏，勾选“仅允许在文档中进行此类编辑”复选框，在其下方的下拉列表中选择允许项目，如修订、批注、填写窗体、不允许任何更改等，如图 2-83 所示。

完成以上操作后，单击“是，启动强制保护”按钮，即可弹出“启动强制保护”对话框，如图 2-84 所示。在“新密码”和“确认新密码”文本框中分别输入密码，单击“确定”按钮即可。

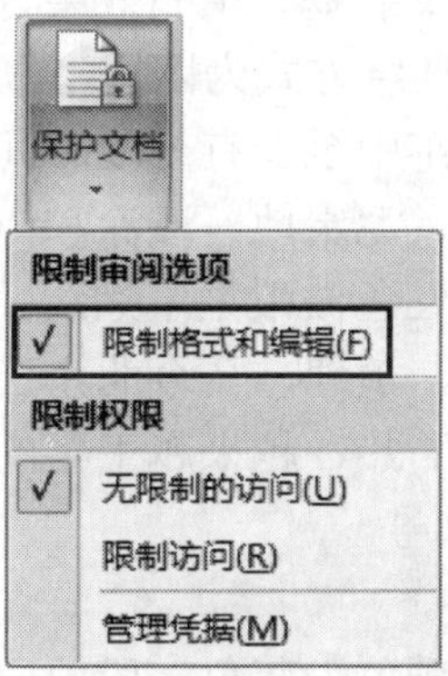

图 2-82

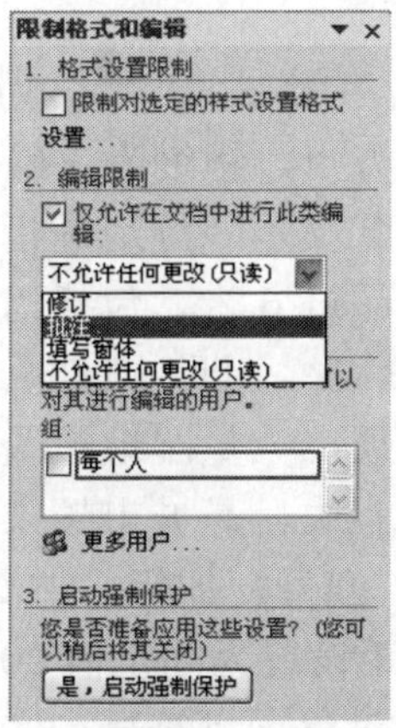

图 2-83

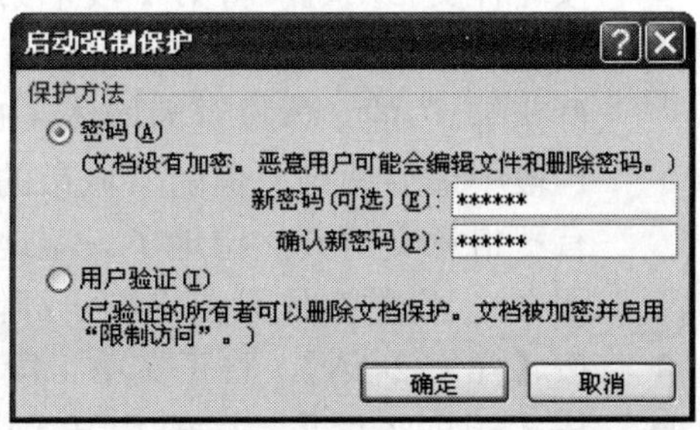

图 2-84

若要继续编辑文档时，可以在文档右侧的“限制格式和编辑”边框栏中单击“停止保护”按钮，如图 2-85 所示。在弹出的“取消保护文档”对话框中输入密码，即可完成取消文档保护的操作，如图 2-86 所示。

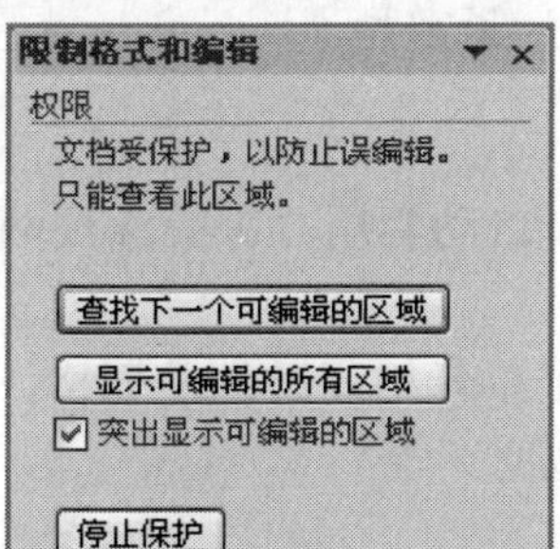

图 2-85

图 2-86

Ⅱ. 试题汇编

2.1 第 1 题

【操作要求】

打开文档 A2.docx，按照样文进行如下操作。

1．设置文档页面格式

- 按【样文 2-1A】，插入“现代型（奇数页）”页眉，录入页眉标题为“环保漫谈”，字号为四号，对齐方式为居中；右侧插入页码“第 1 页”。
- 按【样文 2-1A】，设置页边距为上下各 4.2 厘米，左右各 3.3 厘米。

2．设置文档编排格式

- 按【样文 2-1A】，将标题设置为艺术字样式 9，字体为华文新魏，填充效果为预设颜色中的薄雾浓云，形状轮廓为方点，粗细为 1 磅，环绕方式为四周型。
- 按【样文 2-1A】，将第 1 段中第 1 句文本“湿地是指一年中至少有一段时间为潮湿或水涝的地区，其水深一般不超过 6 米，包括沼泽、泥炭地、滩涂和沼泽群落等。”的字体设置为楷体_GB2312、小四、加粗，加红色波浪型下划线；第 1 段中最后两句“但随着城市的发展，大量湿地被改造、填埋，至今北京已没有严格意义的天然湿地了。湿地的丧失，是城市越来越酷热、越来越干旱的原因之一。”的字体设置为方正舒体、四号、加粗，加着重号。
- 按【样文 2-1A】，将正文第 1 段行距设置为固定值 20 磅。
- 按【样文 2-1A】，为第 2、3、4 段设置项目符号，字体颜色为蓝色，段前段后间距均为 0.5 行。

3．文档的插入设置

在【样文 2-1A】所示位置插入图片，图片为 C:\Win2007GJW\KSML3\TU2-1.jpg，设置图片高度为 4.6 厘米，宽度 6.5 厘米，环绕方式为紧密型。

4．插入、绘制文档表格

- 在文档的尾部插入一个 4 行 8 列的表格，自动套用“中等深浅网格 3 - 强调文字颜色 3”的表格样式。
- 按【样文 2-1B】所示，合并首行除第一个单元格以外的单元格，以及首列的第 2、3、4 单元格，并按样文所示添加边框线。

5．文档整理、修改和保护

启动文档保护，仅允许对文档进行“填写窗体”操作，密码为“ks2-1”。

【样文 2-1A】

第 1 页

环保漫谈

保护湿地改善环境

湿地是指一年中至少有一段时间为潮湿或水涝的地区，其水深一般不超过 6 米，包括沼泽、泥炭地、滩涂和沼泽群落等。历史上北京有许多湿地，如“海淀”二字，即有“泉水丰茂，沼泽遍布”的含义。**但随着城市的发展，大量湿地被改造、填埋，至今北京已没有严格意义的天然湿地了。湿地的丧失，是城市越来越酷热、越来越干旱的原因之一。**

- 湿地含有丰沛水量，比陆地具有更大的比热，高温吸热，低温放热，从而调节气温，减小温差；同时，湿地是区域水循环的重要环节，雨季可以调蓄洪水，降低洪峰，并及时补充地下水，旱季可以增大蒸发，增加降水，从而减少旱、涝灾害。
- 湿地由动植物、微生物、土壤、水体以及砂砾基质组成，它们之间的生物、物理、化学作用使湿地成为天然的“空气净化器”和“污水处理厂”。大面积湿地可以直接吸附空气中的浮尘、细菌和有害气体，与降水、径流带来的尘土及有害物质一起沉滞于基质，从而起到净化空气的作用。
- 湿地为野生动植物提供良好的栖息地，以维持它们正常的繁衍，是天然的物种基因库；湿地提供丰富的水产品，出产泥炭、水电，可用于适度旅游开发，具有很高的经济价值；此外湿地还具有科研与景观价值。

【样文 2-1B】

2.2 第 2 题

【操作要求】

打开文档 A2.docx，按照样文进行如下操作。

1．设置文档页面格式

- 按【样文 2-2A】，插入“条纹型”页眉，录入页眉标题“健康之路”，对齐方式为左对齐，在页边距中插入“箭头（右侧）”型页码。
- 按【样文 2-2A】，设置页边距上下各 4.3 厘米，左右各 2.8 厘米。

2．设置文档编排格式

- 按【样文 2-2A】，将标题设置为艺术字样式 9，字体为华文新魏，填充效果为预设颜色中的“雨后初晴”，无线条色，形状为“陀螺形”，对齐及环绕方式为“顶端居中，四周型文字环绕”。
- 按【样文 2-2A】，将第 1 段字体设置为华文行楷、四号、蓝色；第 2 段设置为楷体_GB2312、四号、绿色；第 3 段设置为华文新魏、四号、粉红色（RGB：255，50，200）；第 4 段设置为隶书、四号、深蓝。
- 按【样文 2-2A】，将第 2、3、4 段设置固定行距 20 磅；并设置段前段后间距各 0.5 行。

3．文档的插入设置

在【样文 2-2A】所示位置插入图片，图片为 C:\Win2007GJW\KSML3\TU2-2.jpg，设置图片缩放比例为 60%，环绕方式为紧密型。

4．插入、绘制文档表格

- 在文档的尾部插入一个 5 行 9 列的表格，按【样文 2-2B】所示，合并第 4 列和第 8 列的 2、3、4 行单元格，调整第 1 列的列宽为 2.6 厘米，第 1 行的行高为 1.1 厘米。
- 自动套用“浅色网格 – 强调文字颜色 5”的表格样式。

5．文档的整理、修改和保护

启动文档保护，仅允许对文档进行“修订”操作，密码为“ks2-2”。

【样文 2-2A】

健康之路

海滨的空气

当你来到海滨，一定会觉得海滨的空气特别新鲜，特别让人精神舒畅。

为什么海滨的空气特别清新呢?

这是因为海浪每天不断地拍打着海岸，海潮时涨时落，给海滨带来美丽的景色和悦耳的涛声，同时也带来了湿润的海滨空气。同时海滨的空气中含有大量的负氧离子，负氧离子称为“空气维生素”，它可以通过呼吸进入人体，改善肺的换气功能，增加氧的吸入量，二氧化碳的呼出量。

负氧离子是带负电的离子，有杀菌的作用，在空气中能抑制细菌的繁殖。大量的负氧离子提高人的交感神经的功能，使人精神焕发，精力充沛，还能增加血液中的血红蛋白的含量。

因此，海滨建有很多的疗养院，因为，海滨空气对患有肺气肿、高血压、神经衰弱、哮喘、贫血等疾病的人有治疗作用，有益于人体的健康，使人精神振奋。

【样文 2-2B】

2.3 第 3 题

【操作要求】

打开文档 A2.docx，按照样文进行如下操作。

1．设置文档页面格式

- 按【样文 2-3A】，插入“边线型”页眉，在页眉标题处录入“生命科学”，对齐方式为左对齐，在左侧插入页码“第 1 页”。
- 按【样文 2-3A】，设置页边距上下各 4.0 厘米，左右各 3.3 厘米。

2．设置文档编排格式

- 按【样文 2-3A】，将标题设置为艺术字样式 13，字体为隶书，形状为八边形，填充效果为预设颜色中的“彩虹出岫”，环绕方式为上下型。
- 按【样文 2-3A】，将第 1 段字体设置为楷体_GB2312，四号，深蓝色；第 2 段设置为黑体，小四；第 3 段设置为华文新魏，小三，粉红色（RGB：255，0，100）。
- 按【样文 2-3A】，将正文各段设置固定行距 20 磅，并设置段前段后间距各 0.5 行。

3．文档的插入设置

在【样文 2-3A】所示位置插入图片，图片为 C:\Win2007GJW\KSML3\TU2-3.bmp，环绕方式为紧密型。

4．插入、绘制文档表格

- 按【样文 2-3B】所示，在文档的尾部插入一个 3 行 5 列的表格，并自动套用“中等深浅网格 1”的表格样式。
- 按【样文 2-3B】所示，合并第 5 列的 3 个单元格，调整表格中各单元格的高度为 1 厘米，并为表格添加 2.25 磅、实线外边框。

5．文档的整理、修改和保护

启动文档保护，仅允许对文档进行“批注”操作，密码为“ks2-3”。

【样文 2-3A】

第 1 页　生命科学

大脑左右半球是如何分开的

许多研究，特别是对脑损伤的研究表明大脑的两个半球确实存在分工的不同。左半球的优势在于分析具体的问题，而右半球则在分析画面、理解和识别上占优势。日本福冈九州大学的研究队伍发现在小鼠中有一种神经细胞的受体在大脑海马区的左右两侧是完全不同的，而海马区位于大脑的深处，是负责产生记忆和进行学习的主要区域。这些ＮＭＤＡ受体对于改变神经细胞间的联系的力度也即记忆和学习的基础来说是十分重要的。

另一方面，日本科学家们还在大脑的右半球细胞顶部的树状突（神经细胞的树状延伸部分）上发现了比底部更多类型的ＮＭＤＡ受体。而在左半球情况正好相反。神经细胞如何对输入的信号做出反应依赖于它在哪里接收到该信号，因此上述模式有助于了解记忆在两边产生情况的不同。

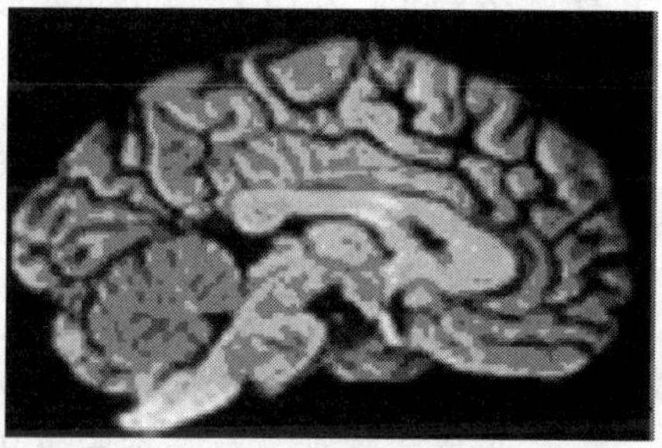

上述发现还为大脑左右半球不同的现象不仅仅局限于人类和高级灵长类的观点提供了证据。大脑的单侧性曾经被认为是高级认知能力产生的原因，但是上述发现的众多例子表明这一理论是站不住脚的。

【样文 2-3B】

2.4 第 4 题

【操作要求】

打开文档 A2.docx，按照样文进行如下操作。

1．设置文档页面格式

- 按【样文 2-4A】，插入“飞越型（偶数页）”页眉，在页眉标题中录入“地球的故事”，对齐方式为右对齐，在页眉左侧插入页码“第 1 页”。
- 按【样文 2-4A】，设置纸张大小为 A4，页边距为“普通”。

2．设置文档编排格式

- 按【样文 2-4A】，将标题设置为艺术字样式 7，字体为华文楷体、44 磅，填充效果为预设颜色中的“心如止水”，无线条色；形状为“倒三角”形，环绕方式为四周型。
- 按【样文 2-4A】，将第 1 段字体设置为华文新魏，四号；第 2 段设置为楷体_GB2312、四号；第 3 段设置为华文行楷、四号、蓝色。
- 按【样文 2-4A】，将正文各段设置固定行距 20 磅；并设置段前段后间距各 0.5 行。

3．文档的插入设置

在【样文 2-4A】所示位置插入图片，图片为 C:\Win2007GJW\KSML3\TU2-4.jpg，环绕方式为紧密型。

4．插入、绘制文档表格

- 按【样文 2-4B】所示，在文档的尾部插入一个 4 行 7 列的表格，以“彩色型 2”为样式基准，自动套用“浅色网格 - 强调文字颜色 6”的表格样式。
- 按【样文 2-4B】所示，合并表格中第 1 行的所有单元格。

5．文档的整理、修改和保护

启动文档保护，仅允许在文档中进行“填写窗体”的操作，密码为“ks2-4”。

【样文 2-4A】

神秘的南极冰雪

为什么南极会有如此多的冰雪呢？这主要与其纬度位置有关。同是位于地球的两极，纬度高低相同，太阳照射的时间长短和角度也一样，南极的冰却比北极的多。由于南极地势高，空气稀薄不保暖，虽有几个月全是白昼，但太阳只是在地平线上盘旋，太阳光斜射，巨大的冰原，像镜子一样，能反射几乎全部的阳光。

几乎全部的太阳光都被反射，因而，所获热量极少，气温进一步降低，造成终年酷寒。由于气候酷寒，南极的降水只能是以冰霰的形式降落下来，终年不化。这里年平均降水量不过 55 毫米，但由于气温低，蒸发弱，逐年积累，终于形成了巨大的冰原。

在整个地球上，被冰雪覆盖的面积总共有 1600 万平方千米，而南极就占了 4/5 以上。据估算，南极的淡水总量约相当于世界其他各洲淡水总量的 200 倍，这么巨大的淡水储量是人类的一项宝贵财富，科学家正在设想如何把这些冰块运进非洲和其他干旱地区，以解决那里的水源不足问题。不久的将来，这些沉睡千百万年的宝贵资源将被开发利用，为人类造福。

【样文 2-4B】

2.5 第 5 题

【操作要求】

打开文档 A2.docx，按照样文进行如下操作。

1．设置文档页面格式

- 按【样文 2-5A】，插入“传统型”页眉，录入页眉标题为“未来世界”，插入页码为“第一页”，对齐方式均为居中。
- 按【样文 2-5A】，将第 2、3、4 段设置为两栏格式。

2．设置文档编排格式

- 按【样文 2-5A】，将标题设置为艺术字样式 28，字体为华文细黑，字号为 28，环绕方式为“浮于文字上方”。
- 按【样文 2-5A】，为第 1 段文字添加浅黄色（RGB：255，255，155）底纹，字体设置为楷体_GB2312，五号，深蓝色；第 2 段字体设置为褐色（RGB：100，50，0）；第 3 段字体设置为红色；第 4 段字体设置为淡紫色（RGB：200，100，255）；第 5 段字体设置为黑体，五号，绿色。
- 按【样文 2-5A】，将第 1 段的段后间距设置为 0.5 行；最后一段的段前间距设置为 0.5 行。

3．文档的插入设置

在【样文 2-5A】所示位置插入图片，图片为 C:\Win2007GJW\KSML3\TU2-5.jpg，设置图片高度为 3.49 厘米，宽度 4.65 厘米，环绕方式为紧密型。

4．插入、绘制文档表格

按【样文 2-5B】所示，在文档的尾部插入一个 3 行 3 列的表格，以“古典型 2”为样式基准，自动套用“浅色底纹 - 强调文字颜色 2”的表格样式。

5．文档的整理、修改和保护

对文档进行加密操作，设置密码为“ks2-5”。

【样文 2-5A】

未来世界

第一页

未来的农业工厂

随着社会的发展，各种新兴技术大量涌现，各个学科之间的结合性越来越强，如果不综合运用于实践，便难以体现出未来科学的真正价值。而机电技术作为重要的基础性学科担负着将各门学科的多种技术结合在一起的重任，并将为转换成巨大的生产力，推动社会高速的发展起着重大作用。

当前社会的人口巨增，可耕面积大量减少，人类的基础饮食面临着巨大的潜在威胁。据此本学院提出以智能机器人技术、先进控制技术、生物技术为结合的未来农业工厂。

当前，人类农业的生产，更多的依赖于自然的供给，受自然的制约。比如阳光，空气，水分等。然而，这些生长条件虽并不可少但并非是最佳，由此也就直接影响着农作物产品的生产周期、发育状况、品种式样及用途多样性。这既导致了人们缺乏各种食品的充分供给的矛盾，又导致了与随着人们日益增长的各种食品需求不协调的矛盾。然而，未来的一个世纪里，是一个以生物技术为先导，各种技术相互胶结共同进步产生技术巨大革命的世纪。

农业工厂的提出，是综合了未来的先进智能机器人技术——可以感应出农作物在生长过程中的各种需求并反馈给控制单元先进技术、先进控制技术——能够控制模拟自然环境的产生并控制调节模拟自然环境对农作物生长发育过程中的各种利于生长的最佳配给，以利于农作物的生长、生物技术——指按照人的意愿采取一定的技术手段，直接或间接地利用生物体及其机能，创造新的生物品种和新的生物制品。并在当前的体细胞杂交技术，转基因技术，组培技术，克隆技术基础上，认清农作物的发育过程，进行各种育种工作。

农业工厂综合利用先进的智能机器人技术、先进控制技术、未来生物技术并结合农作物的生长规律，将古老农业和传统的工业结合在一起。一改过去面朝黄土背朝天的平面化的落伍的农业生产模式，转变为全新的、立体的、智能化的生产模式，达到了缩短周期、增加产量、丰富品种、提高质量、丰富产品用途，从而使农业生产发生翻天覆地的变化。

【样文 2-5B】

III. 试题解答

2.1 第 1 题

单击 Office 按钮，执行“打开”命令，在“查找范围”文本框中找到指定路径，选择 A2.docx 文件，单击“打开”按钮。

1. *设置文档页面格式*

（1）在“插入”选项卡的“页眉和页脚”组中单击“页眉”按钮，在弹出的下拉列表中选择“现代型（奇数页）”的页眉样式，如图 2-87 所示。

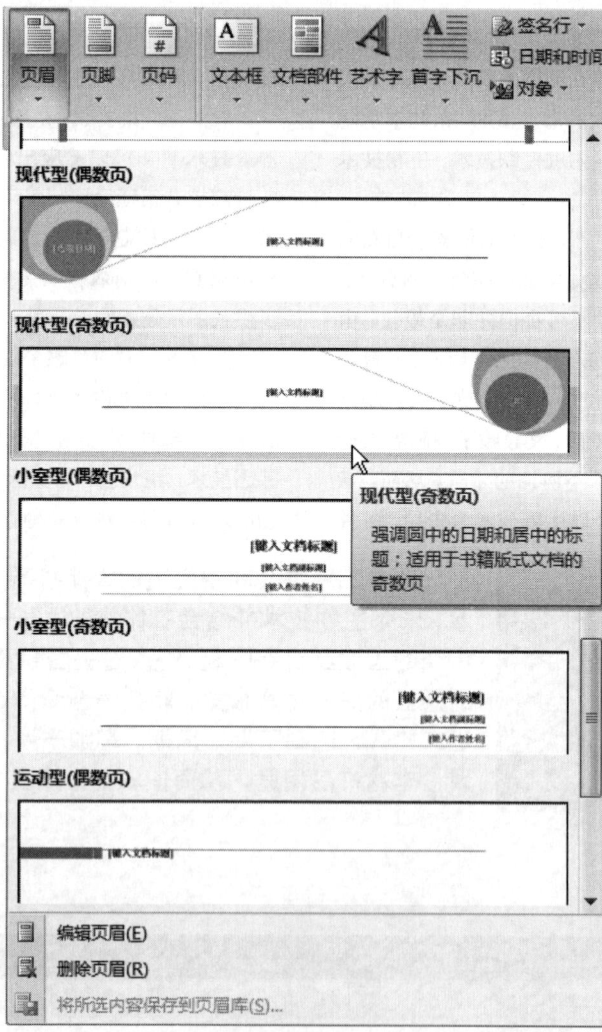

图 2-87

（2）将光标定位在页眉的“输入文档标题”标题框中，输入文字“环保漫谈”，在“开始”选项卡的“字体”组中的字号列表框中选择“四号”，在“段落”组中单击“居中”按钮，如图 2-88 所示。

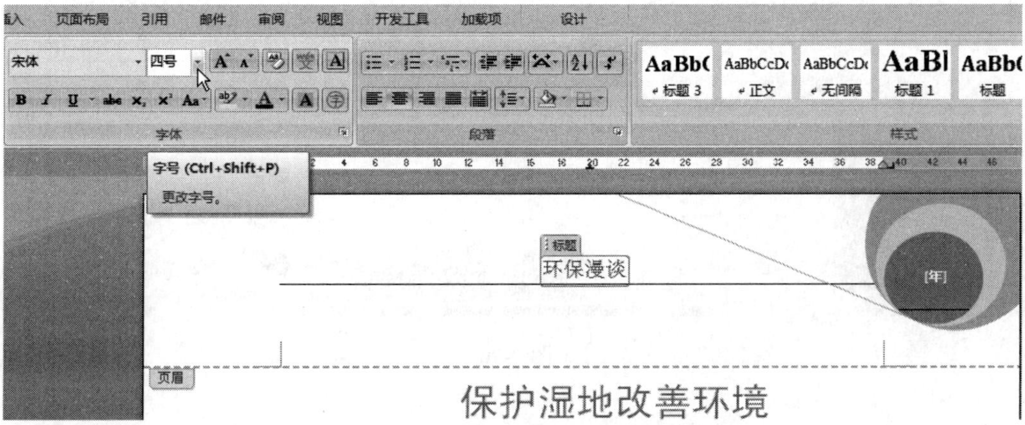

图 2-88

（3）将光标定位在页眉右侧的“选取日期”框中，输入文本“第 1 页”，如图 2-89 所示。

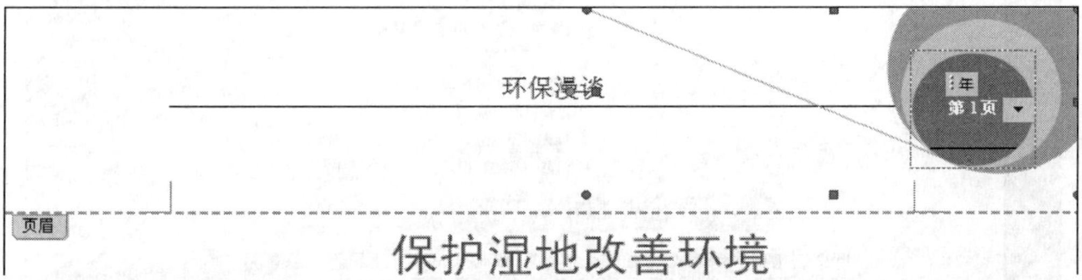

图 2-89

（4）切换到“页眉和页脚工具”，在“设计”选项卡的“关闭”组中，单击“关闭页眉和页脚”按钮。

（5）在“页面布局”选项卡的“页面设置”组中单击“页边距”按钮，在弹出的下拉列表中选择“自定义边距”选项。打开“页面设置”对话框，在“页边距”选项卡的“上”、“下”文本框中选择或输入“4.2 厘米”，在“左”、“右”文本框中选择或输入“3.3 厘米”，单击“确定”按钮。

2. 设置文档编排格式

（1）选中文档的标题“保护湿地改善环境”，单击“插入”选项卡“文本”组中的“艺术字”按钮，在弹出的下拉列表中选择“艺术字样式 9”，如图 2-90 所示。

（2）打开“编辑艺术字文字”对话框，在“字体”列表框中选择“华文新魏”，单击“确定”按钮。

（3）选中所插入的艺术字，在“艺术字工具”中的“格式”选项卡下，单击“艺术字样式”组中的“形状填充”按钮，在弹出的下拉列表中选择“渐变”下的“其他渐变”选项，如图 2-91 所示。

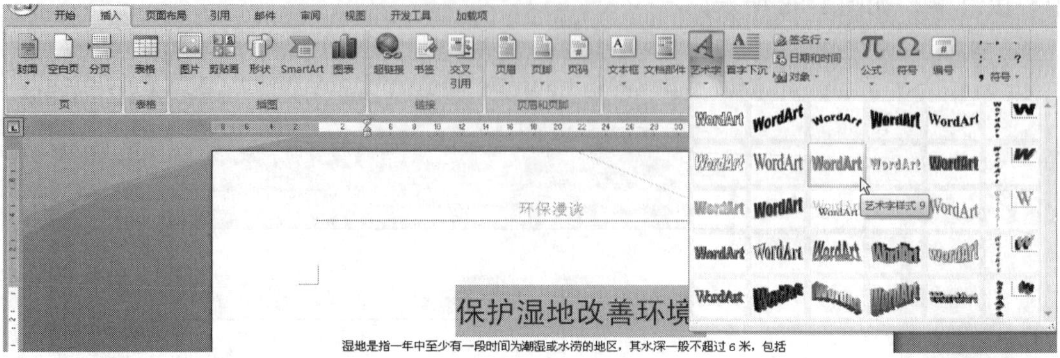

图 2-90

图 2-91

（4）打开“填充效果”对话框，选择“渐变”选项卡，在“颜色”区域选中“预设”单选按钮，在“预设颜色”列表框中选择“薄雾浓云”选项，单击“确定”按钮，如图 2-92 所示。

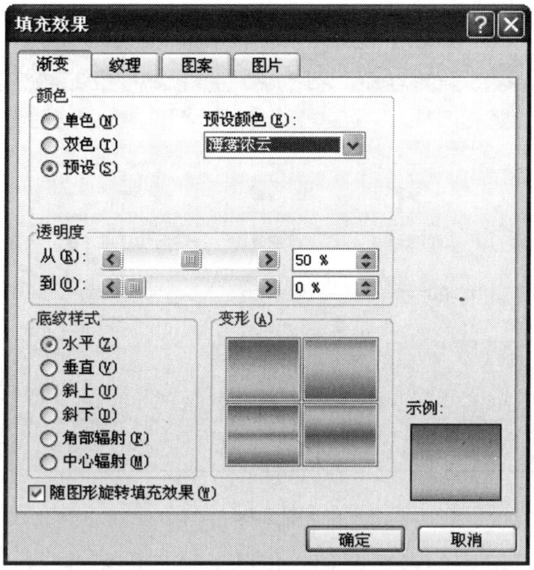

图 2-92

（5）选中所插入的艺术字并右击，在弹出的快捷菜单中选择“设置艺术字格式”选项，打开“设置艺术字格式”对话框。在“颜色与线条”选项卡的“虚实”列表框中选择“方点”虚线，在“粗细”列表框中选择“1 磅”，如图 2-93 所示。

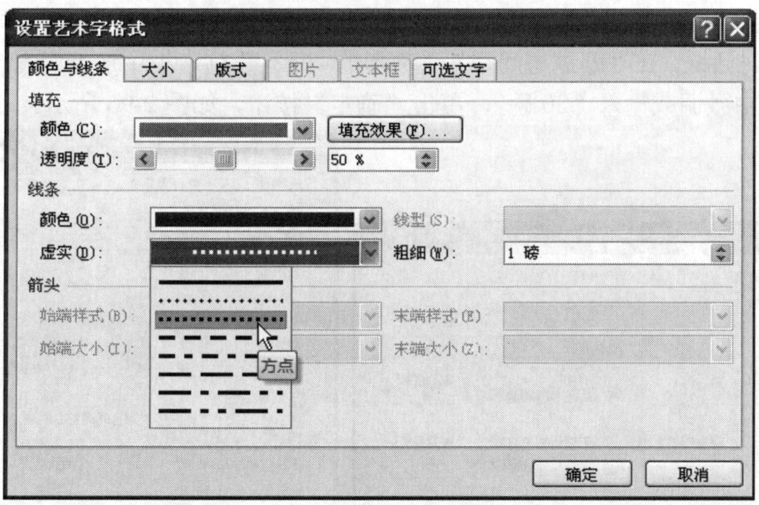

图 2-93

（6）在“设置艺术字格式”对话框的“版式”选项卡下选择“四周型”文字环绕方式，如图 2-94 所示，单击“确定”按钮，并根据样图适当调整艺术字所在位置。

（7）选中正文第 1 段中的第 1 句“湿地是指一年中至少有一段时间为潮湿或水涝的地区，其水深一般不超过 6 米，包括沼泽、泥炭地、滩涂和沼泽群落等。”，在“开始”选项卡的“字体”组中单击字体对话框启动器按钮，弹出“字体”对话框。在“中文字体”列表框中选择“楷体_GB2312”，在“字号”列表框中选择“小四”，在“字形”列表框中选择“加粗”，在“下划线线型”列表框中选择波浪线，在“下划线颜色”列表框中选择“标准色”中的“红色”，单击“确定”按钮，如图 2-95 所示。

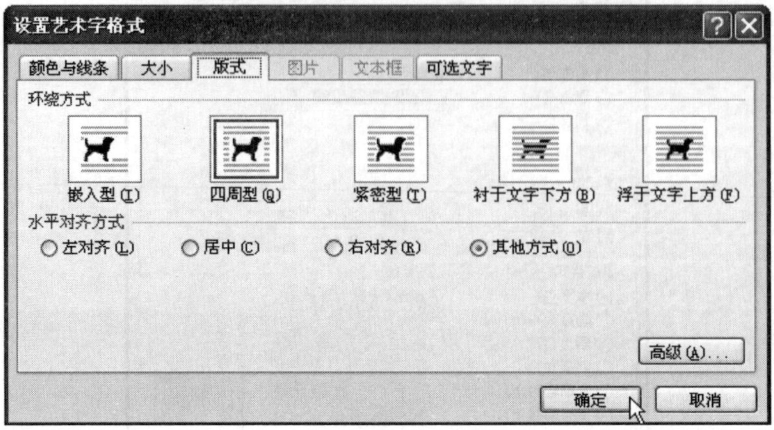

图 2-94

（8）选中正文第 1 段中的最后两句“但随着城市的发展，大量湿地被改造、填埋，至今北京已没有严格意义的天然湿地了。湿地的丧失，是城市越来越酷热、越来越干旱的原因之一。”，在“开始”选项卡的“字体”组中单击字体对话框启动器按钮，弹出“字体”对话框。在“中文字体”列表框中选择“方正舒体”，在“字号”列表框中选择“四号”，在“字形”列表框中选择“加粗”，在“着重号”列表框中选择“•”，单击“确定”按钮。

（9）选中正文第 1 段，在“开始”选项卡的“段落”组中单击段落对话框启动器按钮，弹出“段落”对话框。在“缩进与间距”选项卡的“行距”列表框中选择“固定值”，在“设置值”文本框中微调或输入“20 磅”，单击“确定”按钮，如图 2-96 所示。

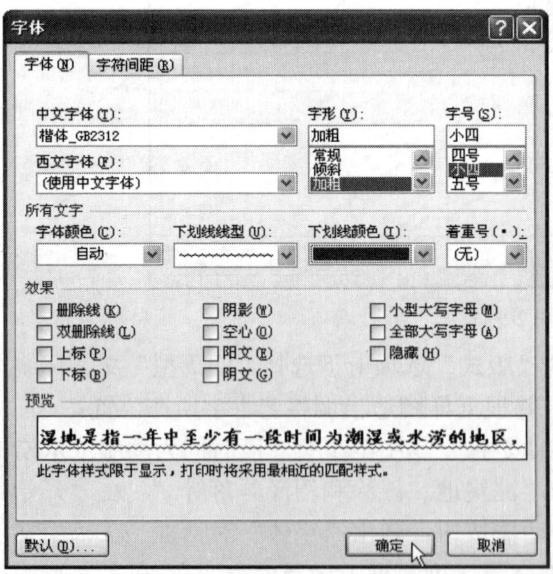

图 2-95

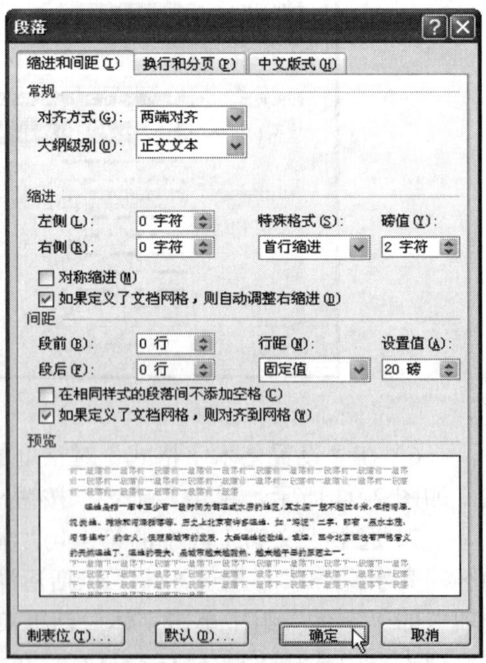

图 2-96

（10）选中正文第 2、3、4 段，在“开始”选项卡的“段落”组中单击“项目符号”按钮右侧的下三角按钮，在打开的列表中选择“定义新项目符号”选项，如图 2-97 所示。在打开的“定义新项目符号”对话框中，单击“符号”按钮，在弹出的“符号”对话框中，选择符号样式“⊕”，单击“确定”按钮。“定义新项目符号”对话框中的预览效果如图 2-98 所示。

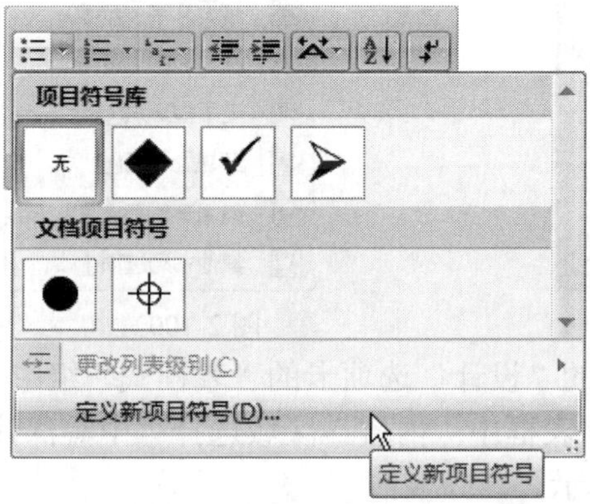

图 2-97

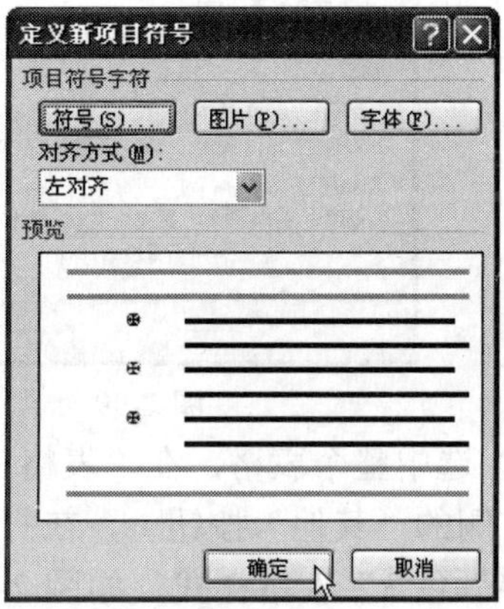

图 2-98

（11）选中正文第 2、3、4 段，在“开始”选项卡的“字体”组中单击“字体颜色”按钮，在弹出的下拉列表中选择“标准色”中的“蓝色”。在“段落”组中单击段落对话框启动器按钮，弹出“段落”对话框。在“间距”选项区域的“段前”、“段后”文本框中均选择或输入“0.5 行”，单击“确定”按钮。

3. 文档的插入设置

（1）将光标定位在文档的起始处，在“插入”选项卡的“插图”组中单击“图片”按钮。打开“插入图片”对话框，在“查找范围”列表框中选择 C:\Win2007GJW\KSML3 文件夹，在列表框中选择 TU2-1.jpg，单击“插入”按钮即可。

（2）选中所插入的图片，右击，在打开的快捷菜单中选择“大小”选项，在弹出的“大小”对话框中，先取消勾选“锁定纵横比”复选框，然后直接在“尺寸和旋转”区域的“高度”与“宽度”文本框中分别选择或输入“4.6 厘米”和“6.5 厘米”，单击“关闭”按钮，如图 2-99 所示。

（3）在“图片工具”的“格式”选项卡下，单击“排列”组中的“文字环绕”按钮 文字环绕，在打开的下拉列表中选择“紧密型环绕”选项，如图 2-100 所示。最后，将图片拖放至【样文 2-1A】所示的位置即可。

4. 插入、绘制文档表格

（1）将光标定位在文档末尾，在“插入”选项卡的“表格”组中单击“表格”按钮，在打开的下拉列表中执行“插入表格”命令。打开“插入表格”对话框，在“列数”编辑框中调整或输入“8”，在“行数”编辑框中调整或输入“4”，单击“确定”按钮。

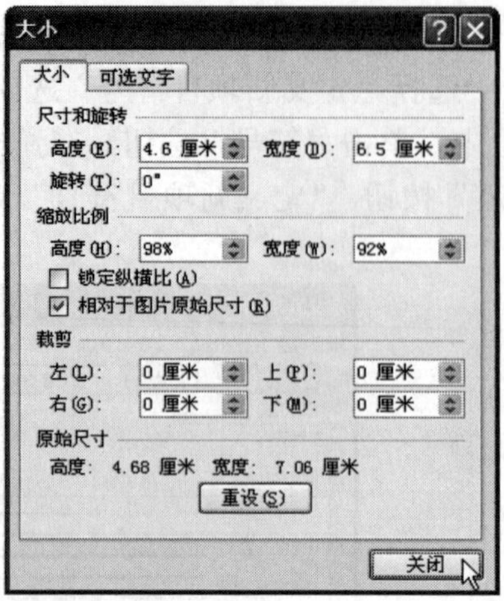

图 2-99

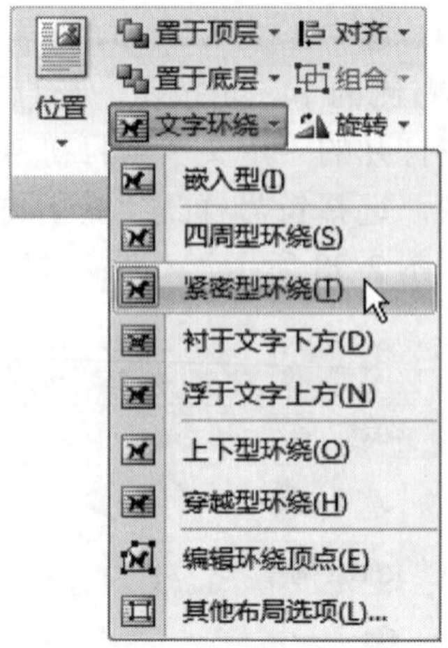

图 2-100

（2）选中整个表格，在“表格工具”的“设计”选项卡的“表样式”组中单击“表样式”右侧的“其他”按钮，在打开的列表框中“内置”区域选择“中等深浅网格 3 - 强调文字颜色 3”表格样式，如图 2-101 所示。

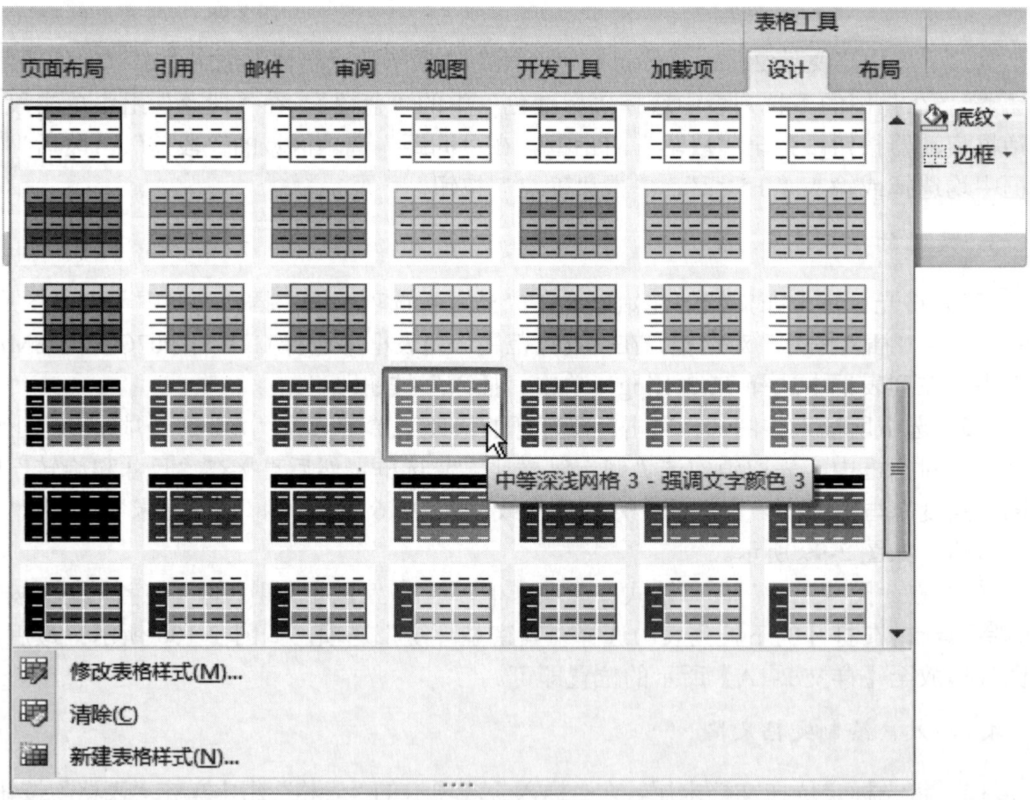

图 2-101

（3）选中表格第 1 行的第 2~8 列单元格，右击，在弹出的快捷菜单中选择“合并单元格”选项；选中表格第 1 列的 2、3、4 行单元格，右击，在弹出的快捷菜单中选择“合并单元格”选项。

（4）选中整个表格，在“表格工具”的“设计”选项卡的“表样式”组中单击“边框”按钮，如图 2-102 所示。

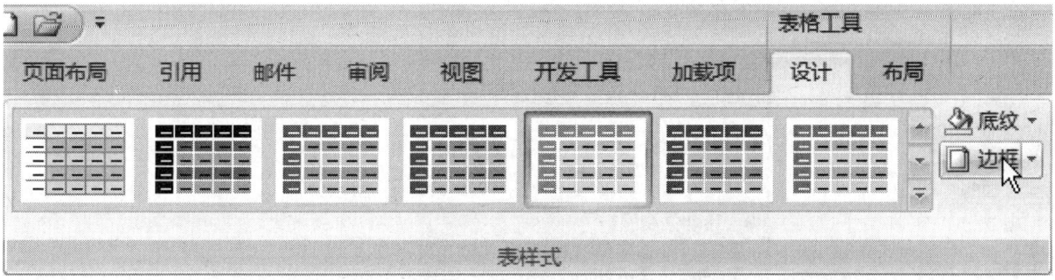

图 2-102

（5）在弹出的“边框和底纹”对话框中，首先在“样式”列表框中选择“直线”线型，然后单击“设置”区域中的“方框”按钮，即可设定表格的外边框线。

（6）在“设置”区域中单击“自定义”按钮，在“样式”列表框中选择“双实线”线型，在“预览”区域分别单击“横网格线”按钮和“竖网格线”按钮，最后单击“确定”按钮，如图 2-103 所示。

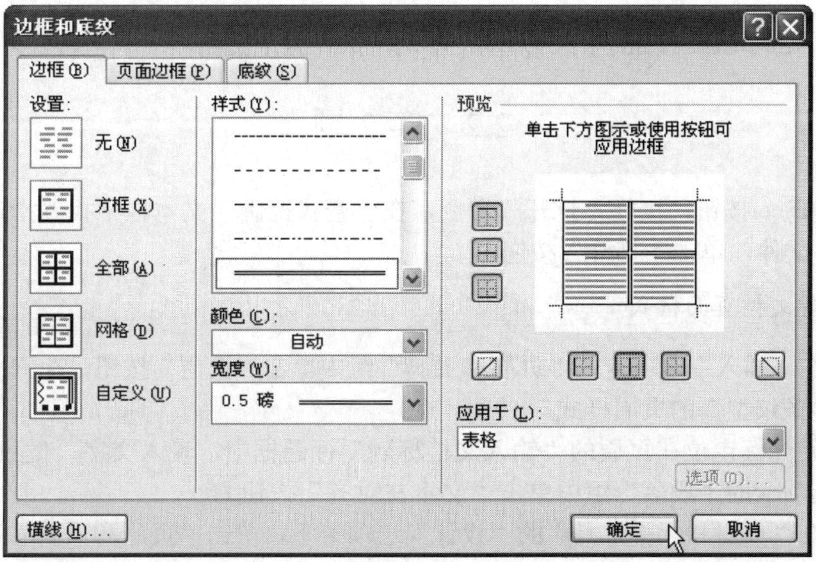

图 2-103

5. 文档的整理、修改和保护

（1）在“审阅”选项卡的“保护”组中单击“保护文档”按钮，在弹出的下拉列表中选择“限制格式和编辑”选项，如图 2-104 所示。弹出“限制格式和编辑”边框栏，勾选“仅允许在文档中进行此类编辑”复选框，在其下方的下拉列表中选择允许项目“填写窗体”，并单击“是，启动强制保护”按钮，如图 2-105 所示。

（2）在弹出的“启动强制保护”对话框中的“新密码（可选）”文本框中输入“ks2-1”，在“确认新密码”文本框中再次输入“ks2-1”，单击“确定”按钮，如图 2-106 所示。

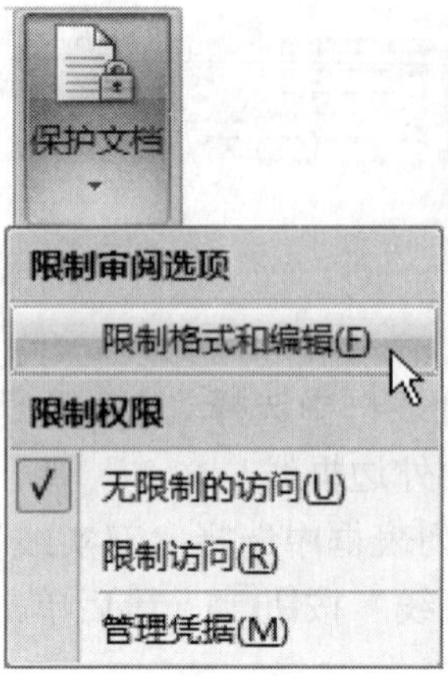

图 2-104

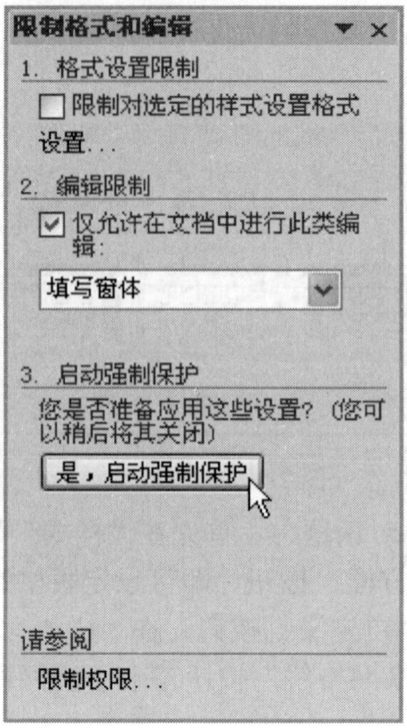

图 2-105

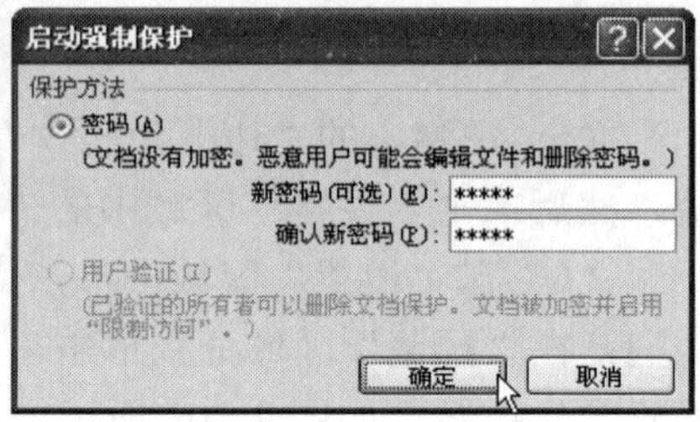

图 2-106

（3）单击 Office 按钮下的“保存”按钮，保存整个文档。

2.2 第 2 题

单击 Office 按钮，执行“打开”命令，在“查找范围”文本框中找到指定路径，选择 A2.docx 文件，单击“打开”按钮。

1. 设置文档页面格式

（1）在“插入”选项卡的“页眉和页脚”组中单击“页眉”按钮，在弹出的下拉列表中选择“条纹型”的页眉样式。

（2）将光标定位在页眉的“输入文档标题”标题框中，输入文字“健康之路”，在“开始”选项卡的“段落”组中单击“文本左对齐”按钮。

（3）在“页眉和页脚工具”的“设计”选项卡下，单击“页眉和页脚”组中的“页码”按钮，在打开的下拉菜单中选择“页边距”列表中的“箭头（右侧）”选项，如图 2-107 所示。

（4）在“设计”选项卡的“关闭”组中，单击“关闭页眉和页脚”按钮。

（5）在“页面布局”选项卡的“页面设置”组中单击“页边距”按钮，在弹出的下拉列表中选择“自定义边距”选项，打开“页面设置”对话框，在“页边距”区域中的“上”、“下”文本框中选择或输入“4.3 厘米”，在“左”、“右”文本框中选择或输入“2.8 厘米”，单击“确定”按钮。

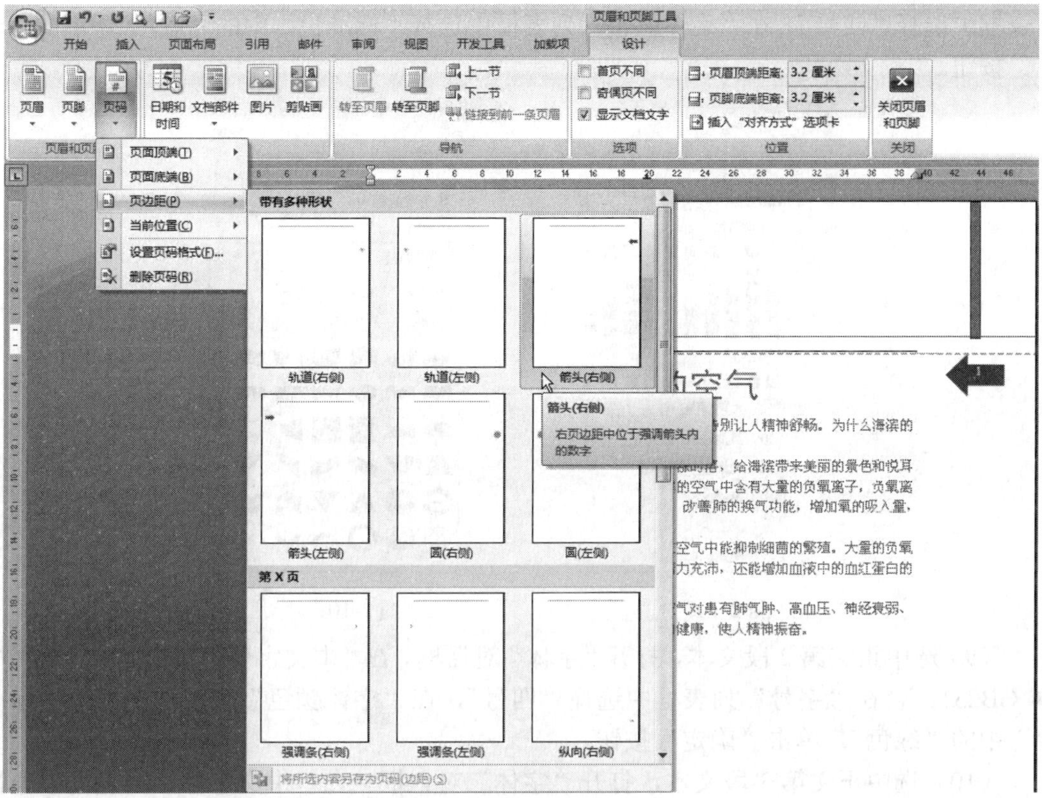

图 2-107

2. 设置文档编排格式

（1）选中文档的标题“海滨的空气”，单击“插入”选项卡的“文本”组中的“艺术字”按钮，在弹出的下拉列表中选择“艺术字样式 9”。

（2）打开的“编辑艺术字文字”对话框，在“字体”列表框中选择“华文新魏”，单击“确定”按钮。

（3）选中所插入的艺术字，在“艺术字工具”中的“格式”选项卡下，单击“艺术字样式”组中的“形状填充”按钮，在弹出的下拉列表中选择“渐变”下的“其他渐变”选项。

（4）打开“填充效果”对话框，选择“渐变”选项卡，在“颜色”区域勾选“预设”复选框，在“预设颜色”列表框中选择“雨后初晴”，单击“确定”按钮。

（5）选中所插入的艺术字，在“艺术字工具”的“格式”选项卡下，单击“艺术字样式”组中的“形状轮廓”按钮，在打开的下拉列表中选择“无轮廓”选项，如图 2-108 所示。

（6）选中所插入的艺术字，在“艺术字工具”的“格式”选项卡下，单击“艺术字样式”组中的“更改形状”按钮，在打开的下拉列表中选择“陀螺形”形状，如图 2-109 所示。

（7）选中所插入的艺术字，在“艺术字工具”的“格式”选项卡下，单击“排列”组中的“位置”按钮，在打开的下拉列表中选择“顶端居中，四周型文字环绕”，如图 2-110 所示，并根据样图适当调整艺术字所在位置。

（8）选中正文第 1 段文本，在“开始”选项卡的“字体”组中单击字体对话框启动器按钮，弹出“字体”对话框，在“中文字体”列表框中选择“华文行楷”，在“字号”

列表框中选择“四号”，在“字体颜色”列表框中选择“标准色”中的“蓝色”，单击“确定”按钮。

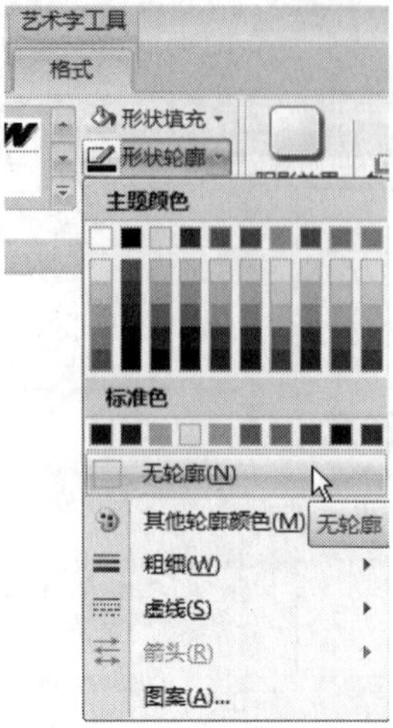

图 2-108

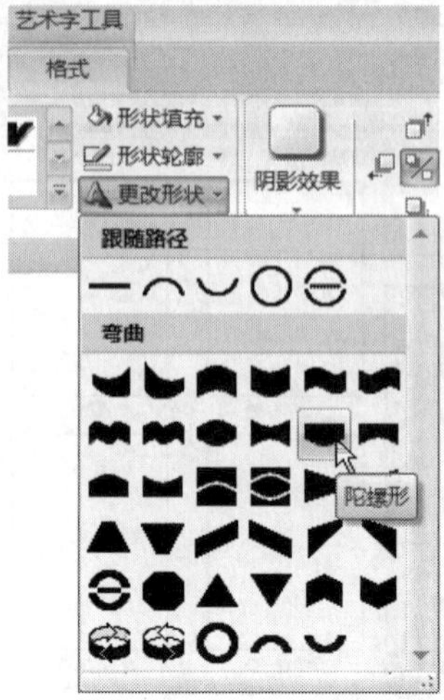

图 2-109

（9）选中正文第 2 段文本，打开“字体”对话框。在“中文字体”列表框中选择“楷体_GB2312”，在“字号”列表框中选择“四号”，在“字体颜色”列表框中选择“标准色”中的“绿色”，单击“确定”按钮。

（10）选中正文第 3 段文本，打开“字体”对话框。在“中文字体”列表框中选择“华文新魏”，在“字号”列表框中选择“四号”，在“字体颜色”列表框中选择“其他颜色”选项，弹出“颜色”对话框，在“自定义”选项卡下分别输入 RGB 值 255、50、200，单击“确定”按钮，如图 2-111 所示。

图 2-110

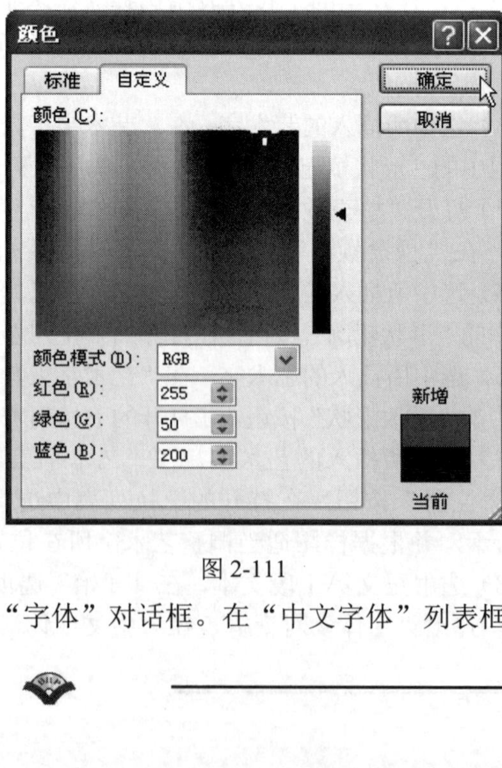

图 2-111

（11）选中正文第 4 段文本，打开“字体”对话框。在“中文字体”列表框中选择

"隶书"，在"字号"列表框中选择"四号"，在"字体颜色"列表框中选择"标准色"中的"深蓝"色，单击"确定"按钮。

（12）选中正文第 2、3、4 段，在"开始"选项卡的"段落"组中单击段落对话框启动器按钮，弹出"段落"对话框。在"间距"选项区域的"段前"、"段后"文本框中均选择或输入"0.5 行"，在"行距"列表框中选择"固定值"选项，在"设置值"文本框中选择或输入"20 磅"，单击"确定"按钮。

3. 文档的插入设置

（1）将光标定位在文档的起始处，在"插入"选项卡的"插图"组中单击"图片"按钮，打开"插入图片"对话框。在"查找范围"列表框中选择 C:\Win2007GJW\KSML3 文件夹，在列表框中选择 TU2-2.jpg，单击"插入"按钮。

（2）选中所插入的图片并右击，在打开的快捷菜单中选择"大小"选项，在弹出的"大小"对话框中，勾选"锁定纵横比"复选框，在"缩放比例"区域的"高度"文本框中选择或输入"60%"，单击"关闭"按钮。

（3）在"图片工具"的"格式"选项卡下，单击"排列"组中的"文字环绕"按钮 文字环绕，在打开的下拉列表中选择"紧密型环绕"方式。最后，将图片拖放至【样文 2-2A】所示的位置。

4. 插入、绘制文档表格

（1）将光标定位在文档末尾，在"插入"选项卡的"表格"组中单击"表格"按钮，在打开的下拉列表中执行"插入表格"命令，弹出"插入表格"对话框。在"列数"文本框中调整或输入"9"，在"行数"文本框中调整或输入"5"，单击"确定"按钮。

（2）选中表格第 4 列的 2、3、4 行单元格，右击，在弹出的快捷菜单中选择"合并单元格"选项；选中表格第 8 列的 2、3、4 行单元格，右击，在弹出的快捷菜单中选择"合并单元格"选项。

（3）选中表格的第 1 列单元格，在"表格工具"的"布局"选项卡下，将"单元格大小"组中的"宽度"值调整为"2.6 厘米"，如图 2-112 所示；选中表格的第 1 行单元格，在"表格工具"的"布局"选项卡下，将"单元格大小"组中的"高度"值调整为"1.1 厘米"，如图 2-113 所示。

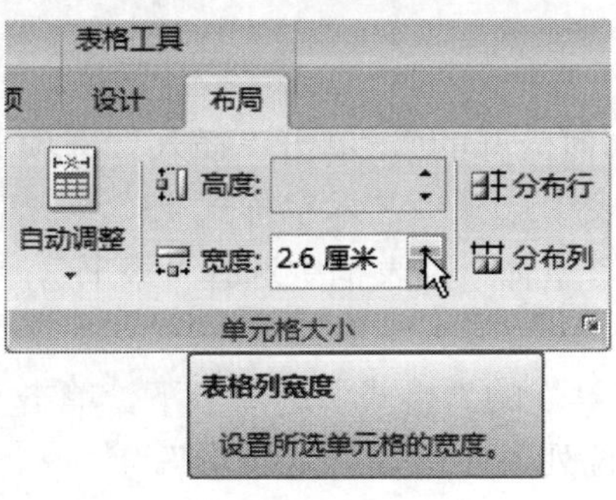

图 2-112

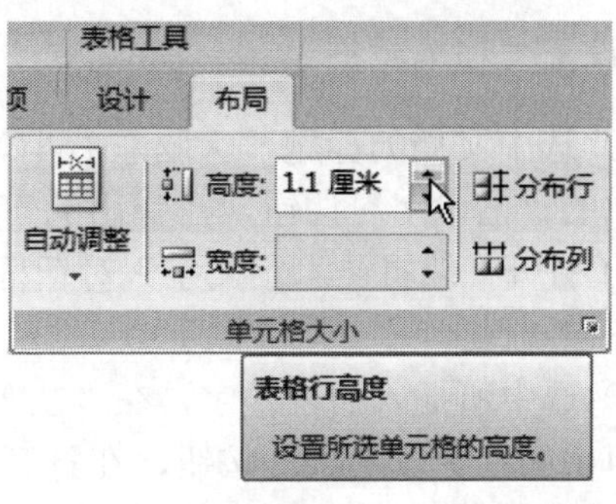

图 2-113

（4）选中整个表格，在“表格工具”的“设计”选项卡的“表样式”组中单击“表样式”右侧的“其他”按钮，在打开的列表框中“内置”区域选择“浅色网格 - 强调文字颜色 5”表格样式。

5. 文档的整理、修改和保护

（1）在“审阅”选项卡的“保护”组中单击“保护文档”按钮，在弹出的下拉列表中选择“限制格式和编辑”选项。弹出“限制格式和编辑”边框栏后，勾选“仅允许在文档中进行此类编辑”复选框，在其下方的下拉列表中选择允许项目“修订”，并单击“是，启动强制保护”按钮。

（2）在弹出的“启动强制保护”对话框中的“新密码（可选）”文本框中输入“ks2-2”，在“确认新密码”文本框中再次输入“ks2-2”，单击“确定”按钮。

（3）单击 Office 按钮下的“保存”按钮，保存整个文档。

2.3 第 3 题

单击 Office 按钮，执行“打开”命令，在“查找范围”文本框中找到指定路径，选择 A2.docx 文件，单击“打开”按钮。

1. 设置文档页面格式

（1）在“插入”选项卡的“页眉和页脚”组中单击“页眉”按钮，在弹出的下拉列表中选择“边线型”的页眉样式。

（2）将光标定位在页眉的“输入文档标题”标题框中，输入文字“生命科学”，在“开始”选项卡的“段落”组中单击“文本左对齐”按钮。

（3）将光标定位在页眉左侧的空白处，输入文本“第 1 页”。在“设计”选项卡的“关闭”组中，单击“关闭页眉和页脚”按钮。

（4）在“页面布局”选项卡的“页面设置”组中单击“页边距”按钮，在弹出的下拉列表中选择“自定义边距”选项，打开“页面设置”对话框，在“页边距”区域中的“上”、“下”文本框中选择或输入“4.0 厘米”，在“左”、“右”文本框中选择或输入“3.3 厘米”，单击“确定”按钮。

2. 设置文档编排格式

（1）选中文档的标题“大脑左右半球是如何分开的”，单击“插入”选项卡的“文本”组中的“艺术字”按钮，在弹出的下拉列表中选择“艺术字样式 13”。

（2）打开“编辑艺术字文字”对话框，在“字体”列表框中选择“隶书”，单击“确定”按钮。

（3）选中所插入的艺术字，在“艺术字工具”的“格式”选项卡下，单击“艺术字样式”组中的“更改形状”按钮，在打开的下拉列表中选择“八边形”。

（4）选中所插入的艺术字，在“艺术字工具”中的“格式”选项卡下，单击“艺术字样式”组中“形状填充”按钮，在弹出的下拉列表中选择“渐变”下的“其他渐变”

选项。

（5）打开“填充效果”对话框，选择“渐变”选项卡，在“颜色”区域勾选“预设”复选框，在“预设颜色”列表框中选择“彩虹出岫”，单击“确定”按钮。

（6）选中所插入的艺术字，在“艺术字工具”的“格式”选项卡下，单击“排列”组中的“文字环绕”按钮，在打开的下拉列表中选择“上下型环绕”，并根据样图适当调整艺术字所在位置。

（7）选中正文第 1 段文本，在“开始”选项卡的“字体”组中单击字体对话框启动器按钮，弹出“字体”对话框。在“中文字体”列表框中选择“楷体_GB2312”，在“字号”列表框中选择“四号”，在“字体颜色”列表框中选择“标准色”中的“深蓝”色，单击“确定”按钮。

（8）选中正文第 2 段文本，打开“字体”对话框。在“中文字体”列表框中选择“黑体”，在“字号”列表框中选择“小四”，单击“确定”按钮。

（9）选中正文第 3 段文本，打开“字体”对话框。在“中文字体”列表框中选择“华文新魏”，在“字号”列表框中选择“小三”，在“字体颜色”列表框中选择“其他颜色”选项，弹出“颜色”对话框，在“自定义”选项卡下分别输入 RGB 值 255、0、100，单击“确定”按钮。

（10）选中正文第 1、2、3 段，在“开始”选项卡的“段落”组中单击段落对话框启动器按钮，弹出“段落”对话框。在“间距”选项区域的“段前”、“段后”文本框中均选择或输入“0.5 行”，在“行距”列表框中选择“固定值”选项，“设置值”文本框中选择或输入“20 磅”，单击“确定”按钮。

3. 文档的插入设置

（1）将光标定位在文档的起始处，在“插入”选项卡的“插图”组中单击“图片”按钮，打开“插入图片”对话框。在“查找范围”列表框中选择 C:\Win2007GJW\KSML3 文件夹，在列表框中选择 TU2-3.bmp，单击“插入”按钮。

（2）在“图片工具”的“格式”选项卡下，单击“排列”组中的“文字环绕”按钮，在打开的下拉列表中选择“紧密型环绕”选项。最后，将图片拖放至【样文 2-3A】所示的位置。

4. 插入、绘制文档表格

（1）将光标定位在文档末尾，在“插入”选项卡的“表格”组中单击“表格”按钮，在打开的下拉列表中执行“插入表格”命令，弹出“插入表格”对话框，在“列数”文本框中调整或输入“5”，在“行数”文本框中调整或输入“3”，单击“确定”按钮。

（2）选中整个表格，在“表格工具”的“设计”选项卡的“表样式”组中单击“表样式”右侧的“其他”按钮，在打开的列表框中“内置”区域选择“中等深浅网格 1”表格样式。

（3）选中表格第 5 列的所有单元格，右击，在弹出的快捷菜单中选择“合并单元格”选项。

（4）选中整个表格，在“表格工具”的“布局”选项卡下，将“单元格大小”组中的“高度”值调整为“1 厘米”。

（5）选中整个表格，在“表格工具”的“设计”选项卡的“表样式”组中单击“边框”按钮。在弹出的“边框和底纹”对话框中，首先在“设置”区域中选择“自定义”选项，在“样式”列表框中选择直线，在“宽度”列表框中选择“2.25 磅”。接着在“预览”区域分别选定“上边框线”按钮、“下边框线”按钮、“左边框线”按钮和“右边框线”按钮，最后单击“确定”按钮。

5. 文档的整理、修改和保护

（1）在“审阅”选项卡的“保护”组中单击“保护文档”按钮，在弹出的下拉列表中选择“限制格式和编辑”选项。弹出“限制格式和编辑”边框栏后，勾选“仅允许在文档中进行此类编辑”复选框，在其下方的下拉列表中选择允许项目“批注”，并单击 是，启动强制保护 按钮。

（2）在弹出的“启动强制保护”对话框中的“新密码（可选）”文本框中输入“ks2-3”，在“确认新密码”文本框中再次输入“ks2-3”，单击“确定”按钮。

（3）单击 Office 按钮下的“保存”按钮，保存整个文档。

2.4 第 4 题

单击 Office 按钮，执行“打开”命令，在“查找范围”文本框中找到指定路径，选择 A2.docx 文件，单击“打开”按钮。

1. 设置文档页面格式

（1）在“插入”选项卡的“页眉和页脚”组中单击“页眉”按钮，在弹出的下拉列表中选择“飞越型（偶数页）”的页眉样式。

（2）将光标定位在页眉的“输入文档标题”标题框中，输入文字“地球的故事”，在“开始”选项卡的“段落”组中单击“文本右对齐”按钮。

（3）将光标定位在页眉左侧的“选取日期”文本框中，输入文本“第 1 页”。在“设计”选项卡的“关闭”组中，单击“关闭页眉和页脚”按钮。

（4）在“页面布局”选项卡的“页面设置”组中单击“纸张大小”按钮，在弹出的下拉列表中选择“A4”选项。再单击“页边距”按钮，在弹出的下拉列表中选择“普通”选项。

2. 设置文档编排格式

（1）选中文档的标题“神秘的南极冰雪”，单击“插入”选项卡的“文本”组中的“艺术字”按钮，在弹出的下拉列表中选择“艺术字样式 7”。

（2）打开“编辑艺术字文字”对话框，在“字体”列表框中选择“华文楷体”，在“字号”列表框中选择“44”磅，单击“确定”按钮。

（3）选中所插入的艺术字，在“艺术字工具”中的“格式”选项卡下，单击“艺术字样式”组中“形状填充”按钮，在弹出的下拉列表中选择“渐变”下的“其他渐变”选项。打开“填充效果”对话框，选择“渐变”选项卡，在“颜色”区域勾选“预设”

复选框，在“预设颜色”列表框中选择“心如止水”选项，单击“确定”按钮。

（4）选中所插入的艺术字，在“艺术字工具”的“格式”选项卡下，单击“艺术字样式”组中的“形状轮廓”按钮，在打开的下拉列表中选择“无轮廓”选项。

（5）选中所插入的艺术字，在“艺术字工具”的“格式”选项卡下，单击“艺术字样式”组中的“更改形状”按钮，在打开的下拉列表中选择“倒三角”选项。

（6）选中所插入的艺术字，在“艺术字工具”的“格式”选项卡下，单击“排列”组中的“文字环绕”按钮，在打开的下拉列表中选择“四周型环绕”选项，并根据样图适当调整艺术字所在位置。

（7）选中正文第 1 段文本，在“开始”选项卡的“字体”组中单击字体对话框启动器按钮，弹出“字体”对话框。在“中文字体”列表框中选择“华文新魏”，在“字号”列表框中选择“四号”，单击“确定”按钮。

（8）选中正文第 2 段文本，打开“字体”对话框。在“中文字体”列表框中选择“楷体_GB2312”，在“字号”列表框中选择“四号”，单击“确定”按钮。

（9）选中正文第 3 段文本，打开“字体”对话框。在“中文字体”列表框中选择“华文行楷”，在“字号”列表框中选择“四号”，在“字体颜色”列表框中选择“标准色”中的“蓝色”，单击“确定”按钮。

（10）选中正文第 1、2、3 段，在“开始”选项卡的“段落”组中单击段落对话框启动器，弹出“段落”对话框。在“间距”选项区域的“段前”、“段后”文本框中均选择或输入“0.5 行”，在“行距”列表框中选择“固定值”选项，“设置值”文本框中选择或输入“20 磅”，单击“确定”按钮。

3. 文档的插入设置

（1）将光标定位在文档的起始处，在“插入”选项卡的“插图”组中单击“图片”按钮，打开“插入图片”对话框。在“查找范围”列表框中选择 C:\Win2007GJW\KSML3 文件夹，在列表框中选择 TU2-4.jpg，单击“插入”按钮。

（2）在“图片工具”的“格式”选项卡下，单击“排列”组中的“文字环绕”按钮，在打开的下拉列表中选择“紧密型环绕”选项。最后，将图片拖放至【样文 2-4A】所示的位置。

4. 插入、绘制文档表格

（1）将光标定位在文档末尾，在“插入”选项卡的“表格”组中单击“表格”按钮，在打开的下拉列表中执行“插入表格”命令，弹出“插入表格”对话框。在“列数”文本框中调整或输入“7”，在“行数”文本框中调整或输入“4”，单击“确定”按钮。

（2）选中整个表格，在“表格工具”的“设计”选项卡的“表样式”组中单击“表样式”右侧的“其他”按钮，在打开的列表框中“内置”区域选择“浅色网格 - 强调文字颜色 6”表格样式。

（3）选中整个表格，在“表格工具”的“设计”选项卡的“表样式”组中单击“表样式”右侧的“其他”按钮，在打开的列表框中执行“修改表格样式”命令。

（4）在弹出的“修改样式”对话框中的“样式基准”下拉列表中选择“彩色型 2”，单击“确定”按钮，如图 2-114 所示。

（5）选中表格第 1 行的所有单元格，右击，在弹出的快捷菜单中选择“合并单元格”

选项。

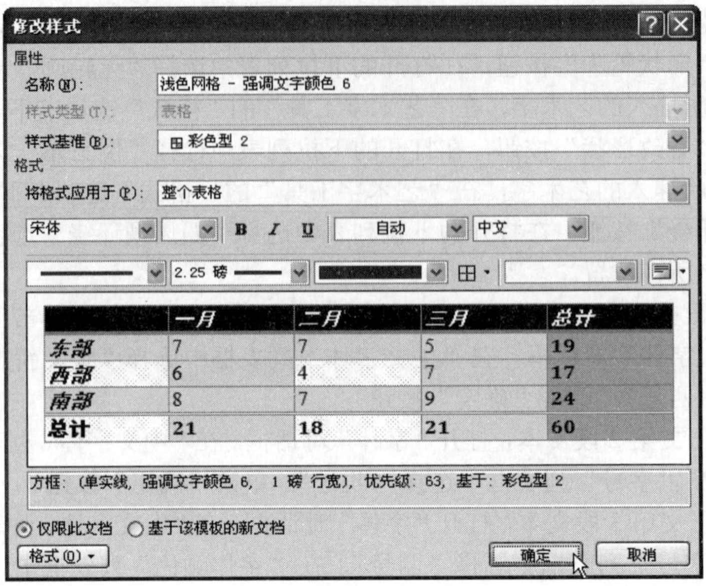

图 2-114

5. 文档的整理、修改和保护

（1）在“审阅”选项卡的“保护”组中单击“保护文档”按钮，在弹出的下拉列表中选择“限制格式和编辑”选项。弹出“限制格式和编辑”边框栏后，勾选“仅允许在文档中进行此类编辑”复选框，在其下方的下拉列表中选择允许项目“填写窗体”，并单击 是，启动强制保护 按钮。

（2）在弹出的“启动强制保护”对话框中的“新密码（可选）”文本框中输入“ks2-4”，在“确认新密码”文本框中再次输入“ks2-4”，单击“确定”按钮。

（3）单击 Office 按钮下的“保存”按钮，保存整个文档。

2.5　第 5 题

单击 Office 按钮，执行“打开”命令，在“查找范围”文本框中找到指定路径，选择 A2.docx 文件，单击“打开”按钮。

1. 设置文档页面格式

（1）在“插入”选项卡的“页眉和页脚”组中单击“页眉”按钮，在弹出的下拉列表中选择“传统型”页眉样式。

（2）将光标定位在页眉的“输入文档标题”标题框中，输入文字“未来世界”，在“开始”选项卡的“段落”组中单击“居中”按钮。

（3）将光标定位在页眉标题下方的“选取日期”文本框中，输入文本“第一页”，在“开始”选项卡的“段落”组中单击“居中”按钮。在“设计”选项卡的“关闭”组中，单击“关闭页眉和页脚”按钮。

（4）选中正文的第 2、3、4 段文本，在“页面布局”选项卡的“页面设置”组中，单击“分栏”按钮，在弹出的下拉列表中选择“两栏”格式。

2. 设置文档编排格式

（1）选中文档的标题“未来的农业工厂”，单击“插入”选项卡的“文本”组中的“艺术字”按钮，在弹出的下拉列表中选择“艺术字样式 28”。

（2）打开“编辑艺术字文字”对话框，在“字体”列表框中选择“华文细黑”，在“字号”列表框中选择“28”，单击“确定”按钮。

（3）选中所插入的艺术字，在“艺术字工具”的“格式”选项卡下，单击“排列”组中的“文字环绕”按钮，在打开的下拉列表中选择“浮于文字上方”选项，并根据样图适当调整艺术字所在位置。

（4）选中正文第 1 段文本，在“开始”选项卡的“段落”组中单击“底纹”按钮，从打开的下拉列表中选择“其他颜色”选项。弹出“颜色”对话框，在该对话框的“自定义”选项卡下分别输入 RGB 值 255、255、155，单击“确定”按钮。

（5）选中正文第 1 段文本，在“开始”选项卡的“字体”组中单击字体对话框启动器按钮，弹出“字体”对话框。在“中文字体”列表框中选择“楷体_GB2312”，在“字号”列表框中选择“五号”，在“字体颜色”列表框中选择“标准色”中的“深蓝”色，单击“确定”按钮。

（6）选中正文第 2 段文本，打开“字体”对话框。在“字体颜色”列表框中选择“其他颜色”选项，弹出“颜色”对话框，在“自定义”选项卡下分别输入 RGB 值 100、50、0，单击“确定”按钮。

（7）选中正文第 3 段文本，打开“字体”对话框。在“字体颜色”列表框中选择“标准色”中的“红色”，单击“确定”按钮。

（8）选中正文第 4 段文本，打开“字体”对话框。在“字体颜色”列表框中选择“其他颜色”选项，弹出“颜色”对话框，在“自定义”选项卡下分别输入 RGB 值 200、100、255，单击“确定”按钮。

（9）选中正文第 5 段文本，打开“字体”对话框。在“中文字体”列表框中选择“黑体”，在“字号”列表框中选择“五号”，在“字体颜色”列表框中选择“标准色”中的“绿色”，单击“确定”按钮。

（10）选中正文第 1 段文本，在“开始”选项卡的“段落”组中单击段落对话框启动器按钮，弹出“段落”对话框。在“间距”选项区域的“段后”文本框中选择或输入“0.5 行”，单击“确定”按钮。

（11）选中正文第 5 段文本，在“开始”选项卡的“段落”组中单击“段落对话框启动器”按钮，弹出“段落”对话框。在“间距”选项区域的“段前”文本框中选择或输入“0.5 行”，单击“确定”按钮。

3. 文档的插入设置

（1）将光标定位在文档的起始处，在“插入”选项卡的“插图”组中单击“图片”按钮，打开“插入图片”对话框。在“查找范围”列表框中选择 C:\Win2007GJW\KSML3

文件夹，在列表框中选择 TU2-5.jpg，单击“插入”按钮。

（2）选中所插入的图片，右击，在打开的快捷菜单中选择“大小”选项，在弹出的“大小”对话框中，先取消选中“锁定纵横比”复选框，然后直接在“尺寸和旋转”区域的“高度”与“宽度”文本框中分别输入“3.49 厘米”和“4.65 厘米”，单击“关闭”按钮。

（3）在“图片工具”的“格式”选项卡下，单击“排列”组中的“文字环绕”按钮，在打开的下拉列表中选择“紧密型环绕”选项。最后，将图片拖放至【样文 2-5A】所示的位置。

4. 插入、绘制文档表格

（1）将光标定位在文档末尾，在“插入”选项卡的“表格”组中单击“表格”按钮，在打开的下拉列表中执行“插入表格”命令，弹出“插入表格”对话框。在“列数”文本框中调整或输入“3”，在“行数”文本框中调整或输入“3”，单击“确定”按钮。

（2）选中整个表格，在“表格工具”的“设计”选项卡的“表样式”组中单击“表样式”右侧的“其他”按钮，在打开的列表框中“内置”区域选择“浅色底纹-强调文字颜色 2”表格样式。

（3）选中整个表格，在“表格工具”的“设计”选项卡的“表样式”组中单击“表样式”右侧的“其他”按钮，在打开的列表框中执行“修改表格样式”命令。

（4）在弹出的“修改样式”对话框中的“样式基准”下拉列表中选择“古典型 2”选项，单击“确定”按钮。

5. 文档的整理、修改和保护

（1）单击 Office 按钮，在弹出的下拉列表中选择“准备”选项，在打开的列表中执行“加密文档”命令，如图 2-115 所示。

（2）在弹出的“加密文档”对话框中输入密码“ks2-5”，单击“确定”按钮。在弹出的“确认密码”对话框中再次输入密码“ks2-5”，单击“确定”按钮。

（3）单击 Office 按钮下的“保存”按钮，保存整个文档。

图 2-115

第 3 章　文档处理的综合操作

Ⅰ. 知识讲解

知识要点

- 样式的应用
- 模板的应用
- 使用 Word 域
- 邮件合并操作

评分细则

（1）“样式的调用、修改和新建”类题目，3 个评分点，每题 9 分。

<table>
<tr><th>评分点</th><th>分值</th><th>得分条件</th><th>判分要求</th></tr>
<tr><td rowspan="2">样式应用</td><td>1</td><td>正确使用文档中指定的样式，对指定段落套用格式</td><td>注意判定所选样式以及对指定文档段落的格式设置是否正确</td></tr>
<tr><td>2</td><td>正确打开模板文档，复制指定样式，套用至指定段落</td><td>注意判定所选模板、样式是否正确，被套用样式的段落是否与样文一致</td></tr>
<tr><td>样式修改</td><td>4</td><td>正确调用基准样式、修改样式并替换指定标题样式</td><td>注意判定调用的基准样式、修改样式的格式设置、指定标题的套用是否正确</td></tr>
<tr><td rowspan="2">新建样式或新建模板</td><td rowspan="2">2</td><td>正确设置新建样式格式，并应用于指定的文档</td><td>注意判定新建样式格式设置和套用文档是否正确</td></tr>
<tr><td>正确保存文档，重新保存并创建模板文件</td><td>新建的文档模板必须在考生文件夹下，否则不得分</td></tr>
</table>

（2）“长文档的处理和邮件合并”类题目，3 个评分点，每题 9 分。

<table>
<tr><th>评分点</th><th>分值</th><th>得分条件</th><th>判分要求</th></tr>
<tr><td rowspan="2">创建主文档、获取数据</td><td rowspan="2">3</td><td>按要求创建主文档</td><td>创建的主文档类型正确得分</td></tr>
<tr><td>正确打开数据源</td><td>打开数据源的位置正确得分</td></tr>
<tr><td rowspan="2">编辑主文档</td><td rowspan="2">4</td><td>在主文档的适当位置插入所有要求的合并域</td><td>插入的合并域必须完全，否则不得分</td></tr>
<tr><td>正确插入 Word 域，并设定各个参数</td><td>提示信息必须是插入域的结果，手工键入不得分</td></tr>
<tr><td>合并邮件</td><td>2</td><td>按要求正确筛选或排序记录，并按要求将所需记录合并</td><td>筛选或排序结果必须是指定记录，符合合并要求的数据</td></tr>
</table>

样式是文档的重要组成部分，不仅可以快速修改文字的形状、大小和颜色等，还能快速调整文档结构，让文档段落层次更加鲜明、有序。可以使用样式任务窗格创建、查看、修改、应用甚至删除文本中的格式，也可以应用模板对文档进行快速的格式应用。

3.1 样式的应用

样式是经过特殊打包的格式的集合，是应用于文档中的文本、表格和列表的一套格式特征，能迅速改变文档的外观，从而大大提高工作效率，是针对文档中一组格式进行的定义。这些格式包括字体、字号、字形、段落间距、行间距等内容，其作用是方便对重复的格式进行快速设置。

应用样式时主要包括应用段落样式、字符样式、表格样式、列表样式等，应用特性如下：

- 段落样式：以段落为最小套用单位的样式，控制段落外观的所有方面，如文本对齐、制表符、行间距、段落间距和边框等。即使选取段落内一部分内容，套用样式时也会自动套用至整个段落。
- 字符样式：以字符为最小套用单位的样式，可以方便地套用于选取的任意文字上。套用样式可以影响选定文本的外观，如字体、字号、字形、字色等。
- 表格样式：只有选取表格内容时，才可以应用该类样式。此类样式不会显示至样式列表中，而显示在“表格工具”的“设计”选项卡的“表样式”组中。可以为表格的边框、阴影、对齐方式和字体等提供一致的外观。
- 列表样式：只有选取的内容包含列表设置时，该选项才会可选，可以为列表应用相似的对齐方式、编号、项目符号以及字体等。

样式的相关操作包括应用内置样式、创建新样式、修改样式、删除样式等。

1. 应用内置样式

每个文档都是基于一个特定的模板，而每个模板中都会自带一些样式，称为“内置样式”。如果需要应用的格式组合和某内置样式的定义相符，就可以直接应用该样式而不用再新建。Word 提供了多种内置样式，可以直接选择样式来格式化文档，具体操作方法有两种，一种是利用“样式”组进行设置，另一种是利用“样式”任务窗格进行设置，如图 3-1 所示。

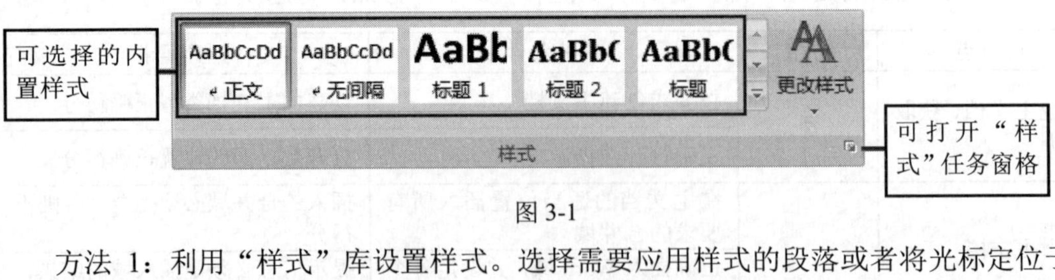

图 3-1

方法 1：利用“样式”库设置样式。选择需要应用样式的段落或者将光标定位于其中，在“开始”选项卡的“样式”组中单击快速样式右下角的“其他”按钮，即可在打开的样式库中选择和应用需要的样式，如图 3-2 所示。

方法 2：利用“样式”任务窗格设置样式。选择需要应用样式的段落或者将光标定位于其中，在“开始”选项卡的“样式”组中单击右下角的对话框启动器按钮，弹出“样式”任务窗格，从中选择并单击所需要的样式，即可完成内置样式的应用。在该窗格中列出了系统自带的各种样式，将鼠标指针移动到某个选项上，系统会自动显示详细的说明，如图 3-3 所示。

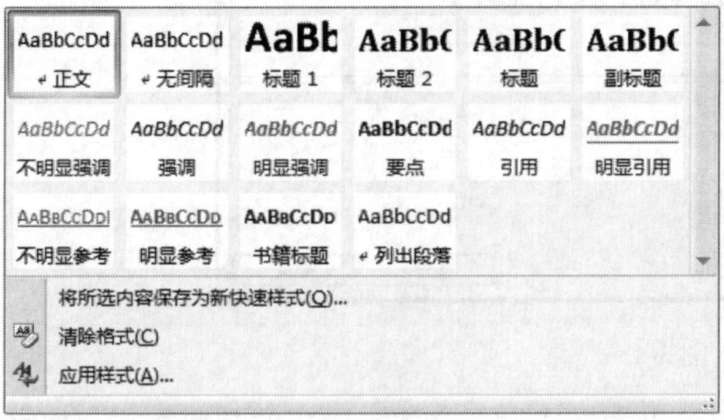

图 3-2

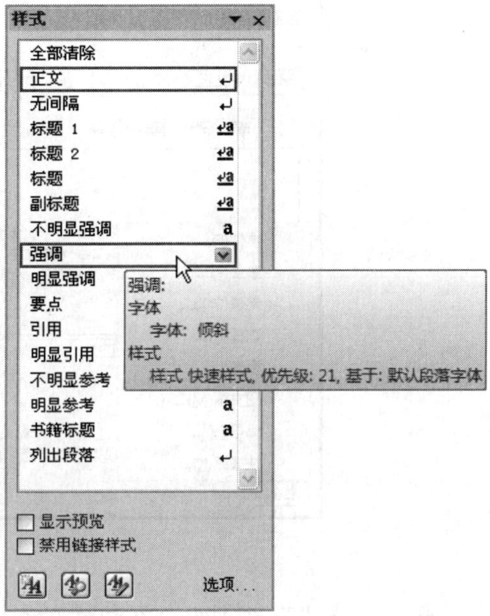

图 3-3

2. 创建新样式

如果现有文档的内置样式与所需格式设置相差很多的话，创建一个新样式会更有效率。在创建新样式时，需要为样式起一个名称，并为样式依次设置所需要的格式。

在“开始”选项卡的“样式”组中单击右下角的对话框启动器按钮，打开“样式”任务窗格，单击“新建样式”按钮，弹出“根据格式设置创建新样式”对话框，如图 3-4 所示。

- 名称：在该文本框中输入新建样式的名称，在命名时需要注意名称的意义，以便通过名称就可以知道样式包括的格式，但是名称不能与内置的样式同名。
- 样式类型：在该下拉列表框中包括段落、字符、链接段落和字符、表格、列表。其中字符和段落类型使用率较高。根据创建样式时设置的类型不同，其应用范围也不同。
- 样式基准：在该下拉列表框中列出了当前文档中的所有样式，如果要创建的样式与文档中的某个样式相似，可以选择列表中已有的样式，新建样式便会继承该样式中的格式，只需稍做修改，便可快速创建新的样式。
- 后续段落格式：在该下拉列表框中列出了当前文档中的所有样式，其作用是在按 Enter 键后，转到下一段落时自动套用样式，避免了每到一个段落就设置一次样式的麻烦。

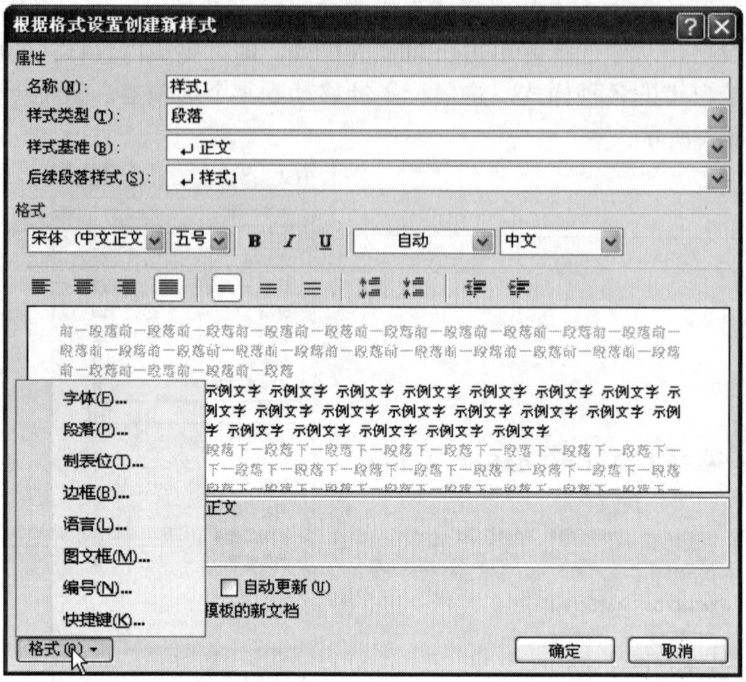

图 3-4

- “格式”选项组：在该选项组中可以为样式设置字体、段落的常用格式，如字体、字号、字形、字体颜色、对齐方式、行间距、段落间距、缩进量等。
- “格式”按钮：单击该按钮，在打开的列表中可以选择设置对象，不仅可以对段落、字符进行更加详细的设置，还可以对边框、图文框、编号、快捷键等进行格式设置。

3. 修改样式

在应用样式格式化文档时，如果某些内置样式无法完全满足格式设置的要求，或所需样式与现有样式只有稍许区别，那么可以在内置样式的基础上进行修改。

在“样式”任务窗格中，单击需要修改样式的下拉列表旁的箭头按钮，或右击该样式，在打开的快捷菜单中选择“修改”选项，如图 3-5 所示。在弹出的“修改样式”对话框中，对名称、格式等进行相应的修改，如图 3-6 所示。单击“确定”按钮返回文档，可以看到文档中应用该样式的内容已经自动更新。

4. 删除样式

在 Word 2007 中，可以在“样式”任务窗格删除样式，但无法删除模板的内置样式。在“样式”任务窗格中，单击需要删除的样式旁的箭头按钮或右击，在弹出的快捷菜单中选择“删除”选项，如图 3-7 所示。弹出提示对话框，提示是否从文档中删除该样式，单击“是”按钮即可删除该样式。

如果删除了某样式，Word 2007 将对原所有应用此样式的段落应用“正文”样式，然后从任务窗格中删除此样式的定义。

如果要取消某处文本已应用的样式，可在选取文本后，单击“开始”选项卡下“样式”组中的“其他”按钮，在打开的快捷菜单中选择“清除格式”选项即可，如图 3-8 所示。

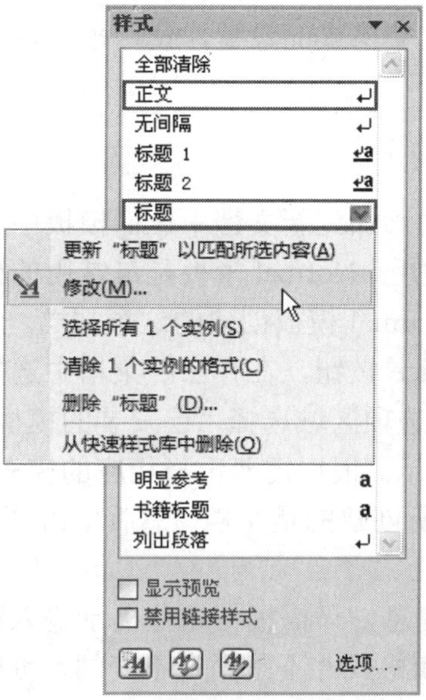

图 3-5

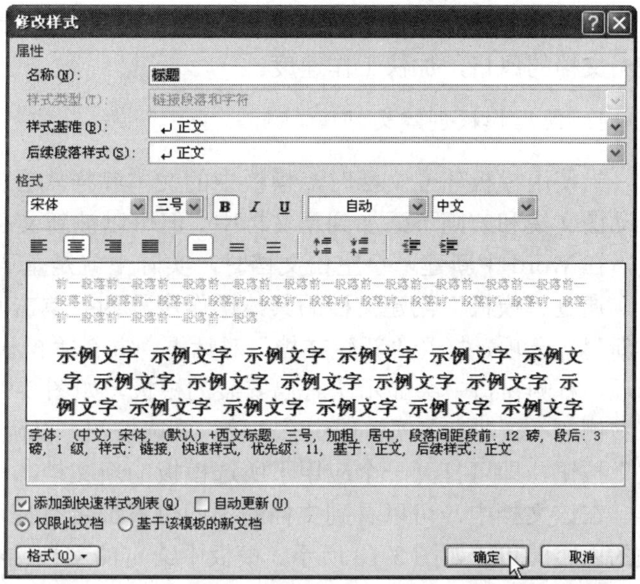

图 3-6

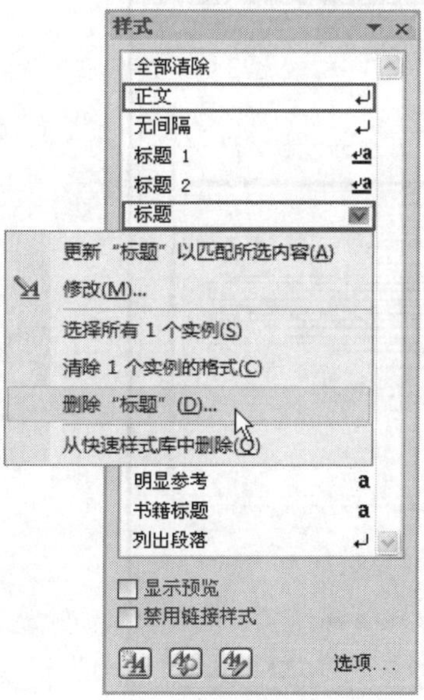

图 3-7

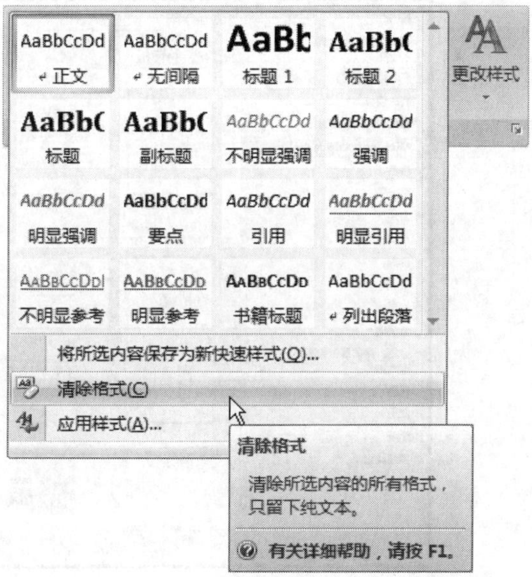

图 3-8

3.2 模板的应用

在 Word 2007 中，任何文档都是以模板为基础的，模板实际上是“模板文件”的简称，归根结底是一种具有特殊格式的 Word 文档，其扩展名为“.dotx”。模板决定了文档的基本结构和文档设置，是针对一篇文档中所有段落或文字格式的设置，使用模板可以统一文档的风格，加快工作速度。

1. 使用模板创建文档

当使用模板建立文档时，模板中的文本和样式会自动添加到新文档中，而模板中的自动图文集和宏则不添加到新文档中，但可以被新文档使用。Normal 模板是最常用的模板，在 Word 中新建一个空白文档时，实际上就是基于 Normal 模板创建的这个文档。

通过“模板”创建文档的具体操作步骤为：单击 Office 按钮，在弹出的菜单中选择“新建”选项，打开“新建文档”对话框，并在“模板”选项区域选择“已安装的模板”选项，右侧窗口中会显示所有已安装的模板，如图 3-9 所示。根据需要选择相应的模板，在右侧的“新建”选项中选中“文档”单选按钮，以确定所创建的是文档，然后单击“创建”按钮，即可打开一个应用了所选模板的新文档。

在该文档中，可以看到文档的不同位置都带有提示信息，只需根据这些提示输入相关的内容即可，如图 3-10 所示。模板中给定的文档结构和格式并不是固定不变的，可以根据特殊需要进行更改和删除。

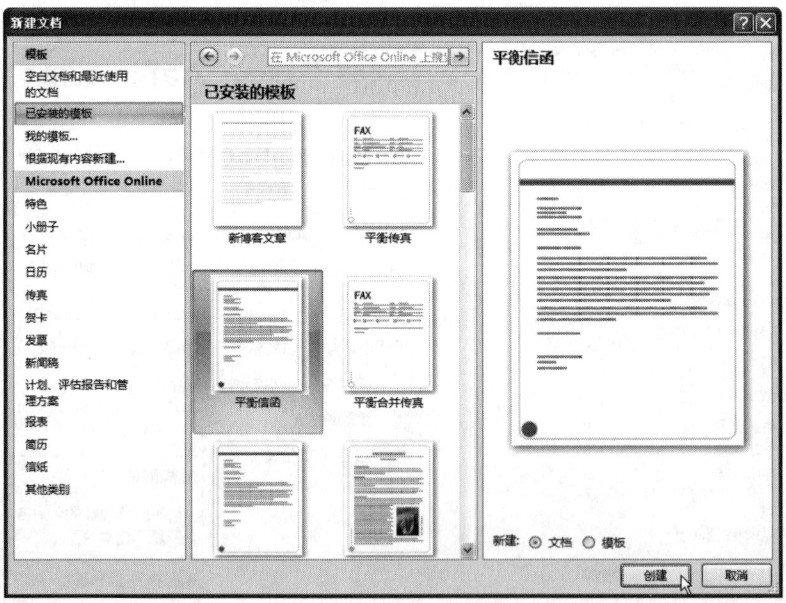

图 3-9

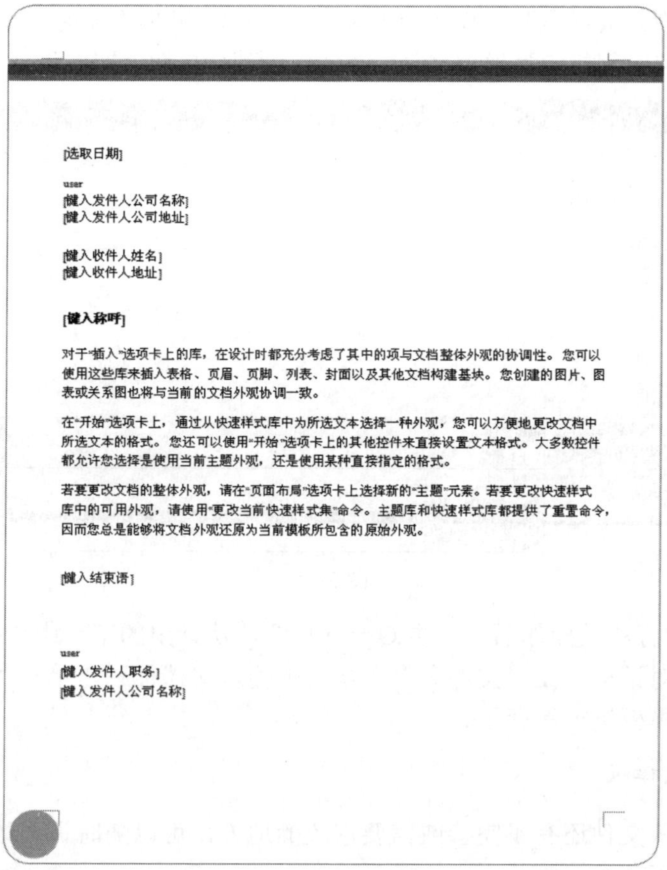

[选取日期]

user
[键入发件人公司名称]
[键入发件人公司地址]

[键入收件人姓名]
[键入收件人地址]

[键入称呼]

对于"插入"选项卡上的库，在设计时都充分考虑了其中的项与文档整体外观的协调性。您可以使用这些库来插入表格、页眉、页脚、列表、封面以及其他文档构建基块。您创建的图片、图表或关系图也将与当前的文档外观协调一致。

在"开始"选项卡上，通过从快速样式库中为所选文本选择一种外观，您可以方便地更改文档中所选文本的格式。您还可以使用"开始"选项卡上的其他控件来直接设置文本格式。大多数控件都允许您选择是使用当前主题外观，还是使用某种直接指定的格式。

若要更改文档的整体外观，请在"页面布局"选项卡上选择新的"主题"元素。若要更改快速样式库中的可用外观，请使用"更改当前快速样式集"命令。主题库和快速样式库都提供了重置命令，因而您总是能够将文档外观还原为当前模板所包含的原始外观。

[键入结束语]

user
[键入发件人职务]
[键入发件人公司名称]

图 3-10

2. 创建模板

在实际操作中，让文档保持一致的外观、格式等属性可使文档显得整洁、美观。可以通过根据现有文档和根据现有模板两种方法来创建新的模板，并应用于文档中。

根据现有文档创建模板是指打开一个已有的、与需要创建的模板格式相近的 Word 文档，在对其进行编辑修改后，将其另存为一个模板文件。具体操作步骤如下。

（1）新建文档或打开已有的文档。

（2）在文档中修改各种格式、样式、宏、自动图文集，并添加文本和图片，得到满意的模板外观。

（3）单击 Office 按钮，在打开的菜单中选择“另存为”选项，弹出“另存为”对话框。在该对话框的“保存类型”列表框中选择“Word 模板”选项，如图 3-11 所示。

（4）单击“保存”按钮，即可将编辑好的文档存为新的模板。

根据现有模板创建模板是指根据一个已有模板新建一个模板文件，在对其进行相应的修改后将其保存。具体操作步骤如下。

（1）单击 Office 按钮，在弹出的菜单中选择“新建”选项，打开“新建文档”对话框。

（2）在“模板”选项区域选择“已安装的模板”选项，对话框的右侧窗口中会显示所有已安装的模板。根据需要选择相应的模板后，在右侧的“新建”选项中选中“模板”单选按钮，以确定所创建的是模板文件。单击“创建”按钮，即可创建一个新模板文件。

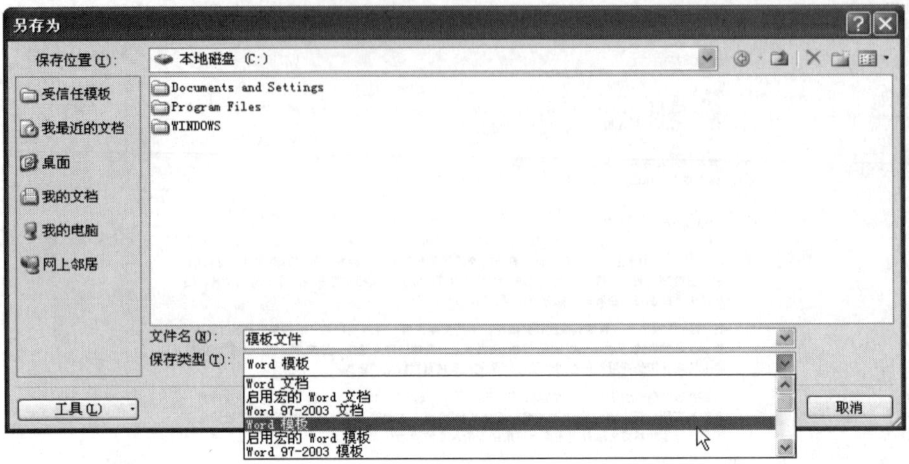

图 3-11

（3）对其进行相关操作后，单击 Office 按钮，从弹出的菜单中选择“保存”选项，打开“另存为”对话框。在“文件名”文本框中输入文档标题，单击“保存”按钮，就可以将新创建的模板进行保存了。

3. 编辑修改模板

如果某个模板文件还有不完善或需要修改的地方，可以随时调出该模板进行编辑。具体操作步骤如下。

（1）单击 Office 按钮，在弹出的菜单中选择“新建”选项，打开“新建文档”对话框。

（2）在“模板”选项区域选择“已安装的模板”或“我的模板”选项，从打开的“模板”列表中选择需要修改的模板，将其打开。

（3）对模板中的格式、样式等内容进行编辑修改，最后保存该模板并退出即可。修改模板后，会影响根据该模板创建的新文档，但不影响基于这个模板已经建立的原有文档。

4. 应用模板中的样式

如果想在当前文档中套用其他模板中的样式，就会涉及对模板中样式的管理。具体操作步骤如下：

（1）在“样式”任务窗格中单击“管理样式”按钮，如图 3-12 所示。

（2）在弹出的“管理样式”对话框中，单击“导入/导出”按钮，如图 3-13 所示。

（3）在弹出的“管理器”对话框中，可以通过单击“关闭文件”和“打开文件”按钮，在打开的窗口中选择模板或文档。在左侧和右侧的两个列表框中选择样式，通过“复制”、“删除”和“重命名”按钮对样式进行相应的操作，如图 3-14 所示。

（4）操作完毕后，单击“管理器”对话框中的“关闭”按钮即可退出。

图 3-12

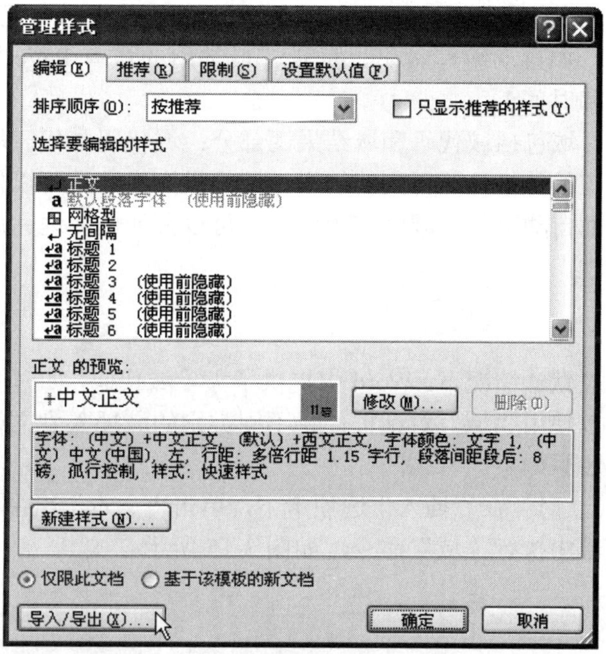

图 3-13

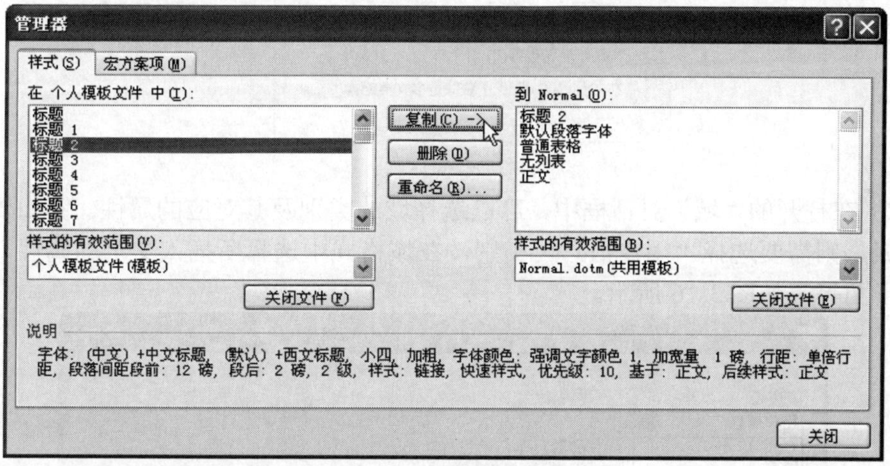

图 3-14

注意：在管理器中不仅能完成模板与模板之间样式的复制操作，还可以完成模板与文档之间、文档与文档之间样式的复制操作。

3.3　使用 Word 域

域是一种特殊的、嵌入到文档的代码，用于指示 Word 在文档中插入某些特定的内容或自动完成某些复杂的功能。例如，使用域可以将日期和时间等插入到文档中，并使 Word 自动更新日期和时间。在 Word 中，可以使用域插入许多有用的内容，包括页码、时间和某些特定的文字内容或图形等。使用域，还可以完成一些复杂且非常实用的操作，如自动编写索引、目录。最常用的域有 Page 域（插入页码）和 Date 域（插入日期和时间）。

域包括域代码和域结果两部分：域代码是代表域的符号；域结果是利用域代码进行一定的替换计算得到的结果。域的最大优点是可以根据文档的改动或其他有关因素的变化而自动更新，因而使用域不仅可以方便快捷地完成许多工作，而且能够保证结果的准确性。

1．插入域

默认情况下，Word 中提供了大量域代码，如时间域代码、日期域代码、签名代码等，可以使用“域”对话框，将不同类别的域插入到文档中，并设置域的相关格式。具体操作步骤如下。

（1）在“插入”选项卡下，单击“文本”组中的“文档部件”按钮，在打开的下拉菜单中执行“域”命令，如图 3-15 所示。

图 3-15

（2）在打开的“域”对话框中，可以选择域的类别及其对应的属性。例如要插入一个名称域，则需要选择“用户信息”类别，在域格式中选择所插入文字的属性，如大小写、全半角等，如图 3-16 所示。

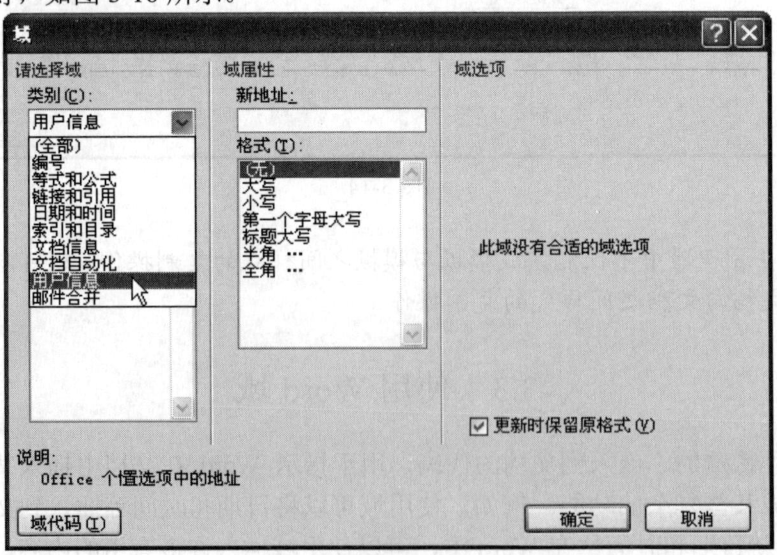

图 3-16

2. 更新域

更新域实际就是更新域代码所使用的数据，而计算出来的域结果也将被相应更新。更新域的方法很简单，如果要更新单个域，则只需单击该域，按 F9 键即可；如果要更新文档中所有的域，则按 Ctrl+A 组合键选定整篇文档后再按 F9 键。

更新域时，直接应用于此域结果的格式可能会丢失，如果想始终保留此格式，可在“域”对话框的“域选项”区域中勾选“更新时保留源格式”复选框，就可以在更新域的同时保留直接应用于域结果的字符格式。

3.4　邮件合并操作

邮件合并是 Word 的一项高级功能，是办公自动化人员应该掌握的基本技术之一。如果需要编辑多封邮件或者信函，当这些邮件或者信函只是收件人信息有所不同，而内容完全一样时，使用邮件合并功能可以很方便地实现，从而提高办公效率。邮件合并是将作为邮件发送的文档与由收件人信息组成的数据源合并在一起，作为完整的邮件，其操作的主要过程包括创建主文档、制作和处理数据源、合并数据等。邮件合并操作在 Word 中有两种方法，一种是通过功能区的按钮完成，另一种是通过邮件合并向导完成。

1. 利用功能区按钮完成邮件合并操作

（1）创建主文档。

要合并的邮件由两部分组成，一部分是合并过程中保持不变的主文档，另一部分是包含多种信息的数据源。因此进行邮件合并时，首先应该创建主文档。在“邮件”选项卡的“开始邮件合并”组中单击“开始邮件合并”按钮，在打开的下拉菜单中选择文档类型，如信函、电子邮件、信封、标签和目录等，如图 3-17 所示。这样就可创建一个主文档了。

选择“信函”或“电子邮件”可以制作一组内容类似的邮件正文，选择“信封”或“标签”可以制作带地址的信封或标签。

（2）选择数据源。

数据源是指要合并到文档中的信息文件，如果要在邮件合并中使用名称和地址列表等，主文档必须要连接到数据源，才能使用数据源中的信息。在“邮件”选项卡的“开始邮件合并”组中单击“选择收件人”按钮，在打开的下拉列表中选择数据源，如图 3-18 所示。

图 3-17

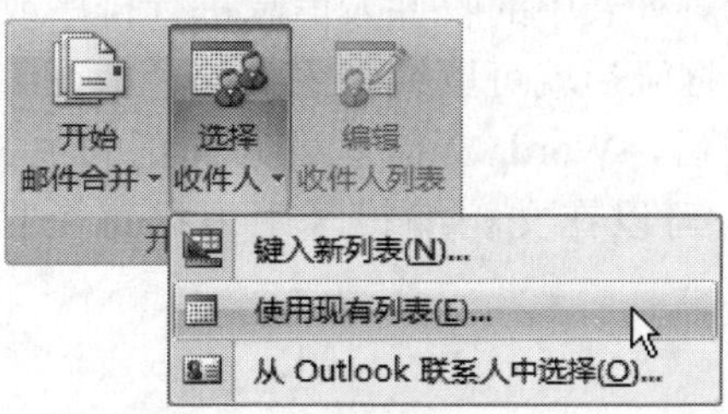

图 3-18

- 若选择“键入新列表”选项，将打开“新建地址列表”对话框，在其中可以新建条目、删除条目、查找条目以及对条目进行筛选和排序，如图 3-19 所示。

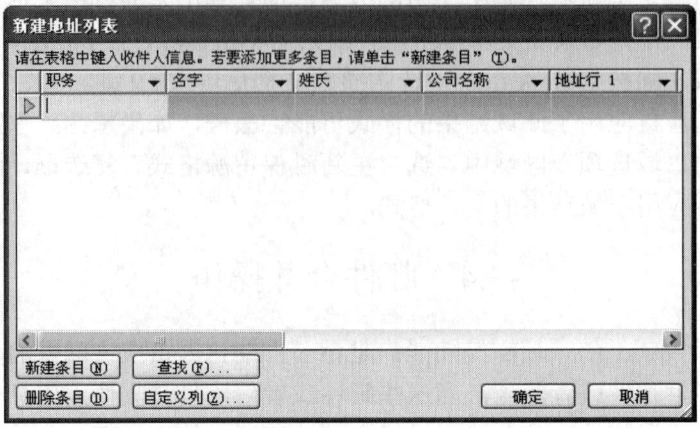

图 3-19

- 若选择“使用现有列表”选项，在打开的“选取数据源”对话框中选择收件人通信录列表文件。打开“选择表格”对话框，从中选定以哪个工作表中的数据作为数据源，然后单击“确定”按钮，如图 3-20 所示。
- 若选择“从 Outlook 联系人中选择”选项，则可以打开 Outlook 中的通信簿，从中选择收件人地址。

（3）编辑主文档。

首先，编辑收件人列表，在“邮件”选项卡的“开始邮件合并”组中单击“编辑收件人列表”按钮，如图 3-21 所示。

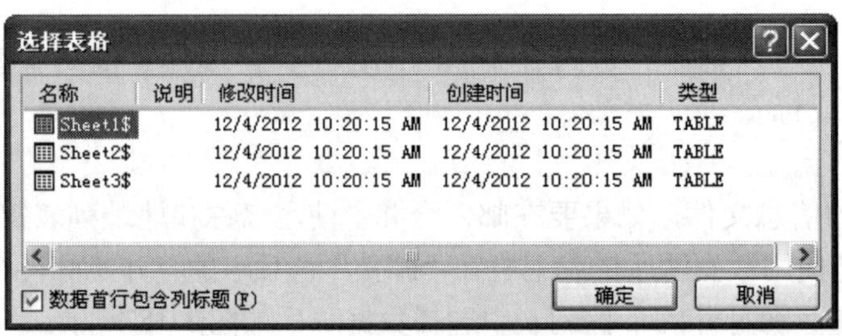

图 3-20

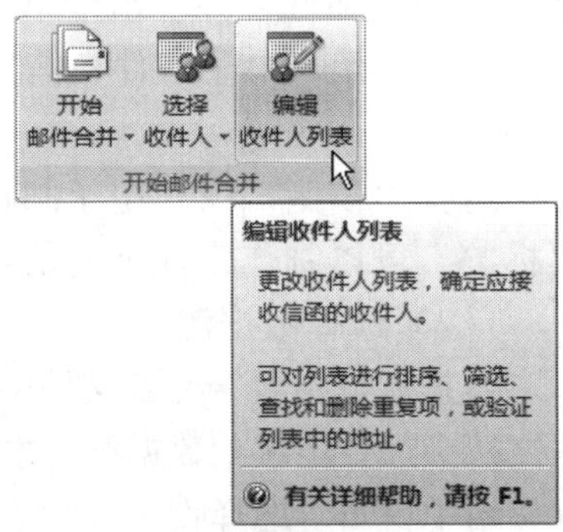

图 3-21

在打开的“邮件合并收件人”对话框中，通过复选框可以选择添加或删除合并的收件人，也可以对列表中的收件人信息进行排序或筛选等操作，如图 3-22 所示。

创建完数据源后就可以编辑主文档了，在编辑主文档的过程中，需要插入各种域，只有在插入域后，Word 文档才成为真正的主文档。在“邮件”选项卡的“编写和插入域”组中，可以在文档编辑区中根据每个收信人的不同内容添加相应的域，如图 3-23 所示。

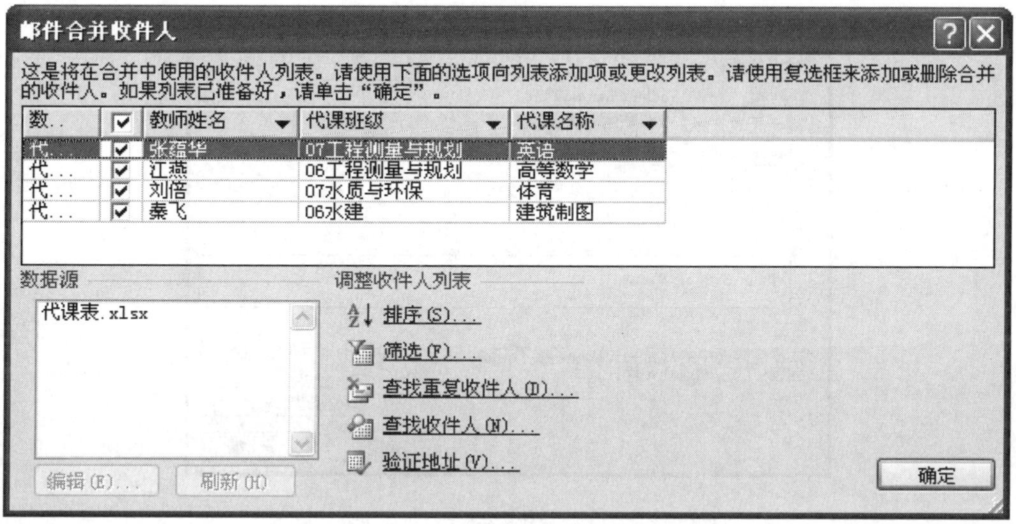

图 3-22

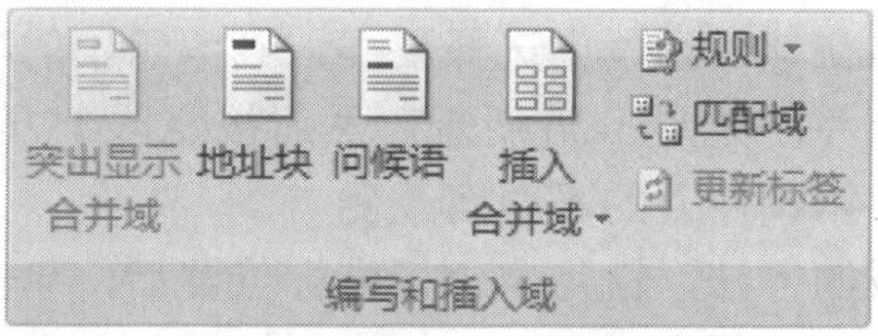

图 3-23

单击“地址块”按钮，打开“插入地址块”对话框，可以在其中设置地址块的格式和内容，例如收件人名称、公司名称和通信地址等，如图 3-24 所示。地址块插入文档后，实际应用时会根据收件人的不同而显示不同的内容。

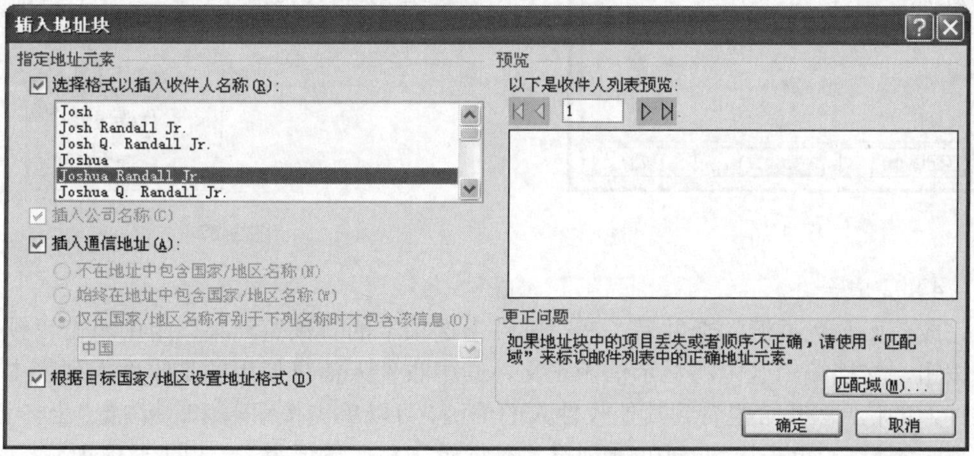

图 3-24

单击“问候语”按钮，在打开的“插入问候语”对话框中，可以设置文档中要使用的问候语，也可以自定义称呼、姓名格式等，如图 3-25 所示。

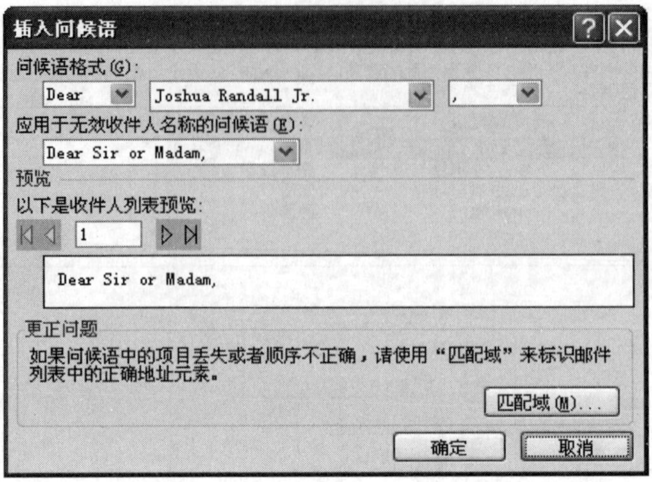

图 3-25

在文档中将光标定位在需要插入某一域的位置处，单击“插入合并域”按钮，打开“插入合并域”对话框，在该对话框中选择要插入到信函中的项目，单击“插入”按钮即可完成信函与项目的合并，如图 3-26 所示。然后按照这个方法依次插入其他各个域，这些项目的具体内容将根据收件人的不同而改变。

还有一种插入合并域的方法，就是定位好光标位置后，单击“插入合并域”按钮下方的下拉按钮，在打开的下拉列表中也可以依次选择插入各个域，如图 3-27 所示。

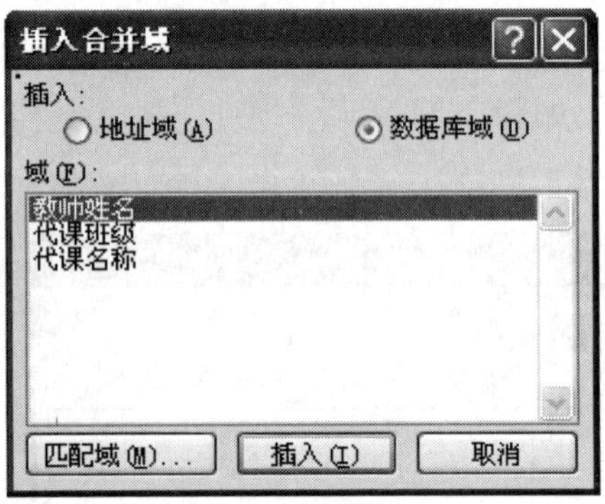

图 3-26

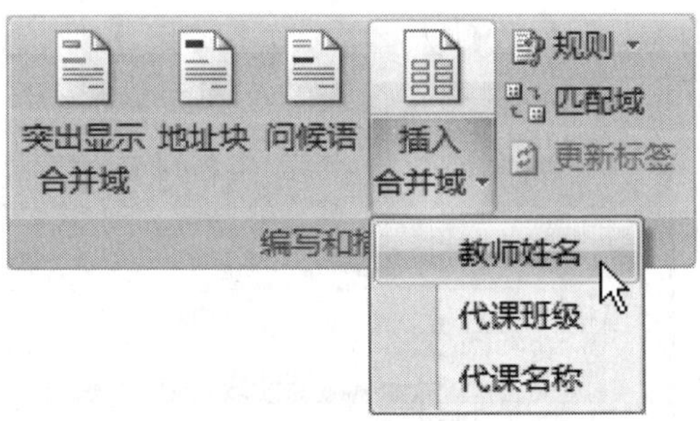

图 3-27

（4）完成合并。

完成信函与数据源的合并后，在“邮件”选项卡的“预览结果”组中单击“预览结果”按钮，文档编辑区中将显示信函正文，其中收件人信息使用的是收件人列表中第一个收件人的信息。若希望看到其他收件人的信函，可以单击按钮◀和▶浏览“上一记录”和“下一记录”，单击按钮⏮和⏭浏览“首记录”和“尾记录”，如图 3-28 所示。

通过预览功能核对邮件内容无误后，在“邮件”选项卡的“完成”组中单击“完成并合并”按钮，在打开的下拉列表中，根据需要选择将邮件合并到单个文档、打印文档或是发送电子邮件等，如图 3-29 所示。

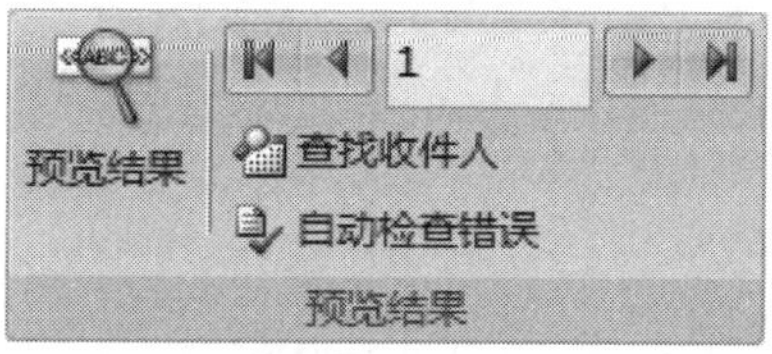

图 3-28

图 3-29

- 选择“编辑单个文档”选项，弹出“合并到新文档”对话框，如图 3-30 所示。选中“全部”单选按钮，即可将所有收件人的邮件合并到一篇新文档中；选中“当前记录”单选按钮，即可将当前收件人的邮件形成一篇新文档；选中“从　到　”单选按钮，即可将选择区域内的收件人的邮件形成一篇新文档。
- 选择“打印文档”选项，打开“合并到打印机”对话框，如图 3-31 所示。选中“全部”单选按钮，即可打印所有收件人的邮件；选中“当前记录”单选按钮，即可打印当前收件人的邮件；选中“从　到　”单选按钮，即可打印选择区域内的所有收件人的邮件。

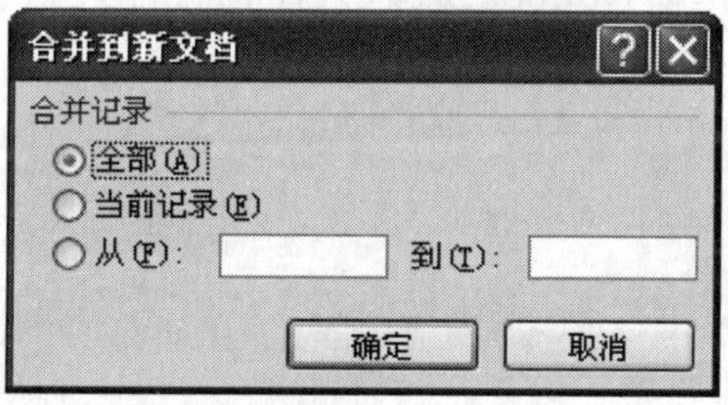

图 3-30

图 3-31

- 选择“发送电子邮件”选项，打开“合并到电子邮件”对话框，如图 3-32 所示。“收件人”列表框中的选项是与数据源列表保持一致的；在“主题行”文本框中可以输入邮件的主题内容；在“邮件格式”列表框中可以选择以附件、纯文本或 HTML 格式发送邮件；在“发送记录”选项区域，可以设置是发送全部、当前记录，还是发送指定区域内的记录。

如果将完成邮件合并的主文档恢复为常规文档，只需要在“邮件”选项卡的“开始邮件合并”组中单击“开始邮件合并”按钮，在打开的下拉列表中选择“普通 Word 文档”命令即可，如图 3-33 所示。

2. 利用邮件合并向导完成邮件合并操作

在“邮件”选项卡的“开始邮件合并”组中单击“开始邮件合并”按钮，在打开的下拉菜单中选择“邮件合并分步向导”选项，如图 3-34 所示。即可打开“邮件合并”任务窗格。在如图 3-35 所示的“邮件合并”任务窗格中，首先要选择需要的文档类型。

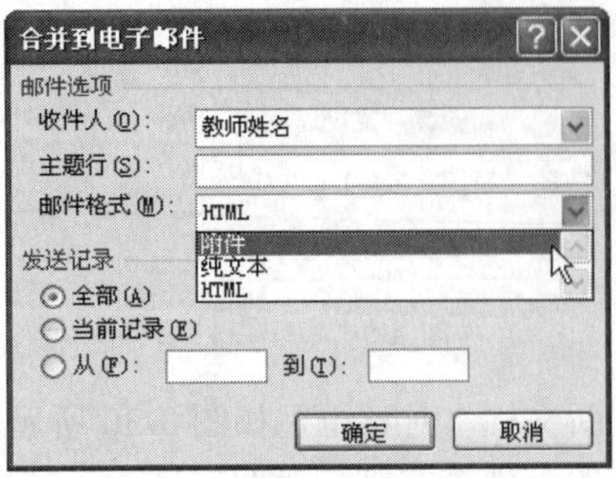

图 3-32

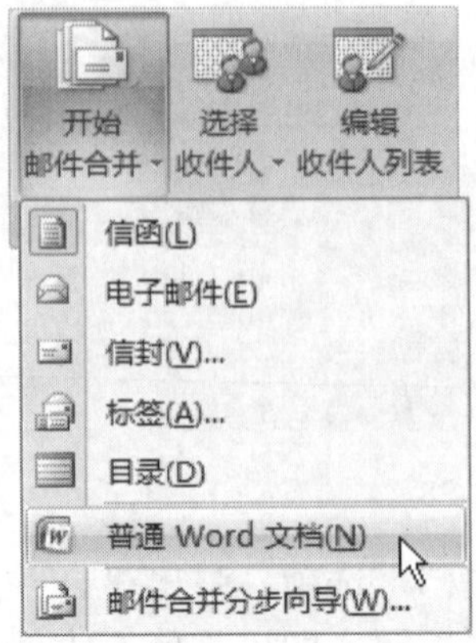

图 3-33

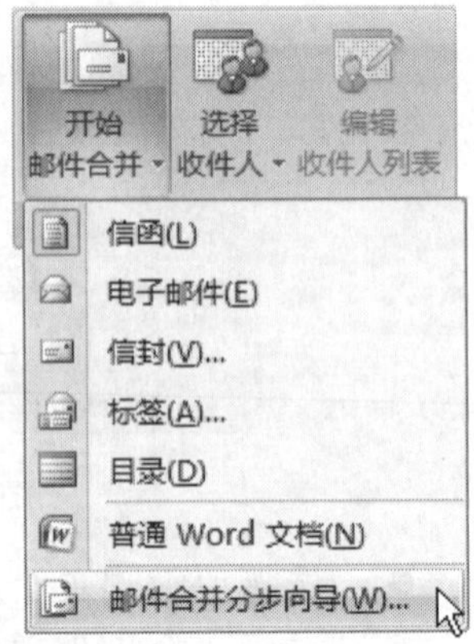

图 3-34

单击“下一步：正在启动文档”链接，在打开的如图 3-36 所示的任务窗格中，选中“使用当前文档”单选按钮，可以在当前活动窗口中创建并编辑信函；选中“从模板开始”单选按钮，可以选择信函模板；选中“从现有文档开始”单选按钮，则可以在弹出的对话框中选择已有的文档作为主文档。

在“选择开始文档”任务窗格中，单击“下一步：选取收件人”链接，即可显示“选择收件人”任务窗格，可以从中选择现有列表或 Outlook 联系人作为收件人列表，也可以输入新列表，如图 3-37 所示。

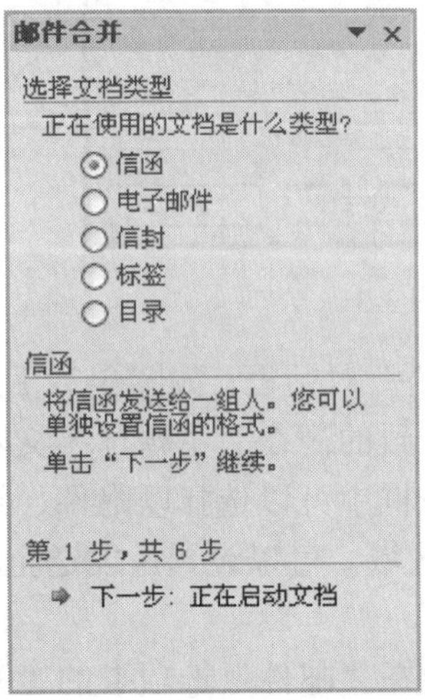

图 3-35

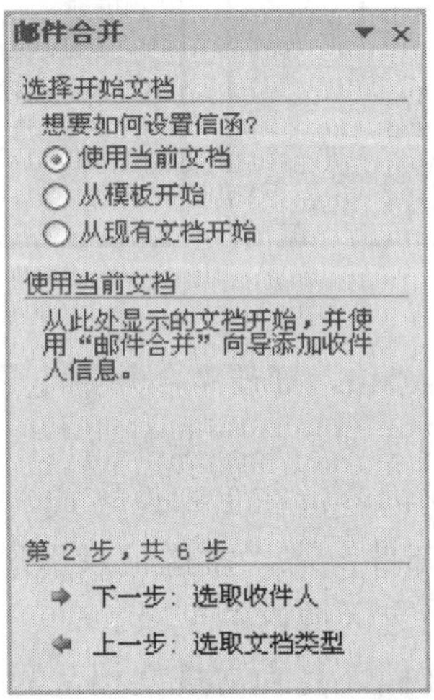

图 3-36

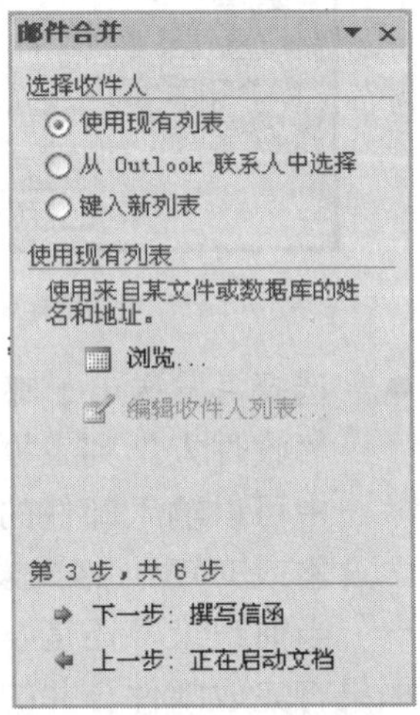

图 3-37

正确选择数据源后，单击“下一步：撰写信函”链接，即可显示“撰写信函”任务窗格。可以在文档编辑区中根据每个收信人的不同内容添加相应的域，如地址块、问候语、电子邮政以及其他项目等，如图 3-38 所示。

在指定位置插入相应的域后，单击“下一步：预览信函”链接，即可显示“预览信函”任务窗格。此时，在文档编辑区中将显示信函正文，其中收件人信息使用的是收件人列表中第一个收件人的信息，若希望看到其他收件人的信函，可以单击“收件人”选项两旁的按钮 << 和 >> 进行浏览，如图 3-39 所示。

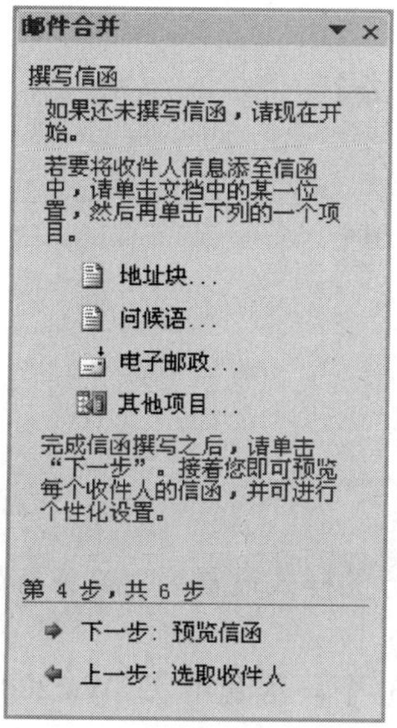

图 3-38

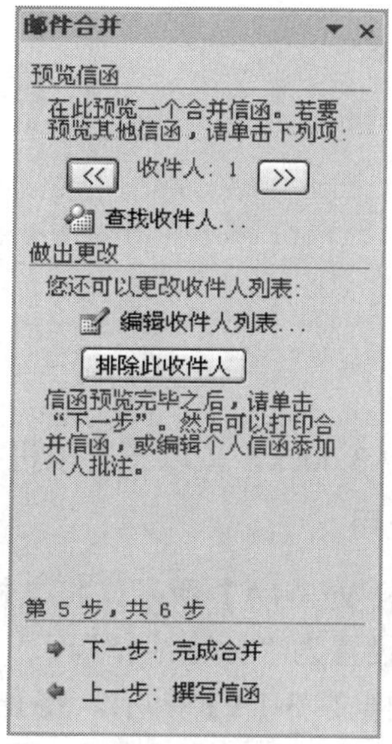

图 3-39

最后，单击“下一步：完成合并”链接，显示“完成合并”任务窗格，在此区域可以实现两个功能：合并到打印机和合并到新文档，可以根据需要进行选择，如图 3-40 所示。

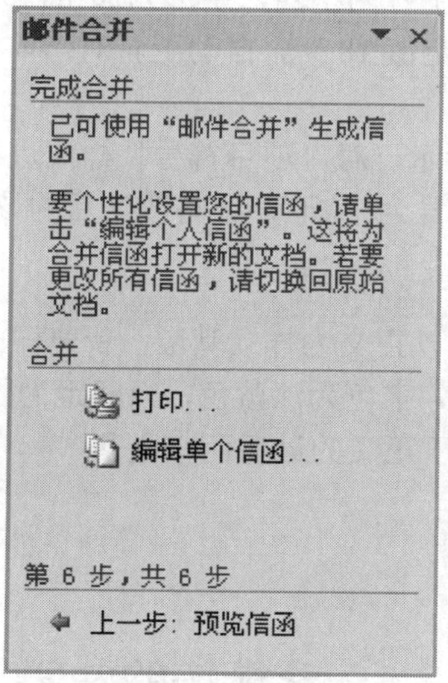

图 3-40

II. 试题汇编

3.1 第 1 题

【操作要求】

打开文档 A3.docx，按以下要求进行操作。

1. 样式应用

- 按【样文 3-1A】所示，将文档中第 1 行的样式设置为“文章标题”，第 2 行的样式设置为“标题注释”。
- 按【样文 3-1A】所示，将正文的前 3 个段落套用 C:\Win2007GJW\KSML1\KSDOTX3.dotx 模板中的“正文段落”的样式。

2. 样式修改

- 按【样文 3-1B】所示，以正文为样式基准，对“重点正文”样式进行修改：字体为仿宋_GB2312，字号为小四，字形为加粗，为段落填充图案样式为 10%的底纹，设置行距为固定值 18 磅，自动更新对当前样式的改动，并将该样式应用于正文第 4 段。
- 按照【样文 3-1B】所示，对“项目符号”样式进行修改：字体为方正姚体，字色为深红色，项目符号为“▦”，并将改动后的该样式应用于正文第 5~10 段。

3. 新建样式

按照【样文 3-1C】所示，以正文为样式基准，新建样式命名为“段落样式 1”，设置字体为华文细黑，字号为小四，字色为深蓝色，行间距为固定值 18 磅，段前、段后间距各为 0.5 行，并将该样式应用于正文的最后两个段落。

【样文 3-1A】

多媒体的知识

佚名供稿

多媒体是计算机和视频技术的结合，实际上它是两个媒体；声音和图像，或者用现在的术语：音响和电视。多媒体本身有两个方面，和所有现代技术一样它是由硬件和软件，或机器和思想混合组成。可以将多媒体技术和功能在概念上区分为控制系统和信息。多媒体之所以能够实现是依靠数字技术。

多媒体代表数字控制和数字媒体的汇合，电脑是数字控制系统，而数字媒体是当今音频和视频最先进的存储和传播形式。事实上有人就简单地认为多媒体是电脑和电视的结合。电脑的能力达到实时处理电视和声音数据流的水平，这时多媒体就诞生了。

多媒体电脑需要具有比主流电脑更强的能力，多媒体电脑决定了主流电脑的发展。区别普通电脑和多媒体电脑的主要东西是声卡和只读光盘驱动器。光盘是多媒体的主要存储和交换媒体。

在计算机和通信领域，我们所指的信息的正文、图形、声音、图像、动画，都可以称为媒体。从计算机和通信设备处理信息的角度来看，我们可以将自然界和人类社会原始信息存在的形式——数据、文字、有声的语言、音响、绘画、动画、图像（静态的照片和动态的电影、电视和录像）等，归结为三种最基本的媒体：声、图、文。所谓多媒体，是指能够同时采集、处理、编辑、存储和展示两个或以上不同类型信息媒体的技术，这些信息媒体包括文字、声音、图形、图像、动画和活动影像等。

【样文 3-1B】

多媒体技术有以下几个主要特点：

- 集成性：能够对信息进行多通道统一获取、存储、组织与合成。
- 控制性：多媒体技术是以计算机为中心，综合处理和控制多媒体信息，并按人的要求以多种媒体形式表现出来，同时作用于人的多种感官。
- 交互性：交互性是多媒体应用有别于传统信息交流媒体的主要特点之一。
- 非线性：多媒体技术的非线性特点将改变人们传统循序性的读写模式。
- 实时性：当用户给出操作命令时，相应的多媒体信息都能够得到实时控制。
- 方便性：用户可以按照自己意愿来使用信息，任取图、文、声等信息表现形式。

【样文 3-1C】

总之，由于信息最本质的概念是客观事物属性的表面特征，其表现方式是多种多样的，因此，较为准确而全面的多媒体定义，就应该是指多种信息类型的综合。

这些媒体可以是图形、图像、声音、文字、视频、动画等信息表示形式，也可以是显示器、扬声器、电视机等信息的展示设备，传递信息的光纤、电缆、电磁波等中介媒质，还可以是存储信息的磁盘、光盘、磁带等存储实体。

3.2 第 2 题

【操作要求】

打开文档 A3.docx，按以下要求进行操作。

1. 样式应用

- 按照【样文 3-2A】所示，把文档中第 1 行的样式设置为“文章标题”，第 2 行设置为“标题注释”。
- 按照【样文 3-2A】所示，将文章正文的第 1 段套用 C:\Win2007GJW\KSML1\KSDOTX3.dotx 模板中的“正文段落 1”的样式。

2. 样式修改

- 按照【样文 3-2B】所示，以正文为样式基准，将“文章正文”样式进行修改：字体为方正姚体、小四、深红色、加着重符，段前间距为 0.5 行，自动更新对当前样式的改动，并将该样式应用于正文的第 2、4、6、8、12 段中。
- 按照【样文 3-2B】所示，将“重点正文”样式进行修改：字体为微软雅黑，为段落填充图案样式为 5%的底纹，行距为固定值 20 磅，并将该样式应用于正文的第 3、5、7 段。

3. 新建样式

- 按照【样文 3-2B】所示，以正文为样式基准，新建“段落样式 1”，设置字体为华文仿宋、小四、加粗、水绿色（RGB：50，130，155），行距为固定值 18 磅，并将该样式应用于正文的第 10、11 段。
- 按照【样文 3-2B】所示，以正文为样式基准，新建“段落样式 2”，设置字体为华文细黑，字体颜色为玫瑰红（RGB：255，80，100），段落左、右各缩进 2 个字符，并将该样式应用于正文的第 13 段。

【样文 3-2A】

手机最怕什么

——摘自《中国科技博览》

你知道手机最怕什么吗？大自然的迫害和你自己的疏忽不小心都是造成它缩短寿命的原因！在这里提供五个手机的最怕，供大家参考。

【样文 3-2B】

第一怕：潮湿的环境损害：

避免在潮湿的环境（海边/雨中）使用手机，以免大量水气侵入电路板形成水渍，造成短路，或使金属接口氧化。因为充电孔被氧化，充电时易发生烧机的危险。应适度地使用手机，使其内部产生一定的温度，自然蒸发平常所累积的水气。而如果手机闲置长期不使用，需加以特别的防潮处理。泡水：很明显，什么玩意儿泡过水以后还能活蹦乱跳的？硫磺：在硫磺重的地方应避免使用手机，以免加重金属氧化情形。

第二怕：碰撞造成的损害：

基本常识，机械碰撞容易受损。挤压：手机受力压迫，屏幕出现黑点的情况，大多是液晶受挤压破裂流出所造成。因为液晶屏幕所能承受的压力相当有限，使用者千万要注意！

第三怕：温度环境的损害：

手机应避免受热曝晒。尤其是夏天汽车内的高温，容易让电路板或电池因高温产生变化，屏幕也容易因材质变化而扭曲变形。温差：手机进出空调房间时产生的温差，冷空气所凝成的水气可能会腐蚀电路板，造成电子零部件短路，影响手机寿命！

第四怕：关于电池使用不当的损害：

若非使用原厂电池，手机与电池间的接点密合度就不如原厂电池。长期晃动下来，有可能会有接点松弛，容易发生瞬间断电的情况。

充电：充电时不要开机，以免手机充电时的高温影响电路板。汽车充电器应在车子发动后再插上，以免发动时的瞬间高峰电流回流到手机，对内部零件造成破坏。

静电：人体带有静电，若手机的拆装动作未在可释放静电的平台进行，有可能让静电夹带杂质侵入机身，造成短路。

第五怕：灰尘，油脂的危害：

灰尘的累积也会妨碍电路板接点间的电流传导。油脂：手机面板长期贴面使用，脸部的油脂有可能渗入机身，污染内部线路，造成损害！

3.3 第 3 题

【操作要求】

打开文档 A3.docx，按以下要求进行操作。

1. 样式应用

- 按照【样文 3-3A】所示，把文档中第 1 行的样式设置为“文章标题”，第 2 行设置为“标题注释”。
- 按照【样文 3-3A】所示，将文章正文的第 1 段套用 C:\Win2007GJW\KSML1\KSDOTX3.dotx 模板中的“正文段落 5”的样式。

2. 样式的修改和新建

- 按照【样文 3-3B】所示，以正文为样式基准，将“要点段落”样式进行修改：字体为方正舒体，字号为小四，字体颜色为酸橙色（RGB：180，235，0），自动更新对当前样式的改动，并将该样式应用于正文第 2、3 段中。
- 按照【样文 3-3C】所示，以“KSYS01”为样式名，新建样式：字体为方正姚体，字号为四号，字形为加粗，字体颜色为蓝色（RGB：0，50，200），行距为固定值 18 磅，并将该样式应用于正文第 4、5 段中。

3. 新建模板

保存文档后，再将当前文档以 A3a 为文档模板名另存为考生目录下的模板文件。

【样文 3-3A】

生物材料的未来

——摘自《益寿文摘》

生物材料（**Biomaterials**）又称生物医用材料（**Biomedical Materials**），它是对生物体进行诊断、治疗和置换损坏的组织、器官或增进其功能的材料。生物材料的起步很早。早在公元前 **5000** 年就已经用人工牙植入口腔额骨，来修复失牙。由于当时工业不发达，直到 **20** 世纪 **30** 年代，随着工业的兴起才出现少数医用材料。**20** 世纪中后期，高分子工业的迅猛发展推动了生物医用材料的发展。直到 **20** 世纪 **80** 年代中期，生物医用材料还被视为一类无生命的材料。

【样文 3-3B】

20 世纪 80 年代后，随着生物技术研究的进展，人类已开始将生物技术应用于研制生物材料，在材料结构及功能设计中引入生物支架——活性细胞，利用生物要素和功能去构建所希望的材料，从而提出了组织工程的概念。标志着医学将走出组织器官移植的范畴，步入到制造组织和器官的新时代，是21世纪具有巨大潜力的高科技产业。

在组织工程研究中，核心是建立由细胞和生物材料构成的三维空间复合体。因此大力研究和开发新一代生物医用材料——生物相容性良好并可被人体逐步降解吸收的生物材料，是21世纪生物医用材料发展的重要方向。

【样文3-3C】

随着人类生活水平的提高和寿命的延长，对人工骨替代材料的需求越来越多。仅人工骨关节一项，全世界目前每年需求达100万套。我国现有300万人因为先天性关节炎和骨伤等原因造成骨损伤，其中很大一部分需要全髋关节置换。但目前我国大陆（不包括台港澳）的人工关节置换每年只有3～4万套，与人口2000～3000万的台湾省持平，而且2/3以上是价格昂贵的国外产品。国内的人工关节厂家规模小且质量不高。这极大的限制了我国国民医疗水平的改善和国民身体素质的提高。所以，研制具有自主知识产权的高水平人工骨制品对于全国和首都的发展具有重大的社会和经济意义。

据介绍，美国生物医用材料的产值已高达上百亿美元，而我国生物材料市场占世界份额还不到2%。由此可见，生物医用材料和制品的发展前景十分广阔。

3.4 第 4 题

【操作要求】

打开文档 A3.docx，按以下要求进行操作。

1．样式应用

- 按照【样文 3-4A】，把文档中第 1 行的样式设置为“文章标题”，第 2 行设置为“标题注释”。
- 按照【样文 3-4A】，将文章正文的第 1 段套用 C:\Win2007GJW\KSML1\KSDOTX3.dotx 模板中的“正文段落 6”的样式。

2．样式的修改和新建

- 按照【样文 3-4B】所示，以正文为基准样式，将“要点段落”样式进行修改：字体为华文行楷，字号为小四，字形为常规，字体颜色为深青色（RGB：0，128，128），自动更新对当前样式的改动，并将该样式应用于正文第 2 段中。
- 按照【样文 3-4C】所示，以“KSYS02”为样式名，新建样式：字体为华文中宋，字号为小四，字形为加粗，字体颜色为深蓝色（RGB：0，0，153），行距为固定值 18 磅，并将该样式应用于正文第 3、4 段中。

3．新建模板

保存文档，并将当前文档以 A3a 为文档模板名另存为考生目录下的模板文件。

【样文 3-4A】

北魏碑刻

——摘自《中国书法史》

由于北朝不禁碑，因此，其碑刻书法比南朝要丰富多彩，北魏初期书法方劲古拙，仍保留着隶书的笔画，《太武帝东巡碑》、《中岳嵩高灵庙碑》等都属于风格雄强一类。439 孝文帝迁都洛阳，汉化达到高潮，书风随着起了变化。北魏帝王提倡佛教，开窟造像之风大兴，因此，造像碑也大为兴盛。这些造像、造像碑大多有题记，书法艺术保留至今的也非常丰富，著名的龙门石窟成为北魏书法艺术的宝库。龙门石窟书法以《牛橛造像记》、《杨大眼造像记》、《孙秋生造像记》等最著名。后世选择龙门造像题记有：“龙门四品”、“龙门二十品”等名目。

【样文 3-4B】

在太和以后又出现了象:《张猛龙碑》、《敬使君碑》、《曹恪碑》等著名的碑刻。北朝的碑刻书法艺术以北魏和东魏为最精，风格多样。北魏碑刻书风大体上可分雄强、秀丽两大类。前者以《张猛龙碑》为代表，后者以《敬使君碑》为代表。北朝的摩崖石刻著名的有北魏的《石门铭》、《论经书诗》等，北齐的《泰山金刚经》、《天柱山铭》等，因山凿石，书写常随石势而成，又因石质不同，镌刻也有所不同。

【样文 3-4C】

北朝墓志数量之多为前所未有，出现了《元简墓志》、《刁遵墓志》、《张黑女墓志》、《刘玉墓志》等各种不同风格的墓志书法艺术。北魏以后的墓志书法渐趋疏宕平整，北魏的茂密浑厚的风格已渐趋消失。

北朝墓志数量之多为前所未有，出现了《元简墓志》、《刁遵墓志》、《张黑女墓志》、《刘玉墓志》等各种不同风格的墓志书法艺术。北魏以后的墓志书法渐趋疏宕平整，北魏的茂密浑厚的风格已渐趋消失。

3.5 第 5 题

【操作要求】

打开文档 A3.docx，按以下要求进行操作。

1. 创建主文档、获取数据源

以当前活动窗口为邮件合并主文档，套用信函的形式创建主文档，打开数据源 C:\Win2007GJW\KSML1\KSSJY3-5.xlsx。

2. 编辑主文档

- 按照【样文 3-5】所示，在当前主文档的适当位置分别插入合并域“姓名”、“系别”、“专业”和“学费”。
- 按照【样文 3-5】所示，在报名日期处插入适当的 Word 域，使其能完成每次合并时能输入所需日期，该域所用到的提示文字为“请输入日期！”，默认填充文字为“年月日”，默认时间为 2008 年 9 月 1 日。将结果以 A3a 为文件名另存至考生目录下。

3. 合并邮件

筛选出系别为“新闻”系的记录进行合并，将结果覆盖原 A3.docx。

【样文 3-5】

录取通知书

«姓名»同学

你已被我院«系别»系«专业»专业正式录取，报名时请带上你的准考证和学费«学费»元，务必在2008 年 9 月 1 日前到校报道！

人民大学招生办

2008-8-10

Ⅲ. 试题解答

3.1　第 1 题

单击 Office 按钮，执行“打开”命令，在“查找范围”文本框中找到指定路径，选择 A3.docx 文件，单击“打开”按钮。

1. 样式应用

（1）选中文档的第 1 行文本“多媒体的知识”，在“开始”选项卡的“样式”组中单击右下角的对话框启动器按钮，弹出“样式”任务窗格，从中选择“文章标题”样式，如图 3-41 所示。

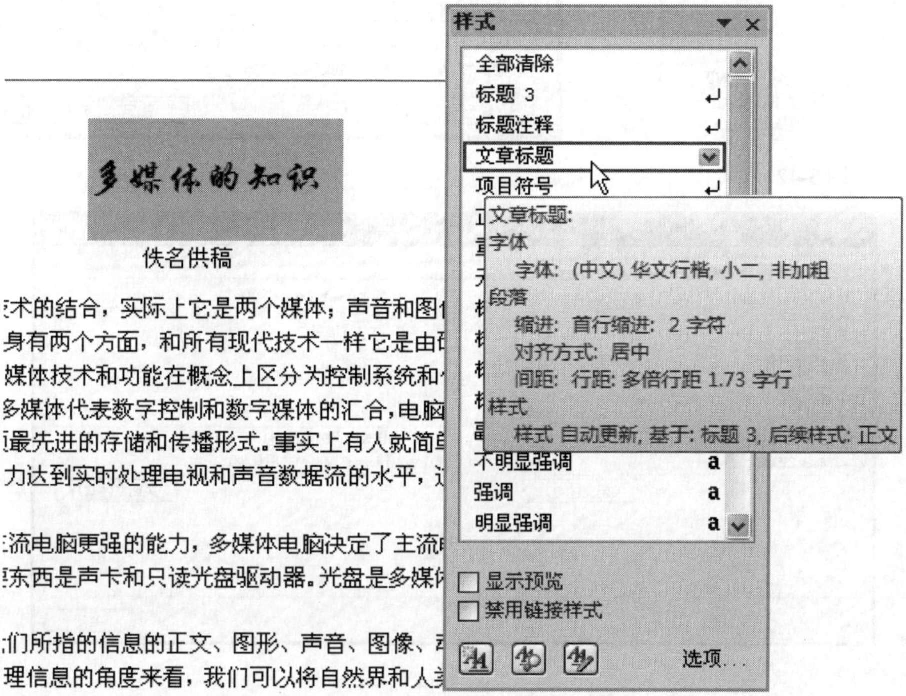

图 3-41

（2）选中文档的第 2 行文本“佚名供稿”，在“样式”任务窗格中选择“标题注释”样式。

（3）在已打开的“样式”任务窗格中单击“管理样式”按钮，如图 3-42 所示。弹出“管理样式”对话框，单击其下方的“导入/导出”按钮，如图 3-43 所示。

（4）在弹出的“管理器”对话框的“样式”选项卡下，单击右侧“在 Normal.dotm 中”列表下方的“关闭文件”按钮，如图 3-44 所示。

图 3-42

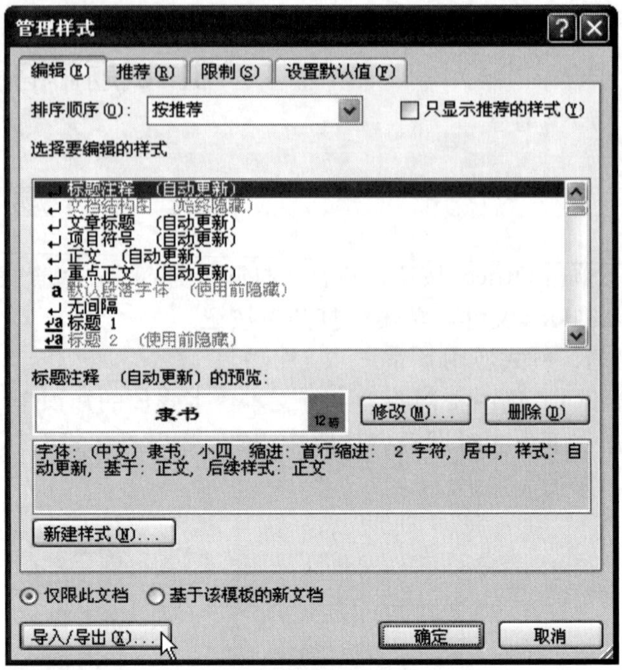

图 3-43

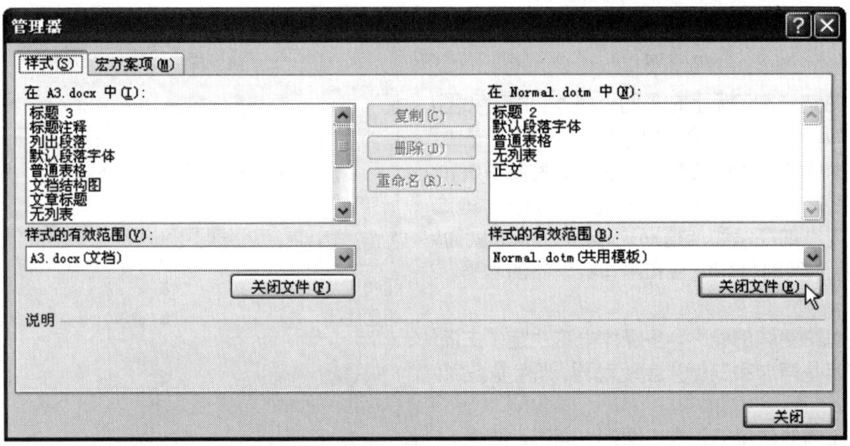

图 3-44

（5）当“关闭文件”按钮变为“打开文件”按钮时，单击该按钮，打开“打开”对话框，按照指定路径选择 KSML1 文件夹下的 KSDOTX3.dotx 文件，单击“打开”按钮，如图 3-45 所示。

（6）返回到“管理器”对话框之后，在右侧列表中选择“正文段落”样式，单击“复制”按钮，即可将模板中的样式复制到左侧的列表中。最后，单击“关闭”按钮，如图 3-46 所示。

（7）选中正文的第 1~3 自然段，在已打开的“样式”任务窗格中选择“正文段落”样式，即可将该样式应用于所选文本。

图 3-45

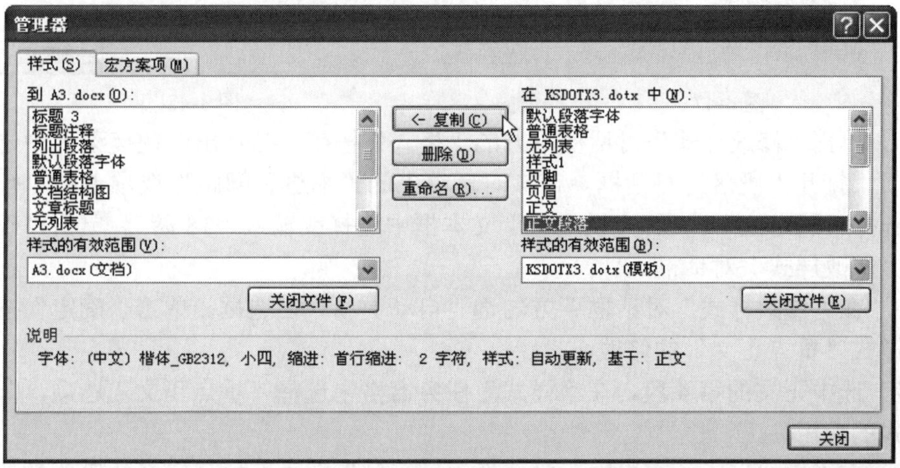

图 3-46

2. 样式修改

（1）在“开始”选项卡的“样式”组中单击右下角的对话框启动器按钮，打开“样式”任务窗格，单击“重点正文”样式下拉列表旁的箭头按钮，在打开的快捷菜单中选择“修改”选项，如图 3-47 所示。

（2）在弹出的“修改样式”对话框中的“样式基准”列表框中选择“正文”选项，再单击下方的“格式”按钮，在弹出的快捷菜单中选择“字体”选项，如图 3-48 所示。

（3）在弹出的“字体”对话框中的“字体”选项卡下，从“中文字体”列表框中选择“仿宋_GB2312”，在“字形”列表框中选择“加粗”，在“字号”列表框中选择“小四”。单击“确定”按钮返回“修改样式”对话框。

（4）再次单击“修改样式”对话框下方的“格式”按钮，在弹出的快捷菜单中选择“边框”选项，打开“边框和底纹”对话框。在该对话框“底纹”选项卡的“图案”组中选择“10%”的图案样式。单击“确定”按钮返回“修改样式”对话框。

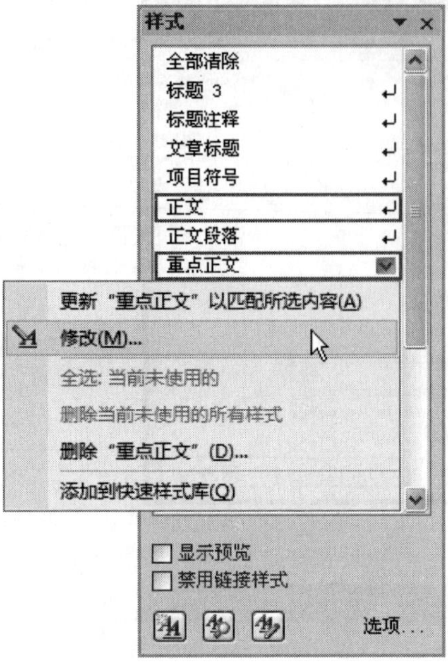

图 3-47

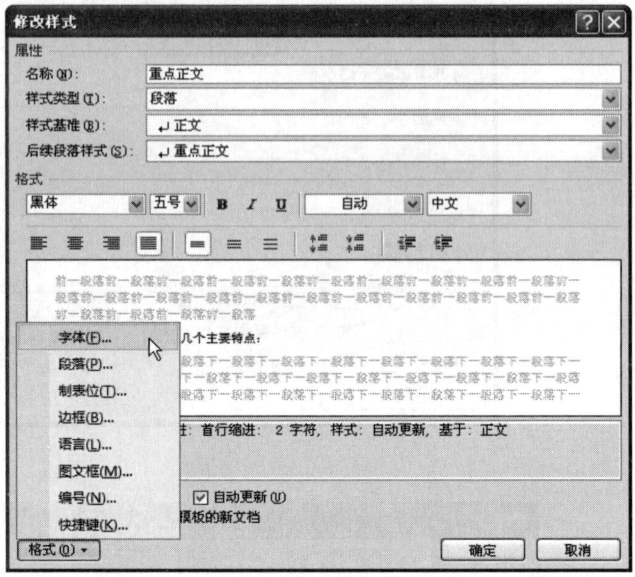

图 3-48

（5）单击“修改样式”对话框下方的“格式”按钮，在弹出的快捷菜单中选择“段落”选项，打开“段落”对话框。在该对话框中的“缩进和间距”选项卡的“行距”列表框中选择“固定值”选项，“设置值”文本框中选择或输入“18 磅”。单击“确定”按钮返回“修改样式”对话框。

（6）在“修改样式”对话框下方勾选“自动更新”复选框。单击“确定”按钮即可完成对样式“重点正文”的修改。

（7）选中正文的第 4 段，在“样式”任务窗格中选择“重点正文”选项，即可完成对该样式的应用。

（8）在“样式”任务窗格中，单击“项目符号”样式下拉列表旁的箭头按钮，在打开的快捷菜单中选择“修改”选项，弹出“修改样式”对话框。

（9）在“修改样式”对话框的“格式”选项区域，从“字体”列表框中选择“方正姚体”，从“字体颜色”列表框中选择标准色中的“深红”色，如图 3-49 所示。

（10）单击“修改样式”对话框下方的“格式”按钮，在弹出的快捷菜单中选择“编号”选项，打开“编号和项目符号”对话框；在“项目符号”选项卡下单击“定义新项目符号”按钮，如图 3-50 所示。弹出“定义新项目符号”对话框。

（11）在“定义新项目符号”对话框中单击“符号”按钮，如图 3-51 所示。打开“符号”对话框，从中选择需要应用的符号“▦”，单击“确定”按钮返回“编号和项目符号”对话框，再单击“确定”按钮返回“修改样式”对话框，最后单击“确定”按钮完成对该样式的修改。

（12）选中正文的第 5~10 段，在“样式”任务窗格中选择“项目符号”选项，即可完成对该样式的应用。

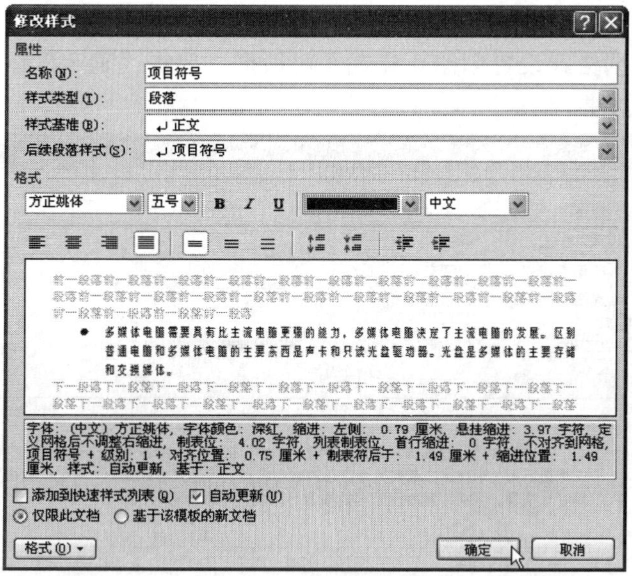

图 3-49

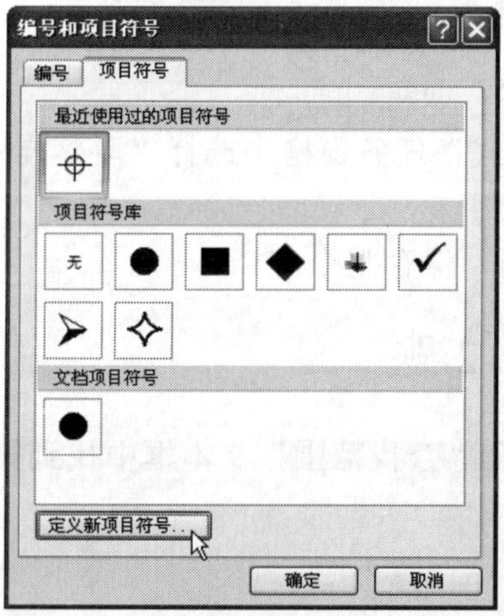

图 3-50

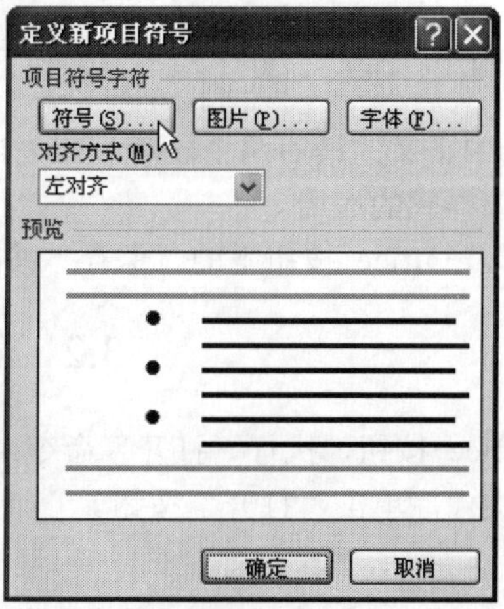

图 3-51

3. 新建样式

（1）在“开始”选项卡的“样式”组中单击右下角的对话框启动器按钮，打开“样式”任务窗格，单击“新建样式”按钮。

（2）打开“根据格式设置创建新样式”对话框，在“属性”区域的“名称”文本框中输入“段落样式 1”，在“样式基准”列表框中选择“正文”；在“格式”区域的“字体”列表框中选择“华文细黑”，“字号”列表框中选择“小四”，“字体颜色”列表框中选择标准色中的“深蓝”色，如图 3-52 所示。

（3）单击“根据格式设置创建新样式”对话框下方的“格式”按钮，在打开的下拉列表中选择“段落”选项，打开“段落”对话框。在该对话框“缩进和间距”选项卡下，在“间距”选项区域的“行距”列表框中选择“固定值”选项，“设置值”文本框中选择或输入为“18 磅”，并在“段前”和“段后”文本框中均选择或输入“0.5 行”，单击“确定”按钮返回“根据格式设置创建新样式”对话框。单击“确定”按钮即可完成对样式“段落样式 1”的创建。

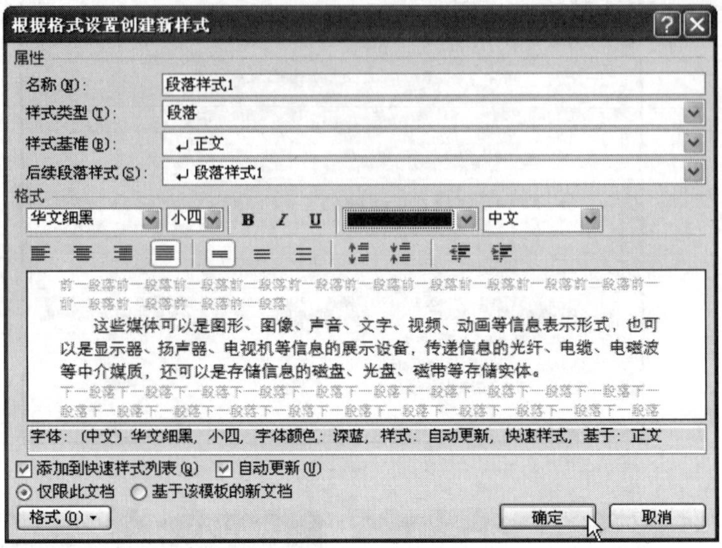

图 3-52

（4）选中正文的最后两个段落，在“样式”任务窗格中选择“段落样式 1”样式，即可完成对该样式的应用。

（5）单击 Office 按钮下的“保存”按钮，保存整个文档。

3.2 第 2 题

单击 Office 按钮，执行“打开”命令，在“查找范围”文本框中找到指定路径，选择 A3.docx 文件，单击“打开”按钮。

1. 样式应用

（1）选中文档的第 1 行文本“手机最怕什么”，在“开始”选项卡的“样式”组中单击右下角的对话框启动器按钮，弹出“样式”任务窗格，从中选择“文章标题”样式。

（2）选中文档的第 2 行文本“——摘自《中国科技博览》”，在“样式”任务窗格中选择“标题注释”选项。

（3）在已打开的“样式”任务窗格中单击“管理样式”按钮，弹出“管理样式”对话框，单击其下方的“导入/导出”按钮。

（4）在弹出的“管理器”对话框的“样式”选项卡下，单击右侧“在 Normal.dotm 中”列表下方的“关闭文件”按钮。

（5）当“关闭文件”按钮变为“打开文件”按钮时，单击该按钮，打开“打开”对话框，按照指定路径选择 KSML1 文件夹下的 KSDOTX3.dotx 文件，单击“打开”按钮。

（6）返回到“管理器”对话框之后，在右侧列表中选择“正文段落 1”选项，单击“复制”按钮，即可将模板中的样式复制到左侧的列表中。最后，单击“关闭”按钮。

（7）选中正文的第 1 段，在已打开的“样式”任务窗格中选择“正文段落 1”选项，即可将该样式应用于所选文本。

2. 样式修改

（1）在“开始”选项卡的“样式”组中单击右下角的对话框启动器按钮，打开“样式”任务窗格，单击“文章正文”样式下拉列表旁的箭头按钮，在打开的快捷菜单中选择“修改”选项，弹出“修改样式”对话框。

（2）在“修改样式”对话框中的“样式基准”列表框中选择“正文”选项，再单击下方的“格式”按钮，在弹出的快捷菜单中选择“字体”选项，打开“字体”对话框。

（3）在“字体”对话框的“字体”选项卡下，从“中文字体”列表框中选择“方正姚体”，在“字号”列表框中选择“小四”，在“字体颜色”列表框中选择标准色中的“深红”色，在“着重号”列表框中选择“ •”选项，单击“确定”按钮返回“修改样式”对话框。

（4）单击“修改样式”对话框下方的“格式”按钮，在弹出的快捷菜单中选择“段落”选项，打开“段落”对话框。在该对话框“缩进和间距”选项卡下，在“间距”选项区域的“段前”文本框中选择或输入“0.5 行”，单击“确定”按钮返回“修改样式”对话框。

（5）在“修改样式”对话框下方勾选“自动更新”复选框，单击“确定”按钮即可完成对样式“文章正文”的修改。

（6）选中正文的第 2、4、6、8、12 段，在“样式”任务窗格中选择“文章正文”样式，即可完成对该样式的应用。

（7）在“样式”任务窗格，单击“重点正文”样式下拉列表旁的箭头按钮，在打开的快捷菜单中选择“修改”选项，打开“修改样式”对话框。

（8）在“修改样式”对话框的“格式”选项区域，从“字体”列表框中选择“微软雅黑”。

（9）单击“修改样式”对话框下方的“格式”按钮，在弹出的快捷菜单中选择“边框”选项，打开“边框和底纹”对话框。在该对话框“底纹”选项卡的“图案”组中选择“5%”的图案样式，单击“确定”按钮返回“修改样式”对话框。

（10）再次单击“修改样式”对话框下方的“格式”按钮，在弹出的快捷菜单中选择“段落”选项，打开“段落”对话框。在该对话框“缩进和间距”选项卡下，在“间距”选项区域的“行距”列表框中选择“固定值”选项，“设置值”文本框中选择或输入“20 磅”，单击“确定”按钮返回“修改样式”对话框，单击“确定”按钮即可完成对样式“重点正文”的修改。

（11）选中正文的第 3、5、7 段，在“样式”任务窗格中选择“重点正文”选项，即可完成对该样式的应用。

3. 新建样式

（1）在“开始”选项卡的“样式”组中单击右下角的对话框启动器按钮，打开“样式”任务窗格，单击“新建样式”按钮。

（2）打开“根据格式设置创建新样式”对话框，在“属性”区域的“名称”文本框中输入“段落样式 1”，在“样式基准”列表框中选择“正文”；在“格式”区域的“字体”列表框中选择“华文仿宋”，“字号”列表框中选择“小四”，选中字形“加粗”按钮 B 。在“字体颜色”列表框中选择“其他颜色”选项。在打开的“颜色”对话框中的“自定义”选项卡下，在“颜色模式”列表框中选择“RGB”选项，在“红色”文本框中选择或输入“50”，在“绿色”文本框中选择或输入“130”，在“蓝色”文本框中选择或输入“155”。单击“确定”按钮返回“根据格式设置创建新样式”对话框。

（3）单击“根据格式设置创建新样式”对话框下方的“格式”按钮，在打开的下拉列表中选择“段落”选项，打开“段落”对话框。在该对话框“缩进和间距”选项卡下，在“间距”选项区域的“行距”列表框中选择“固定值”选项，“设置值”文本框中选择或输入“18 磅”，单击“确定”按钮返回“根据格式设置创建新样式”对话框。单击“确定”按钮即可完成对样式“段落样式 1”的创建。

（4）选中正文的第 10、11 段，在“样式”任务窗格中选择“段落样式 1”选项，即可完成对该样式的应用。

（5）在“样式”任务窗格，单击“新建样式”按钮，打开“根据格式设置创建新样式”对话框。

（6）在“根据格式设置创建新样式”对话框中的“属性”区域的“名称”文本框中输入“段落样式 2”，在“样式基准”列表框中选择“正文”；在“格式”区域的“字体”列表框中选择“华文细黑”；在“字体颜色”列表框中选择“其他颜色”选项，在打开的“颜色”对话框中的“自定义”选项卡下，在“颜色模式”列表框中选择“RGB”，在“红色”文本框中选择或输入“255”，在“绿色”文本框中选择或输入“80”，在“蓝色”文本框中选择或输入“100”，单击“确定”按钮返回“根据格式设置创建新样式”对话框。

（7）单击“根据格式设置创建新样式”对话框下方的“格式”按钮，在打开的下拉列表中选择“段落”选项，打开“段落”对话框。在该对话框“缩进和间距”选项卡下，在“缩进”选项区域的“左侧”和“右侧”文本框中均选择或输入“2 字符”，单击“确定”按钮返回“根据格式设置创建新样式”对话框。单击“确定”按钮即可完成对样式“段落样式 2”的创建。

（8）选中正文的第 13 段，在“样式”任务窗格中选择“段落样式 2”选项，即可完成对该样式的应用。

（9）单击 Office 按钮下的“保存”按钮，保存整个文档。

3.3 第 3 题

单击 Office 按钮，执行“打开”命令，在“查找范围”文本框中找到指定路径，选择 A3.docx 文件，单击“打开”按钮。

1. 样式应用

（1）选中文档的第 1 行文本“生物材料的未来”，在“开始”选项卡的“样式”组中单击右下角的对话框启动器按钮，弹出“样式”任务窗格，从中选择“文章标题”

样式。

（2）选中文档的第 2 行文本“——摘自《益寿文摘》”，在“样式”任务窗格中选择“标题注释”样式。

（3）在已打开的“样式”任务窗格中单击“管理样式”按钮，打开“管理样式”对话框，单击其下方的“导入/导出”按钮。

（4）在弹出的“管理器”对话框的“样式”选项卡下，单击右侧“在 Normal.dotm 中”列表下方的“关闭文件”按钮。

（5）当“关闭文件”按钮变为“打开文件”按钮时，单击该按钮，打开“打开”对话框，按照指定路径选择 KSML1 文件夹下的 KSDOTX3.dotx 文件，单击“打开”按钮。

（6）返回“管理器”对话框之后，在右侧列表中选择“正文段落 5”选项，单击“复制”按钮，即可将模板中的样式复制到左侧的列表中。最后，单击“关闭”按钮。

（7）选中正文的第 1 段，在已打开的“样式”任务窗格中选择“正文段落 5”样式，即可将该样式应用于所选文本。

2. 样式的修改和新建

（1）在“开始”选项卡的“样式”组中单击右下角的对话框启动器按钮，打开“样式”任务窗格，单击“要点段落”样式下拉列表旁的箭头按钮，在打开的快捷菜单中选择“修改”选项，打开“修改样式”对话框。

（2）在“修改样式”对话框中的“样式基准”列表框中选择“正文”选项，在“格式”区域的“字体”列表框中选择“方正舒体”；在“字号”列表框中选择“小四”；在“字体颜色”列表框中选择“其他颜色”选项，在打开的“颜色”对话框中“自定义”选项卡下，在“颜色模式”列表框中选择“RGB”，在“红色”文本框中选择或输入“180”，在“绿色”文本框中选择或输入“235”，在“蓝色”文本框中选择或输入“0”，单击“确定”按钮返回“修改样式”对话框。

（3）在“修改样式”对话框下方勾选“自动更新”复选框，单击“确定”按钮即可完成对样式“要点段落”的修改，正文的第 2、3 段会自动应用该样式。

（4）在“样式”任务窗格，单击“新建样式”按钮，打开“根据格式设置创建新样式”对话框。

（5）打开“根据格式设置创建新样式”对话框，在“属性”区域的“名称”文本框中输入“KSYS01”，在“格式”区域的“字体”列表框中选择“方正姚体”，“字号”列表框中选择“四号”，选中字形“加粗”按钮**B**。在“字体颜色”列表框中选择“其他颜色”选项，在打开的“颜色”对话框中“自定义”选项卡下，在“颜色模式”列表框中选择“RGB”，在“红色”文本框中选择或输入“0”，在“绿色”文本框中选择或输入“50”，在“蓝色”文本框中选择或输入“200”，单击“确定”按钮返回“根据格式设置创建新样式”对话框。

（6）单击“根据格式设置创建新样式”对话框下方的“格式”按钮，在打开的下拉列表中选择“段落”选项，打开“段落”对话框。在该对话框“缩进和间距”选项卡下，在“间距”选项区域的“行距”列表框中选择“固定值”选项，“设置值”文本框中选择或输入“18 磅”，单击“确定”按钮返回“根据格式设置创建新样式”对话框。单击“确定”按钮即可完成对样式“KSYS01”的创建。

（7）选中正文的第 4、5 段，在“样式”任务窗格中选择“KSYS01”样式，即可完成对该样式的应用。

3. 新建模板

（1）单击 Office 按钮下的“保存”按钮，保存整个文档。

（2）单击 Office 按钮，执行“另存为”命令，弹出“另存为”对话框，在“保存位置”列表中选择考生文件夹所在位置，在“文件名”文本框中输入文件名“A3a”，在“保存类型”列表框中选择“Word 模板”，单击“保存”按钮。

3.4 第 4 题

单击 Office 按钮，执行“打开”命令，在“查找范围”文本框中找到指定路径，选择 A3.docx 文件，单击“打开”按钮。

1. 样式应用

（1）选中文档的第 1 行文本“北魏碑刻”，在“开始”选项卡的“样式”组中单击右下角的对话框启动器按钮，弹出“样式”任务窗格，从中选择“文章标题”样式。

（2）选中文档的第 2 行文本“——摘自《中国书法史》”，在“样式”任务窗格中选择“标题注释”样式。

（3）在已打开的“样式”任务窗格中单击“管理样式”按钮，打开“管理样式”对话框，单击其下方的“导入/导出”按钮。

（4）在弹出的“管理器”对话框的“样式”选项卡下，单击右侧“在 Normal.dotm 中”列表下方的“关闭文件”按钮。

（5）当“关闭文件”按钮变为“打开文件”按钮时，单击该按钮，打开“打开”对话框，按照指定路径选择 KSML1 文件夹下的 KSDOTX3.dotx 文件，单击“打开”按钮。

（6）返回到“管理器”对话框之后，在右侧列表中选择“正文段落 6”选项，单击“复制”按钮，即可将模板中的样式复制到左侧的列表中。最后，单击“关闭”按钮。

（7）选中正文的第 1 段，在已打开的“样式”任务窗格中选择“正文段落 6”样式，即可将该样式应用于所选文本。

2. 样式的修改和新建

（1）在“开始”选项卡的“样式”组中单击右下角的对话框启动器按钮，打开“样式”任务窗格，单击“要点段落”样式下拉列表旁的箭头按钮，在打开的快捷菜单中选择“修改”选项，打开“修改样式”对话框。

（2）在“修改样式”对话框中的“样式基准”列表框中选择“正文”选项，再单击下方的“格式”按钮，在弹出的快捷菜单中选择“字体”选项，打开“字体”对话框。

（3）在“字体”对话框的“字体”选项卡下，从“中文字体”列表框中选择“华文行楷”，在“字号”列表框中选择“小四”，在“字形”列表框中选择“常规”；在“字体颜色”列表框中选择“其他颜色”选项，在打开的“颜色”对话框中的“自定义”选项卡下，在“颜色模式”列表框中选择“RGB”，在“红色”文本框中选择或输入“0”，在“绿色”文本框中选择或输入“128”，在“蓝色”文本框中选择或输入“128”，单击“确定”按钮返回“修改样式”对话框。

（4）在“修改样式”对话框下方勾选“自动更新”复选框，单击“确定”按钮即可完成对样式“要点段落”的修改，正文的第 2 段会自动应用该样式。

（5）在“样式”任务窗格，单击“新建样式”按钮，打开“根据格式设置创建新样式”对话框。

（6）在“根据格式设置创建新样式”对话框中的“属性”区域的“名称”文本框中输入“KSYS02”，在“格式”区域的“字体”列表框中选择“华文中宋”，“字号”列表框中选择“小四”，选中字形“加粗”按钮 **B**。在“字体颜色”列表框中选择“其他颜色”选项，在打开的“颜色”对话框中的“自定义”选项卡下，在“颜色模式”列表框中选择“RGB”，在“红色”文本框中选择或输入“0”，在“绿色”文本框中选择或输入“0”，在“蓝色”文本框中选择或输入“153”，单击“确定”按钮返回“根据格式设置创建新样式”对话框。

（7）单击“根据格式设置创建新样式”对话框下方的“格式”按钮，在打开的下拉列表中选择“段落”选项，打开“段落”对话框。在该对话框“缩进和间距”选项卡下，在“间距”选项区域的“行距”列表框中选择“固定值”选项，“设置值”文本框中选择或输入“18 磅”，单击“确定”按钮返回“根据格式设置创建新样式”对话框。单击“确定”按钮即可完成对样式“KSYS02”的创建。

（8）选中正文的第 3、4 段，在“样式”任务窗格中选择“KSYS02”样式，即可完成对该样式的应用。

3. 新建模板

（1）单击 Office 按钮下的“保存”按钮，保存整个文档。

（2）单击 Office 按钮，执行“另存为”命令，弹出“另存为”对话框，在“保存位置”列表中选择考生文件夹所在位置，在“文件名”文本框中输入文件名“A3a”，在“保存类型”列表框中选择“Word 模板”，单击“保存”按钮。

3.5　第 5 题

单击 Office 按钮，执行“打开”命令，在“查找范围”文本框中找到指定路径，选择 A3.docx 文件，单击“打开”按钮。

1. 创建主文档、获取数据源

（1）单击“邮件”选项卡的“开始邮件合并”组中的“开始邮件合并”按钮，在打开的下拉菜单中选择“信函”文档类型。再单击该组中的“选择收件人”按钮，在打开的下拉列表中选择“使用现有列表”选项。

（2）打开“选取数据源”对话框，从中选择 C:\Win2007GJW\KSML1\KSSJY3-5.xlsx 文件，单击“打开”按钮。

（3）打开“选择表格”对话框，选中“Sheet1”工作表，单击“确定”按钮，如图 3-53 所示。

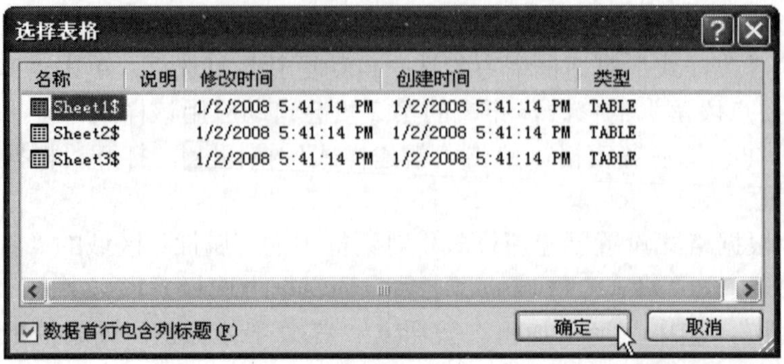

图 3-53

2. 编辑主文档

（1）将光标定位在文本“同学”前面，在“邮件”选项卡的“编写和插入域”组中单击“插入合并域”按钮下方的下拉按钮，从打开的下拉列表中选择“姓名”选项，如图 3-54 所示。依次类推，分别将“系别”域、“专业”域和“学费”域插入到相应的位置处。

（2）将光标定位在文本“务必在”后面，在“插入”选项卡的“文档”组中单击“文档部件”按钮下方的下拉按钮，从打开的下拉列表中单击“域”选项，如图 3-55 所示。弹出“域”对话框。

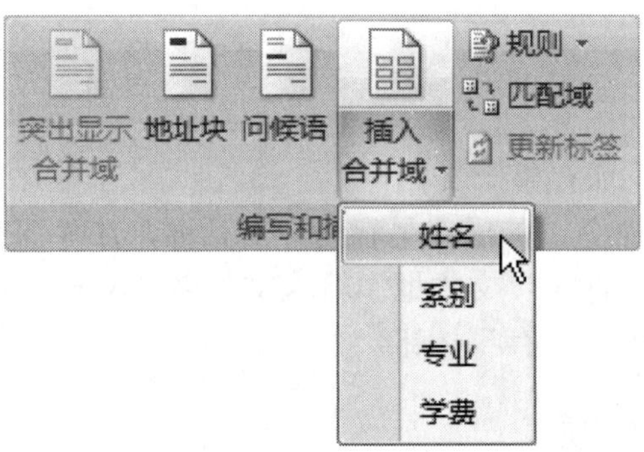

图 3-54

图 3-55

（3）在“域”对话框中“请选择域”区域的“域名”列表框中选择“Fill-in”选项；在“域属性”区域的“提示”文本框中输入文本“请输入日期!”；在“域选项”区域中勾选“对提示的默认反应”复选框，并在其后面的文本框中输入文本“年月日”，如图 3-56 所示。单击“确定”按钮即打开如图 3-57 所示的对话框。

（4）在如图 3-57 所示的对话框中“请输入日期!”下的文本框中输入文本“2008 年 9 月 1 日”。单击“确定”按钮即可完成插入 Word 域操作。

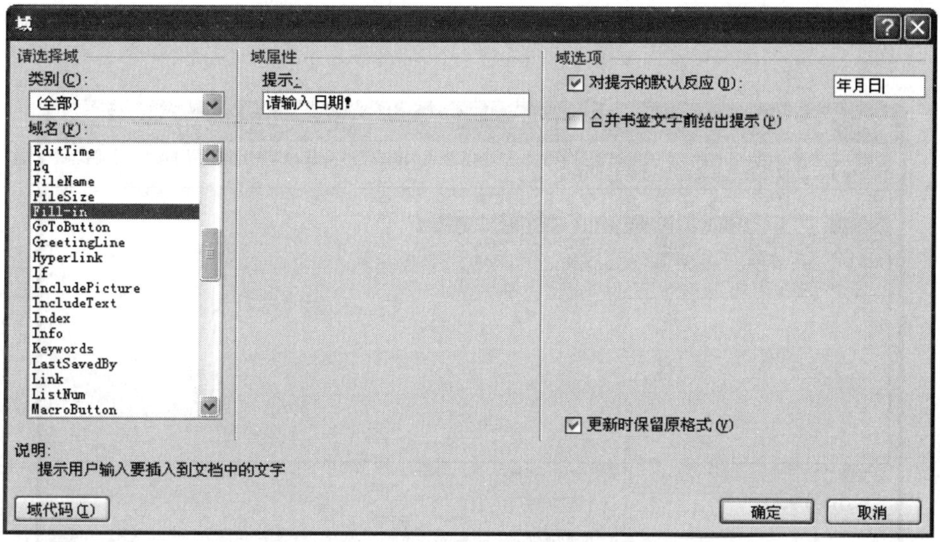

图 3-56

图 3-57

（5）完成以上操作，并依次进行核对并确保无误。

（6）单击 Office 按钮，执行“另存为”命令，打开“另存为”对话框，在“保存位置”列表中选择考生文件夹所在位置，在“文件名”文本框中输入文件名“A3a”，单击“保存”按钮。

3. 合并邮件

（1）单击“邮件”选项卡的“开始邮件合并”组中的“编辑收件人列表”按钮，如图 3-58 所示。弹出“邮件合并收件人”对话框。

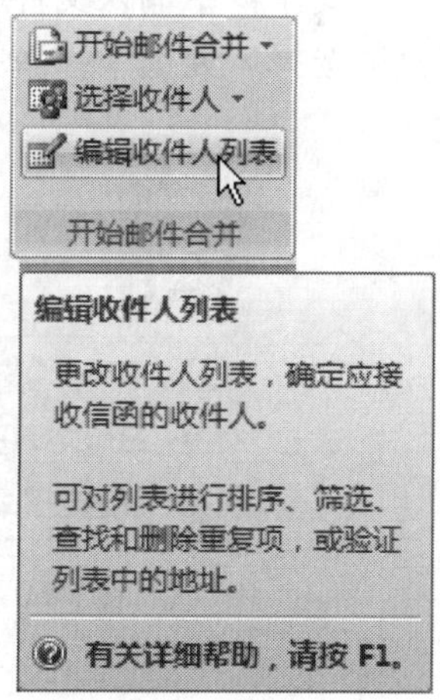

图 3-58

（2）在“邮件合并收件人”对话框中单击“系别”下拉按钮，在“系别”列表框中选择“新闻”选项，单击“确定”按钮，如图 3-59 所示。

（3）在“邮件”选项卡的“完成”组中单击“完成并合并”按钮，在打开的下拉列表中，选择“编辑单个文档”选项，如图 3-60 所示。

（4）打开“合并到新文档”对话框，选择“全部”单选按钮，单击“确定”按钮，弹出如图 3-57 所示的对话框，在“请输入日期!”下的文本框中输入文本“2008 年 9 月

1 日”，单击“确定”按钮，分别输入三次即可完成邮件合并操作，并自动生成新文档“信函 1”。

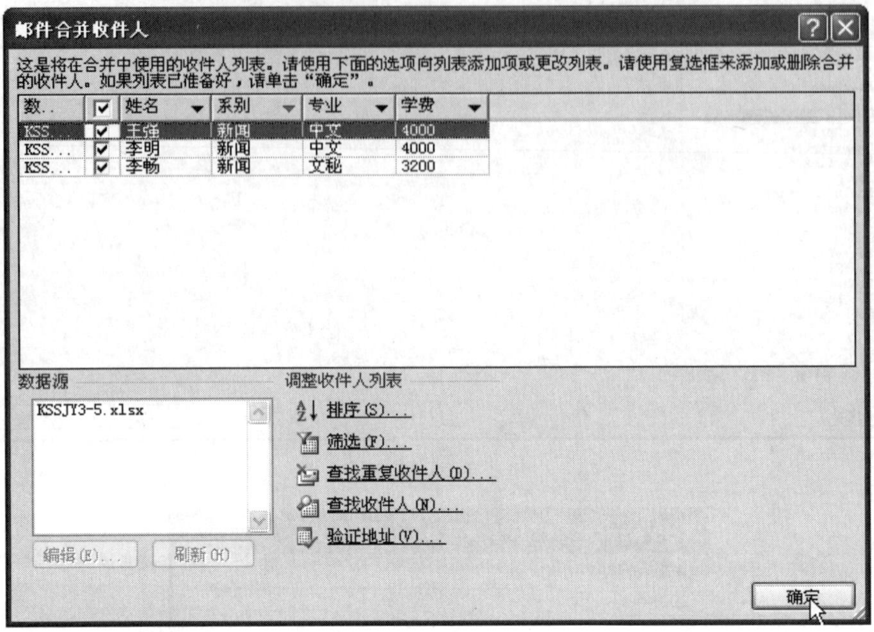

图 3-59

（5）在新文档“信函 1”中，单击 Office 按钮，在打开的下拉列表中执行“另存为”命令，打开“另存为”对话框，在“保存位置”列表中选择考生文件夹所在位置，在“文件名”文本框中输入文件名“A3”，单击“保存”按钮。打开如图 3-61 所示的对话框，在“请选择”处选中“替换现有文件”单选按钮，单击“确定”按钮即可。

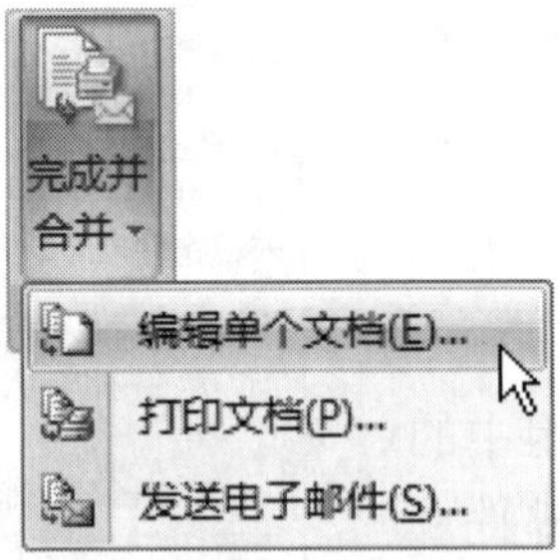

图 3-60

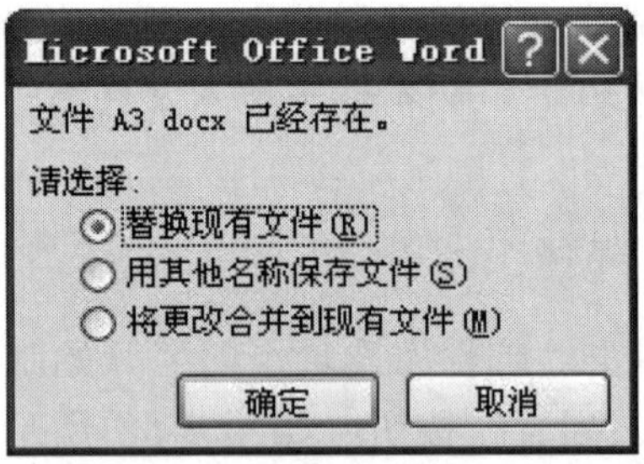

图 3-61

第 4 章　数据表格处理的基本操作

Ⅰ. 知识讲解

知识要点

- 表格的环境设置与修改
- 表格格式的编排与修改
- 数据的管理与分析

评分细则

本章有 5 个评分点，每题 15 分。

评分项	分值	得分条件	判分要求
表格的环境设置与修改	2	正确完成题目要求的操作（单元格、行、列的插入、删除、移动、复制，单元格合并与拆分，改变行高、列宽，单元格名称的定义、指定，工作表的重命名等）	按要求正确完成全部操作，错一处则不得分 注意判定位置、内容、数值的准确 录入内容差错不得多于 1 处
表格格式的编排与修改	4	正确设置单元格行高、列宽、边框与底纹	按要求正确完成全部操作，错一处扣 1 分，直至扣完为止
		正确设置单元格中文本与数据的字体和对齐方式	按要求正确完成全部操作，错一处扣 1 分，直至扣完为止 注意判定字号、颜色是否准确
数据的管理与分析	4	正确运用数据管理的功能完成数据的筛选操作	必须使用数据管理选项，否则不得分 注意判定使用的数据是否完整准确
		正确设置管理数据的条件格式	必须使用条件格式选项，否则不得分
		进行求和的数据计算	计算结果错一处则不得分
		利用公式进行计算	必须使用公式进行计算，否则不得分
图表的运用[i]	3	正确选择图表类型、数据源和选项，能够正确设置图表标题、数据、图例、背景等格式	设置图表必须按样文进行，主要格式必须与样文一致，其他细节不严格要求
数据、文档的修订与保护	2	正确设置工作表、工作簿的保护和密码	按要求正确选取保护选项，密码必须正确，否则不得分

[i] “图表的应用”考核点将在“第 5 章 数据表处理的综合操作”中讲述。

4.1 表格的环境设置与修改

在Excel 2007 中，为了使工作表中的数据便于阅读并使工作表更加美观，可以对工作表进行设置。下面讲解如何设置工作表的行、列和单元格，以及插入、移动、删除、隐藏和保护工作表。

4.1.1 设置单元格、行和列

1. 插入单元格、行或列

可以在工作表中活动单元格的上方或左侧插入空白单元格，同时将同一列中的其他单元格下移或将同一行中的其他单元格右移。同样，也可以在一行的上方插入多行和在一列的左边插入多列，还可以删除单元格、行和列。

（1）插入单元格。

选取要插入的单元格，选取的单元格数量应与要插入的单元格数量相同。例如，要插入 5 个空白单元格，需要选取 5 个单元格。在“开始”选项卡的“单元格”组中，单击“插入”按钮下的下拉按钮，在弹出的下拉列表中选择“插入单元格”选项，如图 4-1 所示。在“插入”对话框中，选择周围单元格移动的方向，如图 4-2 所示。

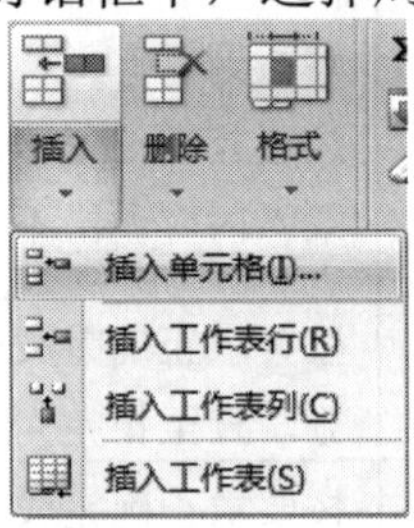

图 4-1

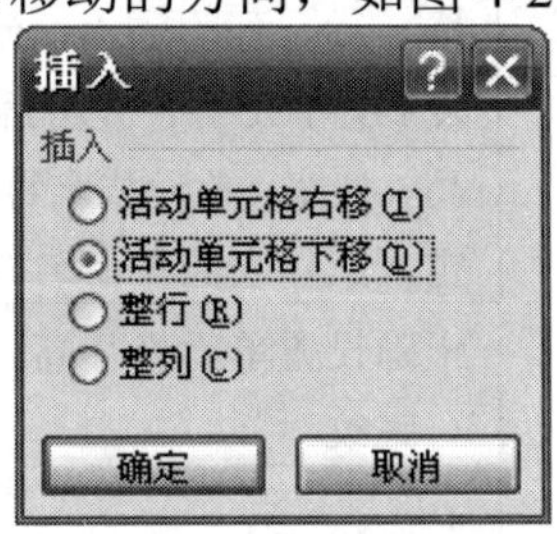

图 4-2

（2）插入行或列。

要在工作表中插入行，需先执行下列操作之一。

- 要插入单一行。选择要在其上方插入新行的行或该行中的一个单元格。例如，要在第 5 行上方插入一个新行，则单击第 5 行中的一个单元格。
- 要插入多行。选择要在其上方插入新行的那些行。所选的行数应与要插入的行数相同。例如，要插入 3 个新行，需要选择 3 行。
- 要插入不相邻的行。可在按住 Ctrl 键的同时选择不相邻的行。

在“开始”选项卡的“单元格”组中，单击“插入”按钮下的下拉按钮，在弹出的下拉列表中选择“插入工作表行”选项，如图 4-3 所示。

图 4-3

插入列的方法和插入行的方法是相同的。

2. 移动或复制行和列

选择要移动或复制的行或列，在“开始”选项卡的“剪贴板”组中，单击“剪切”按钮或“复制”按钮，如图 4-4 所示。然后右击将所选内容移动或复制到所选位置下方或右侧的行或列，选择“插入已剪切的单元格”或“插入复制的单元格”选项。

图 4-4

注意：如果单击“开始”选项卡的“剪贴板”组中的“粘贴”按钮或按 Ctrl+V 组合键，而不是执行快捷菜单上的命令，则替换目标单元格中的现有内容。

3. 删除单元格、行或列

选择要删除的单元格、行或列，在“开始”选项卡的“单元格”组中，选择相应的选项即可，如图 4-5 所示。

如果要删除单元格，则在“删除”对话框中，选中“右侧单元格左移”、“下方单元格上移”、“整行”或“整列”单选按钮，如图 4-6 所示。如果删除行或列，其他的行或列会自动上移或左移。

注意：按 Delete 键只删除所选单元格的内容，而不会删除单元格本身。

4. 合并与拆分单元格

在 Excel 2007 中，可以合并两个或多个相邻的水平或垂直单元格，这些单元格就成为一个跨多列或多行显示的大单元格。其中一个单元格的内容出现在合并的单元格的中心，如图 4-7 所示。当然，也可以将合并的单元格重新拆分成多个单元格，但是不能拆分未合并过的单元格。

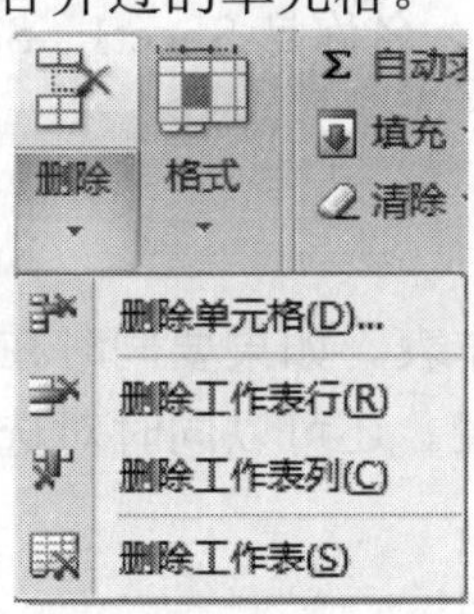

图 4-5

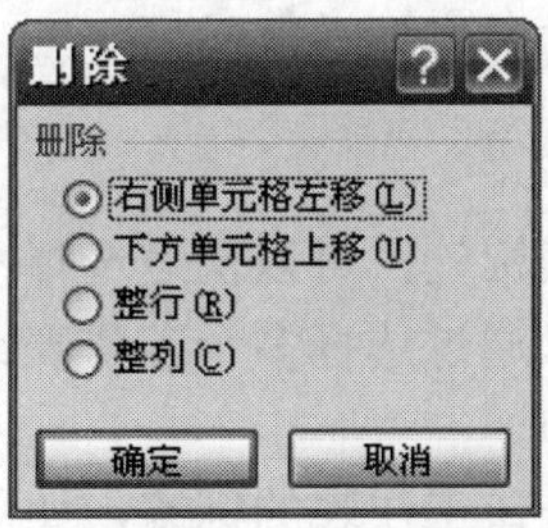

图 4-6

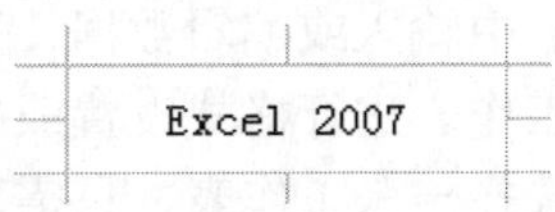

图 4-7

（1）合并相邻单元格。

选择两个或更多要合并的相邻单元格，在“开始”选项卡的“对齐方式”组中，单击“合并后居中”按钮。这些单元格将在一个行或列中合并，并且单元格内容将在合并单元格中居中显示。要合并单元格而不居中显示内容，则单击“合并后居中”按钮旁的下拉按钮，从其下拉列表中选择“跨越合并”或“合并单元格”选项，如图 4-8 所示。

注意：需确保要在合并单元格中显示的数据位于所选区域的左上角单元格中。只有左上角单元格中的数据会保留在合并的单元格中。所选区域中所有其他单元格中的数据都将被删除。

（2）拆分合并的单元格。

要拆分合并的单元格，首先要选择合并的单元格。此时，“合并后居中”按钮在“开始”选项卡的“对齐方式”组中也显示为选中状态。单击“合并后居中”按钮，合并单元格的内容将出现在拆分单元格区域左上角的单元格中。

5. 定义单元格

在 Excel 2007 中，可以自定义单元格名称。只需选中需要重新命名的单元格，在单元格名称栏显示该单元格的名称。直接在单元格名称栏中输入新定义的单元格名称，然后按 Enter 键即可，如图 4-9 所示。

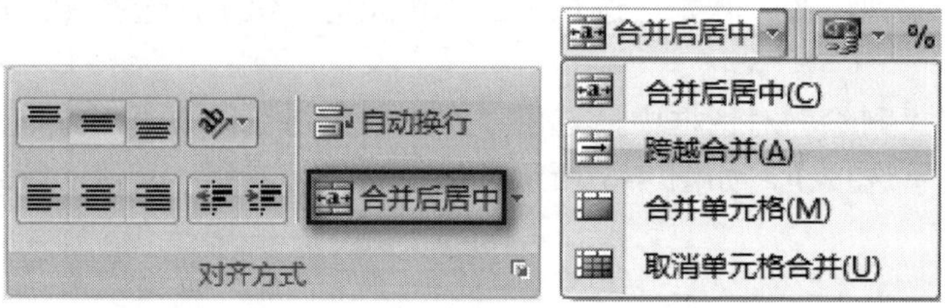

图 4-8

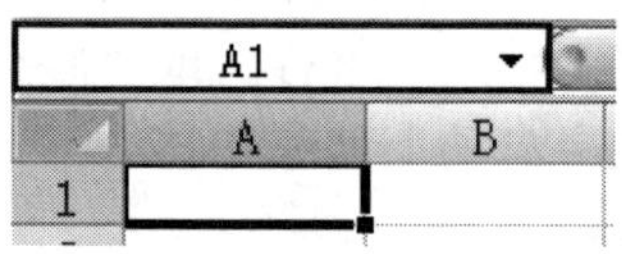

图 4-9

4.1.2　操作工作表

在 Excel 中用于存储和处理数据的主要文档叫做工作表，也称为电子表格。工作表由排列成行或列的单元格组成。工作表总是存储在工作簿中。默认情况下，Excel 2007 在一个工作簿中提供 3 个工作表，也可以根据需要插入其他工作表或删除它们。工作表的名称（或标题）出现在屏幕底部的工作表标签上。默认情况下，名称是 Sheet1、Sheet2 等，也可以为任何工作表指定一个更恰当的名称。

1. 选择工作表

通过单击窗口底部的工作表标签，可以快速选择不同的工作表。如果要同时在几个工作表中输入或编辑数据，可以通过选择多个工作表组合工作表。还可以同时对选中的多个工作表进行格式设置或打印。

选择一张工作表，只需单击该工作表的标签，如图 4-10 所示。

如果看不到所需标签，则单击标签滚动按钮以显示所需标签，如图 4-11 所示，然后单击该标签。

图 4-10

图 4-11

若要选择两张或多张相邻的工作表，首先要单击第一张工作表的标签，然后在按住 Shift 键的同时单击要选择的最后一张工作表的标签。若要选择两张或多张不相邻的工作表，首先单击第一张工作表的标签，然后在按住 Ctrl 键的同时单击要选择的其他工作表的标签。若要选择工作簿中的所有工作表，只需右击某一工作表的标签，在弹出的快捷菜单上选择“选定全部工作表”选项即可。

2. 插入或删除工作表

若要在现有工作表的末尾快速插入新工作表，只需单击屏幕底部的“插入工作表”按钮，如图 4-12 所示。

图 4-12

若要在现有工作表之前插入新工作表，先选择该工作表，在“开始”选项卡的“单元格”组中，单击“插入”按钮下的下拉按钮，在弹出的下拉列表中选择“插入工作表”选项。也可以右击现有工作表的标签，在弹出的下拉列表中选择“插入”选项，打开“插入”对话框，在“常用”选项卡下，选择“工作表”选项，然后单击“确定”按钮，如图 4-13 所示。

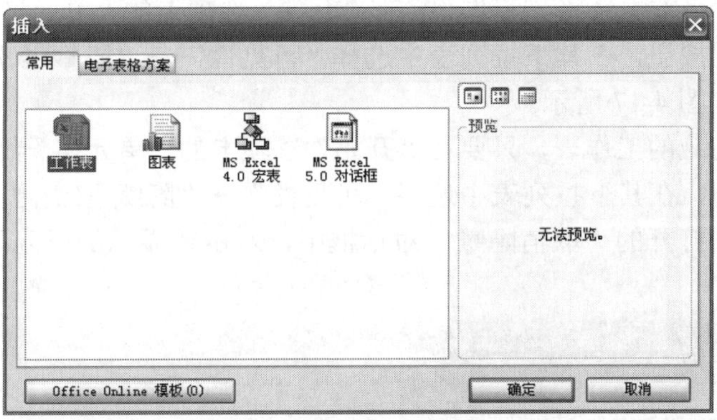

图 4-13

若要一次性插入多个工作表，需要按住 Shift 键，然后在打开的工作簿中选择与要插入的工作表数目相同的现有工作表标签。例如，要添加 3 个新工作表，则选择 3 个现有工作表的工作表标签。在“开始”选项卡的“单元格”组中，单击“插入”按钮下的下拉按钮，在其下拉列表中选择“插入工作表”选项。

要删除工作表的话，只要在“开始”选项卡的“单元格”组中，单击“删除”按钮下的下拉按钮，然后在其下拉列表中选择“删除工作表”选项，如图 4-14 所示。或者右击要删除的工作表的工作表标签，在弹出的下拉列表中执行“删除”命令即可。

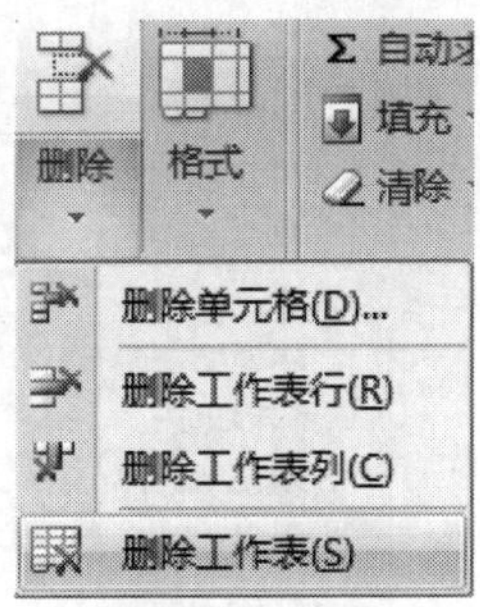

图 4-14

3. 移动或复制工作表

工作表可以在同一工作簿中移动或复制，也可以在不同的工作簿中移动或复制。

最简单的方法就是选中一个工作表标签，在该工作表标签上按住鼠标左键不放，在工作表标签间移动鼠标指针到所需位置，松开鼠标即可。按住鼠标左键不放时，鼠标指针位置会出现一个“白板”图标，且在该工作表标签的左上方出现一个黑色的倒三角标志，如图 4-15 所示。如果是复制操作，则需要在拖拽鼠标时按住 Ctrl 键。

4. 重命名工作表

在“工作表标签”栏上，右击要重命名的工作表标签，在弹出的下拉列表中选择“重命名”选项。选择当前的名称，然后输入新名称。或者在要重命名的工作表标签上双击，也可以对工作表进行重命名，如图 4-16 所示。

图 4-15

图 4-16

5. 隐藏或取消隐藏工作表

如果不想被人查看某些工作表，可以使用 Excel 2007 的隐藏工作表功能。当一个工作表被隐藏时，它的标签也同时被隐藏。

要隐藏工作表，首先选择该工作表，在“开始”选项卡的“单元格”组中，单击“格式”按钮下的下拉按钮，在其下拉列表中选择“可见性”→“隐藏/取消隐藏”→“隐藏工作表”选项，如图 4-17 所示。

如果要显示隐藏的工作表，只要在“开始”选项卡的“单元格”组中，单击“格式”按钮下的下拉按钮，在其下拉列表中选择“可见性”→“隐藏/取消隐藏”→“取消隐藏工作表”选项，在打开的“取消隐藏”对话框中，双击要显示的已隐藏工作表的名称，如图 4-18 所示。

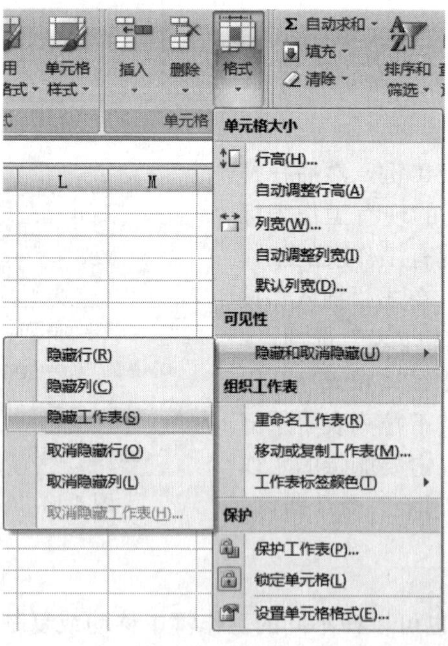

图 4-17

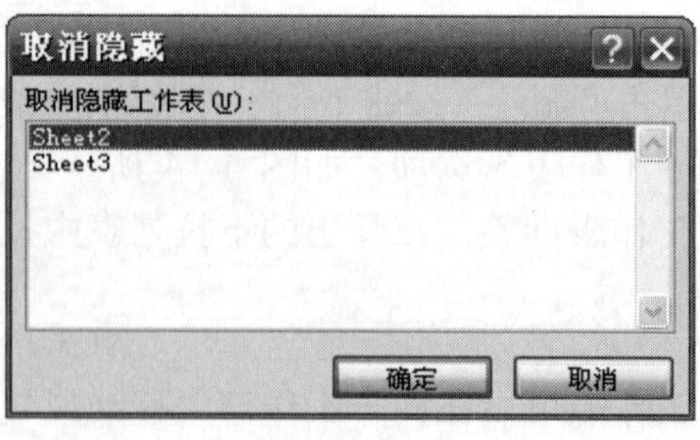

图 4-18

注意：每次只能取消隐藏一个工作表。

6. 保护工作表和工作簿

为防止意外或故意更改、移动或删除重要数据，可以使用密码保护工作表或工作簿元素。Excel 密码可以是字母、数字、空格和符号，在设置和输入密码时，必须输入正确的大小写字母。

（1）保护工作表。

通过指定可以更改的信息，可防止对工作表中的数据进行不需要的更改。例如，可以防止编辑锁定的单元格，或更改文档格式。在保护工作表时，可以指定一个密码，输入此密码可取消对工作表的保护，并允许进行上述修改。

选择要保护的工作表，在“审阅”选项卡的“更改”组中，单击“保护工作表”按钮，如图 4-19 所示。

打开“保护工作表”对话框，在“允许此工作表的所有用户进行”列表中，选择允许更改的元素，如图 4-20 所示。

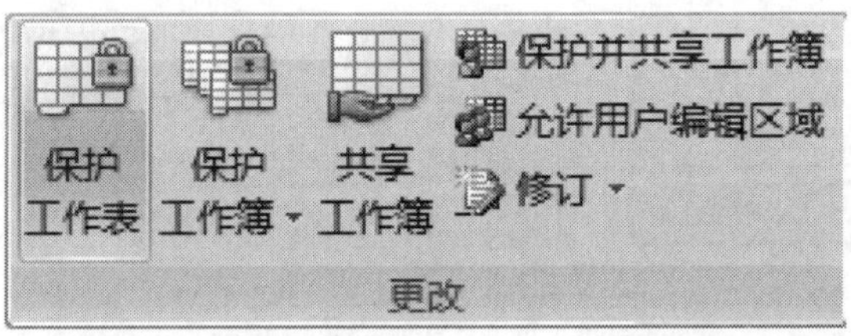

图 4-19

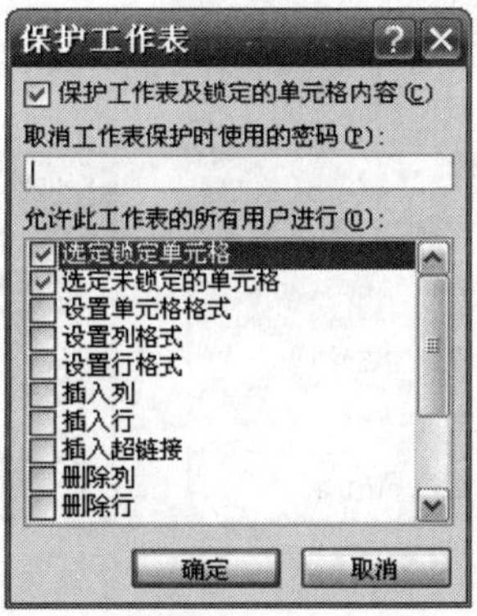

图 4-20

在“取消工作表保护时使用的密码”文本框中，为工作表输入密码，单击“确定”按钮，在弹出的“确认密码”对话框中，重新输入密码以进行确认。

注意：此密码是可选的。如果不提供密码，则任何用户都可以取消对工作表的保护并更改受保护的元素。要确保所选密码易于记忆，因为如果丢失密码，则无法访问工作表上受保护的元素。

（2）保护工作簿。

可以保护工作簿的结构，防止对工作簿的结构进行不需要的更改，如移动、删除或添加工作表，还可以保护工作簿中的窗口，防止更改这些窗口的大小和位置。在保护工作簿时，可以指定一个密码，输入此密码可取消对工作簿的保护，并允许进行上述修改。

要保护工作簿元素，在“审阅”选项卡的“更改”组中，单击“保护工作簿”按钮旁的下拉按钮，在其下拉列表中执行“保护结构和窗口”命令，如图 4-21 所示。

打开“保护结构和窗口”对话框，要保护工作簿的结构，则勾选“结构”复选框；要使工作簿窗口在每次打开工作簿时大小和位置都相同，则勾选“窗口”复选框，如图 4-22 所示。

要防止删除工作簿保护，可在“密码(可选)”文本框中输入密码，单击“确定”按钮，然后在弹出的“确认密码”对话框中，重新输入密码以进行确认。

注意：此密码是可选的。如果不提供密码，则任何用户都可以取消对工作表的保护并更改受保护的元素。要确保所选密码易于记忆，因为如果丢失密码，则无法访问工作表上受保护的元素。

（3）取消工作表或工作簿保护。

在保护工作表或工作簿元素之后，可能希望更改或取消这些元素或密码，以便可以不受限制地更改所有数据和元素。

更改要保护的工作表，单击受保护的工作表，在“审阅”选项卡的“更改”组中，单击“撤消工作表保护”按钮，如图 4-23 所示。在弹出的“撤消工作表保护”对话框中输入工作表元素保护密码，然后单击“确定”按钮，如图 4-24 所示。

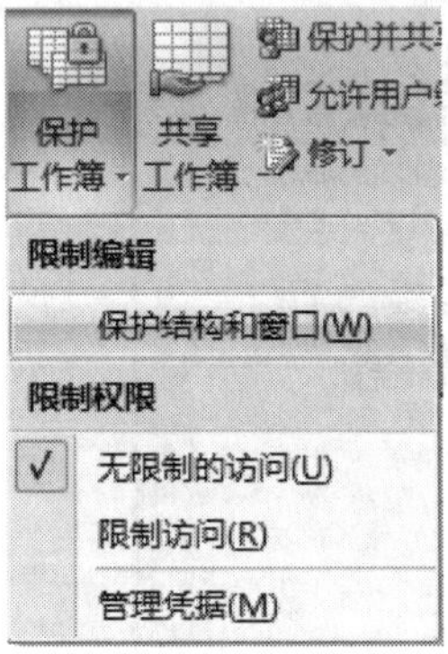

图 4-21

图 4-22

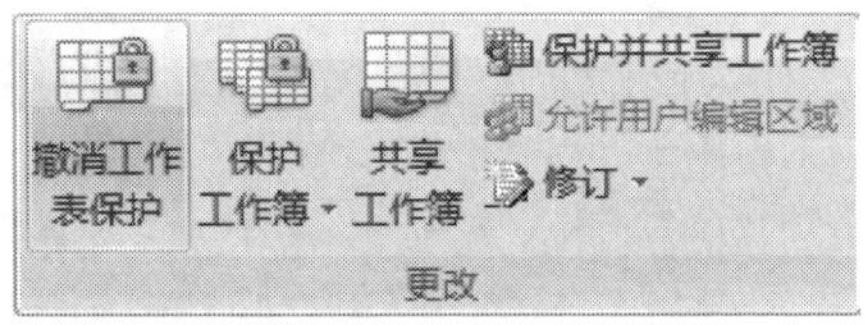

图 4-23

更改要保护的工作簿，打开受保护的工作簿，在“审阅”选项卡的“更改”组中，单击“工作簿保护”按钮旁的下拉按钮，在下拉列表中选择“保护结构和窗口”选项，如图 4-25 所示。在弹出的“撤消工作簿保护”对话框中输入工作簿元素保护密码，然后单击“确定”按钮。

图 4-24

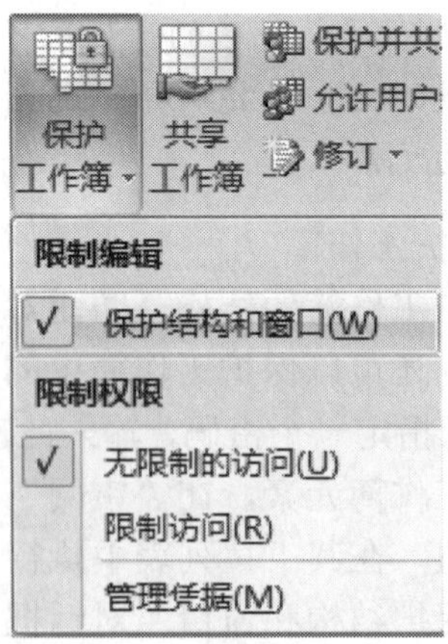

图 4-25

4.2　表格格式的编排与修改

在 Excel 2007 中，为了美化工作表，提高工作表的可阅读性，可以对工作表中的数据进行字体格式设置，比如设置字体、字号、字形等基本格式，以及单元格边框、底纹、对齐方式等效果。

4.2.1　设置字体格式

Excel 2007 默认的字体为宋体、11 号、黑色。设置文本的字体包括设置文本的字体、字号、字形以及字体颜色等。设置字体的方法有 3 种：通过“字体”组设置、通过“设置单元格格式”对话框设置、通过浮动工具栏设置。

1. 通过“字体”组设置字体

在 Excel 2007 中，选择要设置格式的单元格、单元格区域、文本或字符，在“开始”选项卡“字体”组中汇集了设置字体格式的各种命令，如图 4-26 所示。

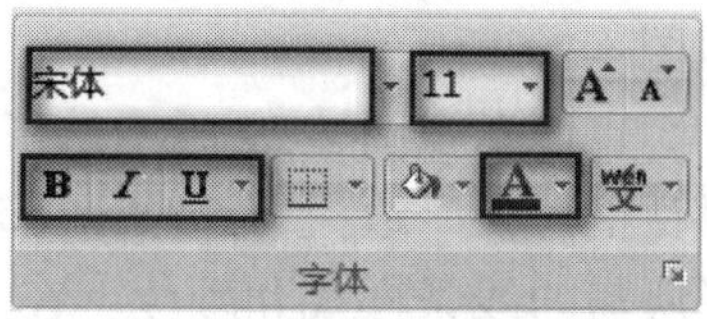

图 4-26

2. 通过“设置单元格格式”对话框设置字体

在 Excel 2007 中，选择要设置格式的单元格、单元格区域、文本或字符，单击“开始”选项卡中的“字体”组右下方的对话框启动器按钮，弹出“设置单元格格式”对话框，如图 4-27 所示。

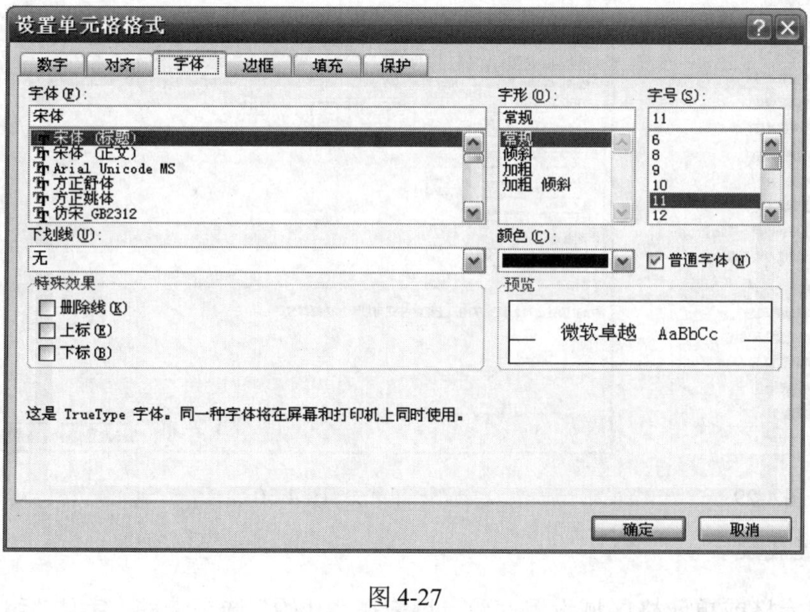

图 4-27

3. 通过浮动工具栏设置字体

在 Excel 2007 中，右击要设置格式的单元格、单元格区域、文本或字符，在页面中会浮现出“字体”设置的浮动工具栏，如图 4-28 所示。在该工具栏中也可以对字体进行相应的设置，各选项按钮的作用与“字体”组中各选项是相同的。

图 4-28

4.2.2 设置边框和底纹

1. 设置边框

选择要为其添加边框的单元格或单元格区域，在“开始”选项卡的“字体”组中单击“边框”按钮右侧的下拉按钮，可以在弹出的下拉列表中选择所需要的边框选项，如图 4-29 所示。

也可以在图 4-29 所示的下拉列表中选择“其他边框”选项，打开“设置单元格格式”对话框，在“边框”选项卡下对各选项进行设置。在“样式”和“颜色”列表框中，选择所需的线条样式和颜色。在“预置”和“边框”选项区域，单击一个或多个按钮以指明边框位置。如图 4-30 所示。

在工作表中，要删除单元格或单元格区域的边框，可以在“开始”选项卡的“字体”组中，单击框线按钮右侧的下拉按钮，然后选择“无框线”选项即可。

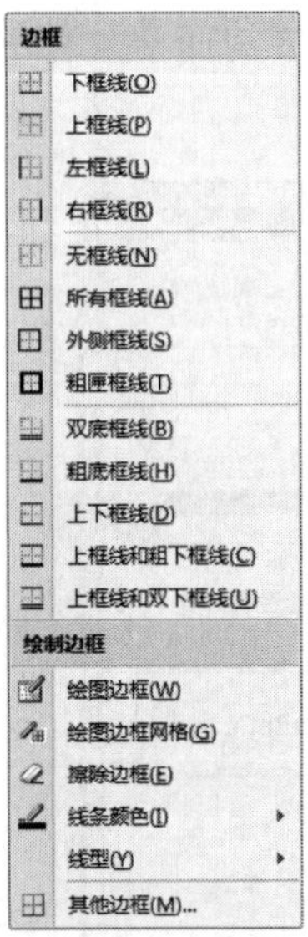

图 4-29

图 4-30

2. 设置底纹

要为单元格或单元格区域设置底纹，只需在“开始”选项卡的“字体”组中单击“底纹”按钮右侧的下拉按钮，可以在弹出的下拉列表中选择所要填充的颜色。

也可以在“设置单元格格式”对话框中的“填充”选项卡中对底纹的填充颜色、图案样式、图案颜色进行设置，如图 4-31 所示。如果调色板上的颜色无法满足需求，则可以单击“其他颜色”按钮。在打开的“颜色”对话框中，选择所需的颜色。还可以在“颜色模式”列表框中选择一种模式，然后输入或选择 RGB（红色、绿色和蓝色）或 HSL（色调、饱和度和亮度）数字，使其与所需的颜色底纹完全一致。若要使用包含两种颜色的图案，可在“图案颜色”列表框中选择另一种颜色，然后在“图案样式”列表框中选择一种图案样式。若要使用具有特殊效果的图案，可单击“填充效果”按钮，然后在“渐变”选项卡中设置所需的选项。

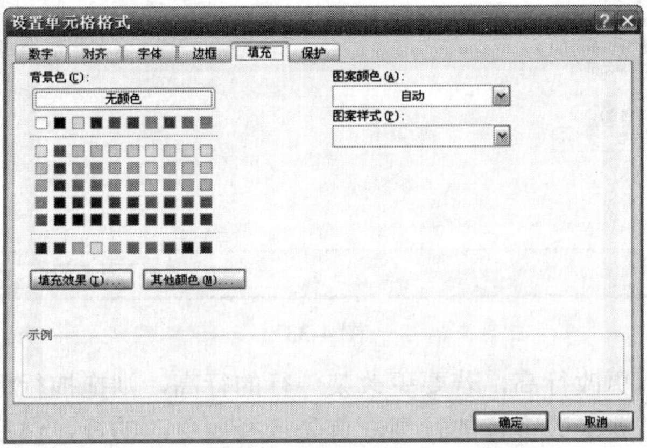

图 4-31

在工作表中，要删除单元格或单元格区域的底纹，可以在“开始”选项卡的“字体”组中，单击“填充颜色”按钮右侧的下拉按钮，然后选择“无颜色”选项即可。

4.2.3 设置对齐方式

所谓对齐，是指单元格中的数据在显示时相对单元格上、下、左、右的位置。默认情况下，输入的文本在单元格内左对齐、数字右对齐、逻辑值和错误值居中对齐。

要更改单元格中的文本对齐方式，首先选择该单元格，然后在“开始”选项卡的“对齐方式”组中，根据需要单击任一对齐方式按钮，如图 4-32 所示。

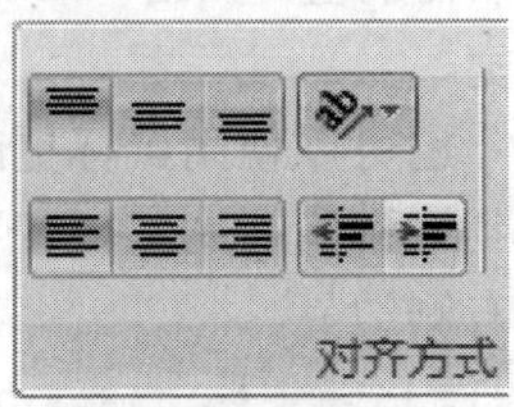

图 4-32

也可以单击“开始”选项卡中的“对齐方式”组右下方的对话框启动器按钮，打开“设置单元格格式”对话框，在“对齐”选项卡中可以对文本的水平对齐、垂直对齐、文字方向等进行设置。如果希望文本在单元格内以多行显示，可以勾选“文本控制”选项区域下的“自动换行”复选框，如图 4-33 所示。

4.2.4 调整行高和列宽

1. 调整行高

要将行设置为指定高度，首先选择要更改的行，在“开始”选项卡的“单元格”组中，单击“格式”按钮，在“单元格大小”下选择“行高”选项，然后在“行高”文本框中，输入所需的值，如图 4-34 所示。如果选择“自动调整行高”选项，工作表将自动调整行高为最适合行高。

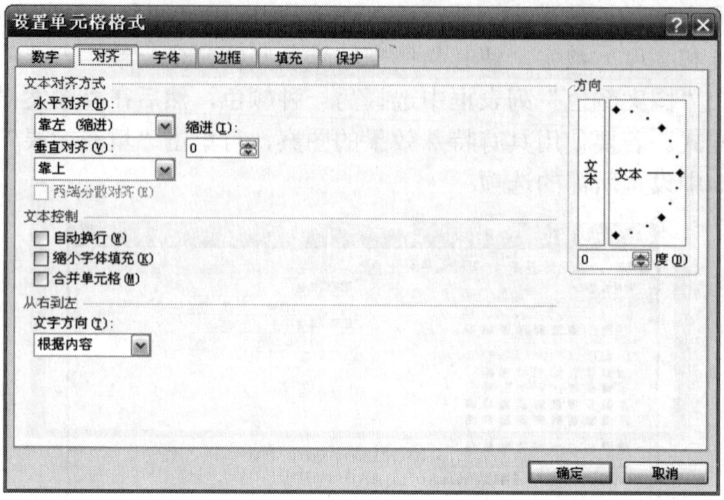

图 4-33

也可以使用鼠标更改行高，若要更改某一行的行高，则拖拽行标题下面的边界，直到达到所需行高。若要更改多行的行高，首先选择要更改的行，然后拖拽所选行任一标题下面的边界。

2. 调整列宽

要将列设置为特定宽度，首先选择要更改的列，在“开始”选项卡的“单元格”组中，单击“格式”按钮。在“单元格大小”下选择“列宽”选项。然后在“列宽”文本框中，输入所需的值，如图 4-35 所示。如果选择“自动调整列宽”，工作表将自动调整列宽为最适合列宽。

也可以使用鼠标更改列宽，若要更改某一列的宽度，只需拖拽列标题的右侧边界，直到达到所需列宽。若要更改多列的宽度，首先选择要更改的列，然后拖拽所选列标题的右侧边界。

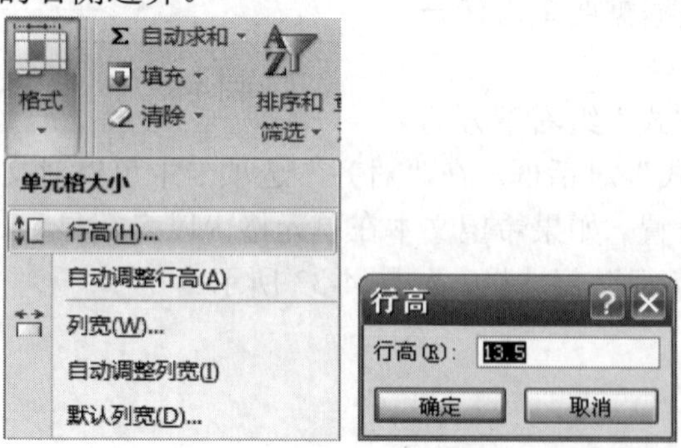

图 4-34

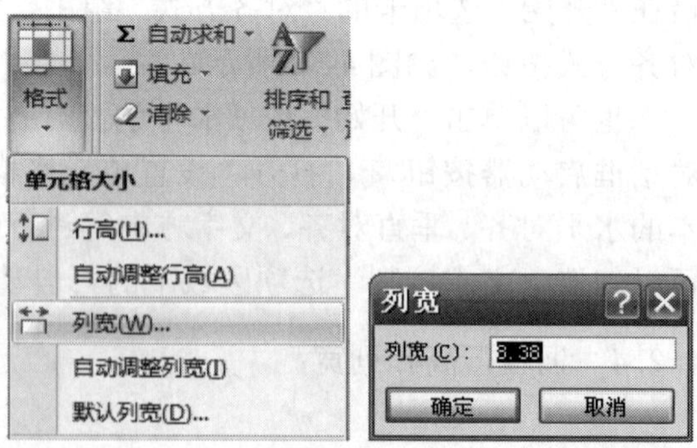

图 4-35

4.3　数据的管理与分析

Excel 2007 提供了多种方法对数据进行分析和管理，可以对数据进行排序和筛选，也可以使用合并计算来汇总数据。

4.3.1　数据排序

对数据进行排序是数据分析不可缺少的组成部分，对数据进行排序有助于更直观地显示和理解数据，组织并查找所需数据，帮助人们最终做出更有效的决策。在 Excel 2007 中，可以对一列或多列中的数据按文本、数字以及日期和时间进行排序，下面主要介绍如何使用排序按钮和排序对话框对数据进行排序。

在“数据”选项卡的“排序和筛选”组中，可以执行数据排序的操作，如图 4-36 所示。

图 4-36

1. 使用排序按钮快速排序

在排序时，可以使用两个排序按钮和进行快速排序。

- 表示数据按递增顺序排列，使最小值位于列的顶端。
- 表示数据按递减顺序排列，使最大值位于列的顶端。

选择单元格区域中的一列数据，在“数据”选项卡的“排序和筛选”组中，根据需要单击“排序”按钮，在打开的“排序提醒”对话框中，选中“扩展选定区域”单选按钮，则整个单元格区域的内容都参加排序，选中“以当前选定区域排序”单选按钮，则只对该列数据进行排列，其他列的内容保持原始顺序，如图 4-37 所示。

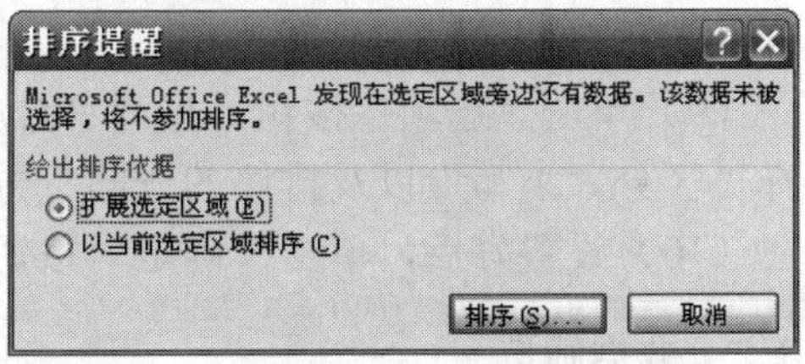

图 4-37

2. 使用“排序”对话框进行排序

利用“排序”按钮排序虽然快捷方便，但是只能按某一字段名的内容进行排序，如果要按照两个或两个以上字段名进行排序，可以在“排序”对话框中进行。

选择单元格区域中的任一单元格，在“数据”选项卡的“排序和筛选”组中单击“排序”按钮，打开“排序”对话框，如图 4-38 所示。

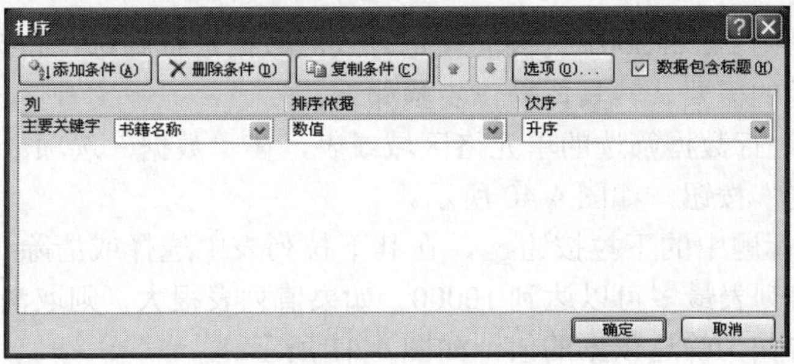

图 4-38

（1）在“列”区域，选择要排序的列。

（2）在“排序依据”区域，选择排序类型。若按文本、数值或日期和时间进行排序，则选择“数值”选项；若按格式进行排序，则选择“单元格颜色”、“字体颜色”或“单元格图标”选项。

（3）在“次序”选项区域，选择排序方式。

- 对于文本值、数值或日期和时间值，选择“升序”或“降序”选项。
- 若要基于自定义序列进行排序，则选择“自定义序列”选项。
- 对于单元格颜色、字体颜色或单元格图标，选择“在顶端”或“在底端”选项。如果是按行进行排序，则选择“在左侧”或“在右侧”选项。

（4）若要添加作为排序依据的另一列，则单击“添加条件”按钮，然后重复步骤（1）～（3）。

（5）若要复制作为排序依据的列，先选中该条目，然后单击“复制条件”按钮。

（6）若要删除作为排序依据的列，先选中该条目，然后单击“删除条件”按钮。

（7）若要更改列的排序顺序，先选中一个条目，然后单击“上移”按钮或“下移”按钮更改顺序。

注意：列表中位置较高的条目在列表中位置较低的条目之前排序。

（8）若要排序时保留字段名称行，则勾选“数据包含标题”复选框。

（9）单击“选项”按钮，打开“排序选项”对话框，可以选择“区分大小写”以及排序的方向、方法，如图 4-39 所示。

（10）设置好后，单击“确定”按钮，即可得到排序结果。

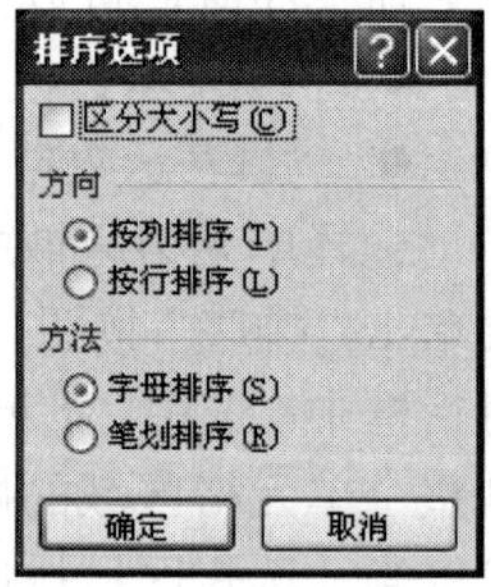

图 4-39

4.3.2　数据筛选

使用自动筛选来筛选数据，可以快速又方便地查找和使用单元格区域或表列中数据的子集。筛选过的数据仅显示那些满足指定条件的行，并隐藏那些不希望显示的行。筛选数据之后，对于筛选过的数据的子集，不需要重新排列或移动就可以复制、查找、编辑、设置格式、制作图表和打印。

1. 自动筛选

自动筛选是利用 Excel 2007 提供的预定方式对数据进行筛选，“自动筛选”操作简单，可满足大部分使用的需要。其具体操作步骤如下。

（1）选择要进行数据筛选的单元格区域或表，在“数据”选项卡的“排序和筛选”组中，单击“筛选”按钮，如图 4-40 所示。

（2）单击列标题中的下拉按钮，在其下拉列表中选择或清除一个或多个要作为筛选依据的值。值列表最多可以达到 10000。如果值列表很大，则取消选中“(全选)”复选框，然后选择要作为筛选依据的值，如图 4-41 所示。

（3）单击“确定”按钮完成筛选。

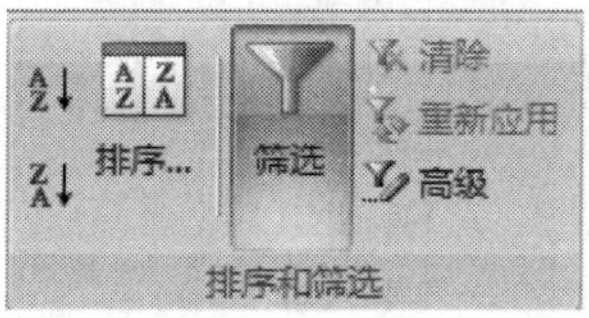

图 4-40

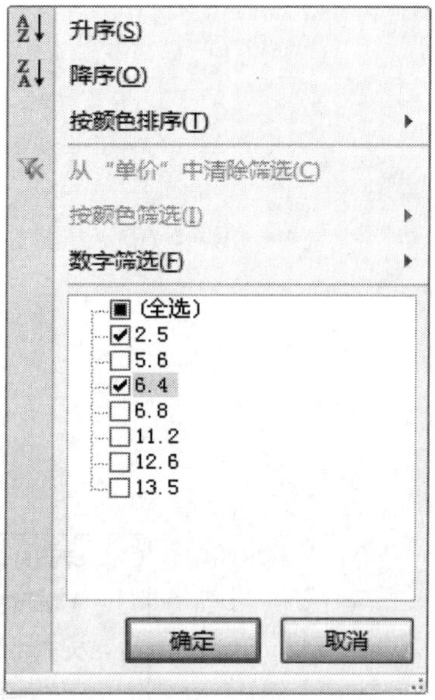

图 4-41

注意：可以按多个列进行筛选。筛选器是累加的，这意味着每个追加的筛选器都基于当前筛选器，从而进一步减少了数据的子集。

2. 自定义筛选

在使用“自动筛选”命令筛选数据时，还可以利用“自定义筛选”功能来限定一个或多个筛选条件，以便于将更接近条件的数据显示出来。

（1）选择要进行数据筛选的单元格区域或表，在“数据”选项卡的“排序和筛选”组中，单击“筛选”按钮。

（2）单击列标题中的下拉按钮▾。

（3）鼠标指针指向“文本筛选”（或“数字筛选”、“日期筛选”），然后选择一个比较运算符或“自定义筛选”选项，如图 4-42 所示。

（4）在打开的“自定义自动筛选方式”对话框中，在左侧框中选择比较运算符，在右侧框中输入文本、数字、日期、时间或从列表中选择相应的文本或值，如图 4-43 所示。

如果需要查找某些字符相同但其他字符不同的值，则使用通配符，如表 4-1 所示。

表 4-1

请使用	若要查找
?（问号）	任意单个字符，例如，sm?th 可找到 smith 和 smyth
*（星号）	任意数量的字符，例如，*east 可找到 Northeast 和 Southeast
~（波形符）后跟?、*或~	问号、星号或波形符，例如，fy06~?可找到 fy06?

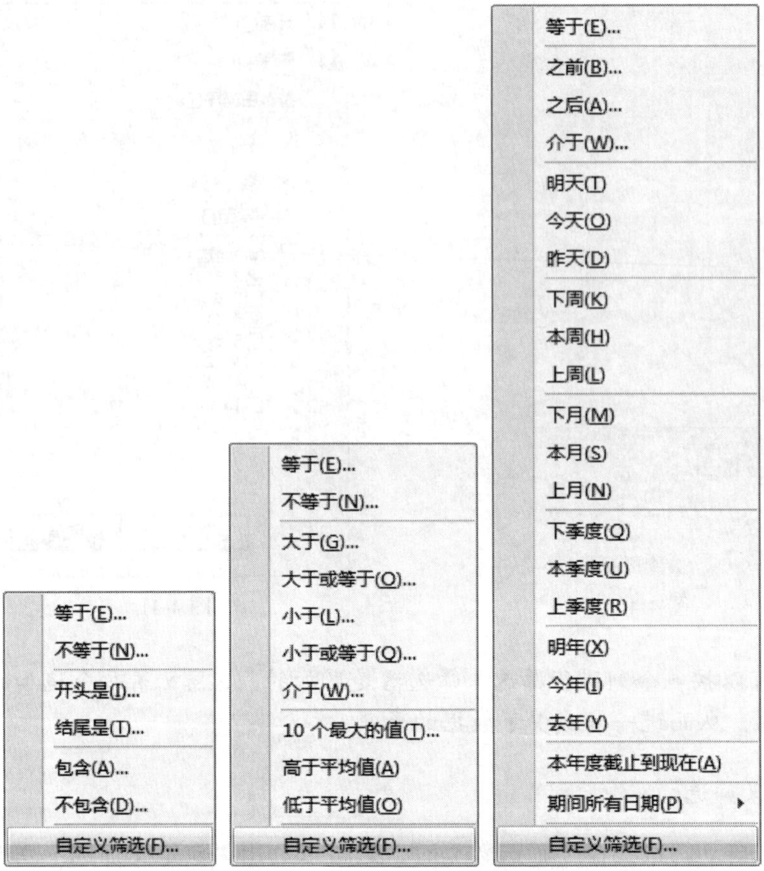

图 4-42

图 4-43

（5）若要按多个条件进行筛选，可选择“与”或“或”，然后在第二个条目中的左侧框选择比较运算符，在右侧框中输入或从列表中选择相应的文本或值。

- 若要对表列或选择内容进行筛选，以便两个条件都必须为 True，则选择“与”。
- 若要筛选表列或选择内容，两个条件中的任意一个或者两个都可以为 True，则选择“或”。

3. 按单元格颜色、字体颜色或图标集进行筛选

如果已手动或有条件地按单元格颜色或字体颜色设置了单元格区域的格式，那么还

可以按这些颜色进行筛选。还可以按通过条件格式所创建的图标集进行筛选。

选择一个包含按单元格颜色、字体颜色或图标集设置格式的单元格区域。在“数据”选项卡的“排序和筛选”组中，单击“筛选”按钮。

注意：确保该表列中包含按单元格颜色、字体颜色或图标集设置格式的数据（不需要选择）。

单击列标题中的下拉按钮，选择“按颜色筛选”选项，然后根据格式类型选择“按单元格颜色筛选”、“按字体颜色筛选”或“按单元格图标筛选”选项，设置相应的单元格颜色、字体颜色或单元格图标，如图 4-44 所示。

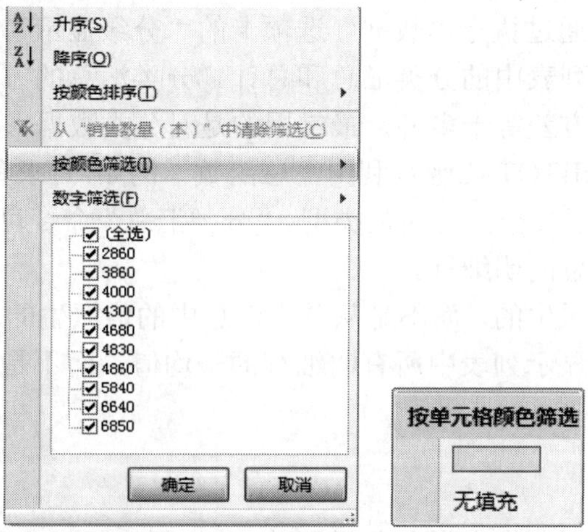

图 4-44

4. 按选定内容筛选

按选定内容筛选可以用等于活动单元格内容的条件快速筛选数据。

在单元格区域或表列中，右击包含要作为筛选依据的值、颜色、字体颜色或图标的单元格，选择“筛选”选项，如图 4-45 所示，然后执行下列操作之一。

- 若要按文本、数值、日期或时间进行筛选，选择“按所选单元格的值筛选”选项。
- 若要按单元格颜色进行筛选，选择“按所选单元格的颜色筛选”选项。
- 若要按字体颜色进行筛选，选择“按所选单元格的字体颜色筛选”选项。
- 若要按图标进行筛选，选择“按所选单元格的图标筛选”选项。

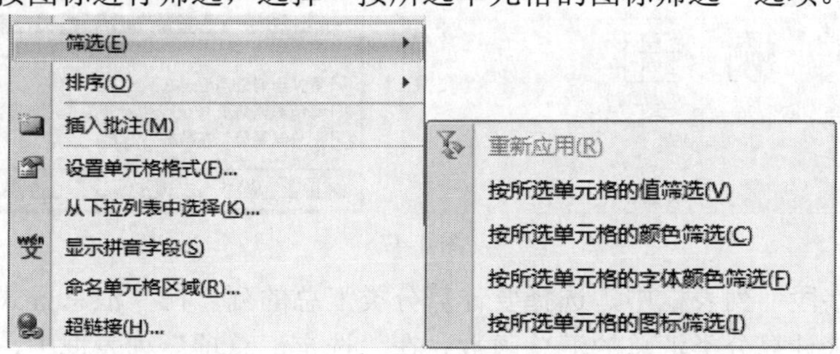

图 4-45

5．清除筛选

若要在多列单元格区域或表中清除对某一列的筛选，可以单击该列标题上的筛选按钮，然后选择“从<ColumnName>中清除筛选”选项。

若要清除工作表中的所有筛选并重新显示所有行，只需在“数据”选项卡的“排序和筛选”组中，单击“清除”按钮，如图 4-46 所示。

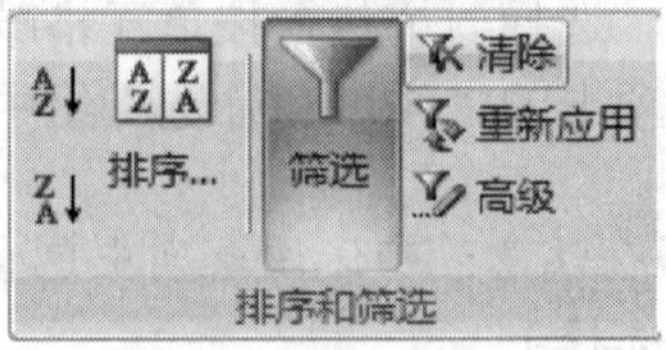

图 4-46

4.3.3 数据分类汇总

在 Excel 2007 中，通过执行“数据”选项卡的“分级显示”组中的“分类汇总”命令，可以自动计算列的列表中的分类汇总和总计。分类汇总的方式有求和、平均值、最大值、最小值、偏差、方差等十多种，最常用的是对分类数据求和或求平均值。

分类汇总是通过SUBTOTAL函数利用汇总函数（例如，“求和”或“平均值”）计算得到的。可以为每列显示多个汇总函数类型。“分类汇总”命令可以分级显示列表，以便显示和隐藏每个分类汇总的明细行。

总计是从明细数据派生的，而不是从分类汇总中的值派生的。例如，使用“平均值”汇总函数，则总计行将显示列表中所有明细行的平均值，而不是分类汇总行中的值的平均值。

1．插入分类汇总

要在工作表上的数据列表中插入分类汇总，首先要确保每个列在第一行中都有标签，并且每个列中都包含相似的事实数据，而且该区域没有空的行或列。

选择该区域中的某个单元格，首先对构成组的列排序。然后在“数据”选项卡的“分级显示”组中，单击“分类汇总”按钮，打开“分类汇总”对话框，如图 4-47 所示。

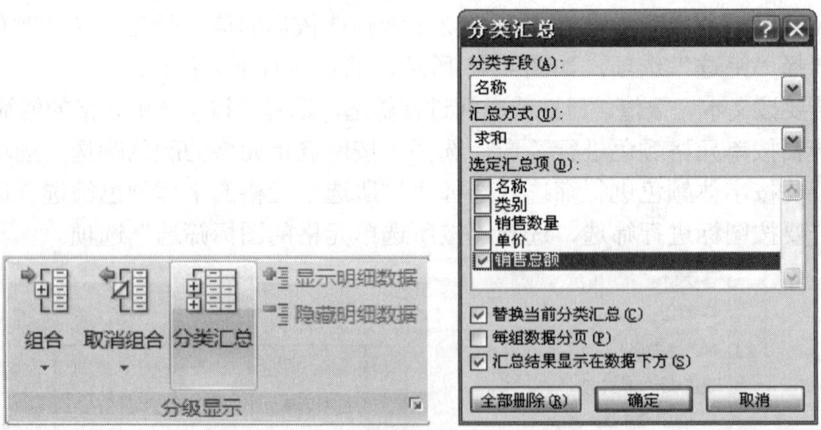

图 4-47

在“分类字段”列表框中，选择要计算分类汇总的列。在“汇总方式”下拉列表框中，选择要用来计算分类汇总的汇总函数。在“选定汇总项”列表框中，对于包含要计算分类汇总的值的每个列，勾选其复选框。如果想按每个分类汇总自动分页，需勾选“每组数据分页”复选框。若要指定汇总行位于明细行的上面，需取消选中“汇总结果显示在数据下方”复选框。若要指定汇总行位于明细行的下面，需勾选“汇总结果显示在数据下方”复选框。

重复以上步骤可以再次执行“分类汇总”命令，以便使用不同汇总函数添加更多分类汇总。若要避免覆盖现有分类汇总，需取消选中“替换当前分类汇总”复选框。

注意：若要只显示分类汇总和总计的汇总，则单击行编号旁边的分级显示符号。单击和分级显示符号可以显示或隐藏单个分类汇总的明细行。

2. 删除分类汇总

删除分类汇总时，Excel 2007 还将删除与分类汇总一起插入列表中的分级显示和任何分页符。

单击列表中包含分类汇总的单元格，在“数据”选项卡的“分级显示”组中，单击“分类汇总”按钮，打开“分类汇总”对话框，单击“全部删除”按钮。

3. 分级显示数据列表

对工作表中的数据进行分类汇总后，将会使原来的工作表显得庞大，此时如果要单独查看汇总数据或明细数据，最简单的方法就是利用 Excel 2007 提供的分级显示功能。

分级显示工作表数据，其中明细数据行或列进行了分组，以便能够创建汇总报表。在分级显示中，分级最多为 8 个级别，每组一级。每个内部级别显示前一外部级别的明细数据，其中内部级别由分级显示符号中的较大数字表示，外部级别由分级显示符号中的较小数字表示。使用分级显示可以汇总整个工作表或其中的一部分，可以快速显示摘要行或摘要列，或者显示每组的明细数据。

图 4-48 显示了一个按地理区域和月份分组的销售数据分级显示行，此分级显示行有多个摘要行和明细数据行。要显示某一级别的行，可单击适当的分级显示符号。其中，第 1 级包含所有明细数据行的总销售额，第 2 级包含每个区域中每个月的总销售额，第 3 级包含明细数据行（当前仅显示第 11 个到第 13 个明细数据行）。要展开或折叠分级显示中的明细数据，可以单击和分级显示符号。

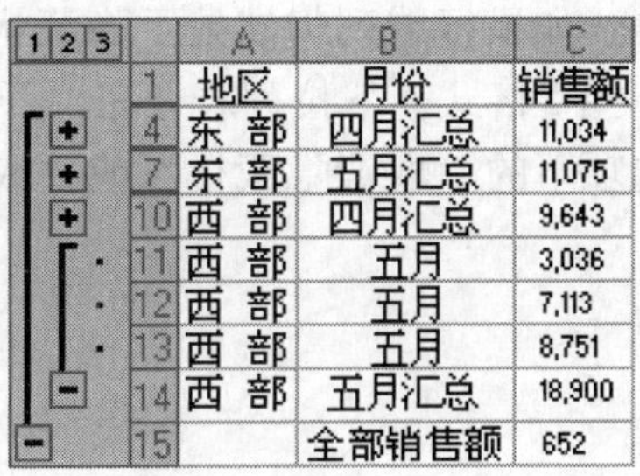

图 4-48

（1）显示或隐藏分级显示。

在对数据进行分类汇总后，如果没有看到分级显示符号、和，则单击 Office 按钮，单击“Excel 选项”按钮，在打开的“Excel 选项”对话框中，选择“高级”选项，然后在“此工作表的显示选项”列表框中选择工作表，然后勾选“如果应用了分级显示，则显示分级显示符号”复选框，如图 4-49 所示。这样就可以通过单击分级显示符号中的最大数字来显示所有数据。

如果想要隐藏分级显示，只需重复以上的步骤，然后取消选中“如果应用了分级显示，则显示分级显示符号”复选框。

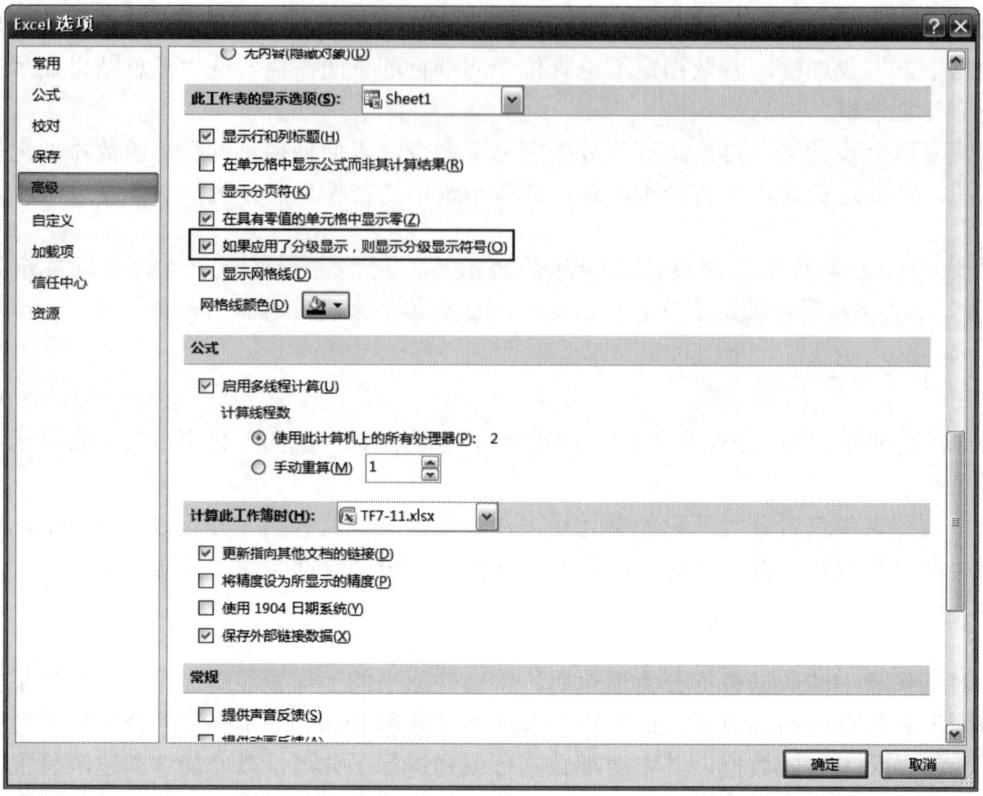

图 4-49

（2）删除分级显示。

单击工作表，在“数据”选项卡的“分级显示”组中，单击“取消组合”下拉按钮，然后选择“清除分级显示”选项，如图 4-50 所示。

如果行或列仍然处于隐藏状态，则拖拽隐藏的行和列两侧的可见行标题或列标题，选择“格式”下拉列表（在“开始”选项卡的“单元格”组中）中的“隐藏和取消隐藏”选项下的“取消隐藏行”或“取消隐藏列”选项，如图 4-51 所示。

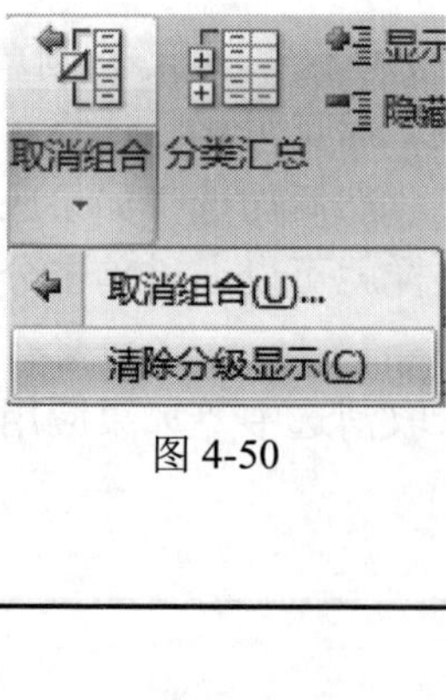

图 4-50

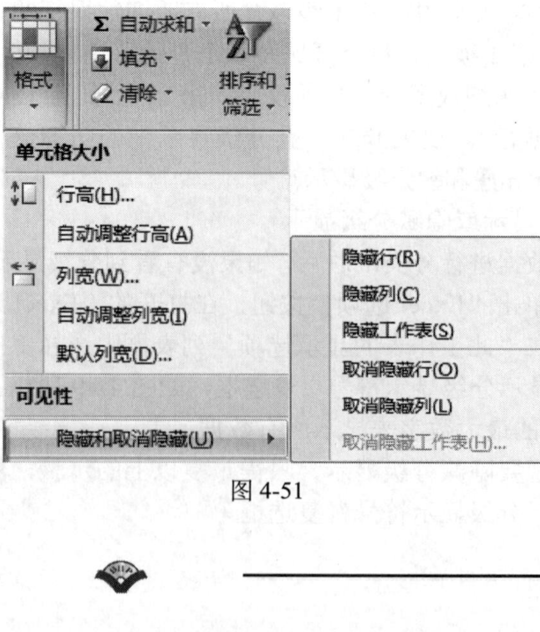

图 4-51

4.3.4　合并计算

所谓合并计算，就是用来汇总一个或多个源区域中的数据的方法。对数据进行合并计算能够更容易地对数据进行定期或不定期的更新和汇总。例如，有一个用于每个部门收支数据的工作表，可使用合并计算将这些收支数据合并到公司的收支工作表中，这个主工作表中可以包含整个企业的销售总额和平均值、当前的库存水平和销售额最高的产品。

1. 按位置进行合并计算

按位置进行合并计算就是按同样的顺序排列所有工作表中的数据并将它们放在同一位置中。按位置进行合并计算前，要确保每个数据区域都采用列表格式：第一行中的每一列都具有标签，同一列中包含相似的数据，并且在列表中没有空行或空列。将每个区域分别置于单独的工作表中，不要将任何区域放在需要放置合并的工作表中，并且确保每个区域都具有相同的布局。

按位置进行合并计算的具体操作步骤如下。

（1）在包含要显示在主工作表中的合并数据的单元格区域中，单击左上方的单元格。在“数据”选项卡的“数据工具”组中，单击“合并计算”按钮，如图 4-52 所示。

（2）打开“合并计算”对话框，在“函数”下拉列表框中，选择用来对数据进行合并计算的汇总函数，如图 4-53 所示。

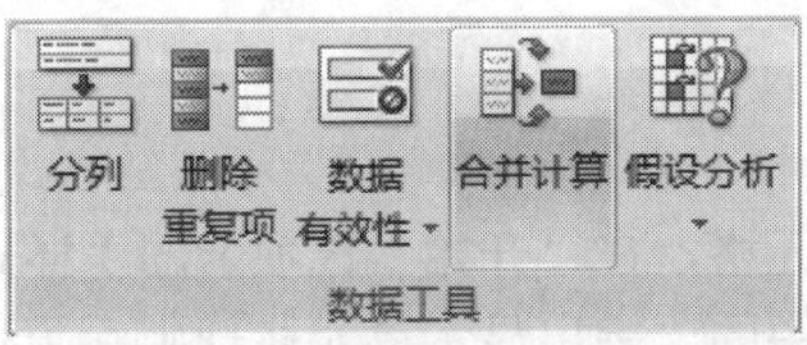

图 4-52

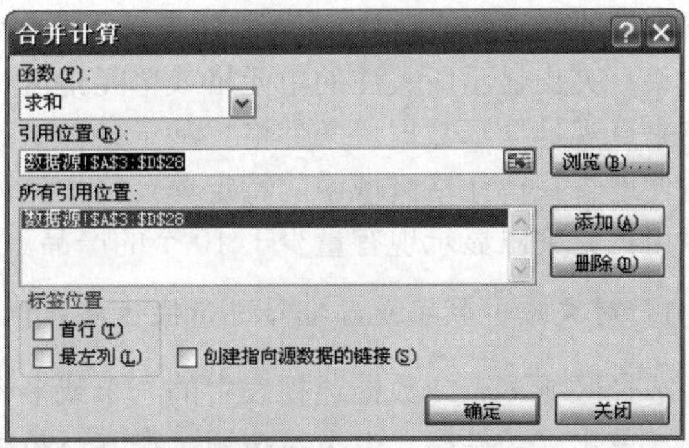

图 4-53

（3）在“引用位置”文本框中输入源引用位置，或单击右侧的“压缩对话框”按钮进行单元格区域引用。如果工作表在另一个工作簿中，则单击“浏览”按钮找到文件，然后单击“确定”按钮以关闭“浏览”对话框。

（4）选定引用位置后，单击“添加”按钮，将位置添加到“所有引用位置”列表框。对每个区域重复这一步骤。

（5）单击“确定”按钮，完成按位置进行合并计算。

2. 按分类进行合并计算

按分类进行合并计算就是以不同的方式组织单独工作表中的数据，但是使用相同的行标签和列标签，以便能够与主工作表中的数据匹配。按分类进行合并计算前，除了要确保每个数据区域都采用列表格式，将每个区域分别置于单独的工作表中，还要确保要合并的列或行的标签具有相同的拼写和大写，例如，标签 AnnualAvg.和 AnnualAverage 是不同的，不能对它们进行合并计算。

按分类进行合并计算的具体操作步骤如下。

（1）在包含要显示在主工作表中的合并数据的单元格区域中，单击左上方的单元格。在“数据”选项卡的“数据工具”组中，单击“合并计算”按钮。

（2）打开“合并计算”对话框，在“函数”下拉列表框中，选择用来对数据进行合并计算的汇总函数。

（3）在“引用位置”文本框中输入源引用位置，或单击右侧的“压缩对话框”按钮进行单元格区域引用。如果工作表在另一个工作簿中，则单击“浏览”按钮找到文件，然后单击“确定”按钮以关闭“浏览”对话框。

（4）选定引用位置后，单击“添加”按钮，将位置添加到“所有引用位置”列表框。对每个区域重复这一步骤。

（5）在“标签位置”选项区域，勾选指示标签在源区域中位置的复选框：“首行”、“最左列”或两者都选。

（6）单击“确定”按钮，完成按位置进行合并计算。

4.3.5　使用条件格式

使用 Excel 2007 提供条件格式功能可以更直观地查看和分析数据、发现关键问题以及识别模式和趋势。对单元格区域、Excel 表格或数据透视表应用条件格式，易于达到以下效果：突出显示所关注的单元格或单元格区域；强调异常值；使用数据条、色阶和图标集来直观地显示数据。条件格式基于条件更改单元格区域的外观，使用条件格式可以更方便地查找单元格区域中的特定单元格，例如，在一个按类别排序的库存工作表中，可以用黄色突出显示现有量少于 10 个的产品。

1. 对文本、数字或日期等进行快速格式化

选择区域、表或数据透视表中的一个或多个单元格，在“开始”选项卡的“样式”组中，单击“条件格式”下拉按钮，在其下拉列表中的“突出显示单元格规则”子列表中选择所需的命令，如“介于”、“文本包含”或“发生日期”等，输入要使用的值，然后选择格式，如图 4-54 所示。

也可以使用“条件格式”下拉列表中的“项目选取规则”查找指定的数值。选择区域、表或数据透视表中的一个或多个单元格，在“开始”选项卡的“样式”组中，单击“条件格式”下拉按钮，在其下拉列表中的“项目选取规则”子列表中选择所需的命令，如“值最大的 10 项”、“值最小的 10%项”或“高于平均值”等，输入要使用的值，然后选择格式，如图 4-55 所示。

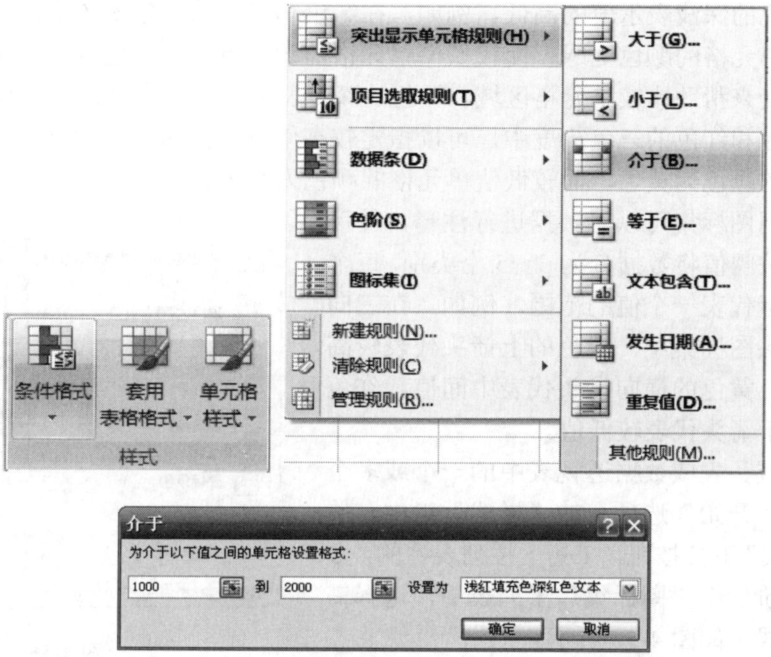

图 4-54

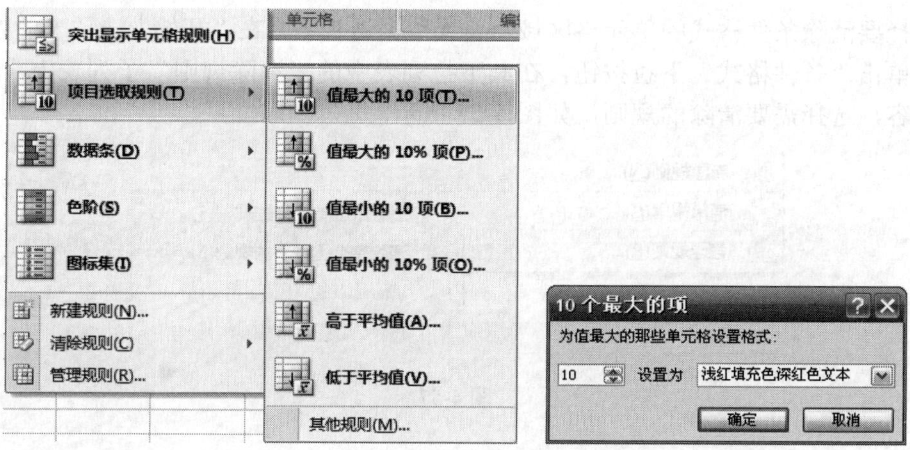

图 4-55

2. 使用数据条、色阶和图标集设置格式

在 Excel 2007 中可以使用数据条、色阶和图标集为单元格设置条件格式：

- 数据条可以帮助查看某个单元格相对于其他单元格的值。数据条的长度代表单元格中的值。数据条越长表示值越高，数据条越短表示值越低。在观察大量数据（如节假日销售报表中最畅销和最滞销的玩具）中的较高值和较低值时，数据条尤其有用。
- 色阶作为一种直观的指示，可以帮助用户了解数据分布和数据变化。色阶包括双色刻度和三色刻度两种。双色刻度使用两种颜色的渐变来比较单元格区域。

颜色的深浅表示值的高低。例如，在绿色和红色的双色刻度中，可以指定较高值单元格的颜色更绿，而较低值单元格的颜色更红。三色刻度使用三种颜色的渐变来帮助比较单元格区域。颜色的深浅表示值的高、中、低。例如，在绿色、黄色和红色的三色刻度中，可以指定较高值单元格的颜色为绿色，中间值单元格的颜色为黄色，而较低值单元格的颜色为红色。

- 使用图标集可以对数据进行注释，并可以按阈值将数据分为3～5个类别。每个图标代表一个值的范围。例如，在三向箭头图标集中，绿色的上箭头代表较高值，黄色的横向箭头代表中间值，红色的下箭头代表较低值。

选择区域、表或数据透视表中的一个或多个单元格。在“开始”选项卡的“样式”组中，单击“条件格式”下拉按钮，在其下拉列表中的“数据条”、“色阶”或“图标集”子列表中，选择需要的条件格式，如图4-56所示。

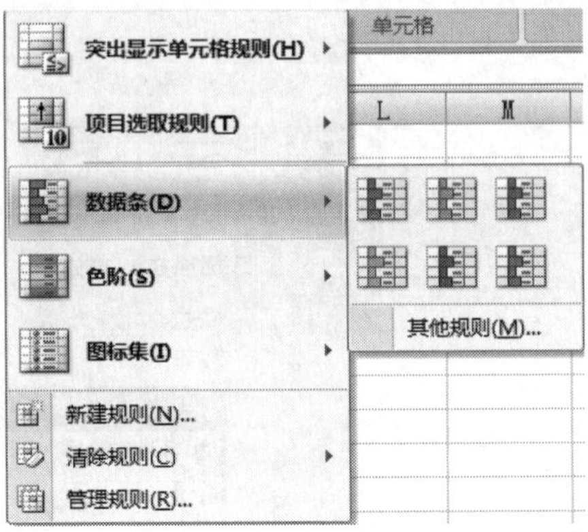

图 4-56

3. 清除条件格式

选择要清除条件格式的单元格区域、表或数据透视表，在“开始”选项卡的“样式”组中，单击“条件格式”下拉按钮，在其下拉列表中的“清除规则”子列表中，根据选择的内容，选择需要清除的规则，如图4-57所示。

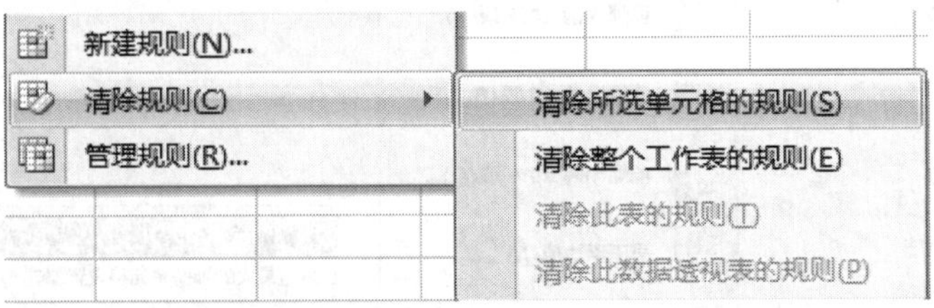

图 4-57

Ⅱ．试题汇编

4.1　第 1 题

【操作要求】

在电子表格软件中打开文档 A4.xlsx，进行如下操作。

1．表格的环境设置与修改

- 按【样文 4-1A】，在 Sheet1 工作表中表格标题行的下方插入一空行，在表格左侧插入一空列。
- 按【样文 4-1A】，将 Sheet1 工作表重命名为“统计表”。

2．表格格式的编排与修改

- 按【样文 4-1A】，将表格中标题区域 B1:F2 设置为“合并后居中”格式；将其字体设置为华文行楷，字号为 18 磅，并添加浅绿色（RGB：200，250，220）底纹。
- 按【样文 4-1A】，将表头行 B3:F3 单元格区域的字体设置为隶书、16 磅、蓝色。
- 按【样文 4-1A】，为表格中“分店名称”、“地理位置”两列添加浅黄色（RGB：255，255，153）底纹，为另外三列添加玫瑰红色（RGB：255，255，204）底纹。
- 按【样文 4-1A】，自动调整表格的列宽为最适合列宽，将表格数据区域设置为水平居中格式。
- 为整个表格添加如【样文 4-1A】所示线型的边框，边框颜色设置为蓝色。

3．数据的管理与分析

- 按【样文 4-1B】，在 Sheet2 工作表表格中自动筛选出“服装类”大于 60000，“百货类”大于 65000 的值。
- 按【样文 4-1B】，在 Sheet2 工作表中，利用条件格式，以“绿填充色深绿色文本”将表格中介于 60000 与 90000 之间的数据突出显示出来。

4．图表的运用

按【样文 4-1C】所示，利用 Sheet3 工作表中相应的数据，在 Sheet3 工作表中创建一个三维簇状条形图，并对图表进行修饰。

5．数据、文档的修订与保护

保护 Sheet3 工作簿结构，密码为“gjks4-1”。

【样文 4-1A】

某商场各分店销售情况统计表				
分店名称	地理位置	家电类	百货类	服装类
旗舰店	人民路	99000	94400	96700
一分店	新华街	56000	90000	95000
二分店	花园路	65000	68000	65000
三分店	前进路	45000	65000	62000
四分店	平安路	57000	87000	40000
五分店	健康路	45000	98000	54000
六分店	安民路	65000	65000	64000
七分店	永乐路	57000	55000	66000

【样文 4-1B】

某商场各分店销售情况统计表				
分店名	地理位	家电类	百货类	服装类
旗舰店	人民路	99000	94400	96700
一分店	新华街	56000	90000	95000
二分店	花园路	65000	68000	65000

【样文 4-1C】

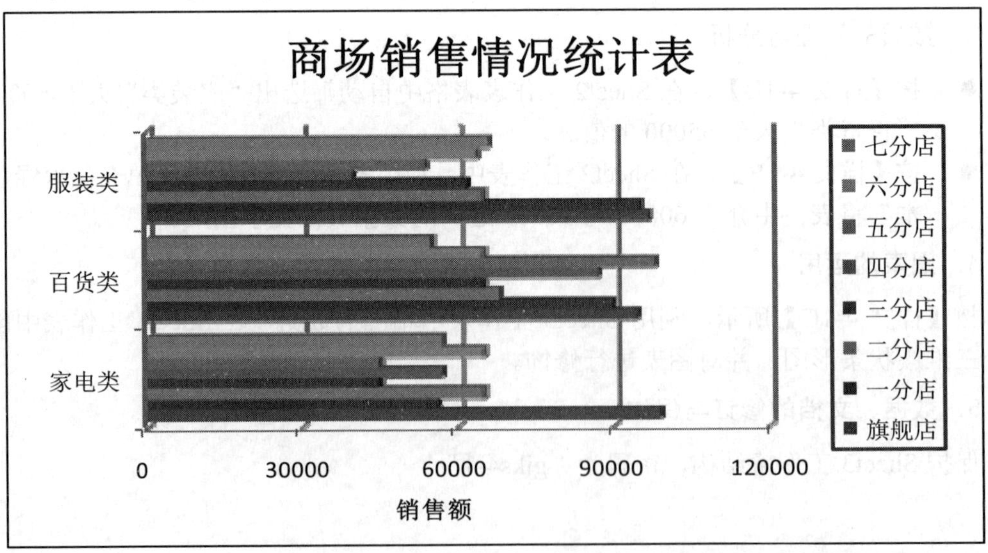

4.2　第 2 题

【操作要求】

在电子表格软件中打开文档 A4.xlsx，进行如下操作。

1．表格的环境设置与修改

- 在工作簿中插入 Sheet4 工作表，并重命名 Sheet4 工作表为“新建积分表”。
- 将 Sheet1 工作表中的标题单元格定义为“积分表”。

2．表格格式的编排与修改

- 按【样文 4-2A】，将 Sheet1 工作表表格中标题区域 A1:H1 设置为“合并后居中”格式；并将其字体设置为华文行楷、22 磅，添加黄色底纹。
- 按【样文 4-2A】，将表头一行的字体设置为华文新魏、18 磅，添加玫瑰红（RGB：255，105，150）底纹。
- 按【样文 4-2A】，将表格中数据区域和文本区域设置为水平居中格式，自动调整列宽为最适合列宽。
- 按【样文 4-2A】，为表格中文本区域添加浅绿色底纹，数据区域添加金色（RGB：255，205，0）底纹。

3．数据的管理与分析

- 按【样文 4-2B】，在 Sheet2 工作表表格中以“评教得分”为主要关键字，以“年终总分”为次要关键字，以递减顺序进行排序。
- 按【样文 4-2B】，利用条件格式将 Sheet2 工作表中“评教得分”低于平均值和“年终总分”高于平均值的单元格设置为“浅红填充色深红色文本”突出样式。

4．图表的运用

利用 Sheet3 工作表中相应的数据，在 Sheet3 工作表中创建一个簇状圆锥图图表，并对图表进行修饰，最终效果如【样文 4-2C】所示。

5．数据、文档的修订与保护

保护工作簿结构和窗口，密码为“gjks4-2”。

【样文 4-2A】

外国语学院教师积分表							
姓名	性别	职称	出勤奖分	评教得分	竞赛奖分	其它	年终总分
孔德	男	教授	78	85	78	87	328
石清	女	教授	74	68	74	78	294
李珍	女	教授	77	78	57	85	297
杨凤	女	副教授	78	96	65	78	317
石富	男	讲师	79	86	85	86	336
张宝	男	讲师	77	88	85	87	337
刘英	女	副教授	78	87	75	84	324
李国	男	讲师	71	85	74	84	314
叶华	女	副教授	75	87	84	75	321
李武	男	教授	76	87	74	74	311

【样文 4-2B】

外国语学院教师积分表							
姓名	性别	职称	出勤奖分	评教得分	竞赛奖分	其它	年终总分
杨凤	女	副教授	78	96	65	78	317
张宝	男	讲师	77	88	85	87	337
刘英	女	副教授	78	87	75	84	324
叶华	女	副教授	75	87	84	75	321
李武	男	教授	76	87	74	74	311
石富	男	讲师	79	86	85	86	336
孔德	男	教授	78	85	78	87	328
李国	男	讲师	71	85	74	84	314
李珍	女	教授	77	78	57	85	297
石清	女	教授	74	68	74	78	294

【样文 4-2C】

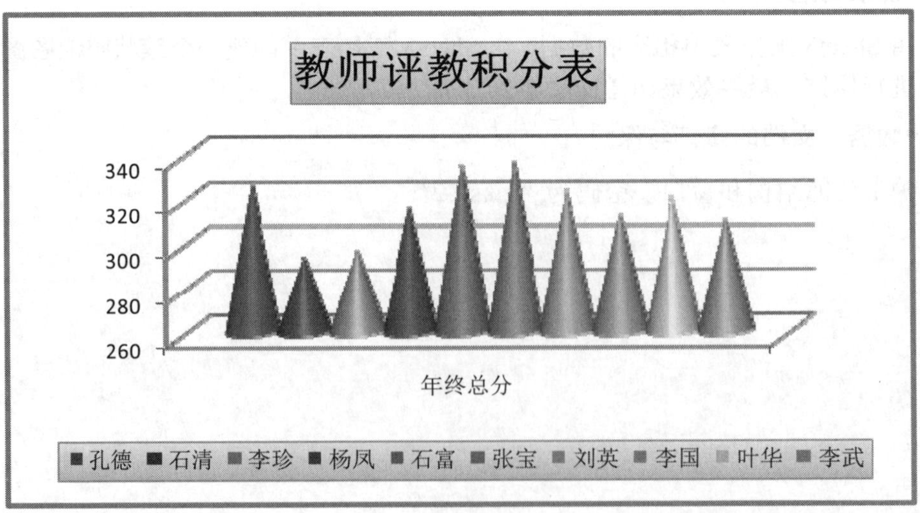

4.3　第 3 题

【操作要求】

在电子表格软件中打开文档 A4.xlsx,进行如下操作。

1．表格的环境设置与修改

- 在工作簿中插入 Sheet4 工作表，复制 Sheet1 工作表内容至 Sheet4 工作表中，并将 Sheet4 工作表重命名为“抽样调查表”。
- 将“抽样调查表”工作表的表格中标题单元格定义为“抽样调查”。

2．表格格式的编排与修改

- 按【样文 4-3A】，将 Sheet1 工作表表格中标题区域 A1:G1 设置为“合并后居中”格式；将表格的标题设置为隶书、18 磅、深蓝色，行高为 25。
- 按【样文 4-3A】，将表格的表头行和与第 1、2 列设置为方正姚体、蓝色，并为整个表格添加天蓝色（RGB：220，240，245）底纹。
- 按【样文 4-3A】，将 Sheet1 工作表中各公司 1～4 月份的数据进行求和计算，并填入到“总计”一列相对应的单元格中。

3．数据的管理与分析

- 按【样文 4-3B】，使用 Sheet2 工作表表格中的数据，以“所在城市”为报表筛选项，以“公司名称”为列标签，以“1～4 月份”为求和项，从 Sheet2 工作表的 B15 单元格处建立数据透视表。
- 按【样文 4-3B】，在数据透视表中使用条件格式中的紫色数据条突出显示郑州三家公司 1～4 月份利税情况的数值变化。

4．图表的运用

利用 Sheet3 工作表中相应的数据，在 Sheet3 工作表中创建一个“带数据标记的折线图表”，并对图表进行修饰，最终效果如【样文 4-3C】所示。

5．数据、文档的修订与保护

保护工作簿结构和窗口，密码为“gjks4-3”。

【样文 4-3A】

私营企业利税抽样调查表（单位：万元）						
公司名称	所在城市	1月份	2月份	3月份	4月份	总计
民安物业	郑州	587	487	785	659	2518
好运搬运	广州	875	578	547	950	2950
园苑房产	广州	687	658	658	854	2857
新地广告	北京	497	985	698	657	2837
达利营销	郑州	587	875	598	357	2417
惠民房产	北京	876	781	562	741	2960
大众房产	郑州	785	852	213	963	2813

【样文 4-3B】

所在城市	郑州			
	公司名称			
数值	达利营销	大众房产	民安物业	总计
求和项:1月份	587	785	587	1959
求和项:2月份	875	852	487	2214
求和项:3月份	598	213	785	1596
求和项:4月份	357	963	659	1979

【样文 4-3C】

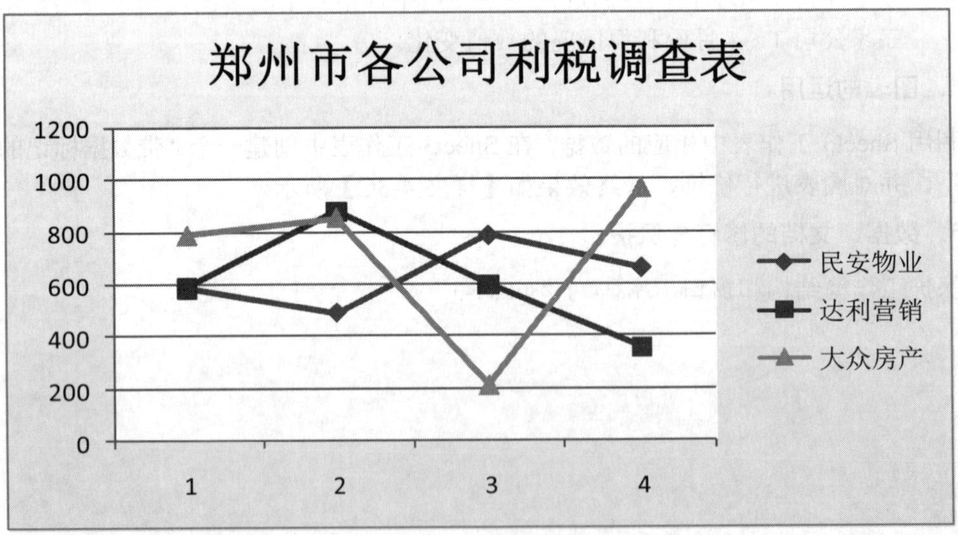

4.4　第 4 题

【操作要求】

在电子表格软件中打开文档 A4.xlsx，进行如下操作。

1．表格的环境设置与修改

- 按【样文 4-4A】，在 Sheet1 工作表中表格的上面插入一行，并在 A1 单元格中输入标题“公司职员工资表”。
- 按【样文 4-4A】，在 Sheet1 工作表中表格标题的下面插入一行，将 A2:A3、B2:B3、C2:C3、D2:D3、E2:E3、F2:F3、J2:J3 单元格分别合并，并将其中内容设置为水平、垂直居中格式。
- 按【样文 4-4A】，将 G2:I2 合并单元格，并在合并后的单元格中输入“扣除”二字，设置为水平居中格式。

2．表格格式的编排与修改

- 按【样文 4-4A】，将 Sheet1 工作表表格中标题区域 A1:J1 设置为“合并后居中”格式；将表格的标题设置为隶书、22 磅。将表格的表头行设置为华文新魏、倾斜、14 磅。
- 按【样文 4-4A】，利用公式计算出每人的“实发工资”，并填入相对应的单元格中。
- 按【样文 4-4A】，设置表格数据区域的对齐方式为水平居中，并为整个表格添加所有框线，自动调整列宽为最适合的列宽。

3．数据的管理与分析

按【样文 4-4B】，使用 Sheet2 工作表表格中的数据，以“部门名称”为分类字段，以“基本工资”为汇总项，进行求“平均值”的分类汇总。

4．图表的运用

利用 Sheet3 工作表中相应的数据，在 Sheet3 工作表中创建一个三维簇状柱形图，不显示图例，显示数值，并按【样文 4-4C】所示对图表进行修饰。

5．数据、文档的修订与保护

保护工作簿的窗口，密码为“gjks4-4”。

【样文 4-4A】

公司职员工资表									
部门名称	职员姓名	基本工资	奖金	加班费	补助	扣除			实发工资
						旷工	水电费	房租费	
财物部	宋玲玲	1000	240	130	150	30	41	120	1329
财物部	李凤梅	1000	240	30	150	15	44	120	1241
统计部	李军伟	800	240	30	150	0	42	120	1058
人事部	杨静雪	1000	240	40	150	60	50	120	1200
人事部	丁雪松	1100	240	40	150	40	42	120	1328
后勤部	顾菲	800	240	50	150	60	48	120	1012
保安部	赵长征	1000	240	100	150	15	46	0	1429
保安部	曾志	700	240	40	150	60	39	120	911
保安部	张妱松	800	240	60	150	30	40	120	1060
后勤部	贾中	800	240	40	150	50	42	0	1138
商品部	赵娜	1000	240	70	150	0	40	120	1300
出纳部	刘小玉	1200	240	40	150	30	40	120	1440
商品部	杨晚凤	1400	240	80	150	30	47	120	1673
出纳部	杨沛	1200	240	40	150	30	47	120	1433
商品部	刘力群	1500	240	40	150	0	55	0	1875
统计部	刘爱爱	700	240	100	150	0	36	120	1034

【样文 4-4B】

部门名称	职员姓名	基本工资
保安部 平均值		833.3333
财物部 平均值		1000
出纳部 平均值		1200
后勤部 平均值		800
人事部 平均值		1050
商品部 平均值		1300
统计部 平均值		750
总计平均值		1000

【样文 4-4C】

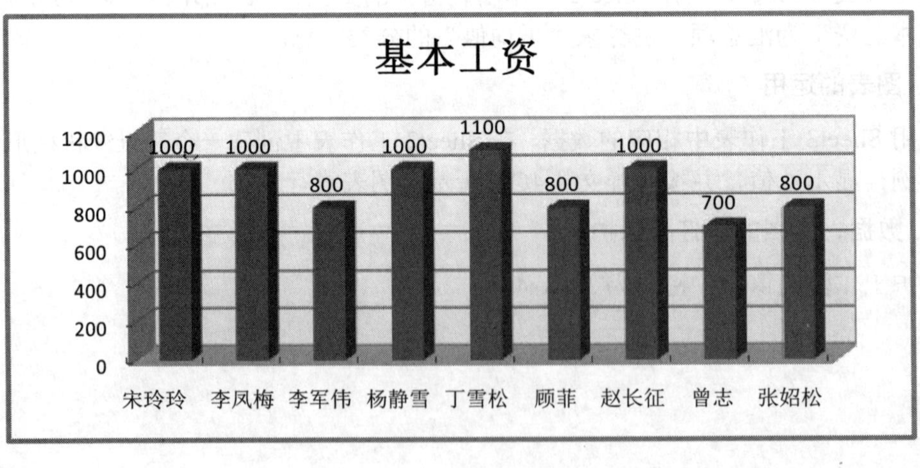

4.5 第 5 题

【操作要求】

在电子表格软件中打开文档 A4.xlsx，进行如下操作。

1．表格的环境设置与修改

- 按【样文 4-5A】，在 Sheet1 工作表的表格中将“性别”一列和“部门”一列对调；在“部门”一列左侧插入一列“年龄”，并输入数据。
- 按【样文 4-5A】，在 Sheet1 工作表的表格中将“奖金”、“补助”、“实际工资”三列删除；在“月薪”左侧插入一列“职务”、右侧插入一列“政治面貌”，并输入相应内容。
- 按【样文 4-5A】，在 Sheet1 工作表的表格中将标题改为“公司职员基本情况一览表”。

2．表格格式的编排与修改

- 按【样文 4-5A】，将 Sheet1 工作表中标题区域 A1:G1 设置为“合并后居中”格式；将 Sheet1 工作表中表格的标题设置为华文行楷、18 磅；将表格的表头行设置为楷体_GB2312、倾斜、加粗、14 磅。
- 按【样文 4-5A】，将 Sheet1 工作表表格中内容全部设置为水平居中格式，自动调整列宽为最适合列宽；为整个表格添加所有框线。

3．数据的管理与分析

- 按【样文 4-5B】，使用 Sheet2 工作表表格中的数据，以“月薪”为主要关键字，以“补助”为次要关键字，以“奖金”为第三关键字，以递减顺序排序。
- 按【样文 4-5B】，利用条件格式将 Sheet2 工作表中“值最小的 7 项”的单元格设置为“浅红色填充”的格式。

4．图表的运用

利用 Sheet3 工作表中相应的数据，在 Sheet3 工作表中创建一个三维饼图，显示百分比，并按【样文 4-5C】所示对图表进行修饰。

5．数据、文档的修订与保护

保护 Sheet3 工作表的对象，密码为“gjks4-5”。

【样文 4-5A】

公司职员基本情况一览表						
姓名	性别	年龄	部门	职务	月薪	政治面貌
宋朋	男	22	开发部	经理	900	中共党员
刘云	女	20	开发部	业务员	700	共青团员
王飞	男	25	服务部	业务员	1000	共青团员
张红	女	23	服务部	经理	1200	中共党员
刘刚	男	32	销售部	经理	1000	中共党员
张涛	男	21	销售部	业务员	1000	共青团员
李光	男	45	市场部	经理	1200	共青团员
宋美美	女	28	市场部	经理	1500	中共党员

【样文 4-5B】

姓名	部门	性别	月薪	补助	奖金
宋美美	市场部	女	1500	100	235
张红	服务部	女	1200	300	200
李光	市场部	男	1200	100	230
张涛	销售部	男	1000	250	220
刘刚	销售部	男	1000	250	200
王飞	服务部	男	1000	200	220
宋朋	开发部	男	900	500	210
刘云	开发部	女	700	500	210

【样文 4-5C】

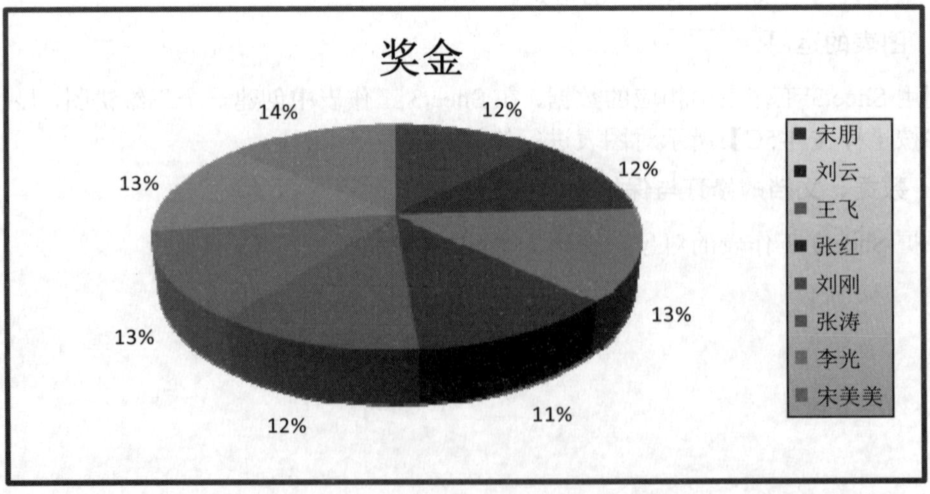

Ⅲ.试题解答

4.1　第 1 题

单击 Office 按钮，执行“打开”命令，在“打开”对话框中，选取考生文件夹中的 A4.xlsx，单击“打开”按钮。

1. 表格的环境设置与修改

（1）选中 Sheet1 工作表中标题行的下一行，右击，在打开的快捷菜单中执行“插入”命令。

（2）选中表格的第 1 列，右击，在打开的快捷菜单中执行“插入”命令。

（3）在 Sheet1 工作表标签上右击，在弹出的快捷菜单中执行“重命名”命令，此时的 Sheet1 工作表标签呈反白显示，输入新的工作表名“统计表”，按 Enter 键。

2. 表格格式的编排与修改

（1）在 Sheet1 工作表中，选中单元格区域 B1：F2，单击“开始”选项卡中“对齐方式”组中的“合并后居中”按钮，如图 4-58 所示。

（2）在“字体”组中，在“字体”列表框中选择“华文行楷”，在“字号”列表框中选择“18”，如图 4-59 所示。单击“填充颜色”下拉按钮，在其下拉列表中选择“其他颜色”选项，打开“颜色”对话框，在“自定义”选项卡下输入 RGB 值：200、250、220，如图 4-60 所示。

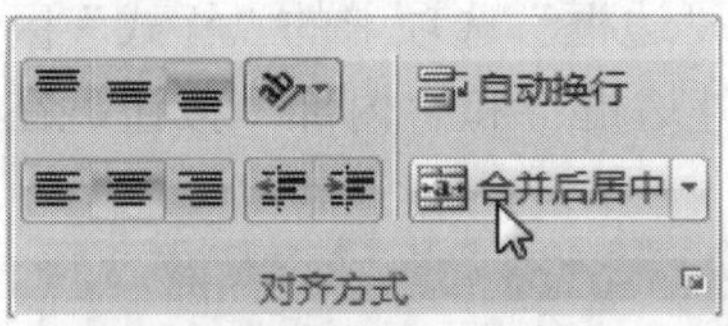

图 4-58

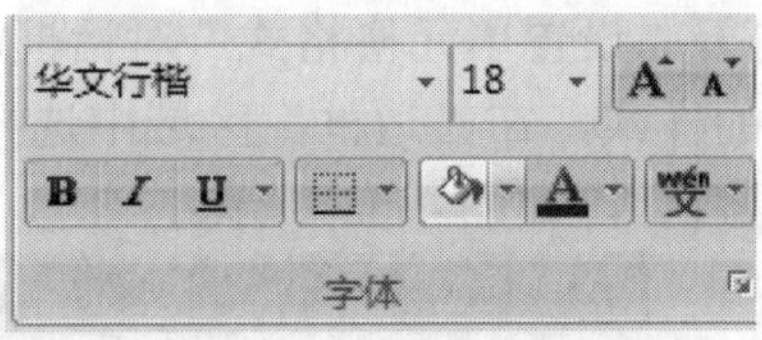

图 4-59

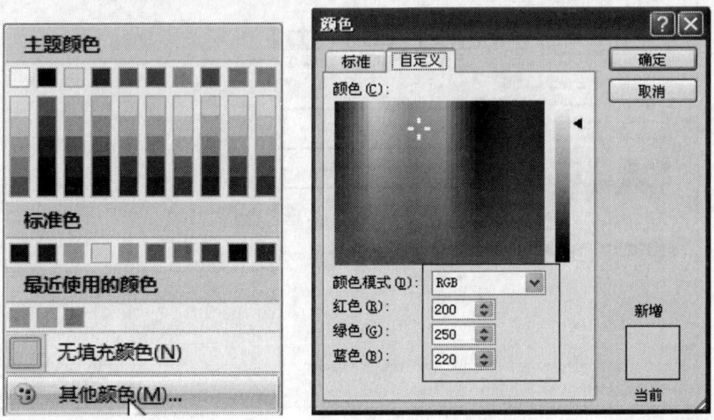

图 4-60

（3）选中单元格区域 B3:F3，在“字体”列表框中选择“隶书”，在“字号”列表框中选择“16”。单击“颜色”下拉按钮，在“颜色”列表框中选择“蓝色”。

（4）选中“分店名称”和“地理位置”两列，在“填充颜色”下拉列表中选择“其他颜色”选项，打开“颜色”对话框，在“自定义”选项卡下输入 RGB 值 255、255、153；选中其他三列，在“填充颜色”下拉列表中选择“其他颜色”选项，打开“颜色”对话框，在“自定义”选项卡下输入 RGB 值 255、204、204。

（5）选中单元格区域 B3:F11，在“开始”选项卡的“单元格”组中单击“格式”下拉按钮，选择“单元格大小”下的“自动调整列宽”选项，如图 4-61 所示；选中单元格区域 D4:F11，在“开始”选项卡的“对齐方式”组中单击“居中”按钮，如图 4-62 所示。

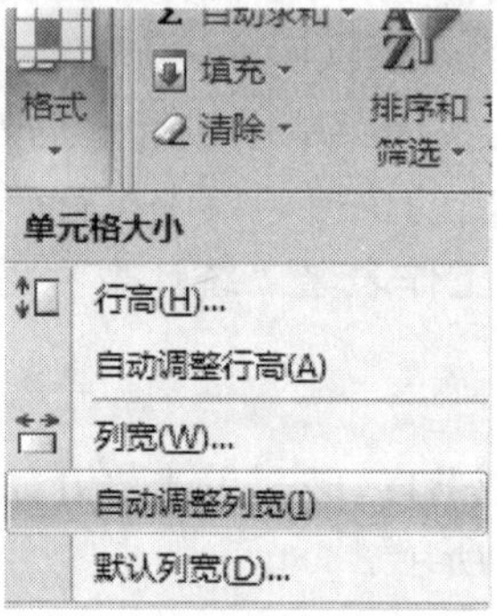

图 4-61

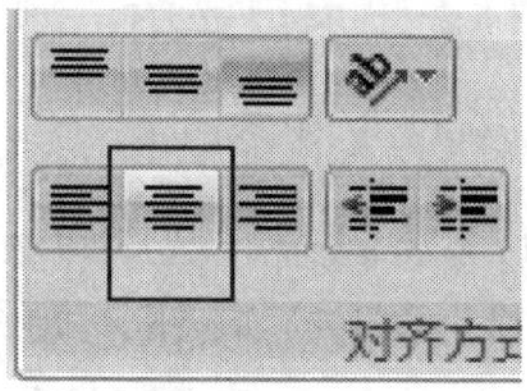

图 4-62

（6）选中单元格区域 B1:F11，在“开始”选项卡的“字体”组中，单击框线按钮右侧的下拉按钮，在弹出的下拉列表中选择“其他边框”选项。

（7）打开“设置单元格格式”对话框，在“边框”选项卡的“样式”区域中选择第二列第二行的样式，在“边框”区域中选择“外边框”和“内部”按钮，在“颜色”区域中选择“蓝色”，如图 4-63 所示。

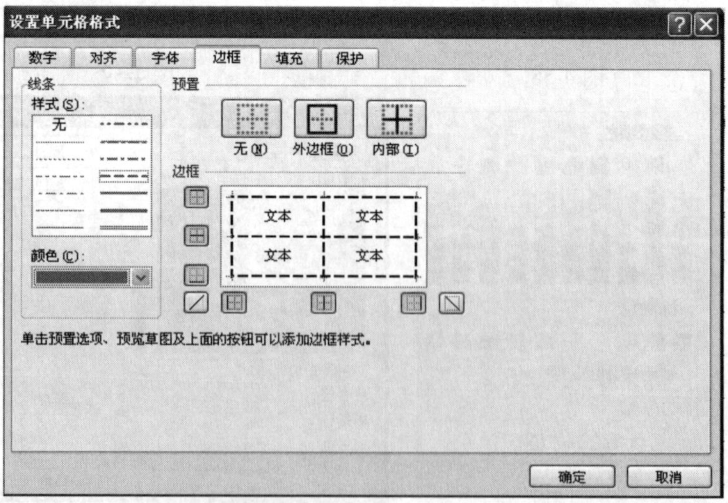

图 4-63

3. 数据的管理与分析

（1）在 Sheet2 工作表中，选中单元格区域 A2:E10，在“数据”选项卡的“排序和筛选”组单击“筛选”按钮。

（2）单击“百货类”单元格中的筛选按钮，选择“数字筛选”下的“大于”，在“显示行”中选择输入大于 65000，单击“确定”按钮，如图 4-64 所示；单击“服装类”单元格中的筛选按钮，选择“数字筛选”下的“大于”，在“显示行”中选择输入大于 60000，单击“确定”按钮。

（3）在 Sheet2 工作表中，选中单元格区域 C3：E10，在“开始”选项卡的“样式”组中单击“条件格式”下拉按钮选择“突出显示单元格规则”下的“介于”选项，在第一个文本框中输入“60000”，在第二个文本框中输入“90000”，选择“设置为”列表框中的“绿填充色深绿色文本”选项，单击“确定”按钮，如图 4-65 所示。

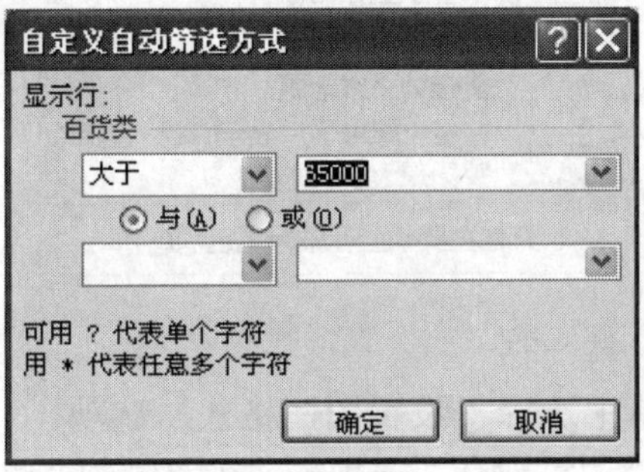

图 4-64

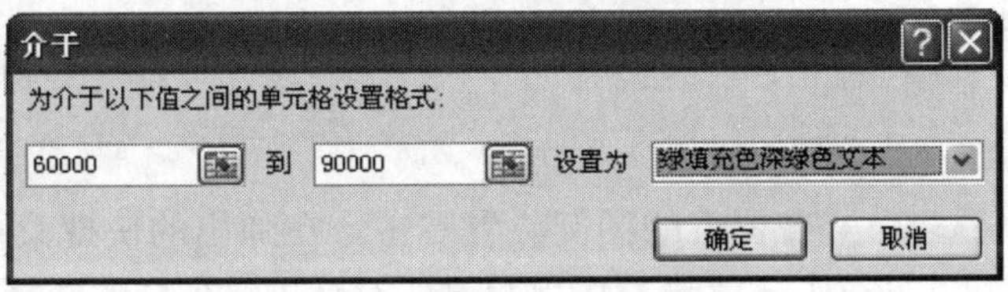

图 4-65

4. 图表的运用

（1）在 Sheet3 工作表中选中单元格区域 A2:A10，按住 Ctrl 键同时选中单元格区域 C2:E10，在“插入”选项卡的“图表”组中单击“条形图”下拉按钮，在其下拉列表中选择“三维条形图”中的“三维簇状条形图”选项，如图 4-66 所示。生成基本图表。

（2）在“设计”选项卡的“数据”组中单击“切换行/列”按钮，如图 4-67 所示。将图表调整为样文图表所示格式。

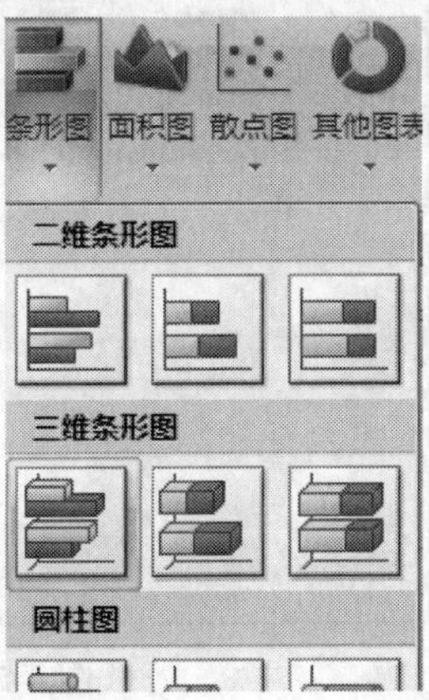

图 4-66

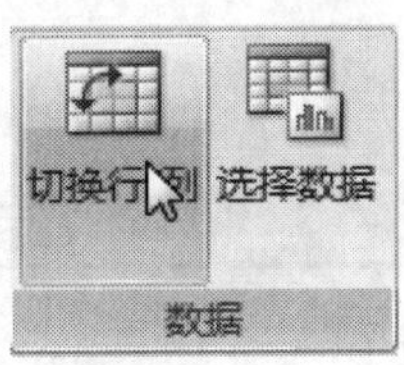

图 4-67

（3）在“布局”选项卡的“标签”组中单击“图表标题”按钮，在下拉列表中选择“图表上方”选项，如图 4-68 所示。在图表标题中输入“商场销售情况统计表”。

（4）在“布局”选项卡的“标签”组中单击“坐标轴标题”下拉按钮，在下拉列表中选择“主要横坐标轴标题”选项下的“坐标轴下方标题”选项，如图 4-69 所示。在图表标题中输入“销售额”。

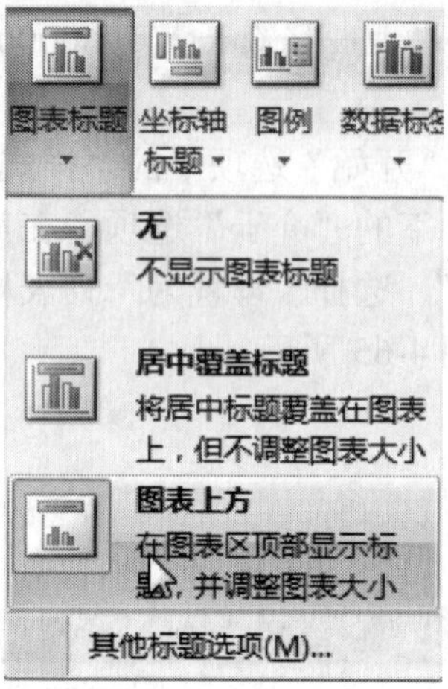

图 4-68

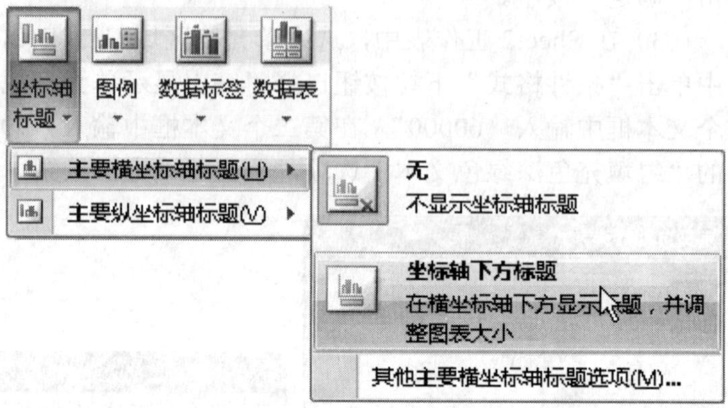

图 4-69

（5）在图表的图例位置右击，在弹出的快捷菜单中选择“设置图例格式”选项。

（6）打开“设置图例格式”对话框，在左侧选择“边框颜色”选项卡，在右侧的“边框颜色”中选中“实线”单选按钮，在“颜色”中选择“标准色”中的“红色”，如图 4-70 所示；在左侧选择“边框样式”选项卡，在右侧的“宽度”文本框中输入“1.5 磅”，单击“关闭”按钮，如图 4-71 所示。选中整个图表，适当调整其位置。

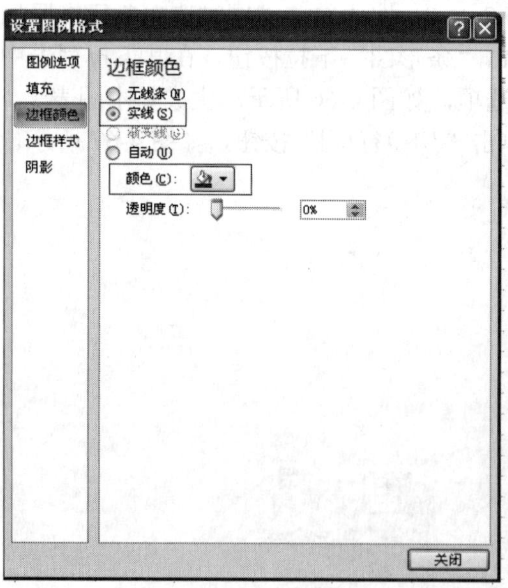

图 4-70

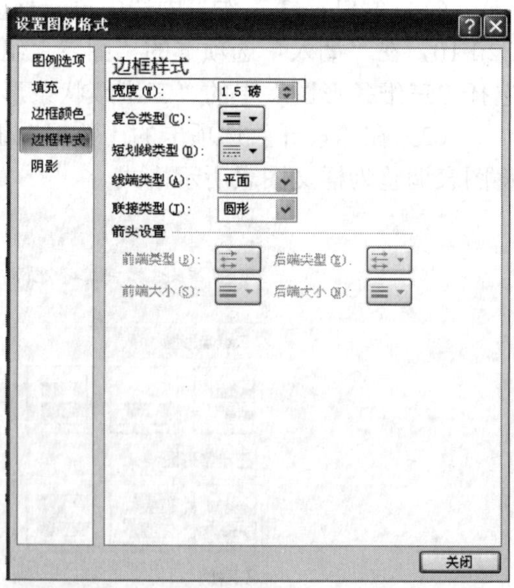

图 4-71

5．*数据、文档的修订与保护*

单击 Sheet3 工作表的任意单元格，单击“审阅”选项卡，在“更改”组中单击“保护工作簿”下拉按钮选择“限制编辑”下的“保护结构和窗口”选项，如图 4-72 所示。在打开的“保护结构和窗口”对话框中，仅勾选“结构”复选框，在“密码(可选)”文本框中输入“gjks4-1”，单击“确定”按钮；打开“确认密码”对话框，在“重新输入密码”文本框中输入“gjks4-1”，单击“确定”按钮，如图 4-73 所示。

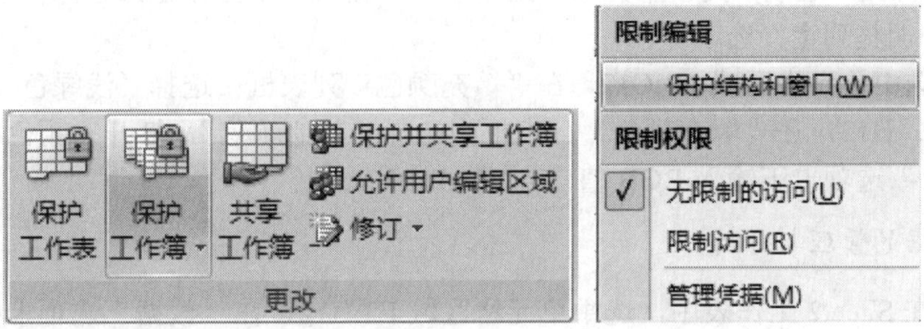

图 4-72

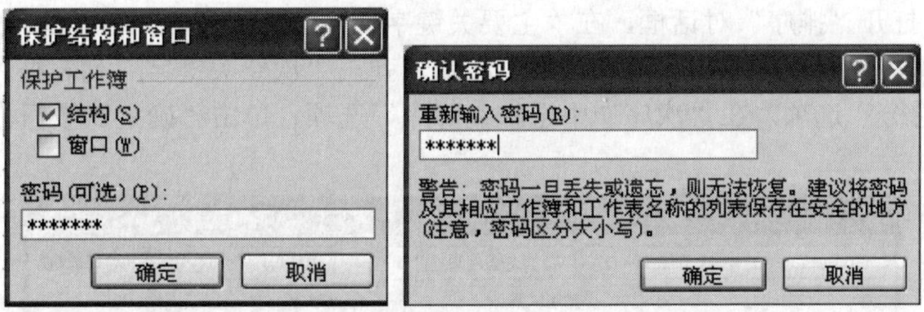

图 4-73

4.2　第 2 题

单击 Office 按钮，执行“打开”命令，在“打开”对话框中，选取考生文件夹中的 A4.xlsx，单击“打开”按钮。

1．*表格的环境设置与修改*

（1）在工作簿下方单击“插入工作表”按钮，自动生成 Sheet4 工作表；在 Sheet4 工作表标签上右击，在弹出的快捷菜单中选择“重命名”选项，此时的 Sheet4 工作表标签呈反白显示，输入新的工作表名“新建积分表”，按 Enter 键。

（2）选中 Sheet1 工作表的标题单元格 A1，在上方的“名称框”文本框中输入“积分表”，按 Enter 键，如图 4-74 所示。

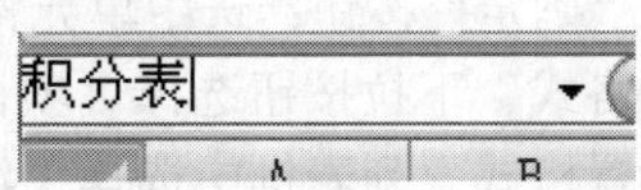

图 4-74

2．*表格格式的编排与修改*

（1）在 Sheet1 工作表中，选中单元格区域 A1:H1，单击“开始”选项卡的“对齐方式”组中的“合并后居中”按钮；在“字体”组中的“字体”列表框中选择“华文行楷”，在“字号”列表框中选择“22”，在“填充颜色”列表框中选择“黄色”。

（2）选中单元格区域 A2:H2，在“字体”组中，在“字体”列表框中选择“华文新魏”，在“字号”列表框中选择“18”，在“填充颜色”列表框中选择“其他颜色”，打开“颜色”对话框，在“自定义”选项卡下输入 RGB 值 255、105、150。

（3）选中单元格区域 A2:H12，在“开始”选项卡的“对齐方式”组中单击“居中”按钮；在“开始”选项卡的“单元格”组中单击“格式”下拉按钮，选择“单元格大小”下的“自动调整列宽”选项。

（4）选中单元格区域 A3:C12，在“填充颜色”列表框中选择“浅绿色”；选中单元格区域 D3：H12，在“填充颜色”列表框中选择“其他颜色”，打开“颜色”对话框，在“自定义”选项卡下输入 RGB 值 255、205、0。

3. 数据的管理与分析

（1）在 Sheet2 工作表中，选中单元格区域 E2:H12，在“数据”选项卡的“排序和筛选”组单击“排序”按钮。

（2）打开“排序”对话框，在“主要关键字”中选择“评教得分”选项，“次序”中选择“降序”选项；单击“添加条件”按钮，弹出“次要关键字”列表框，在其中选择“年终总分”选项，在“次序”中选择“降序”选项，单击“确定”按钮，如图 4-75 所示。

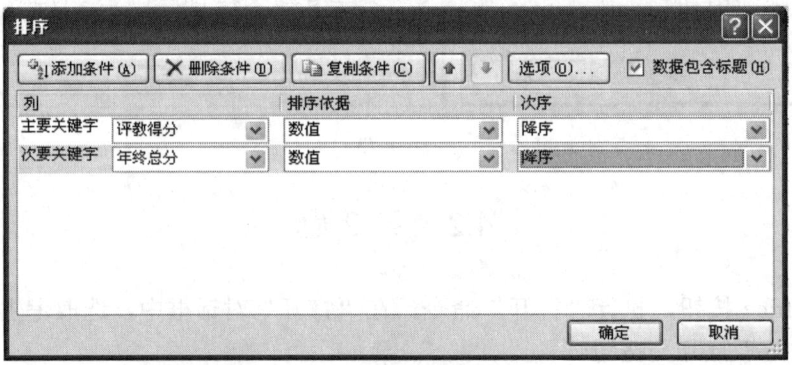

图 4-75

（3）在 Sheet2 工作表，选中单元格区域 E2:E12，在“开始”选项卡的“样式”组中单击“条件格式”下拉按钮选择“项目选取规则”下的“低于平均值”选项，如图 4-76 所示，在弹出的“单元格设置格式”列表框中选择“浅红填充色深红色文本”选项，单击“确定”按钮；选中单元格区域 H2:H12，在“开始”选项卡的“样式”组中单击“条件格式”下拉按钮选择“项目选取规则”下的“高于平均值”选项，在弹出的“单元格设置格式”列表框中选择“浅红填充色深红色文本”选项，单击“确定”按钮。

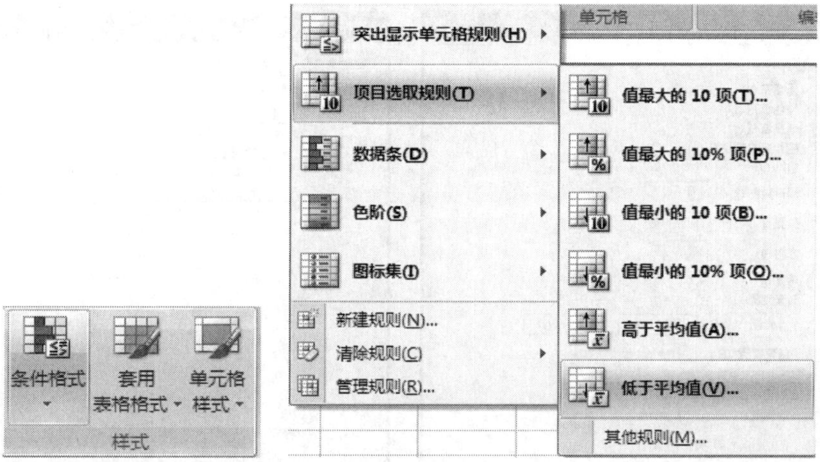

图 4-76

4. 图表的运用

（1）在 Sheet3 工作表中选中单元格区域 A2:A12，按住 Ctrl 键的同时选中单元格区域 H2:H12，在“插入”选项卡的“图表”组中单击“柱形图”下拉按钮选中“圆锥图”中的“簇状圆锥图”选项，生成基本图表。

（2）在“设计”选项卡的“数据”组中单击“切换行/列”按钮，将图表调整为样文图表所示格式。

（3）在“布局”选项卡的“标签”组中单击“图表标题”按钮，在下拉列表中选择“图表上方”选项，在图表标题中输入“教师评教积分表”。选中图表标题右击，选择“设置图表标题格式”选项。打开“设置图表标题格式”对话框，在左侧选择“填充”选项卡，在右侧的“填充”中选中“渐变填充”单选按钮，如图 4-77 所示；在左侧选择“边框颜色”选项卡，在右侧的“边框颜色”中选中“实线”单选按钮，在“颜色”中选择“标准色”中的“橙色”，单击“关闭”按钮。

（4）在图表的图例位置右击，在弹出的快捷菜单中选择“设置图例格式”选项，打开“设置图例格式”对话框，在左侧选择“图例选项”选项卡，在右侧的“图例位置”中选中“底部”单选按钮和“显示图例，但不与图表重叠”复选框，如图 4-78 所示；在左侧选择“填充”选项卡，在右侧的“填充”中选中“渐变填充”单选按钮；在左侧选择“边框颜色”选项卡，在右侧的“边框颜色”中选中“实线”单选按钮，在“颜色”中选择“标准色”中的“橙色”，单击“关闭”按钮。

（5）选中整个图表右击，选择“设置图表区域格式”选项，打开其对话框，在左侧选择“边框颜色”选项卡，在右侧的“边框颜色”中选中“实线”单选按钮，在“颜色”中选择“标准色”中的“橙色”；在左侧选择“边框样式”选项卡，在右侧的“宽度”文本框中输入“1.5 磅”，单击“关闭”按钮；选中整个图表，适当调整其位置。

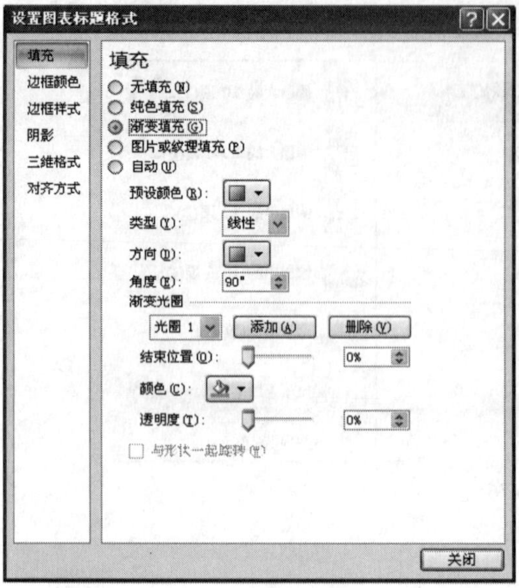

图 4-77

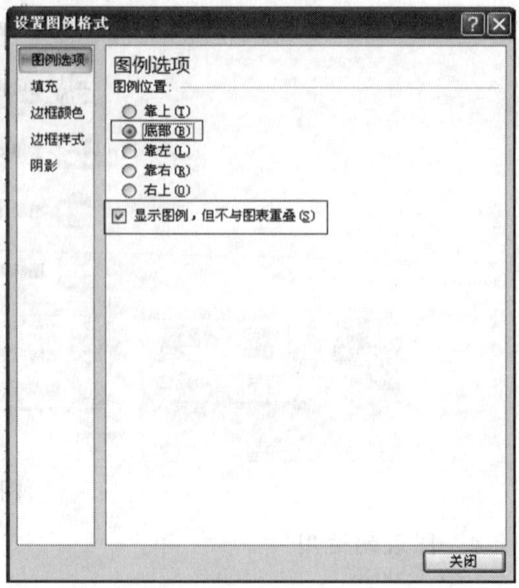

图 4-78

5. 数据、文档的修订与保护

单击 Sheet3 工作表的任意单元格，单击“审阅”选项卡，在“更改”组中单击“保护工作簿”下拉按钮选择“限制编辑”下的“保护结构和窗口”选项，勾选“结构”和“窗口”复选框，在“密码(可选)”文本框中输入“gjks4-2”，单击“确定”按钮，在“重新输入密码”文本框中输入“gjks4-2”，单击“确定”按钮。

4.3　第 3 题

单击 Office 按钮，执行“打开”命令，在“打开”对话框中，选取考生文件夹中的 A4.xlsx，单击“打开”按钮。

1. 表格的环境设置与修改

（1）在工作簿下方单击“插入工作表”按钮，自动生成 Sheet4 工作表。

（2）选择 Sheet1 工作表，选中单元格区域 A1:G9，右击，在弹出的快捷菜单中选择“复制”选项；选择 Sheet4 工作表，选中 A1 单元格，右击，在弹出的快捷菜单中选择“粘贴”选项。

（3）右击 Sheet4 工作表标签，在弹出的快捷菜单中选择“重命名”选项，此时的 Sheet4 工作表标签呈反白显示，输入新的工作表名“抽样调查表”，按 Enter 键。

（4）选中“抽样调查表”工作表的标题单元格 A1，在上方的“名称”文本框中输入“抽样调查”，按 Enter 键。

2. 表格格式的编排与修改

（1）在 Sheet1 工作表中，选中单元格区域 A1:G1，单击“开始”选项卡中“对齐方式”组中的“合并后居中”按钮；在“字体”组中，在“字体”列表框中选择“隶书”，在“字号”列表框中选择“18”，在“填充颜色”列表框中选择“深蓝”色；选中标题行，右击，在打开的下拉列表中执行“行高”命令；在“行高”文本框中输入“25”，单击“确定”按钮。

（2）选中表头行单元格区域 A2:G2，按住 Ctrl 键的同时选中第一、二列单元格区域 A3:B9，在“字体”组中的“字体”列表框中选择“方正姚体”，在“填充颜色”列表框中选择“蓝色”。

（3）选中单元格区域 A1:G9，在“填充颜色”列表框中选择“其他颜色”，打开“颜色”对话框，在“自定义”选项卡下输入 RGB 值 220、240、245。

（4）选中单元格区域 C3:F3，在“公式”选项卡的“函数库”组单击“自动求和”按钮，在下拉列表中选择“求和”选项。

（5）选中单元格 G3，并将光标放置单元格右下角处，待光标变成“十”字形，按住鼠标左键并向下拖拽，松开鼠标，同列其他公司数据自动生成。

3. 数据的管理与分析[ii]

（1）在 Sheet2 工作表中，选中单元格区域 A2:F9，在“插入”选项卡的“数据透视表”组中单击“数据透视表”按钮。

（2）打开“创建数据透视表”对话框，在“选择放置数据透视表的位置”选中“现有工作表”单选按钮，在其下方的“位置”文本框中输入“Sheet2!B15”，单击“确定”按钮，如图4-79所示。

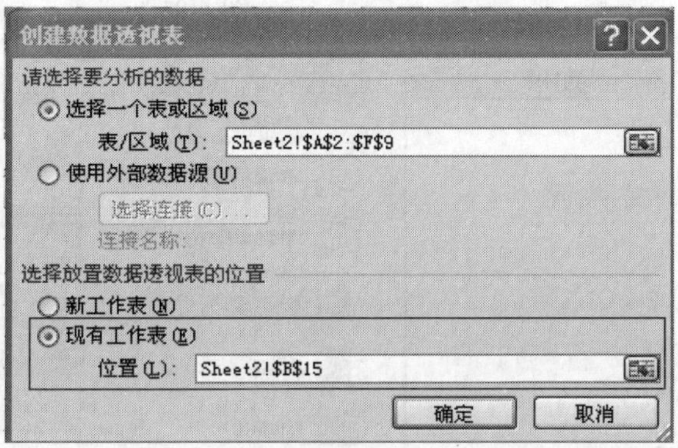

图 4-79

（3）在 Sheet2 工作表中，在“数据透视表字段列表”区域中，将“所在城市”拖拽到报表筛选区域，“公司名称”拖拽到列标签区域，“1～4 月份”拖拽到数值区域，如图 4-80 所示。

（4）将“在以下区域间拖动字段:”选项区域中“列标签”下的“数值”拖拽至“行标签”；在当前工作表（Sheet2）中，选中 B16 单元格，在“编辑栏”中删除文字“值”，输入“数值”，选中 C15 单元格，在“编辑栏”中删除文字“列标签”，输入“公司名称”如图 4-81 所示。

ii “数据透视表的使用”考核点将在“第 5 章 数据表处理的综合操作”中讲述。

（5）单击 C13 单元格旁的下拉按钮选择“郑州”，单击“确定”按钮；选中单元格区域 C17:F20，单击“开始”选项卡，在“样式”组中单击“条件格式”下拉按钮选择“数据条”下的“紫色数据条”选项，如图 4-82 所示。完成后单击任意单元格。

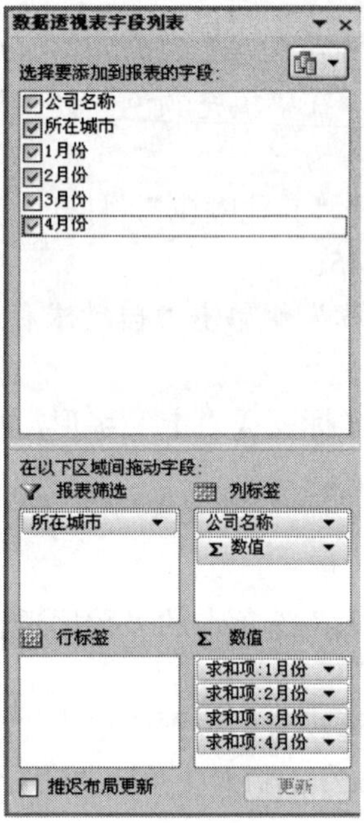

图 4-80

	公司名称							
数值	达利营销	大众房产	好运搬运	惠民房产	民安物业	新地广告	园苑房产	总计
求和项:1月份	587	785	875	876	587	497	687	4894
求和项:2月份	875	852	578	781	487	985	658	5216
求和项:3月份	598	213	547	562	785	698	658	4061
求和项:4月份	357	963	950	741	659	657	854	5181

图 4-81

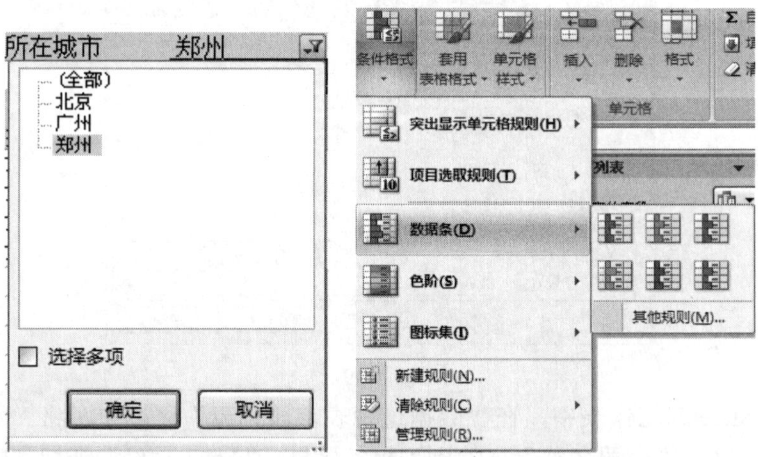

图 4-82

4. *图表的运用*

（1）在 Sheet3 工作表中选中单元格 A3，按住 Ctrl 键同时选中单元格区域 C3::F3、单元格 A7 和单元格区域 C7:F7、单元格 A9 和单元格区域 C9:F9，在“插入”选项卡的“图表”组中单击“折线图”下拉按钮，再单击“二维直线图”中的“带数据标记的折线图”按钮，生成基本图表。

（2）在“布局”选项卡的“标签”组中单击“图表标题”按钮，在下拉列表中选择“图表上方”选项，在图表标题中输入“郑州市各公司利税调查表”。

（3）选中整个图表，在“图表工具”下选择“格式”选项卡，在“形状样式”组中单击“形状填充”下拉按钮选择“标准色”中的“浅绿”；在“形状样式”组中单击“形状填充”下拉按钮，选择“渐变”中“浅色变体”下的“线性向上”选项，如图 4-83 所示；选中整个图表，适当调整其位置。

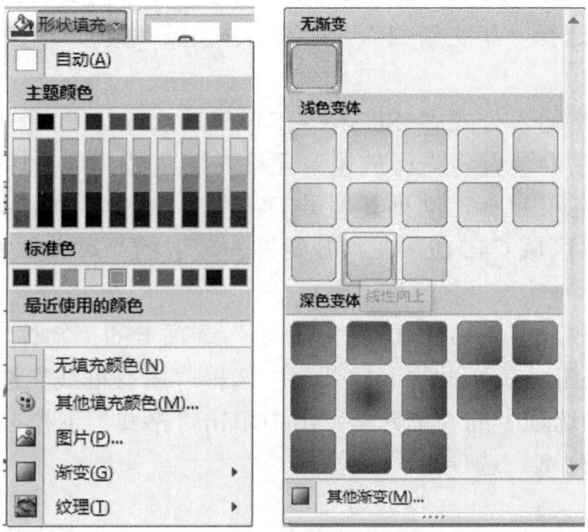

图 4-83

5. 数据、文档的修订与保护

单击 Sheet3 工作表的任意单元格，单击“审阅”选项卡，在“更改”组中单击“保护工作簿”下拉按钮选择“限制编辑”下的“保护结构和窗口”选项，勾选“结构”和“窗口”复选框，在“密码(可选)”文本框中输入“gjks4-3”，单击“确定”按钮，在“重新输入密码”文本框中输入“gjks4-3”，单击“确定”按钮。

4.4　第 4 题

单击 Office 按钮，执行“打开”命令，在“打开”对话框中，选取考生文件夹中的 A4.xlsx，单击“打开”按钮。

1. 表格的环境设置与修改

（1）选中 Sheet1 工作表中的第 1 行，右击，在打开的下拉列表中执行“插入”命令。

（2）选中 Sheet1 工作表的标题单元格 A1，输入“公司职员工资表”，按 Enter 键。

（3）选中第 2 行，右击，在打开的下拉列表中执行“插入”命令；选中单元格区域 A2:A3，单击“开始”选项卡，在“对齐方式”组中单击“合并后居中”按钮和“垂直居中”按钮，以此方法设置 B2:B3、C2:C3、D2:D3、E2:E3、F2:F3、J2:J3 的单元格对齐方式。

（4）选中单元格区域 G2:I2，单击“开始”选项卡的“对齐方式”组中的“合并后居中”按钮；在 G2 单元格中输入“扣除”。

2. 表格格式的编排与修改

（1）在 Sheet1 工作表中，选中单元格区域 A1:J1，单击“开始”选项卡中“对齐方式”组中的“合并后居中”按钮；在“字体”组中，在“字体”列表框中选择“隶书”，在“字号”列表框中选择“22”；选中表格的表头行单元格区域 A2:J3，在“字体”组中，在“字体”列表框中选择“华文新魏”，在字形中选择“倾斜”，在“字号”列表框中选择“14”。

（2）在 J4 单元格输入公式“=SUM(C4:F4)-SUM(G4:I4)”，按 Enter 键。

（3）选中单元格 J4，并将光标放置单元格右下角处，待光标变成“十”字形，按住鼠标并向下拖动，松开鼠标，同列其他员工实发工资自动生成。

（4）选中单元格区域 C4:J19，在“开始”选项卡的“对齐方式”组中单击“居中”按钮。

（5）选中整个表格区域 A1:J19，在“开始”选项卡的“字体”组中，单击“框线”按钮右侧的下拉按钮，在弹出的下拉列表中选择“所有框线”选项。

（6）在“开始”选项卡的“单元格”组中单击“格式”下拉按钮，选择“单元格大小”下的“自动调整列宽”选项。

3. 数据的管理与分析

（1）在 Sheet2 工作表中，选中任一单元格，在“数据”选项卡的“分级显示”组中单击“分类汇总”按钮。

（2）打开“分类汇总”对话框，在“分类字段”列表框中选择“部门名称”选项，在“汇总方式”列表框中选择“平均值”选项，在“选定汇总项”列表中选择“基本工资”选项，单击“确定”按钮，然后单击表格左侧的按钮“2”，如图 4-84 所示。

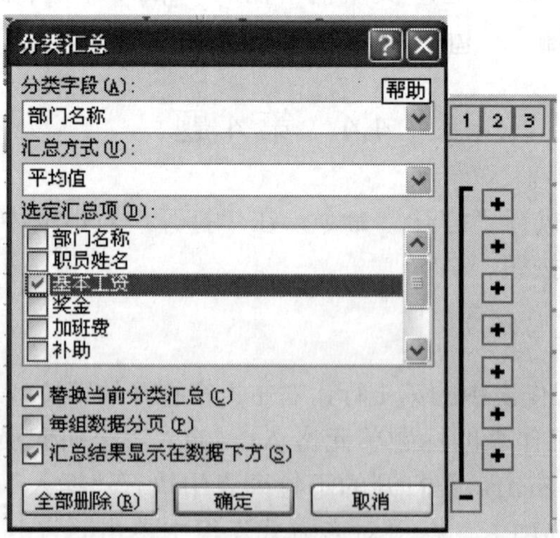

图 4-84

4. 图表的运用

（1）在 Sheet3 工作表中选中单元格区域 B1:C10，在“插入”选项卡的“图表”组中单击“柱形图”下拉按钮，再单击“三维柱形图”下的“三维簇状柱形图”按钮，生成基本图表。

（2）在“图表工具”下单击“布局”选项卡，在“标签”组中分别选择“图例”下的“无”选项和“数据标签”下的“显示”选项。

（3）选中背景墙，在“图表工具”下选择“格式”选项卡，在“形状样式”组中单击“形状填充”下拉按钮选择“标准色”中的“浅绿”，在“形状样式”组中单击“形状填充”下拉按钮，选择“渐变”中“浅色变体”下的“线性向上”选项。

（4）选中基底，在“图表工具”下选择“格式”选项卡，在“形状样式”组中单击“形状填充”下拉按钮选择“标准色”中的“浅绿”，在“形状样式”组中单击“形状填充”下拉按钮，选择“渐变”中“浅色变体”下的“线性向上”。

（5）选中整个图表右击，选择“设置图表区域格式”选项，在左侧选择“边框颜色”选项卡，在右侧的“边框颜色”中选中“实线”单选按钮，在“颜色”中选择“标准色”中的“浅绿”；在左侧选择“边框样式”选项卡，在右侧的“宽度”文本框中输入“1.5 磅”，单击“关闭”按钮；选中整个图表，适当调整其位置。

5. 数据、文档的修订与保护

单击 Sheet3 工作表的任意单元格，单击“审阅”选项卡，在“更改”组中单击“保护工作簿”下拉按钮选择“限制编辑”下的“保护结构和窗口”选项，仅勾选“窗口”复选框，在“密码(可选)”文本框中输入“gjks4-4”，单击“确定”按钮，在“重新输入密码”文本框中输入“gjks4-4”，单击“确定”按钮。

4.5　第 5 题

单击 Office 按钮，执行“打开”命令，在“打开”对话框中，选取考生文件夹中的 A4.xlsx，单击“打开”按钮。

1. 表格的环境设置与修改

（1）选中“性别”所在的列，右击，在打开的下拉列表中执行“剪切”命令。

（2）选中“部门”所在的列，右击，在打开的下拉列表中执行“插入已剪切的单元格”命令。

（3）选中“部门”所在的列，右击，在打开的下拉列表中执行“插入”命令，输入“年龄”相应内容。

（4）选中“奖金”、“补助”和“实际工资”所在的列，右击，在打开的下拉列表中执行“删除”命令，在弹出的对话框中选择“整列”选项。

（5）选中“月薪”所在的列，右击，在打开的下拉列表中执行“插入”命令，输入“职务”相应内容。选中 G 列，右击，在打开的下拉列表中执行“插入”命令。

（6）选中单元格区域 A1，输入“公司职员基本情况一览表”。

2. 表格格式的编排与修改

（1）在 Sheet1 工作表中，选中单元格区域 A1:G1，单击“开始”选项卡的“对齐方式”组中的“合并后居中”按钮；在“字体”组的“字体”列表框中选择“华文行楷”，在“字号”列表框中选择“18”。

（2）选中表头行单元格区域 A2:G2，在“字体”组的“字体”列表框中选择“楷体_GB2312”，在“字号”列表框中选择“14”，在字形中单击“倾斜”、“加粗”按钮。

（3）选中单元格区域 A1:G10，在“开始”选项卡的“对齐方式”组中单击“居中”按钮；在“开始”选项卡的“单元格”组中单击“格式”下拉按钮，选择“单元格大小”下的“自动调整列宽”选项；在“开始”选项卡的“字体”组中，单击“下框线”下拉按钮选择“所有框线”选项。

3. 数据的管理与分析

（1）在 Sheet2 工作表中，选中单元格区域 D1:F9，在“数据”选项卡的“排序和筛选”组单击“排序”按钮。

（2）打开“排序”对话框，在“主要关键字”中选择“月薪”选项，“次序”中选择“降序”选项；单击“添加条件”按钮，弹出“次要关键字”列表框，选择“补助”选项，再次单击“添加条件”按钮，弹出“次要关键字”列表框，选择“奖金”选项，在“次序”中选择“降序”选项，单击“确定”按钮。

（3）在 Sheet2 工作表，选中单元格区域 D2:F9，在“开始”选项卡的“样式”组中单击“条件格式”下拉按钮选择“项目选取规则”下的“值最小的 10 项”选项，在弹出的对话框中选择数值“7”，在“单元格设置格式”列表框中选择“浅红色填充”选项，单击“确定”按钮。

4. 图表的运用

（1）在 Sheet3 工作表中选中单元格区域 A1:A9，同时按 Ctrl 键选中单元格区域 F1:F9，在“插入”选项卡的“图表”组中单击“饼图”下拉按钮，再单击“三维饼图”下的“三维饼图”按钮，生成基本图表。

（2）在“图表工具”下选择“布局”选项卡，在“标签”组中选择“数据标签”下的“其他数据标签选项”选项，在打开的“设置数据标签格式”对话框中的“标签选项”下勾选“百分比”复选框，如图 4-85 所示。

（3）在图表的图例位置右击，在弹出的快捷菜单中选择“设置图例格式”选项，打开“设置图例格式”对话框，在左侧选择“填充”选项卡，在右侧的“填充”中选中“渐变填充”单选按钮；在左侧选择“边框颜色”选项卡，在右侧的“边框颜色”中选中“实线”单选按钮，在“颜色”中选择“标准色”中的“黑色”，单击“关闭”按钮。

（4）选中整个图表右击，选择“设置图表区域格式”选项，在左侧选择“边框颜色”选项卡，在右侧的“边框颜色”中选中“实线”单选按钮，在“颜色”中选择“标准色”中的“紫色”；在左侧选择“边框样式”选项卡，在右侧的“宽度”文本框中输入“2 磅”，单击“关闭”按钮；选中整个图表，适当调整其位置。

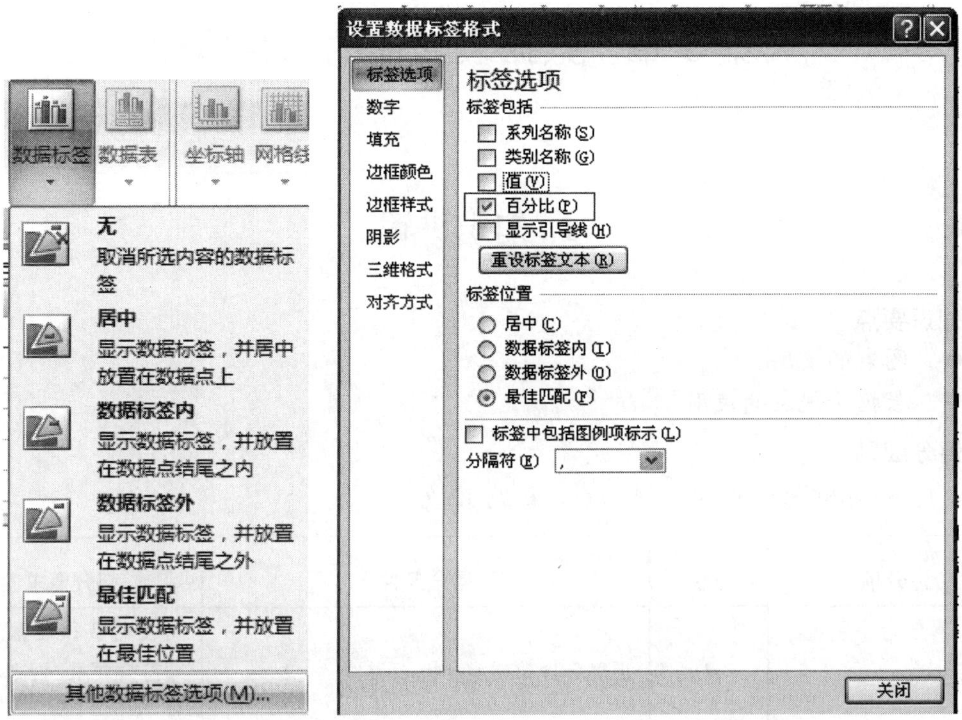

图 4-85

5. 数据、文档的修订与保护

单击 Sheet3 工作表的任意单元格，在“审阅”选项卡的“更改”组中，单击“保护工作表”按钮，打开“保护工作表”对话框，在“取消工作表保护时使用的密码”文本框中，为工作表输入密码“gjks4-5”，单击“确定”按钮，在弹出的“确认密码”对话框中，重新输入密码“gjks4-5”，单击“确定”按钮。

第 5 章　数据表处理的综合操作

Ⅰ. 知识讲解

知识要点

- 图表的使用
- 数据透视表的使用

评分细则

（1）操作题题型 1，4 个评分点，每题 12 分。

评分项	分值	得分条件	判分要求
创建图表	2	正确选择数据源和图表类型	图表类型和数据源必须符合要求，否则不得分
设定图表的格式	4	正确添加标题并设置标题、坐标、图例等文字格式	必须全部正确完成设置，否则不得分
修改图表中的数据	2	按指定要求在图表中正确修改数值并显示修改结果	注意判定表格中数值是否相应修改
为图表添加外部数据	2	正确添加指定的外部数据	必须运用添加数据源方式完成，否则不得分

（2）操作题题型 2，3 个评分点，每题 12 分。

评分项	分值	得分条件	判分要求
创建图表	3	正确选择数据源和图表类型	图表类型和数据源必须符合要求，否则不得分
图表格式的修订	5	正确完成数据标志、线形、颜色等图表格式设置	错一项扣 1 分，直至扣完为止
为图表添加误差线	2	正确设置图表误差线显示方式、误差量及颜色	各项设置必须全部正确完成，否则不得分

5.1　图表的使用

在 Excel 2007 中，只需在功能区上选择图表类型、图表布局和图表样式，便可很轻松地创建具有专业外观的图表。如果将喜欢的图表作为图表模板保存，之后无论何时新建图表，都可以轻松应用该模板，创建图表就更加容易了。

5.1.1　创建图表

Excel 2007 支持多种类型的图表，可以根据需要选择图表类型来显示数据。创建图表或更改现有图表时，可以从许多图表类型及其子类型中进行选择。也可以通过在图表中使用多种图表类型来创建组合图，如图 5-1 所示。

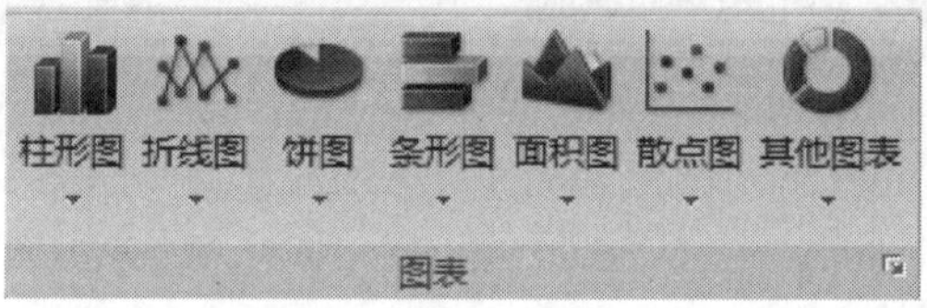

图 5-1

要在 Excel 中创建可在以后进行修改并设置格式的基本图表，首先要在工作表中输入该图表的数据，然后，选择该数据并在功能区“插入”选项卡的“图表”组中选择要使用的图表类型即可。对于多数图表（如柱形图和条形图），可以将工作表的行或列中排列的数据绘制在图表中。但某些图表类型（如饼图和气泡图）则需要特定的数据排列方式。

1. 创建图表

在“插入”选项卡的“图表”组中，可以执行创建图表的操作。创建图表的具体操作步骤如下。

（1）选择包含要用于图表的数据的单元格。

如果只选择一个单元格，则 Excel 自动将紧邻该单元格的包含数据的所有单元绘制在图表中。如果要绘制在图表中的单元格不在连续的区域中，那么只要选择的区域为矩形，便可以选择不相邻的单元格或区域。还可以隐藏不想绘制在图表中的行或列。若要取消选择的单元格区域，则单击工作表中的任意单元格。

（2）在“插入”选项卡的“图表”组中，选择图表类型，然后选择要使用的图表子类型。图表将作为嵌入图表出现在工作表上。

如果要查看所有可用图表类型，先选择图表类型，然后选择“所有图表类型”选项，打开“插入图表”对话框，选择要使用的图表类型，如图 5-2 所示。

注意：当指针停留在任何图表类型或图表子类型上时，屏幕提示将显示图表类型的名称。

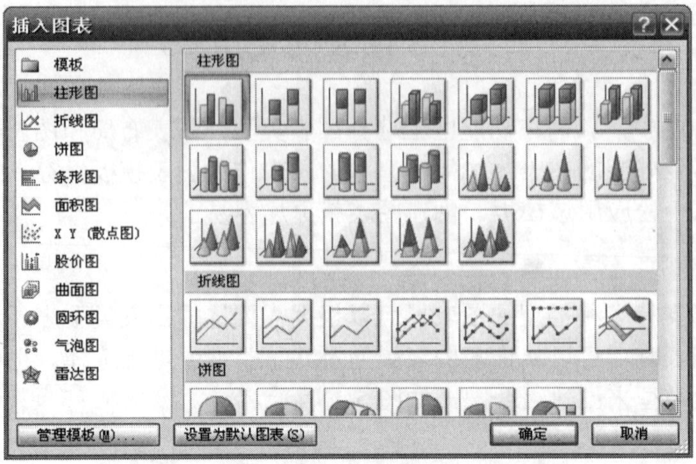

图 5-2

2. 更改数据

创建图表后，可以根据需要选择“设计”选项卡下的“数据”组调整图表中的数据。

（1）切换行/列。

单击嵌入的图表，在“设计”选项卡的“数据”组中，单击“切换行/列”按钮，如图 5-3 所示。可以交换坐标轴上的数据，标在 X 轴上的数据将移到 Y 轴上，反之亦然。

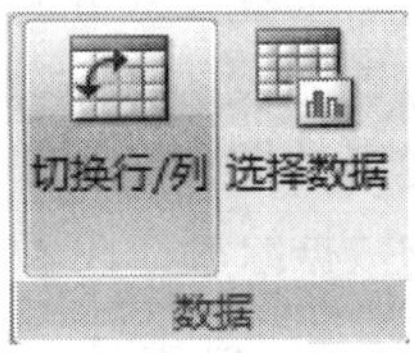

图 5-3

（2）选择数据。

单击嵌入的图表，在“设计”选项卡的“数据”组中，单击“选择数据”按钮。可以更改图表中包含的数据区域。

打开“选择数据源”对话框（如图 5-4 所示），在“图表数据区域”文本框中可以重新选择数据区域，则将替换系列窗格中的所有系列；在“图例项（系列）”区域可以添加、编辑和删除图例，在打开的“编辑数据系列”对话框中更改图例的名称和值，单击“压缩对话框”按钮进行单元格区域引用；还可以用移动按钮调整图例的位置；如图 5-5 所示。

在“水平（分类）轴标签”区域可以编辑水平轴标签区域。在打开的“轴标签”对话框中修改轴标签，单击“压缩对话框”按钮进行单元格区域引用，如图 5-6 所示。

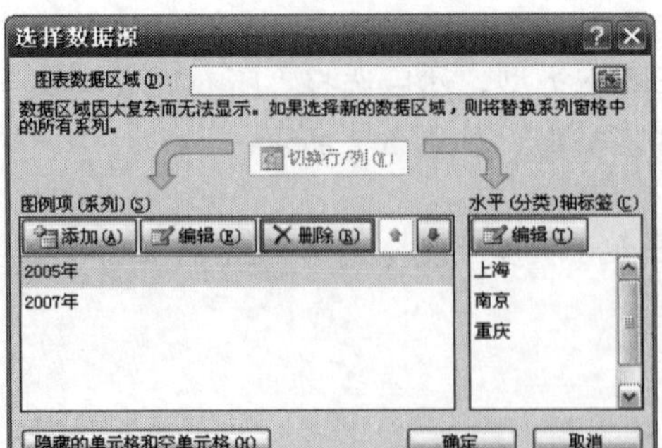

图 5-4

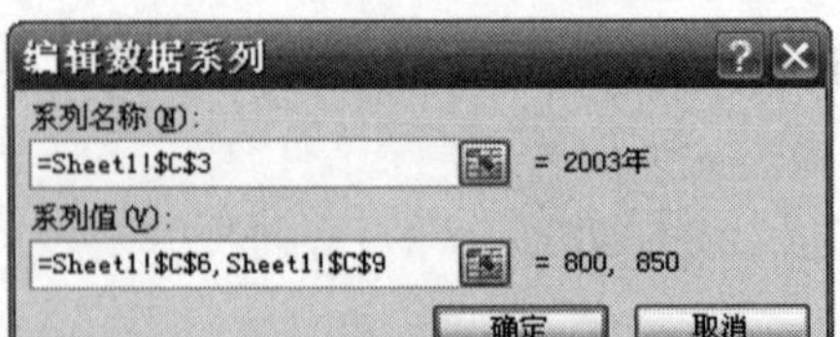

图 5-5

图 5-6

5.1.2　编辑图表

创建图表后，图表工具变为可用状态，显示“设计”、“布局”和“格式”选项卡。可以使用这些选项卡的命令修改图表，以使图表按照所需的方式表示数据。例如，可以使用“设计”选项卡按行或列显示数据系列，更改图表的源数据，更改图表的位置，更改图表类型，将图表保存为模板或选择预定义布局和格式选项。可以使用“布局”选项卡更改图表元素（如图表标题和数据标签）的显示，使用绘图工具或在图表上添加文本框和图片。可以使用“格式”选项卡添加填充颜色、更改线型或应用特殊效果。

1. 图表元素

图表中包含许多元素，如图 5-7 所示。默认情况下会显示其中一部分元素，而其他元素可以根据需要添加。通过将图表元素移到图表中的其他位置、调整图表元素的大小或者更改格式，可以更改图表元素的显示。还可以删除不希望显示的图表元素。

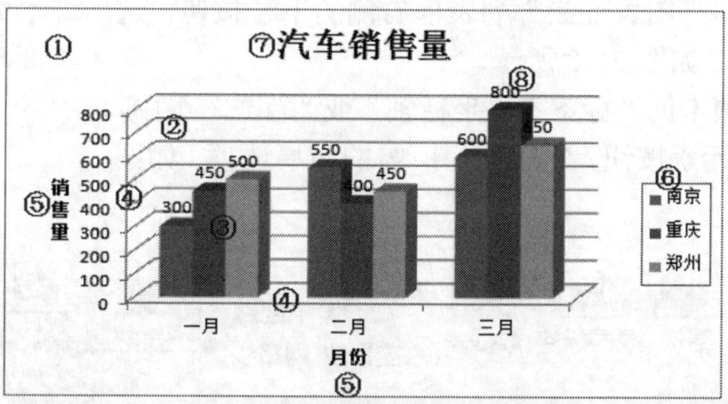

①图表的图表区 ②图表的绘图区 ③数据系列的数据点 ④横（分类）和纵（值）坐标轴
⑤横和纵坐标轴标题 ⑥图表的图例 ⑦图表标题 ⑧数据标签

图 5-7

2. 更改图表的布局或样式

创建图表后，可以快速向图表应用预定义布局和样式来更改它的外观，而无需手动添加或更改图表元素或设置图表格式。Excel 2007 提供了多种有用的预定义布局和样式供用户选择，也可以通过手动更改各个图表元素的布局和样式来自定义布局或样式。

（1）应用预定义图表布局。

单击要使用的预定义图表布局来设置其格式的图表，在“设计”选项卡的“图表布局”组中，选择要使用的图表布局。若要查看所有可用的布局，单击“更多”按钮即可，如图 5-8 所示。

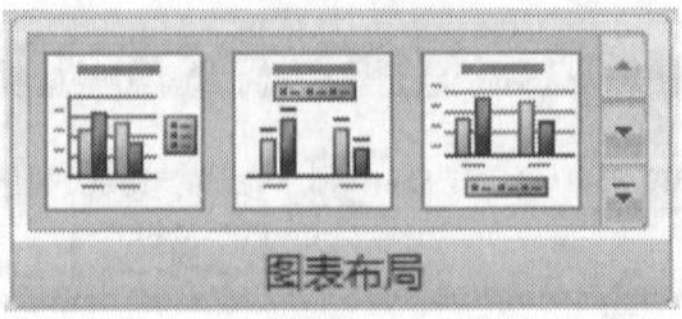

图 5-8

（2）应用预定义图表样式。

单击要使用的预定义图表样式来设置其格式的图表，在“设计”选项卡的“图表样式”组中，单击要使用的图表样式。若要查看所有预定义图表样式，单击“其他”按钮即可，如图 5-9 所示。

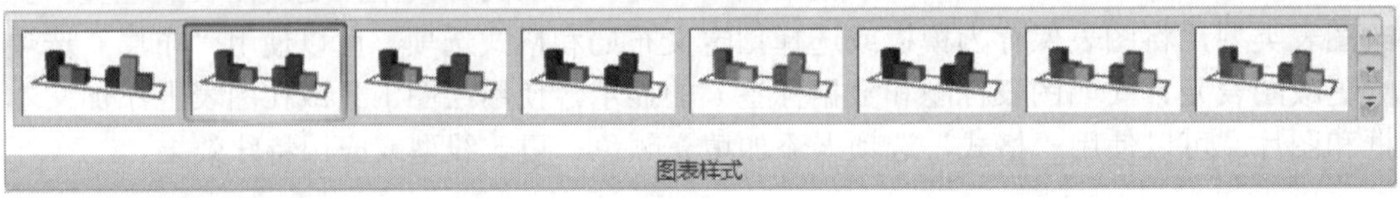

图 5-9

（3）手动更改图表元素的布局。

单击要更改其布局的图表或图表元素，或者单击图表内的任意位置以显示“图表工具”，在“格式”选项卡的“当前所选内容”组中，单击“图表元素”列表框右侧的下拉按钮，选择所需的图表元素，如图 5-10 所示。

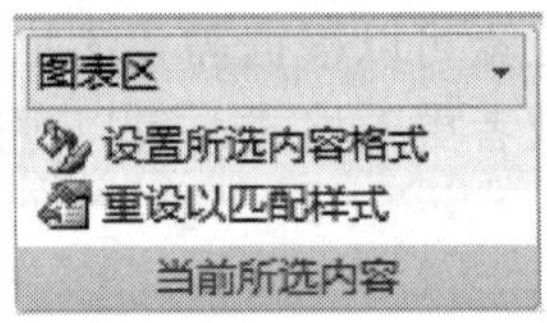

图 5-10

在“布局”选项卡的“标签”、“坐标轴”或“背景”组中，单击要更改的图表元素按钮，然后选择所需的布局选项，如图 5-11 所示。

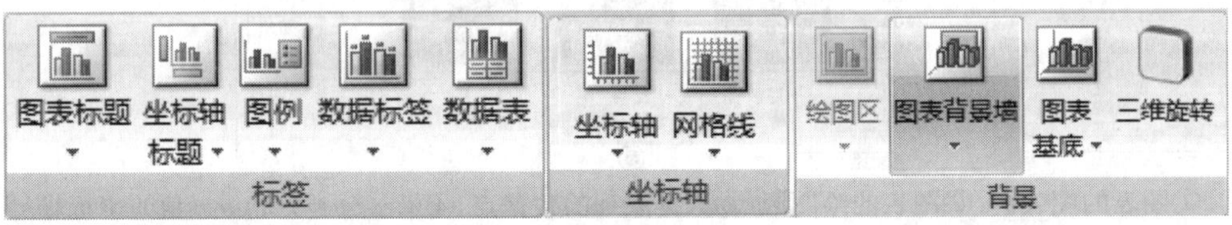

图 5-11

注意：选择的布局选项会应用到已经选定的图表元素。例如，选定整个图表，数据标签将应用到所有数据系列。如果选定单个数据点，则数据标签将只应用于选定的数据系列或数据点。

（4）手动更改图表元素的格式。

单击要更改其布局的图表或图表元素，或者单击图表内的任意位置以显示“图表工具”，在“格式”选项卡的“当前所选内容”组中，单击“图表元素”列表框右侧的下拉按钮，选择所需的图表元素。更改图表元素的格式既可以使用设置格式的对话框，也可以使用功能区上的设置按钮。

方法 1：若要为选择的任意图表元素设置格式，可在“当前所选内容”组中选择“设置所选内容格式”选项，然后选择需要的格式选项。

例如，单击“水平（类别）轴”下拉按钮，选择“设置所选内容格式”选项，打开“设置坐标轴格式”对话框，可设置坐标轴的类型、数字、填充、线条颜色、线型、阴影、三维格式、对齐方式等，如图 5-12 所示。

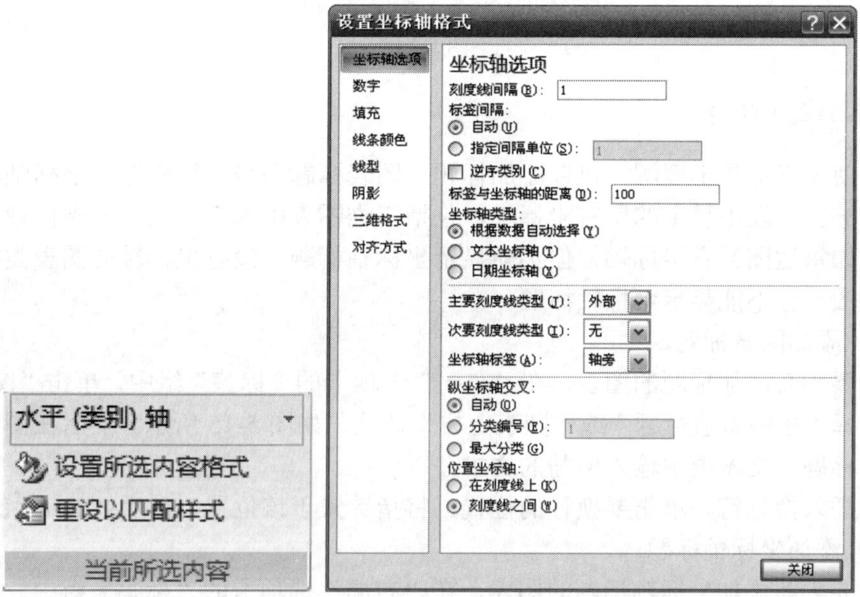

图 5-12

方法 2：在“格式”选项卡的“形状样式”组和“艺术字样式”组中设置图表元素的形状格式和文本格式，如图 5-13 所示。

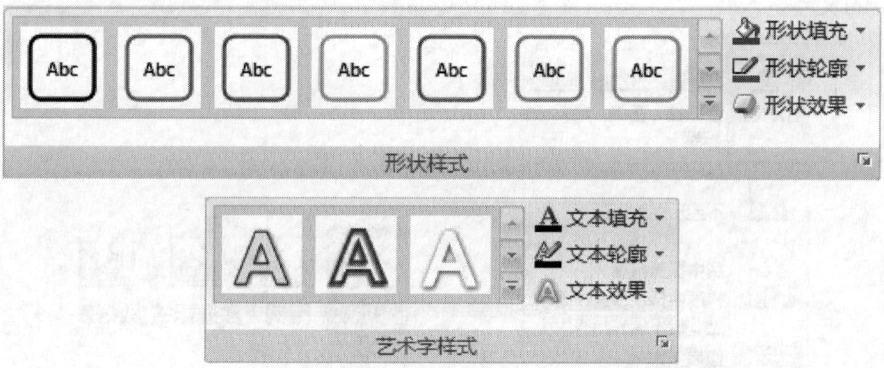

图 5-13

注意：在应用艺术字样式后，则无法删除艺术字格式。如果不需要已经应用的艺术字样式，可以选择另一种艺术字样式，也可以选择“快速访问工具栏”的“撤消”选项以恢复原来的文本格式。

方法 3：若要使用常规文本格式为图表元素中的文本设置格式，可以右击或选择该文本，然后在“浮动工具栏”上选择需要的格式选项。也可以使用功能区“开始”选项卡的“字体”组上的格式设置按钮，如图 5-14 所示。

图 5-14

3. 添加或删除标题

为了使图表更易于理解，可以添加标题，图表标题和坐标轴标题。坐标轴标题通常可用于能够在图表中显示的所有坐标轴，包括三维图表中的竖（系列）坐标轴。有些图表类型（如雷达图）有坐标轴，但不能显示坐标轴标题。没有坐标轴的图表类型（如饼图和圆环图）也不能显示坐标轴标题。

（1）添加图表标题。

单击要为其添加标题的图表，在“布局”选项卡的“标签”组中，单击“图表标题”按钮。选择“居中覆盖标题”或“图表上方”选项，如图 5-15 所示。然后在图表中显示的“图表标题”文本框中输入所需的文本。

若要插入换行符，单击要换行的位置，将指针置于该位置，然后按 Enter 键即可。

（2）添加坐标轴标题。

单击要为其添加坐标轴标题的图表，在“布局”选项卡的“标签”组中，单击“坐标轴标题”右侧的下拉按钮。若要向主要横（分类）坐标轴添加标题，选择“主要横坐标轴标题”选项，然后选择所需的选项；向主要纵（值）坐标轴、竖（系列）坐标轴添加标题使用同样的方法，如图 5-16 所示。然后在图表中显示的“坐标轴标题”文本框中，输入所需的文本。

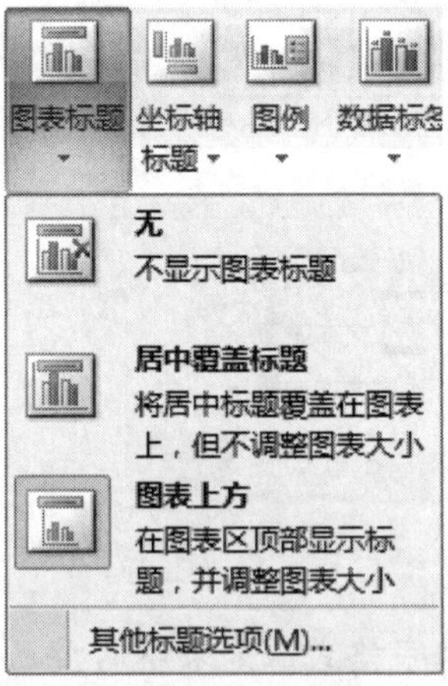

图 5-15

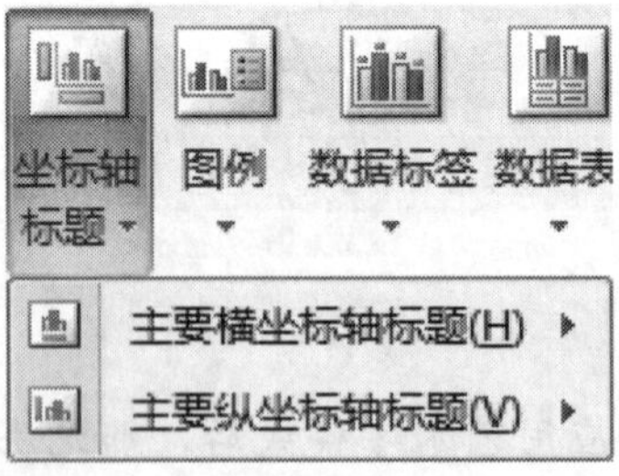

图 5-16

（3）设置标题。

为图表添加完标题后，若要设置标题文本的格式，先选择文本，然后在“浮动工具栏”上选择所需的格式选项。也可以使用功能区“开始”选项卡“字体”组上的格式设置按钮。

若要设置整个标题的格式，可以右击该标题，选择“设置图表标题格式”选项，在打开“设置图表标题格式”对话框中为标题设置填充、边框颜色、边框样式、阴影、三维格式以及对齐方式，如图 5-17 所示。

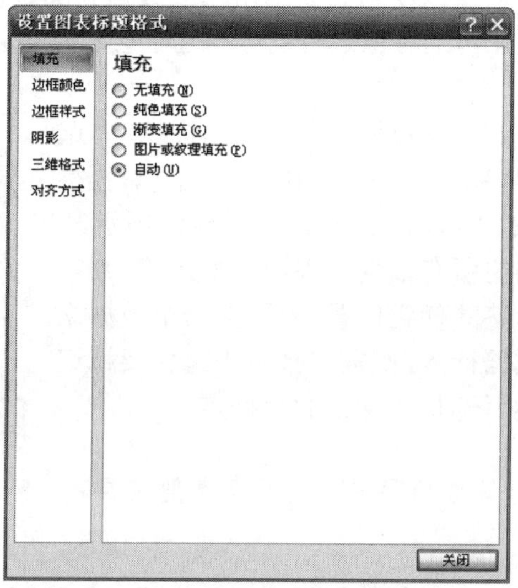

图 5-17

也可以使用“格式”选项卡的“形状样式”组中的样式设置标题，选择要使用的图表样式。若要查看所有的形状样式，则单击“其他”按钮，如图 5-18 所示。

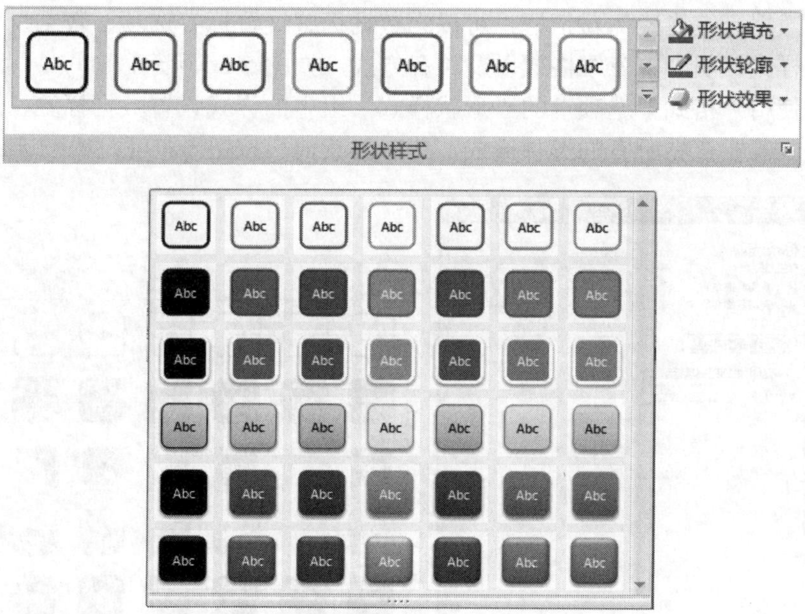

图 5-18

（4）删除标题。

单击图表，在“布局”选项卡的“标签”组中，单击“图表标题”或“坐标轴标题”下拉按钮，然后选择“无”选项。若要快速删除标题，先选中，然后按 Delete 键即可。

4. 添加或删除数据标签

数据标签在创建图表时一般不会显示出来，要快速标识图表中的数据系列，可以向图表的数据点添加数据标签，以便明确显示出相应数据列的数值。默认情况下，数据标签链接到工作表中的值，在对这些值进行更改时它们会自动更新。

（1）添加数据标签。

若要向所有数据系列的所有数据点添加数据标签，先选中图表区，在“布局”选项卡的“标签”组中，单击“数据标签”按钮，然后选择所需的“显示”选项，如图 5-19 所示。

若要向一个数据系列的所有数据点添加数据标签，则需单击该数据系列中需要标签的任意位置。若要向一个数据系列中的单个数据点添加数据标签，则需选择单击包含要标记的数据点的数据系列，然后选择要标记的数据点。

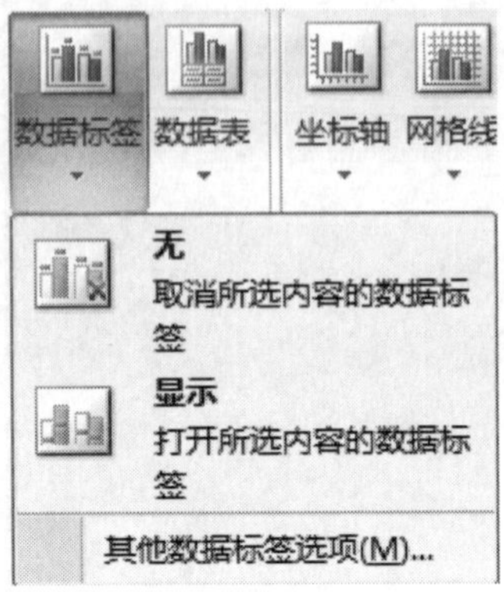

图 5-19

注意：可用的数据标签选项因使用的图表类型而异。

（2）设置数据标签。

添加数据标签后，若要设置数据标签文本的格式，先选择文本，然后在“浮动工具栏”上选择所需的格式选项。也可以使用功能区“开始”选项卡的“字体”组上的格式设置按钮。

若要设置整个数据标签的格式，可以右击该标签，选择“设置数据标签格式”选项，打开“设置数据标签格式”对话框，可以为数据标签设置标签选项、数字、填充、边框颜色、边框样式、阴影、三维格式以及对齐方式，如图 5-20 所示。

也可以使用“格式”选项卡的“形状样式”组中的样式设置数据标签，选择要使用的形状样式。若要查看所有的形状样式，单击“其他”按钮即可，如图 5-21 所示。

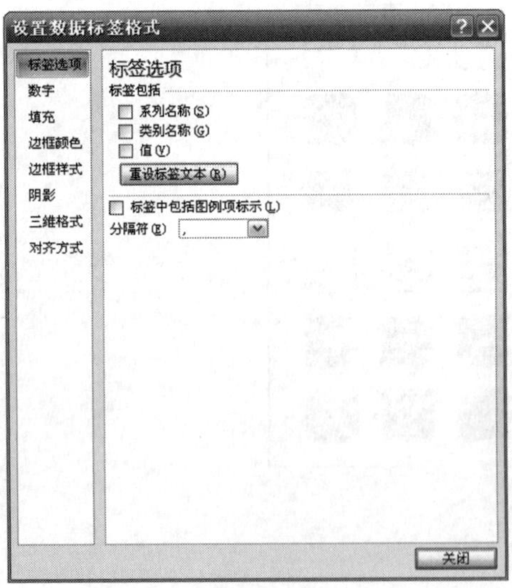

图 5-20

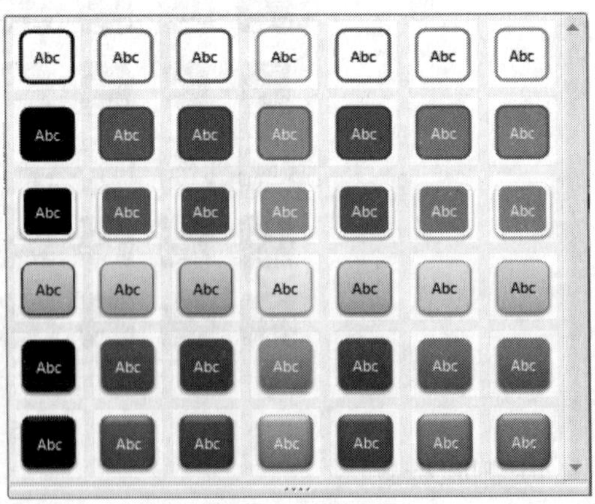
图 5-21

（3）删除数据标签。

单击图表，在“布局”选项卡的“标签”组中，单击“数据标签”按钮，然后选择“无”选项。若要快速删除数据标签，先选中，然后按 Delete 键即可。

5. 设置图表背景

创编图表后，可以设置图表的图表区和绘图区。图表区是构成一切图表要素的基础，没有图表区就没有其他任何的构成要素。绘图区是用相应的图形表示数据的直观表现。如果创建的是三维图表，还可以设置图表的背景墙与基底。

（1）设置图表区。

右击要设置图表区的图表，选择“设置图表区域格式”选项，打开“设置图表区域格式”对话框，可以为图表区域设置填充、边框颜色、边框样式、阴影、三维格式，如果是三维图表，还可以设置三维旋转，如图 5-22 所示。

（2）设置绘图区。

在图表中，绘图区是通过轴来界定的区域，包括所有数据系列。

单击要显示或隐藏绘图区的图表，在“布局”选项卡的“背景”组中，单击“绘图区”按钮，然后选择所需显示选项，如图 5-23 所示。

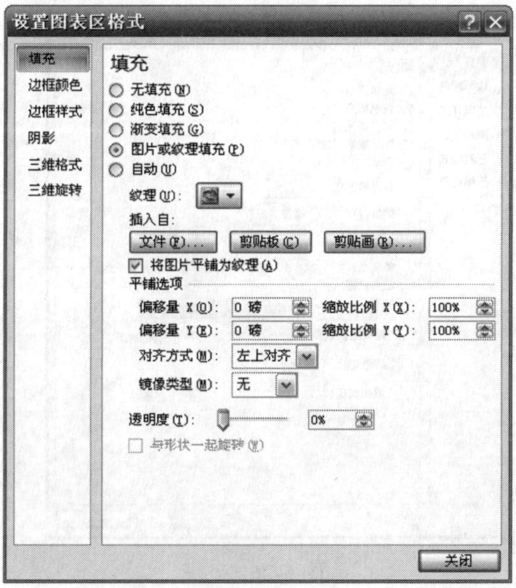

图 5-22

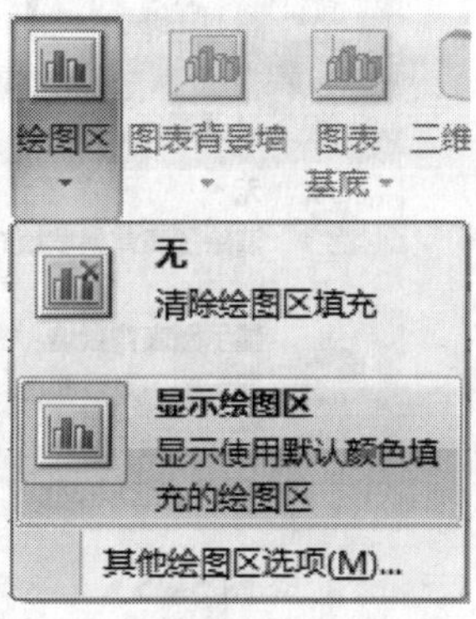

图 5-23

如果要设置绘图区格式，可以选择“其他绘图区选项”按钮，或者右击绘图区，选择“设置绘图区格式”选项，打开“设置绘图区格式”对话框，可以为绘图区设置填充、边框颜色、边框样式、阴影、三维格式，如图 5-24 所示。

（3）设置图表背景墙。

在三维图表中，单击要显示或清除背景墙的图表，在“布局”选项卡的“背景”组中，单击“图表背景墙”按钮，然后选择所需显示选项，如图 5-25 所示。

如果要设置背景墙格式，可以选择“其他背景墙选项”选项，或者右击背景墙，选择“设置背景墙格式”选项，打开“设置背景墙格式”对话框，可以为背景墙设置填充、边框颜色、边框样式、阴影、三维格式以及三维旋转，如图 5-26 所示。

图 5-24

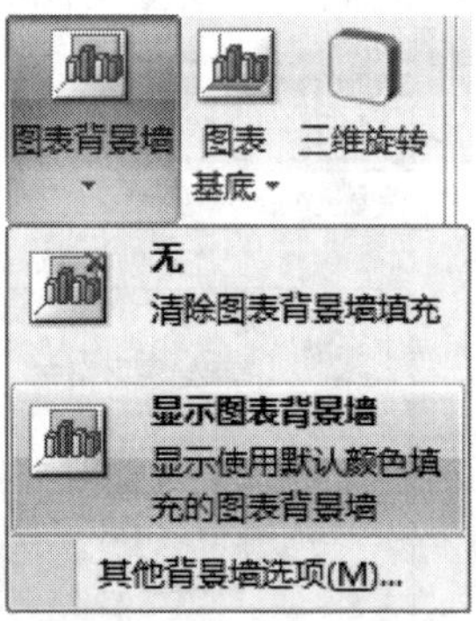

图 5-25

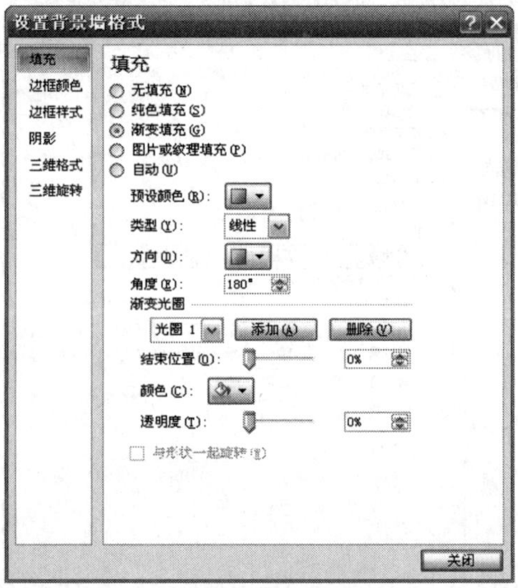

图 5-26

（4）设置图表基底。

在三维图表中，单击要显示或清除图表基底的图表，在“布局”选项卡的“背景”组中，单击“图表基底”按钮，然后选择所需显示选项，如图 5-27 所示。

如果要设置图表基底格式，可以选择“其他基底选项”选项，或者右击图表基底，选择“设置基底格式”选项，打开“设置基底格式”对话框，可以为基底设置填充、边框颜色、边框样式、阴影、三维格式以及三维旋转，如图 5-28 所示。

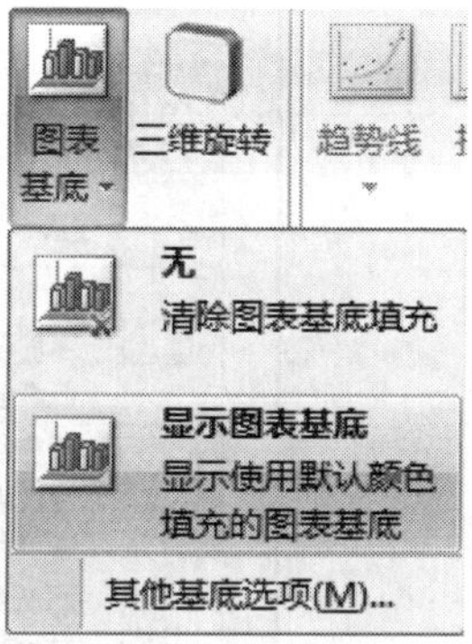

图 5-27

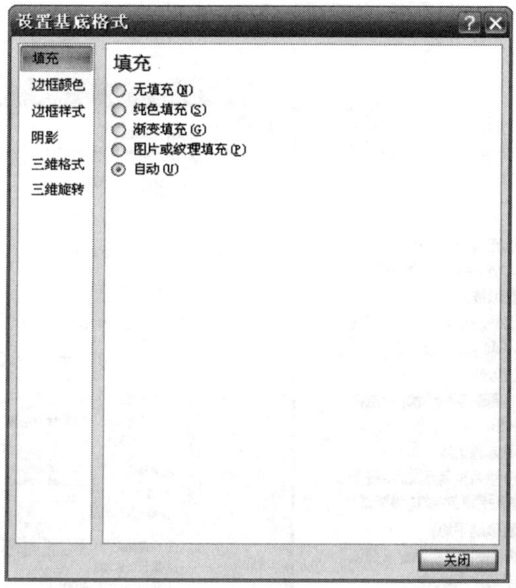

图 5-28

6. 添加数据分析线

在 Excel 2007 中，可以为图表添加趋势线、折线、涨/跌柱线和误差线以便更好地分析数据，如图 5-29 所示。不同类型的图表可以添加的线型也不同。

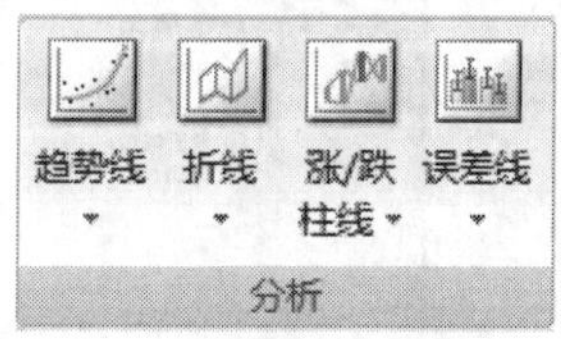

图 5-29

（1）趋势线。

添加趋势线是用图形的方式显示数据的预测趋势并可用于预测分析，也称回归分析。利用回归分析的方法，可以在图表中扩展趋势线，根据实际数据预测未来数据。

单击要为其添加趋势线的数据系列，在“布局”选项卡的“分析”组中，单击“趋势线”按钮，然后选择所需选项，如图 5-30 所示。

若要设置趋势线的格式，可以右击趋势线，选择“设置趋势线格式”选项，打开“设置趋势线格式”对话框，可以为趋势线设置趋势线类型、名称、预测周期、线条颜色、线型、阴影，如图 5-31 所示。

（2）折线。

也可以为图表添加一些折线，垂直线主要出现在二维和三维区域及折线图中，这些线条从数据点延伸至水平（分类）轴，可以帮助识别一个数据标记的终点以及下一个数据标记的起点。高低点连线主要出现在二维折线图中并默认显示在股价图中，高低点连线从每个分类的最高值延伸至最低值。

单击要为其添加折线的图表，在“布局”选项卡的“分析”组中，单击“折线”按钮，然后选择所需选项，如图 5-32 所示。

若要设置垂直线或高低点连线的格式，可以右击垂直线或高低点连线，选择“设置垂直线格式”或“设置高低点连线格式”选项，打开“设置垂直线格式”或“设置高低点连线格式”对话框，可以为垂直线或高低点连线设置线条颜色、线型、阴影，如图 5-33 所示。

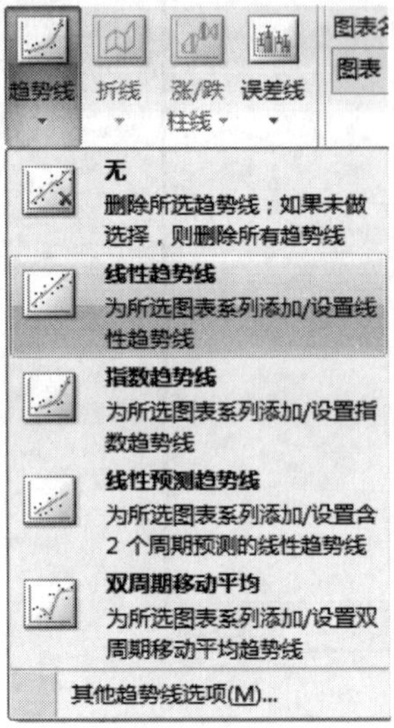

图 5-30

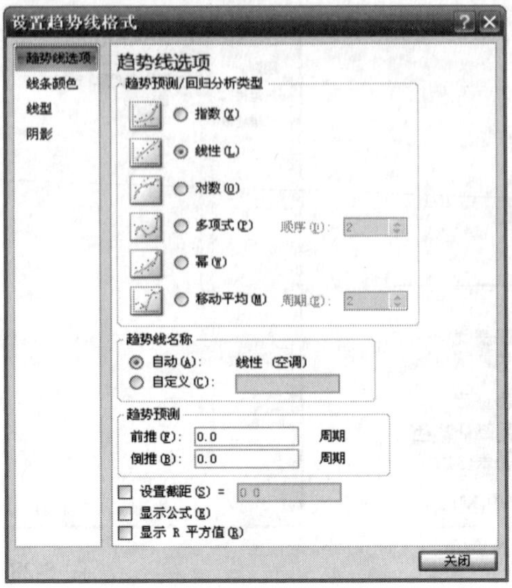

图 5-31

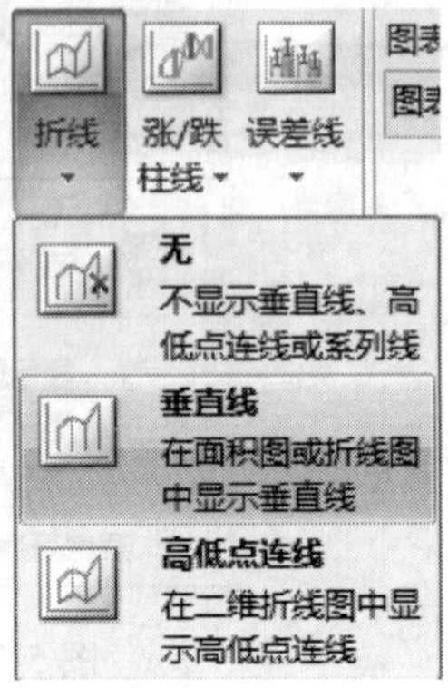

图 5-32

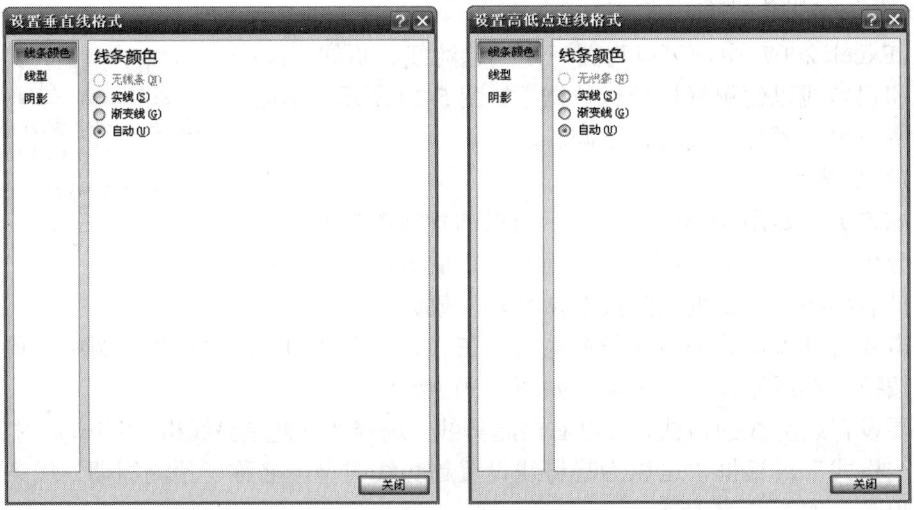

图 5-33

（3）涨/跌柱线。

涨/跌柱线适用于具有多个数据系列的折线图，涨/跌柱线指示第一个数据系列与最后一个数据系列的数据点之间的差异。默认情况下，这些柱线还会添加到股价图中，例如，开盘-盘高-盘低-收盘图和成交量-开盘-盘高-盘低-收盘图。

单击要为其添加涨/跌柱线的数据系列，在“布局”选项卡的“分析”组中，单击“涨/跌柱线”按钮，然后选择所需选项，如图 5-34 所示。

若要设置涨/跌柱线的格式，可以右击涨/跌柱线，选择“设置涨柱线格式”或“设置跌柱线格式”选项，打开“设置涨柱线格式”或“设置跌柱线格式”对话框，可以为涨/跌柱线设置填充、边框颜色、边框样式、阴影、三维格式，如图 5-35 所示。

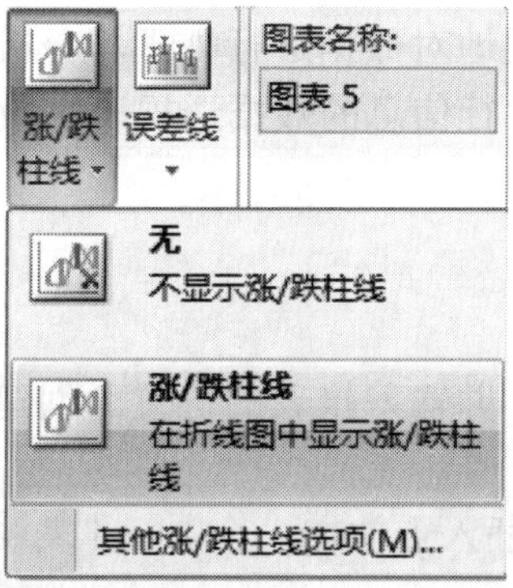

图 5-34

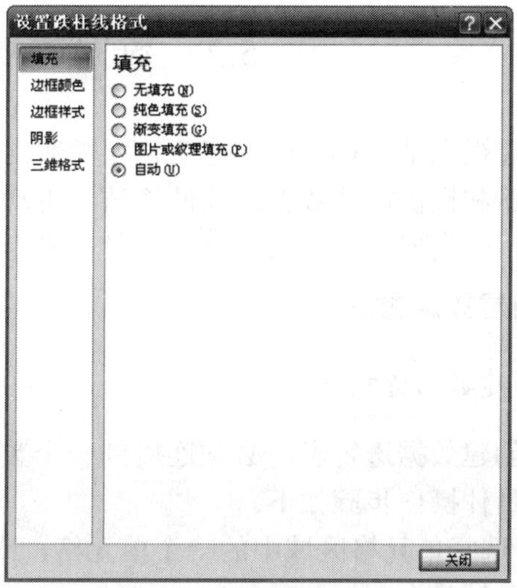

图 5-35

（4）误差线。

在数据统计中，由于存在标准差（平均偏差）或标准误差，常常需要给数据表为图表添加误差线以显示潜在的误差或相对于系列中每个数据标志的不确定程度。简单来说，误差线就是用来反映基线的偏差范围。

可以根据需要向二维区域、栏、列、线条、XY 散点图和气泡图中的数据系列为图表添加误差线。对于 XY 散点图和气泡图，既可以显示 X 值或 Y 值的误差线，也可以同时显示这两者的误差线。

单击要为其图表添加误差线的数据系列，在“布局”选项卡的“分析”组中，单击“误差线”按钮，然后选择所需选项，如图 5-36 所示。

若要设置误差线的格式，可以右击误差线，选择“设置错误栏格式”选项，打开“设置误差线格式”对话框，可以为误差线设置误差线方向、误差值、线条颜色、线型、阴影，如图 5-37 所示。

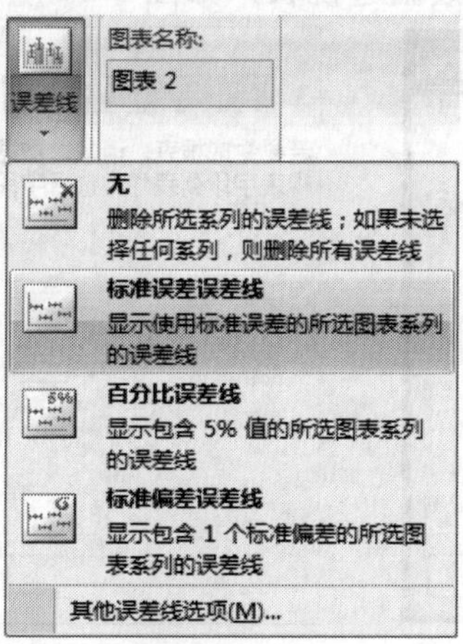

图 5-36

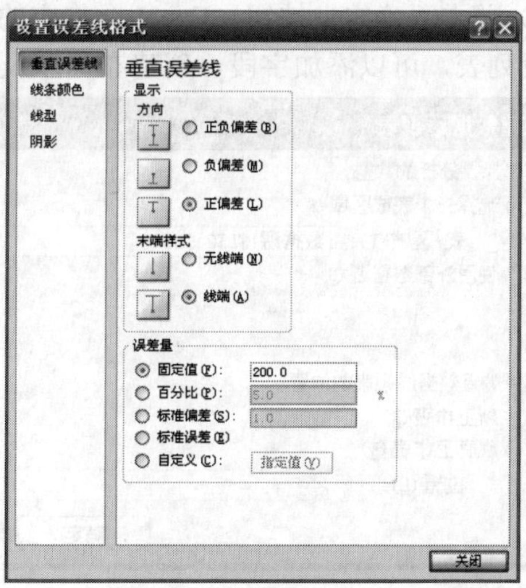

图 5-37

5.2 数据透视表的使用

数据透视表是一种可以快速汇总大量数据的交互式方法。使用数据透视表可以汇总、分析、浏览和提供汇总数据，以便简洁、生动、全面地对数据进行处理与分析。在数据透视表中，源数据中的每列或每个字段都成为汇总多行信息的数据透视表字段。

5.2.1 创建数据透视表

1. 创建数据透视表

若要创建数据透视表，必须连接到一个数据源，并输入报表的位置。创建一个数据透视表的具体操作步骤如下。

（1）选择单元格区域中的一个单元格，或者将插入点放在一个 Excel 表中，同时确保单元格区域具有列标题。

（2）在“插入”选项卡的“表”组中，单击“数据透视表”按钮，然后选择“数据透视表”选项，打开“创建数据透视表”对话框，如图 5-38 所示。

（3）选择需要分析的数据，选中“选择一个表或区域”单选按钮，在“表/区域”文本框中输入单元格区域或表名引用，如“==QuarterlyProfits”。如果在启动向导之前选定了单元格区域中的一个单元格或者插入点位于表中，Excel 会在“表/区域”文本框中显示单元格区域或表名引用。或者单击“压缩对话框”按钮进行单元格区域引用。

（4）选择放置数据透视表的位置。

- 若要将数据透视表放在新工作表中，并以单元格 A1 为起始位置，则选中“新工作表”单选按钮。
- 若要将数据透视表放在现有工作表中，则选中“现有工作表”单选按钮，然后指定要放置数据透视表的单元格区域的第一个单元格。或者单击“压缩对话框”按钮进行单元格区域引用。

（5）单击“确定”按钮，Excel 会将空的数据透视表添加至指定位置并显示数据透视表字段列表，可以添加字段、创建布局以及自定义数据透视表，如图 5-39 所示。

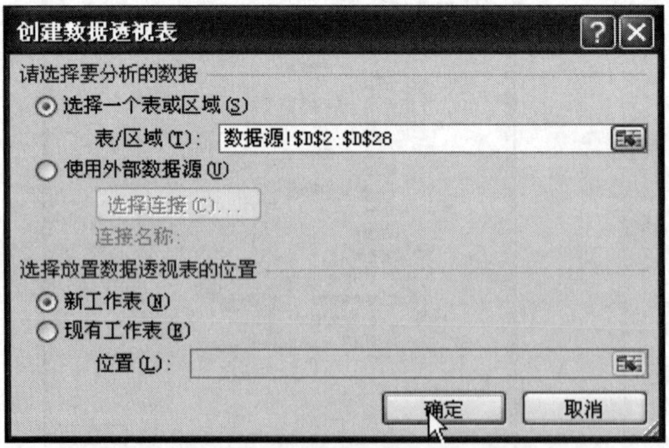

图 5-38

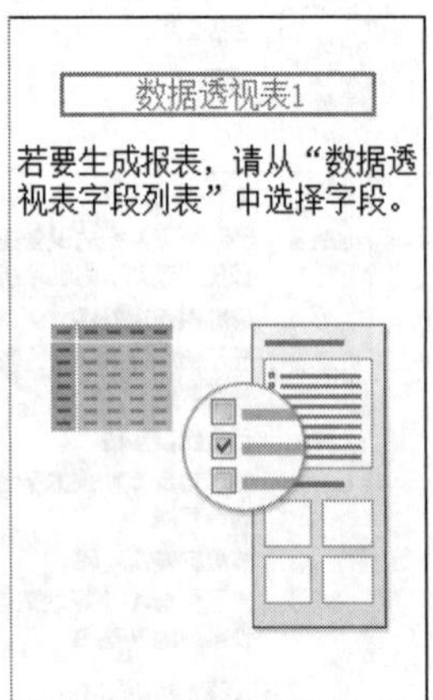

图 5-39

2. 创建字段布局

创建数据透视表后，可以使用数据透视表字段列表来添加字段。如果要更改数据透视表，可以使用该字段列表来重新排列和删除字段。默认情况下，数据透视表字段列表显示两部分：上方的字段部分用于添加和删除字段，下方的布局部分用于重新排列和重新定位字段。可以将数据透视表字段列表停靠在窗口的任意一侧，然后沿水平方向调整其大小；也可以取消停靠数据透视表字段列表，此时既可以沿垂直方向也可以沿水平方向调整其大小，如表 5-1 和图 5-40 所示。

表 5-1

数据透视表	说明
报表筛选	用于基于报表筛选中的选定项来筛选整个报表
数值	用于显示汇总数值数据
行标签	用于将字段显示为报表侧面的行，位置较低的行嵌套在紧靠它上方的另一行中
列标签	用于将字段显示为报表顶部的列，位置较低的列嵌套在紧靠它上方的另一列中

图 5-40

（1）添加字段。

要将字段添加到报表，只需右击字段名称，在弹出的快捷菜单中选择相应的命令：

“添加到报表筛选”、“添加到列标签”、“添加到行标签”和“添加到值”，以将该字段放置在布局部分的某个特定区域中，如图 5-41 所示。或者单击并按住字段名，然后在字段与布局部分之间以及不同的区域之间拖动该字段。

若在字段部分中勾选各字段名称旁边的复选框，字段则放置在布局部分的默认区域中，也可在需要时重新排列这些字段。默认情况下，非数值字段会被添加到“行标签”区域，数值字段会被添加到“数值”区域，而 OLAP 日期和时间层次会被添加到“列标签”区域。

（2）重新排列字段。

可以通过使用布局选项区域底部的 4 个区域之一来重新排列现有字段或重新放置那些字段，单击区域之一中的字段名，然后从图 5-42 所示的快捷菜单中选择相应的选项。也可以单击并按住字段名，然后在字段与布局部分之间以及不同的区域之间拖动该字段。

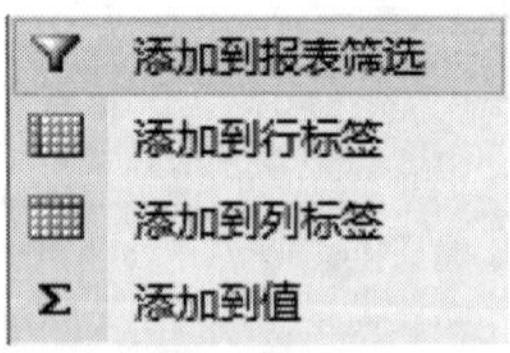

图 5-41

图 5-42

（3）删除字段。

要删除字段，只需在布局选项区域底部的 4 个区域之一中单击字段名称，然后单击“删除字段”按钮；或者取消选中字段部分中各个字段名称旁边的复选框。也可以在布局部分中将字段名拖拽到数据透视表字段列表之外。

5.2.2　编辑数据透视表

创建数据透视表，添加字段后，可能还需要增强报表的布局和格式，以提高可读性并且使其更具吸引力。

1．更改窗体布局和字段排列

若要对报表的布局和格式进行重大更改，可以将整个报表组织为压缩、大纲或表格 3 种形式。也可以添加、重新组织和删除字段，以获得所需的最终结果。

（1）更改数据透视表形式。

数据透视表的形式有压缩、大纲或表格 3 种。要更改数据透视表的形式，单击数据透视表，然后在“设计”选项卡的“布局”组中，单击“报表布局”按钮，弹出如图 5-43 所示的菜单。

- 以压缩形式显示：用于使有关数据在屏幕上水平折叠并帮助最小化滚动。侧面的开始字段包含在一个列中，并且缩进以显示嵌套的列关系。
- 以大纲形式显示：用于以经典数据透视表样式显示数据大纲。
- 以表格形式显示：用于以传统的表格格式查看所有数据并且方便地将单元格复制到其他工作表。

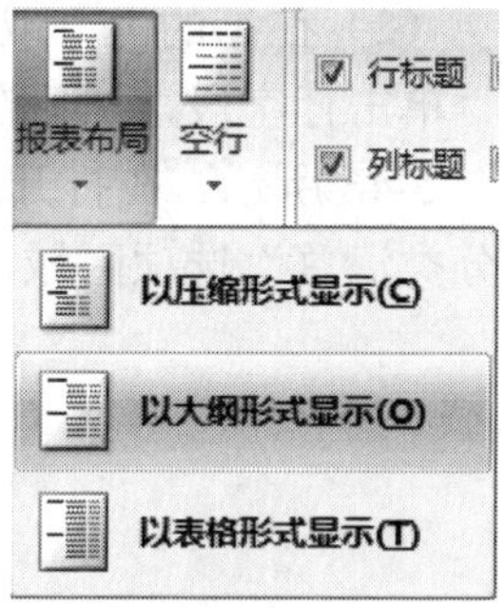

图 5-43

（2）更改字段形式。

字段的形式也是压缩、大纲或表格 3 种。要更改字段的形式，选择行字段，然后在“选项”选项卡的“活动字段”组中，单击“字段设置”按钮，打开“字段设置”对话框，如图 5-44 所示。

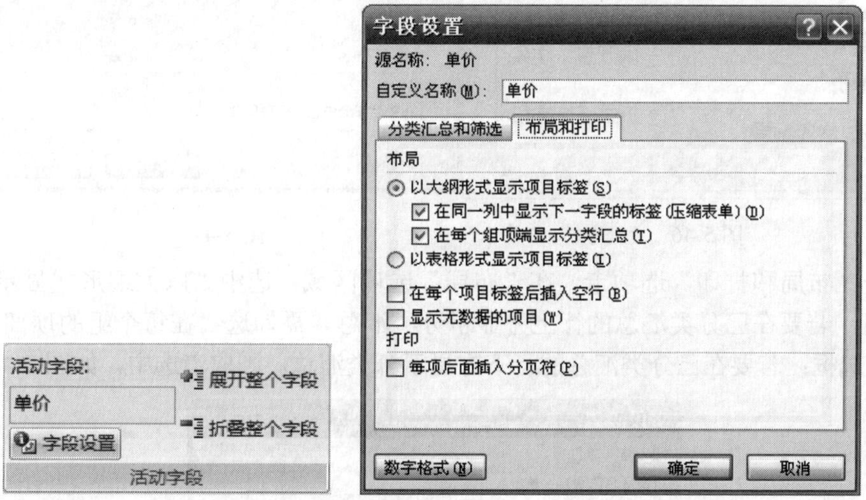

图 5-44

单击“布局和打印”选项卡，在“布局”选项区域，若要以大纲形式显示字段项，选中“以大纲形式显示项目标签”单选按钮即可；若要以压缩形式显示或隐藏同一列中下一字段的标签，先选中“以大纲形式显示项目标签”单选按钮，然后勾选“在同一列中显示下一字段的标签(压缩表单)”复选框；若要以类似于表格的形式显示字段项，则选中“以表格形式显示项目标签”单选按钮。

2. 更改列、行和分类汇总的布局

若要进一步优化数据透视表的布局，可以执行影响列、行和分类汇总的更改，如在行上方显示分类汇总或关闭列标题，也可以重新排列一行或一列中的各项。

（1）打开或关闭列和行字段标题。

单击数据透视表，若要在显示和隐藏字段标题之间切换，可在“选项”选项卡的“显示/隐藏”组中，单击“字段标题”按钮，如图 5-45 所示。

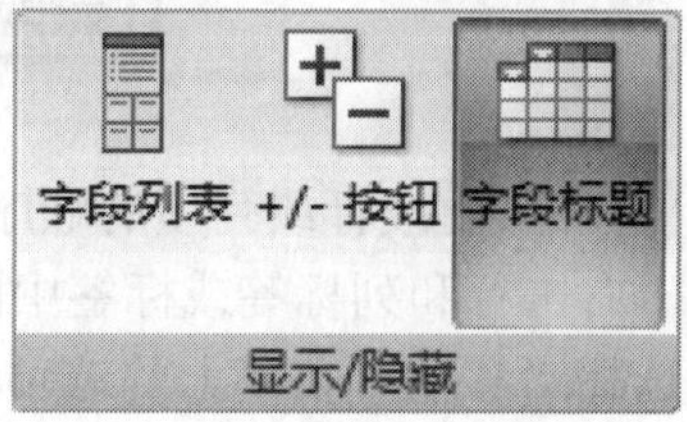

图 5-45

（2）在行的上方或下方显示分类汇总。

单击行字段，然后在“选项”选项卡的“活动字段”组中，单击“字段设置”按钮，如图 5-46 所示。在打开的“字段设置”对话框中，单击“分类汇总和筛选”选项卡，在“分类汇总”选项区域，选中“自动”或“自定义”单选按钮，如图 5-47 所示。

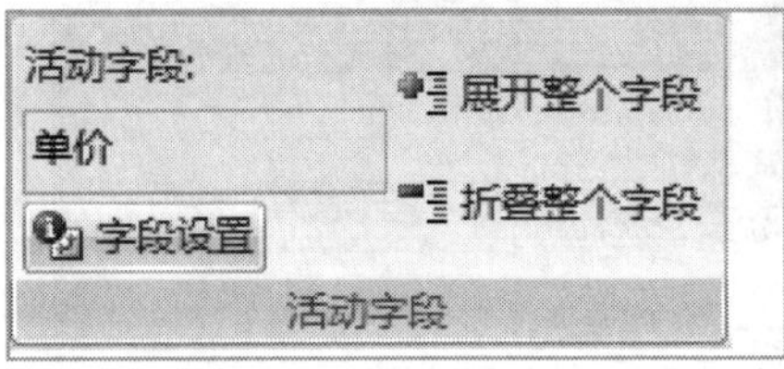

图 5-46

图 5-47

单击“布局和打印”选项卡，在“布局”选项区域，选中“以大纲形式显示项标签”单选按钮。若要在已分类汇总的行上方显示分类汇总，需勾选“在每个组的顶部显示分类汇总”复选框；若要在已分类汇总的行下方显示分类汇总，则取消选中，如图 5-48 所示。

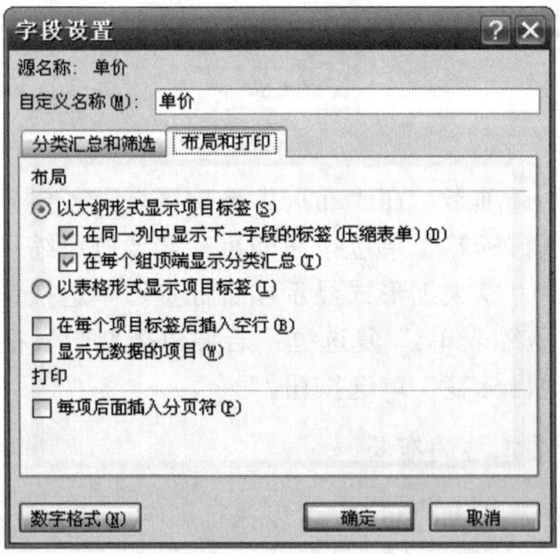

图 5-48

（3）更改行或列项的顺序。

右击行和列标签或标签中的项，在弹出的快捷菜单中光标指向“移动”选项，然后可选择“移动”菜单上的选项移动该项。选择“将<字段名称>移动至行”或“将<字段名称>移动至列”选项，如图 5-49 所示。可以将列移动到行标签区域中，或将行移动到列标签区域中。

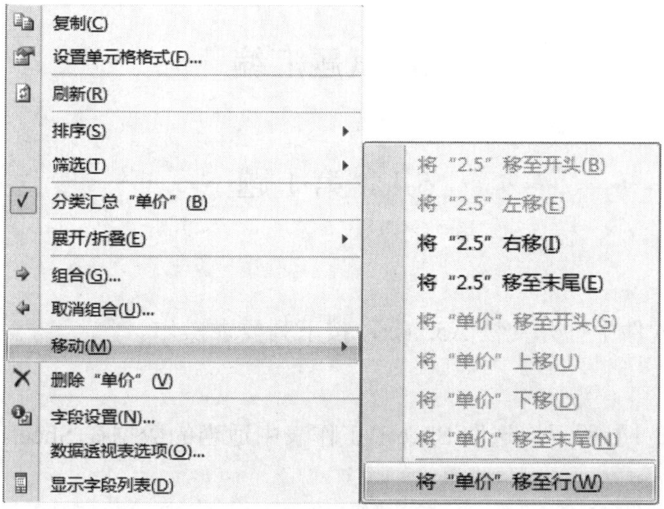

图 5-49

也可以选择行或列标签项，然后指向单元格的底部边框。当指针变为箭头时，如图 5-50 所示，将该项目拖拽到新位置。。

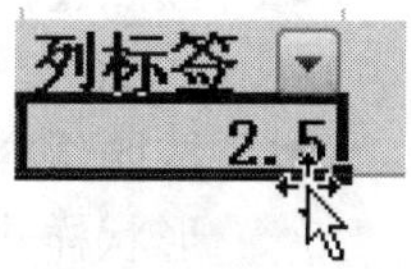

图 5-50

（4）合并或取消合并外部行和列项的单元格。

在数据透视表中，可以合并行和列项的单元格，以便将项水平和垂直居中；也可以取消合并单元格，以便向左调整项目组顶部的外部行和列字段中的项。

单击数据透视表，在“选项”选项卡的“数据透视表”组中，单击“选项”按钮，打开“数据透视表选项”对话框，如图 5-51 所示。

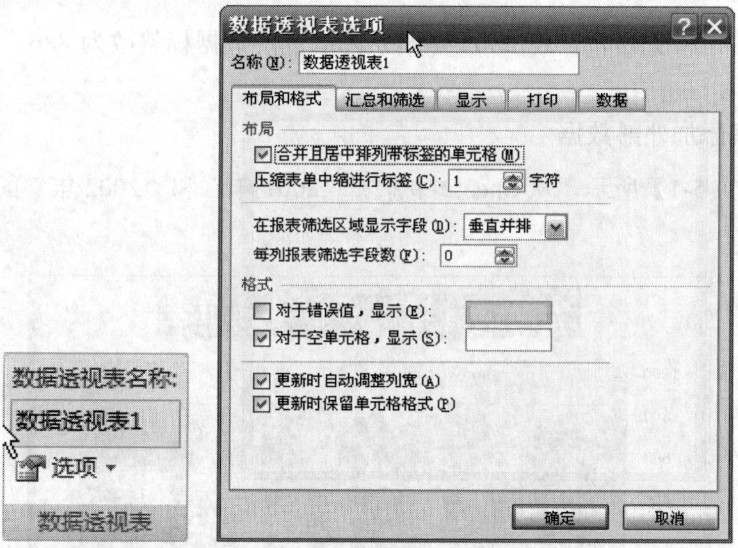

图 5-51

若要合并或取消合并外部行和列项（项：数据透视表和数据透视图中字段的子分类。例如，“月份”字段可能有“一月”、“二月”等）的单元格，只需在“布局和格式”选项卡的“布局”选项区域，选中或取消选中“合并及居中有标签的单元格”复选框。

Ⅱ. 试题汇编

5.1 第 1 题

【操作要求】

在电子表格软件中打开文档 A5.xlsx，按下列要求操作。

1. 创建图表

按照【样文 5-1】所示，选取 Sheet1 工作表中适当的数据在 Sheet1 工作表中创建一个簇状圆柱图。

2. 图表格式的修订

- 按照【样文 5-1】所示，将图表的布局设置为“布局 3”，图表样式设置为“样式 26”。
- 按照【样文 5-1】所示，将图表的标题区设置为“强烈效果 - 强调颜色 1”的形状样式；将图例区设置为“细微效果 - 强调颜色 2”的填充效果，并将图例中文字的字体设置为隶书、12 磅。
- 按照【样文 5-1】所示，将背景墙填充为浅色线性向左的渐变效果；图表区填充为“羊皮纸”的纹理效果，外观设置为“冷色斜面”的棱台效果。

3. 修改图表中的数据

按照【样文 5-1】所示，将 2007 年南京降水量的数据标签改为 886，在图中相应位置显示出来。

4. 为图表添加外部数据

按照【样文 5-1】所示，从 Sheet2 中添加“2001 年”和“2002 年”的降水量值。

【样文 5-1】

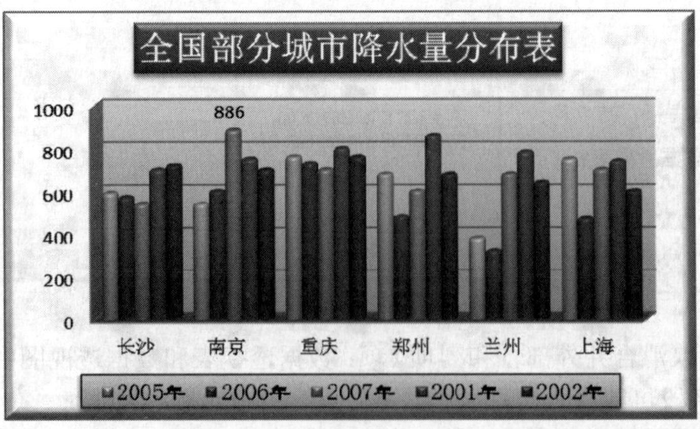

5.2　第 2 题

【操作要求】

在电子表格软件中打开文档 A5.xlsx，按下列要求操作。

1．创建图表

按照【样文 5-2】所示，选取 Sheet1 工作表中适当的数据在 Sheet1 工作表中创建一个三维簇状条形图。

2．图表格式的修订

- 按照【样文 5-2】所示，为图表套用“样式 18”的图表样式，并将图表标题区设置为“彩色填充 - 强调颜色 4”的外观样式，字体设置为华文彩云、常规、20 磅、白色。
- 按照【样文 5-2】所示，将图例中文字的字体设置为隶书、12 磅、深蓝色，并填加紫色细边框。
- 按照【样文 5-2】所示，将背景墙填充为“蓝色面巾纸”的纹理效果；为图表区外观形状添加“草皮”的棱台效果。

3．修改图表中的数据

按照【样文 5-2】所示，将测绘局水费数据标签改为 3950，颜色为红色，在图中相应位置显示出来。

4．为图表添加外部数据

按照【样文 5-2】所示，从 Sheet2 工作表中将“市教育局”的各项费用添加至图表中。

【样文 5-2】

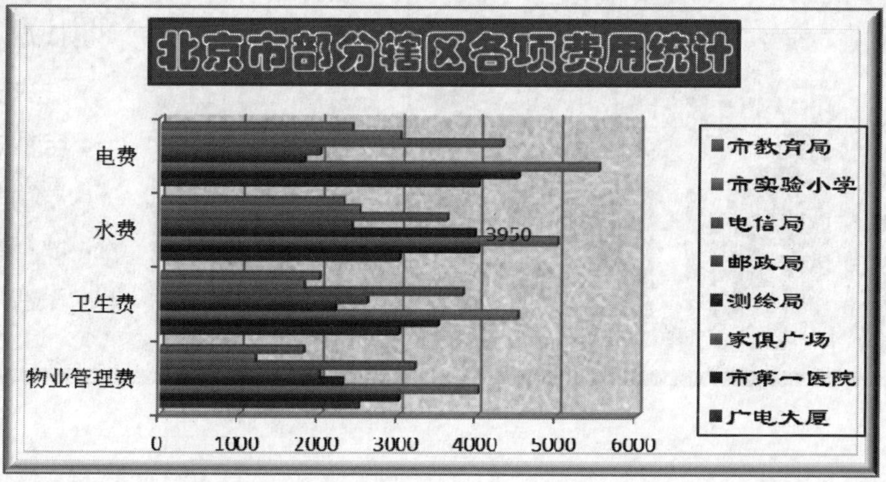

5.3　第 3 题

【操作要求】

在电子表格软件中打开文档 A5.xlsx，按下列要求操作。

1．创建图表

按照【样文 5-3】所示，选取 Sheet1 工作表中适当的数据在 Sheet1 工作表中创建一个簇状柱形图。

2．图表格式的修订

- 按照【样文 5-3】所示，将图表中标题的字体设置为华文细黑、加粗、20 磅、蓝色；将图例区的字体设置为微软雅黑、10.5 磅、深紫色（RGB：102，0，102）。
- 按照【样文 5-3】所示，将绘图区填充为“白色大理石”的纹理效果，图表区设置为预设颜色中“银波荡漾”的渐变填充效果，并添加“角度”的棱台效果和“强调文字颜色 1，18pt”的发光效果。

3．为图表添加误差线

按照【样文 5-3】所示，选定图表中“电视机”系列为图表添加一条“误差线”，误差线以“正偏差”的方式显示，“固定值”为 200。

【样文 5-3】

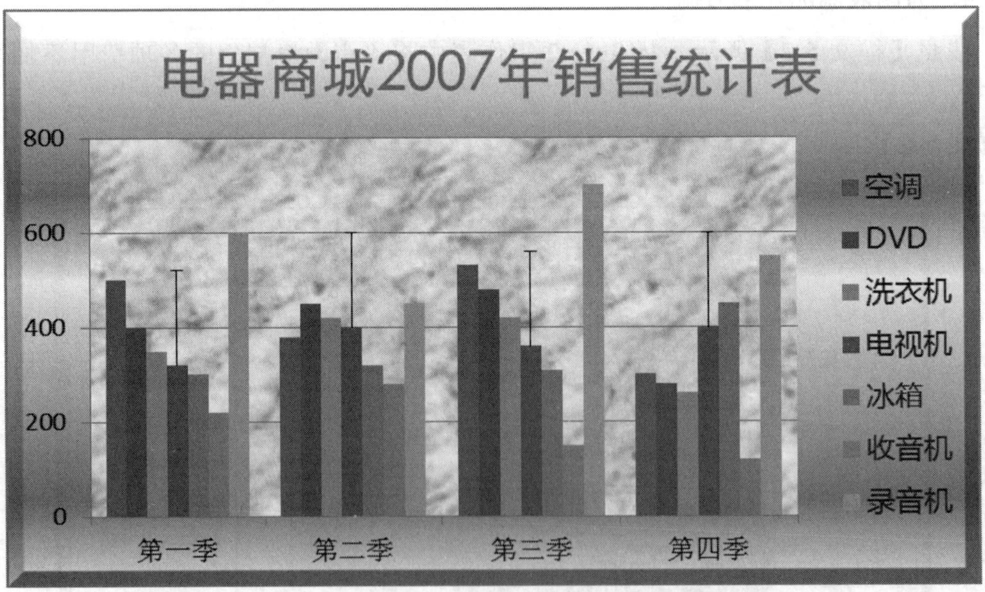

5.4　第 4 题

【操作要求】

在电子表格软件中打开文档 A5.xlsx，按下列要求操作。

1．创建图表

按照【样文 5-4】所示，选取 Sheet1 工作表中适当的数据在 Sheet1 工作表中创建一个簇状条形图。

2．图表格式的修订

- 按照【样文 5-4】所示，将图表区的外观样式设置为“细微效果 - 深色 1”，形状设置为“松散嵌入”的棱台效果。
- 按照【样文 5-4】所示，将图表中的标题区填充为“花束”的纹理效果，形状设置为“圆”的棱台效果；设置绘图区的外观样式为“细微效果 - 强调颜色 3”。
- 按照【样文 5-4】所示，将坐标轴的字体设置为黑体、10 磅、红色，图例区套用“彩色轮廓 - 深色 1”的形状样式，字体设置为楷体_GB2312、11 磅、褐色（RGB：102，51，0）。

3．为图表添加误差线

按照【样文 5-4】所示，选定图表中“空调”系列，为图表添加一条红色的正负偏差“误差线”，“固定值”为 100。

【样文 5-4】

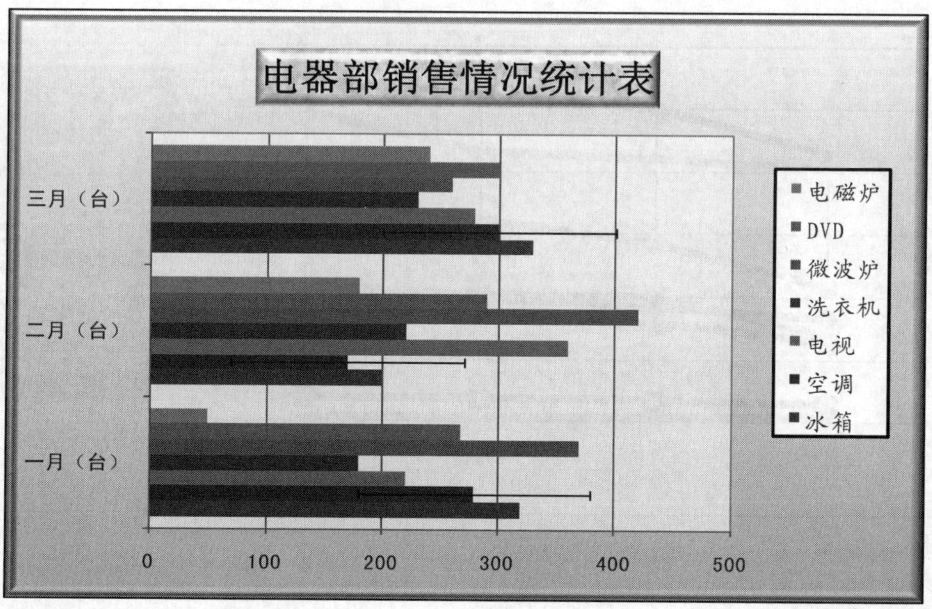

5.5 第 5 题

【操作要求】

在电子表格软件中打开文档 A5.xlsx，按下列要求操作。

1. 创建图表

按照【样文 5-5】所示，选取 Sheet1 工作表中适当的数据在 Sheet1 工作表中创建一个带数据标记的折线图。

2. 图表格式的修订

- 按照【样文 5-5】所示，为图表套用“样式 18”的图表样式，将图表的标题区外观样式设置为“强烈效果 - 强调颜色 2”，字体设置为隶书、20 磅。
- 按照【样文 5-5】所示，将图例区填充为“粉色面巾纸”的填充效果，并将图例中文字的字体设置为黑体、10 磅、深蓝色。

3. 为图表添加误差线

按照【样文 5-5】所示，选定图表中“重工业”系列为图表添加一条“误差线”，以“负偏差”的形式显示，“固定值”为 20。

【样文 5-5】

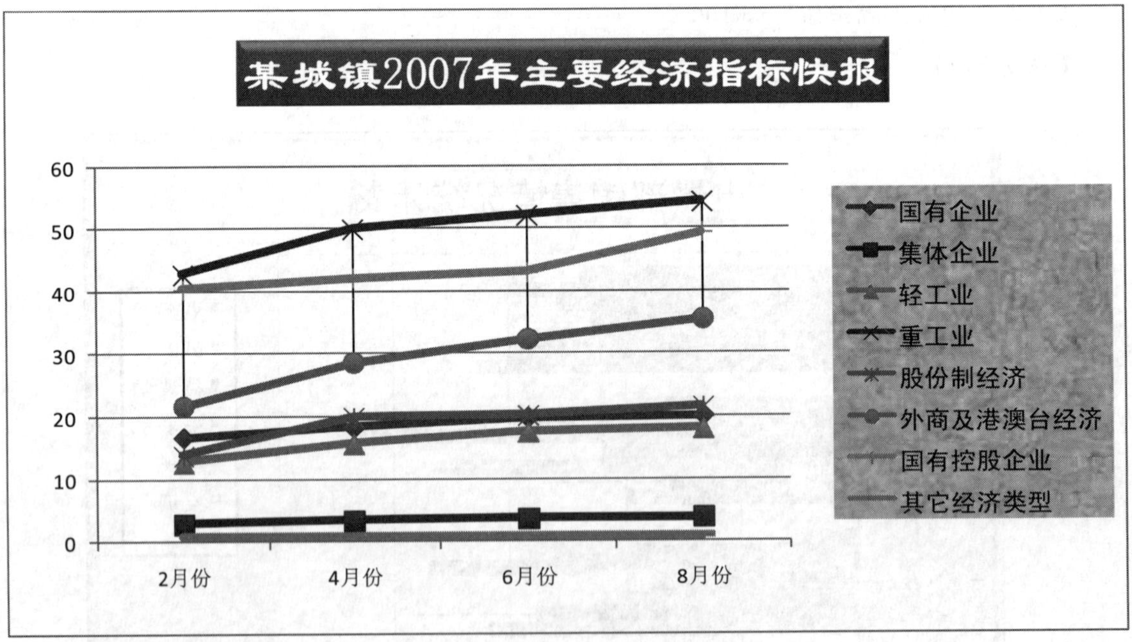

Ⅲ. 试题解答

5.1　第 1 题

单击 Office 按钮，执行“打开”命令，在“打开”对话框中，选取考生文件夹中的 A5.xlsx，单击“打开”按钮。

1. 创建图表

（1）在 Sheet1 工作表中选中单元格区域 B3:G9，在“插入”选项卡的“图表”组中单击“柱形图”下拉按钮，选中“圆柱图”中的“簇状圆柱图”选项，生成基本图表。

（2）在“布局”选项卡的“标签”组中单击“图表标题”按钮，在下拉列表中选择“图表上方”选项，在图表标题中输入“全国部分城市降水量分布表”。

（3）选择垂直轴数据，右击，选择“设置坐标轴格式”选项，打开“设置坐标轴格式”对话框。在“坐标轴选项”中将主要刻度单位设置为 200，如图 5-52 所示。

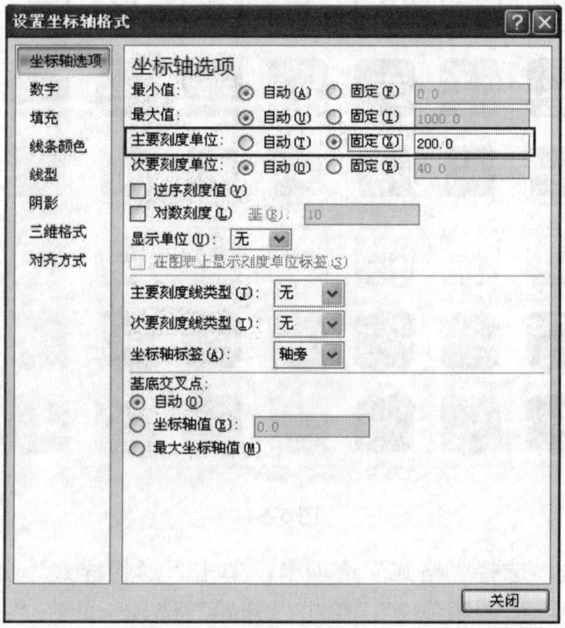

图 5-52

2. 设定图表的格式

（1）在“设计”选项卡的“图表布局”组中单击“布局 3”按钮；在“设计”选项卡的“图表样式”组，单击“其他”下拉按钮，选择“样式 26”，如图 5-53 所示。

（2）选中图表标题区，选择“格式”选项卡，单击“形状样式”组中的“其他”下拉按钮，选择“强烈效果 - 强调颜色 1”，如图 5-54 所示。

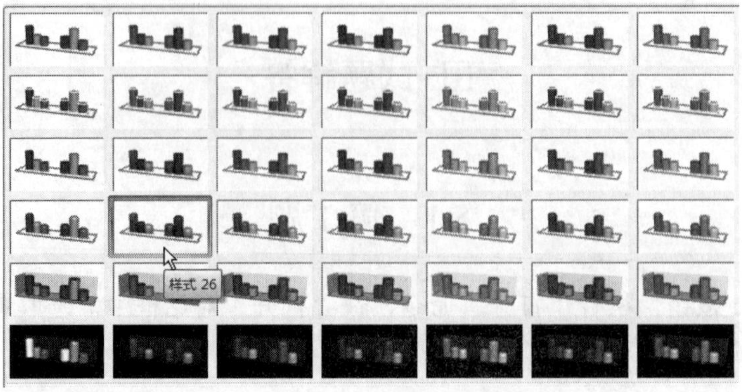

图 5-53

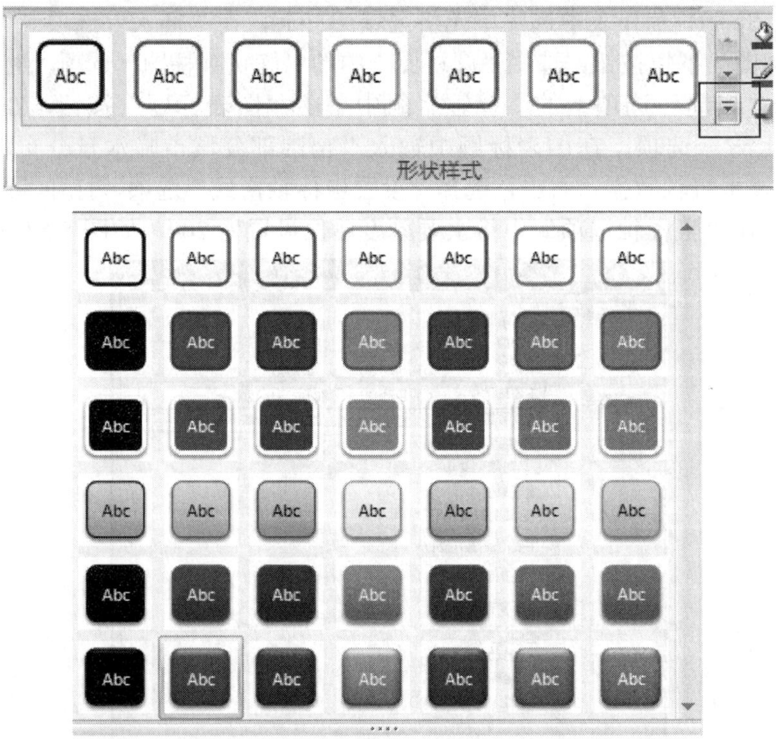

图 5-54

（3）选中图例区，选择“格式”选项卡，单击“形状样式”组中的“其他”下拉按钮，选择“细微效果 - 强调颜色 2”；单击“开始”选项卡，在“字体”组中的“字体”下拉框中选择“隶书”，在“字号”下拉框中选择“12”。

（4）选中背景墙，在“图表工具”下单击“格式”选项卡，在“形状样式”组中单击“形状填充”下拉按钮，选择“渐变”中“浅色变体”下的“线性向左”，如图 5-55 所示。

（5）选中整个图表，在“图表工具”下单击“格式”选项卡，在“形状样式”组中单击“形状填充”下拉按钮，选择“纹理”中的“羊皮纸”，如图 5-56 所示。然后单击“形状效果”下拉按钮，选择“棱台”中的“冷色斜面”，如图 5-57 所示。

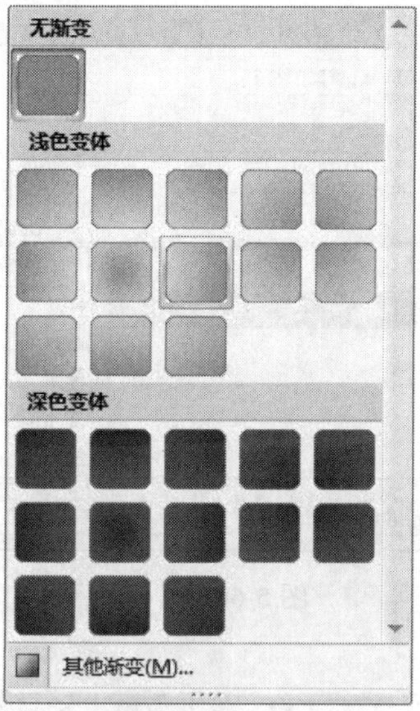

图 5-55

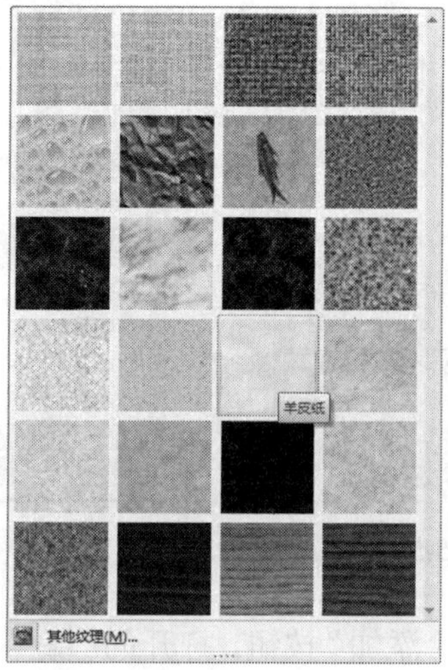

图 5-56

3. 修改图表中的数据

在图表中选择“2007 年南京降水量”数据点，右击，选择“添加数据标签”选项，在表格相应位置将数据改为“886”，数据标签则相应修改，如图 5-58 所示。

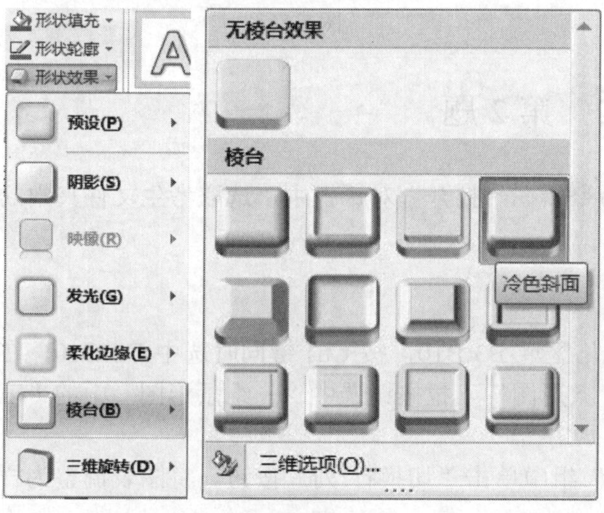

图 5-57

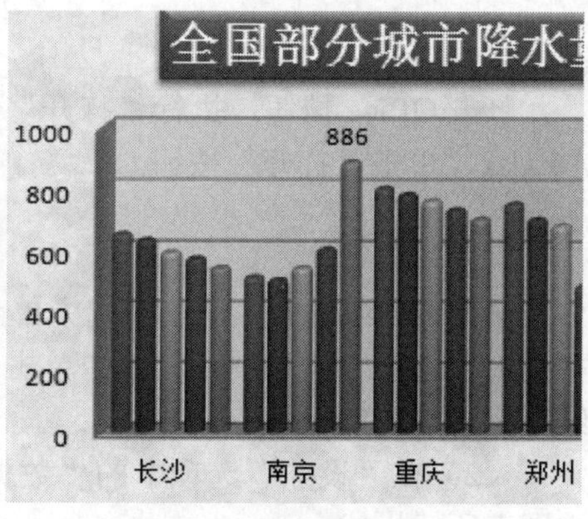

图 5-58

4. 为图表添加外部数据

（1）选中图表，在“设计”选项卡的“数据”组中，单击“选择数据”按钮，如图 5-59 所示。打开“选择数据源”对话框。

（2）在“选择数据源”对话框中，在“图例项（系列）”区域中分别将“2003 年”与“2004 年”删除，如图 5-60 所示。

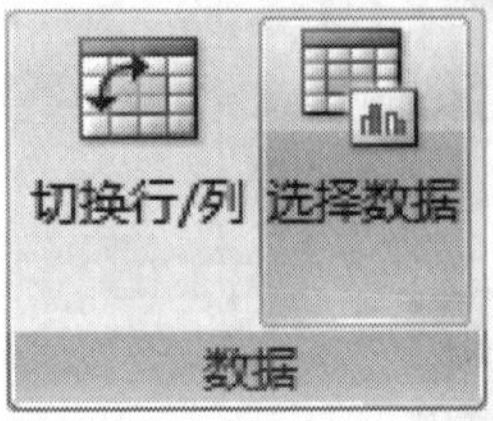

图 5-59

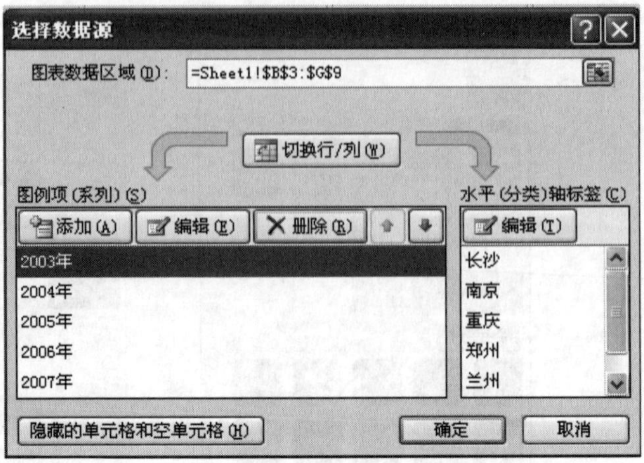

图 5-60

（3）单击“添加”按钮，打开的“编辑数据系列”对话框，在“系列名称”中分别选择 Sheet2 工作表中的“2001 年”和“2002 年”，在“系列值”中分别选择 Sheet2 工作表中相对应的数值，单击“确定”按钮，如图 5-61 所示。关闭“选择数据源”对话框。

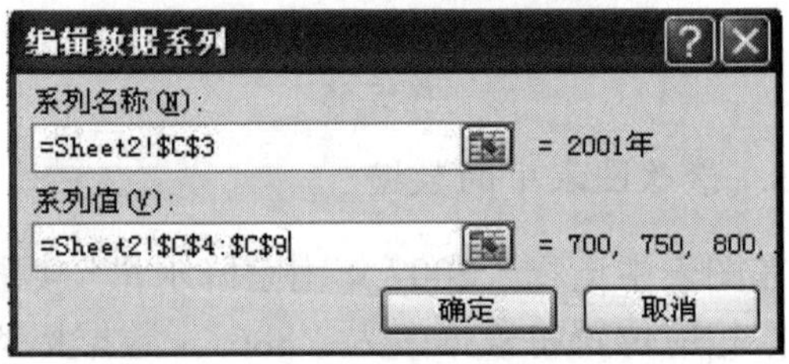

图 5-61

5.2　第 2 题

单击 Office 按钮，执行“打开”命令，在“打开”对话框中，选取考生文件夹中的 A5.xlsx，单击“打开”按钮。

1. 创建图表

（1）在 Sheet1 工作表中选中单元格区域 B3:B10，按 Ctrl 键同时选中 D3:G10，在“插入”选项卡的“图表”组中单击“条形图”下拉按钮选中“三维条形图”中的“三维簇状条形图”，生成基本图表。

（2）在“设计”选项卡的“数据”组中单击“切换行/列”按钮。将图表调整为样文图表所示格式。

（3）在“布局”选项卡的“标签”组中单击“图表标题”按钮，在下拉列表中选择“图表上方”选项，在图表标题中输入“北京市部分辖区各项费用统计”。

2. 图表格式的修订

（1）在“设计”选项卡的“图表样式”组中，单击“其他”下拉按钮，选择“样式 18”。

（2）选中图表标题区，选择“格式”选项卡，单击“形状样式”组中的“其他”下拉按钮，选择“彩色填充 - 强调颜色 4”；单击“开始”选项卡，在“字体”组的“字体”下拉框中选择“华文彩云”，在“字号”下拉框中选择“20”，在“颜色”下拉框中选择“白色”，字形选择“常规”。

（3）选中图例区，单击“开始”选项卡，在“字体”组的“字体”下拉框中选择“隶书”，在“字号”下拉框中选择“12”，在“颜色”下拉框中选择“深蓝”色；右击选择“设置图例格式”选项，打开“设置图例格式”对话框，在左侧选择“边框颜色”选项卡，在右侧的“边框颜色”中选中“实线”单选按钮，在“颜色”中选择“标准色”中的“紫色”，如图 5-62 所示。

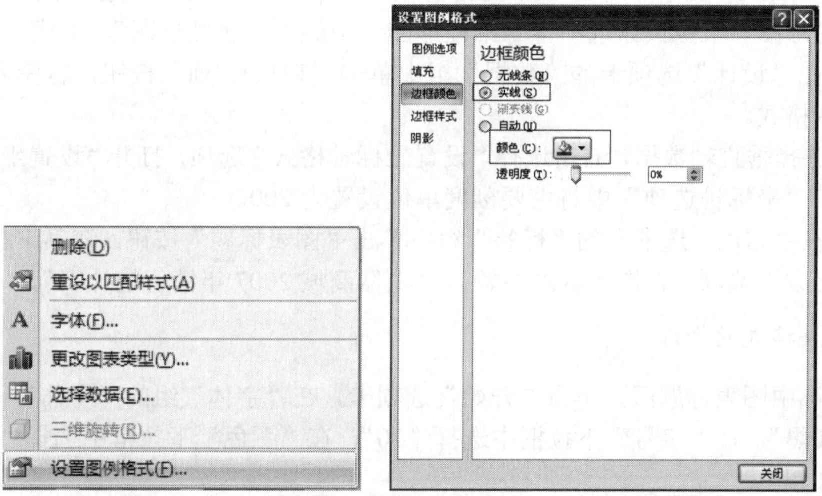

图 5-62

（4）选中背景墙，在“图表工具”下选择“格式”选项卡，在“形状样式”组中单击“形状填充”下拉按钮，选择“纹理”中的“蓝色面巾纸”。

（5）选中图表区，在“图表工具”下选择“格式”选项卡，在“形状样式”组中单击“形状效果”下拉按钮，选择“棱台”中的“草皮”。

3. 修改图表中的数据

（1）在图表中选择“测绘局水费”标签，右击选择“添加数据标签”选项，在表格相应位置将数据改为“3950”，数据标签则相应修改。

（2）选择“图表区”的“测绘局水费”标签，选择“开始”选项卡，在“颜色”下拉框中选择“红色”。

4. 为图表添加外部数据

（1）选中图表，在“设计”选项卡的“数据”组中，选择“选择数据”选项，打开“选择数据源”对话框。

（2）在“选择数据源”对话框中，单击“添加”按钮，在弹出的“编辑数据系列”对话框中，在“系列名称”中选择 Sheet2 工作表中的“市教育局”，在“系列值”中选择 Sheet2 工作表中相对应的数值，单击“确定”按钮。关闭“选择数据源”对话框。

5.3 第 3 题

单击 Office 按钮，执行“打开”命令，在“打开”对话框中，选取考生文件夹中的 A5.xlsx，单击“打开”按钮。

1. 创建图表

（1）在 Sheet1 工作表中选中单元格区域 B3:F10，在“插入”选项卡的“图表”组中单击“柱形图”下拉按钮选中“二维柱形图”中的“簇状柱形图”，生成基本图表。

（2）在“设计”选项卡的“数据”组中单击“切换行/列”按钮，将图表调整为样文图表所示格式。

（3）选择垂直轴数据，右击选择“设置坐标轴格式”选项，打开“设置坐标轴格式”对话框。在“坐标轴选项”中将主要刻度单位设置为 200。

（4）在“布局”选项卡的“标签”组中单击“图表标题”按钮，在其下拉列表中选择“图表上方”选项，在图表标题中输入“电器商城 2007 年销售统计表”。

2. 图表格式的修订

（1）选中图表标题区，单击“开始”选项卡，在“字体”组的“字体”下拉框中选择“华文细黑”，在“字号”下拉框中选择“20”，在“颜色”下拉框中选择“蓝色”，字形选择“加粗”。

（2）选中图例区，单击“开始”选项卡，在“字体”组的“字体”下拉框中选择“微软雅黑”，在“字号”下拉框中选择“10.5”，在“颜色”下拉框中选择“其他颜色”，打开“颜色”对话框，在“自定义”选项卡中输入 RGB 值 102、0、102。

（3）选中绘图区，在“图表工具”下选择“格式”选项卡，在“形状样式”组中单击“形状填充”下拉按钮，选择“纹理”中的“白色大理石”。

（4）选中图表区，右击选择“设置图表区域格式”选项，打开“设置图表区格式”对话框，在左侧区域内选择“填充”选项卡，在右侧区域内选中“渐变填充”单选按钮，在“预设颜色”下拉框中选择“银波荡漾”，单击“关闭”按钮，如图 5-63 所示。

（5）选中图表区，在“图表工具”下选择“格式”选项卡，在“形状样式”组的“形状效果”的“棱台”下拉列表中选择“角度”选项。然后单击“形状效果”下拉按钮，选择“发光”效果下拉列表中的“强调文字颜色 1，18pt 发光”，如图 5-64 所示。

3. 为图表添加误差线

在绘图区，选中“电视机”所在的系列数据，选择“布局”选项卡，在“分析”组中单击“误差线”下拉按钮，在其下拉列表中选择“其他误差线选项”选项，打开“设置误差线格式”对话框，在左侧内选择“垂直误差线”选项卡，在右侧区域内的“显示”区域下，选中“正偏差”单选按钮，在“误差量”区域内选中“固定值”单选按钮，在文本框中输入“200”，单击“关闭”按钮，如图 5-65 所示。

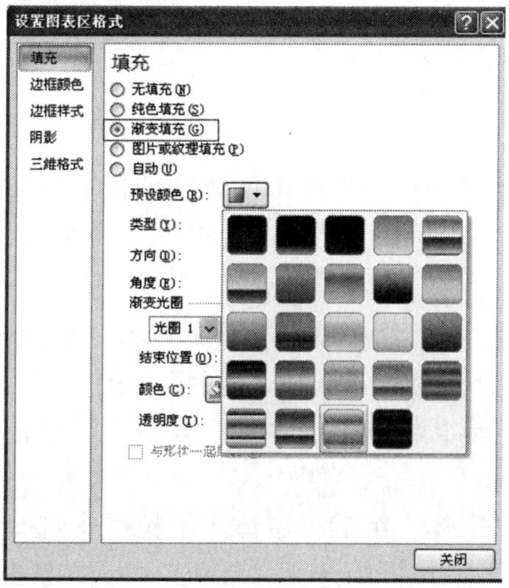

图 5-63

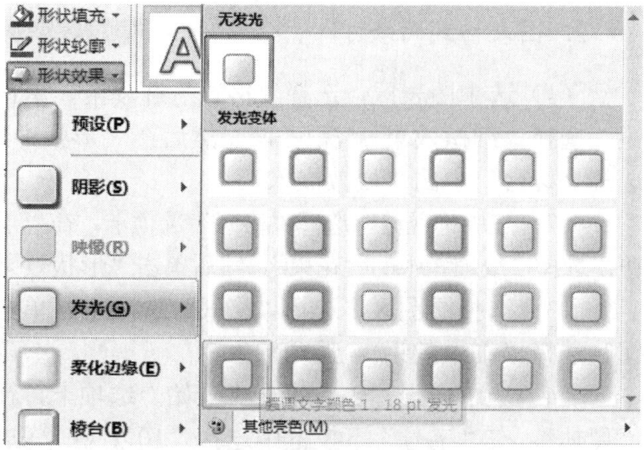

图 5-64

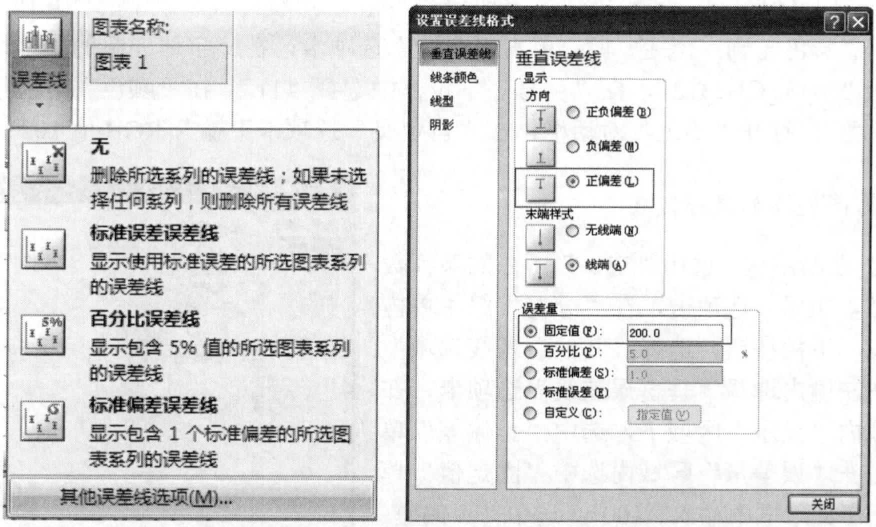

图 5-65

5.4　第 4 题

单击 Office 按钮，执行“打开”命令，在“打开”对话框中，选取考生文件夹中的 A5.xlsx，单击“打开”按钮。

1. 创建图表

（1）在 Sheet1 工作表中选中单元格区域 B3:E10，在“插入”选项卡的“图表”组中单击“条形图”下拉按钮选中“二维条形图”中的“簇状条形图”，生成基本图表。

（2）在“设计”选项卡的“数据”组中单击“切换行/列”按钮，将图表调整为样文图表所示格式。

（3）在“布局”选项卡的“标签”组中单击“图表标题”按钮，在下拉列表中选择“图表上方”选项，在图表标题中输入“电器部销售情况统计表”。

2. 图表格式的修订

（1）选中图表区，选择“格式”选项卡，单击“形状样式”组中的“其他”下拉按钮，选择“细微效果 - 深色 1”。然后在“形状样式”组中单击“形状效果”下拉按钮，选择“棱台”中的“松散嵌入”。

（2）选中标题区，选择“格式”选项卡，在“形状样式”组中单击“形状填充”下拉按钮，选择“纹理”中的“花束”。然后单击“形状效果”下拉按钮，选择“棱台”中的“圆”。

（3）选择绘图区，选择“格式”选项卡，单击“形状样式”组中的“其他”下拉按钮，选择“细微效果 - 强调颜色 3”。

（4）选中横坐标轴，单击“开始”选项卡，在“字体”组的“字体”下拉框中选择“黑体”，在“字号”下拉框中选择“10”；在“颜色”下拉框中选择“红色”。同样方法设置纵坐标轴。

（5）选择图例区，选择“格式”选项卡，单击“形状样式”组中的“其他”下拉按钮，选择“彩色轮廓 - 深色 1”；单击“开始”选项卡，在“字体”组的“字体”下拉框中选择“楷体_GB2312”，在“字号”下拉框中选择“11”，在“颜色”下拉框中选择“其他颜色”，打开“颜色”对话框，在“自定义”选项卡下输入 RGB 值 102、51、0。

3. 为图表添加误差线

（1）在绘图区，选中“空调”所在的系列数据，选择“布局”选项卡，在“分析”组中单击“误差线”下拉按钮，选择“其他误差线选项”选项，在左侧内选择“垂直误差线”选项卡，在右侧区域内“显示”区域下，选中“正偏差”单选按钮，在“误差量”区域内选中“固定值”单选按钮，在文本框中输入“100”；选中“负偏差”前的单选按钮，在“误差量”区域内选中“固定值”前的单选按钮，在文本框中输入“100”。

（2）在左侧内选中“线条颜色”，在右侧区域内“线条颜色”区域下，选中“实线”单选按钮，颜色选择“标准色”中的“红色”，单击“关闭”按钮，如图 5-66 所示。

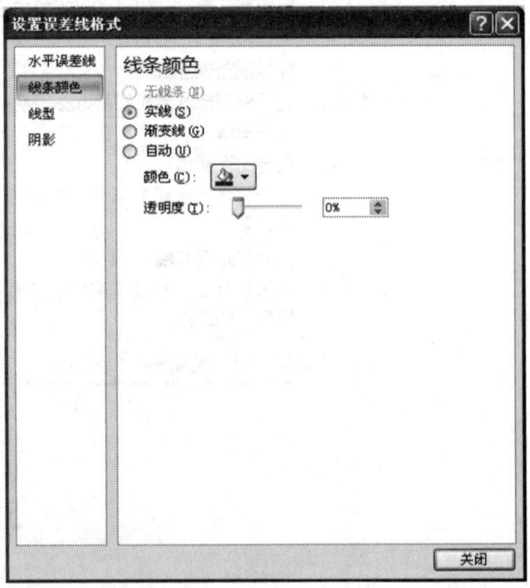

图 5-66

5.5 第 5 题

单击 Office 按钮，执行“打开”命令，在“打开”对话框中，选取考生文件夹中的 A5.xlsx，单击“打开”按钮。

1. 创建图表

（1）在 Sheet1 工作表中选中单元格区域 B3:F11，在“插入”选项卡的“图表”组中单击“折线图”下拉按钮选中“二维折线图”中的“带数据标记的折线图”，生成基本图表。

（2）在“设计”选项卡的“数据”组中单击“切换行/列”按钮，将图表调整为样文图表所示格式。

（3）在“布局”选项卡的“标签”组中单击“图表标题”按钮，在下拉列表中选择“图表上方”选项，在图表标题中输入“某城镇 2007 年主要经济指标快报”。

2. 图表格式的修订

（1）选中图表，在“设计”选项卡“图表样式”组，单击“其他”下拉按钮，选择“样式 18”。

（2）选中标题区，选择“格式”选项卡，单击“形状样式”组中的“其他”下拉按钮，选择“强烈效果 - 强调颜色 2”；单击“开始”选项卡，在“字体”组的“字体”下拉框中选择“隶书”，在“字号”下拉框中选择“20”。

（3）选中图例区，选择“格式”选项卡，在“形状样式”组中的“形状填充”下拉按钮，选择“纹理”中的“粉色面巾纸”；单击“开始”选项卡，在“字体”组的“字体”下拉框中选择“黑体”，在“字号”下拉框中选择“10”，在“颜色”下拉框中选择“深蓝”色。

3. 为图表添加误差线

在绘图区，选中“重工业”所在的系列数据，选择“布局”选项卡，在“分析”组中单击“误差线”下拉按钮，选择“其他误差线选项”选项，打开“设置误差线格式”对话框，在左侧内选中“垂直误差线”选项，在右侧区域内“显示”区域下，选中“负偏差”单选按钮，在“误差量”区域内选中“固定值”单选按钮，在文本框中输入“20”，单击“关闭”按钮。

第 6 章　演示文稿的制作

Ⅰ. 知识讲解

知识要点

- 演示文稿的格式编排
- 演示文稿的插入设置
- 演示文稿的放映设置

评分细则

本章有 3 个评分点，每题 16 分。

评分项	分值	得分条件	判分要求
演示文稿页面格式设置	8	正确完成题目要求的操作（演示文稿的创建、页面格式的设置和格式编排）	有数值、颜色要求的须严格掌握，错一项扣 1 分，直至扣完为止
演示文稿插入设置	4	正确完成题目要求的操作（在演示文稿中插入工作表、表格、图表、图片、影片和声音、对象、超级链接、批注等）	错一项扣 1 分，直至扣完为止
演示文稿放映设置	4	正确完成题目要求的操作（设置放映方式、预设动画、自定义动画、动作设置等）	错一项扣 1 分，直至扣完为止

6.1　演示文稿的格式编排

PowerPoint 2007 是 Office 2007办公软件中的主要组件之一，主要用于演示文稿的制作，在演讲、教学、产品演示等方面得到广泛的应用。演示文稿是由若干张幻灯片组成的，为了使演示文稿得到更丰富的效果，还可以对幻灯片中的文本、图形、表格、图表等进行设置，也可以更改幻灯片的外观效果来体现演示文稿的主题思想。

6.1.1　设置幻灯片的版式

版式是定义幻灯片上待显示内容的位置信息的幻灯片母版的组成部分。版式包含占位符，占位符可以容纳文字（如标题和项目符号列表）和幻灯片内容（如 SmartArt 图形、表格、图表、图片、形状和剪贴画）。可以在版式或幻灯片母版中添加文字和对象占位符，但不能直接在幻灯片中添加占位符。

PowerPoint 2007 包含 5 种内置的标准版式，在 PowerPoint 中打开空白演示文稿时，将显示名为“标题幻灯片”的默认版式，如图 6-1 所示。但还有其他的标准版式可供应用和使用。

选择要设置版式的幻灯片，在“开始”选项卡的“幻灯片”组中，单击“版式”下拉按钮，在其下拉列表中选择所需的版式，如图 6-2 所示。

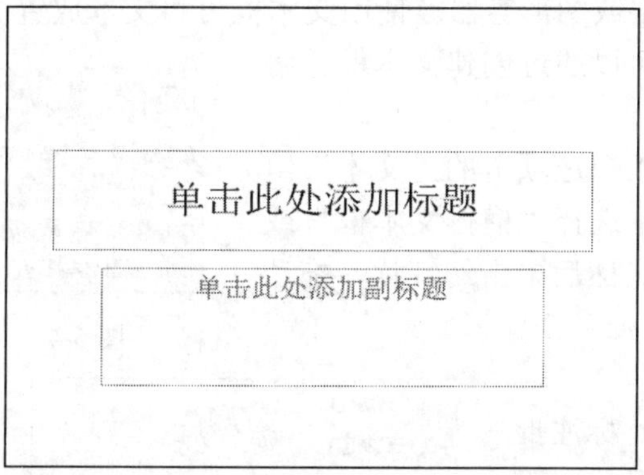

图 6-1

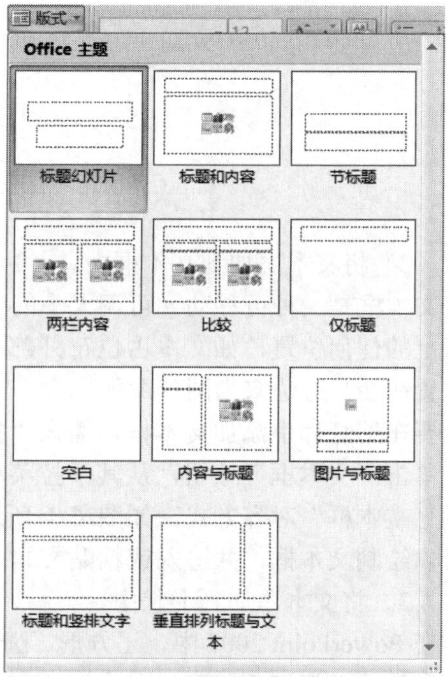

图 6-2

6.1.2　设置幻灯片的文本

幻灯片内容一般是由一定数量的文本对象和图形对象组成，其中，文本对象是幻灯片的基本组成部分，也是演示文稿中最重要的部分。合理组织文本对象可以使幻灯片更清楚地说明问题，恰当设置文本对象的格式可以使幻灯片更加吸引人。

1. 将文本添加到幻灯片中

可以将文本添加到幻灯片的占位符、文本框或形状里。

（1）将文本添加到占位符中。

占位符是一种带有虚线或阴影线边缘的框，幻灯片版式包含以各种形式组合的文本和对象占位符，可以在文本和对象占位符中输入标题、副标题和正文文本，或者是图表、表格和图片等对象。

如图 6-3 所示，点线边框表示包含幻灯片的标题文本的占位符，要在幻灯片上的占位符中添加正文或标题文本，只需在文本占位符中单击，然后输入或粘贴文本。如果文本大小超过占位符的大小，PowerPoint 2007 会在输入文本时以递减方式减小字体大小和行间距以使文本适应占位符的大小。

图 6-3

（2）将文本添加到文本框中。

文本框是一种可移动、可调大小的文字或图形容器。使用文本框可将文本放置在幻灯片上的任何位置，如文本占位符外部。可以通过创建文本框并将其放置在图片旁边来为图片添加标题。

要在幻灯片中添加文本框，需在“插入”选项卡的“文本”组中，单击“文本框”按钮，从其下拉菜单中选择“横排文本框”或“垂直文本框”对齐方式，如图 6-4 所示。然后单击幻灯片，拖动指针以绘制文本框，并输入或粘贴文本。

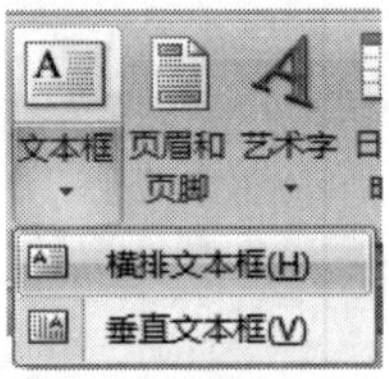

图 6-4

（3）将文本添加到形状中。

在 PowerPoint 2007 中，正方形、圆形、标注批注框和箭头总汇等形状可以包含文本。在形状中输入文本时，文本会附加到形状并随形状一起移动和旋转。当然，也可以覆盖独立于形状并且不会随形状一起移动的文本。

要添加会成为形状组成部分的文本，右击要向其添加文字的形状，在列表中选择“编辑文字”选项，如图 6-5 所示，然后输入文字即可。要添加不会随形状一起移动的文本，只要添加一个文本框，然后输入或粘贴文本。

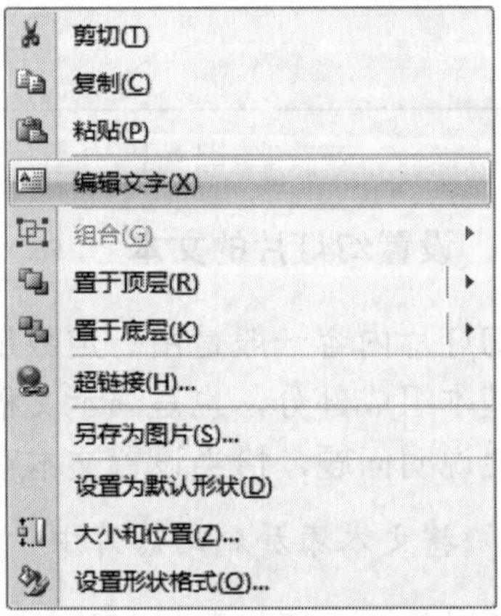

图 6-5

2. 设置文本格式

在 PowerPoint 2007 中，既可以设置单个幻灯片的文本格式，也可以设置整个演示文稿的文本格式。对于应用于演示文稿的主题，还可以设置主题的标题和正文的文本格式。

（1）设置单个幻灯片的文本格式。

若要设置单个段落或短语的格式，只需选择要设置的文本；若要设置某一占位符中所有文本的格式，则要选择该占位符中的所有文本，或单击该占位符。

在“开始”选项卡的“字体”组中，可以更改字体，设置字号、字形、颜色等。也可以单击“字体”组右下方的对话框启动器按钮，打开“字体”对话框，设置字体格式，如图 6-6 所示。

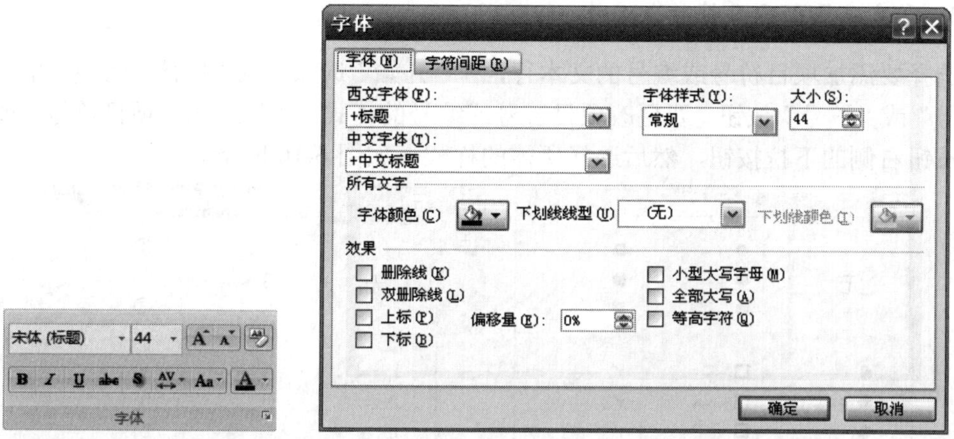

图 6-6

在“开始”选项卡的“段落”组中，可以设置文本的对齐方式、文字方向、分栏、行距，为文本添加项目符号或编号，还可以将文本转换为 SmartArt 图形。也可以单击“段落”组右下方的对话框启动器按钮，打开“段落”对话框，设置段落格式，如图 6-7 所示。

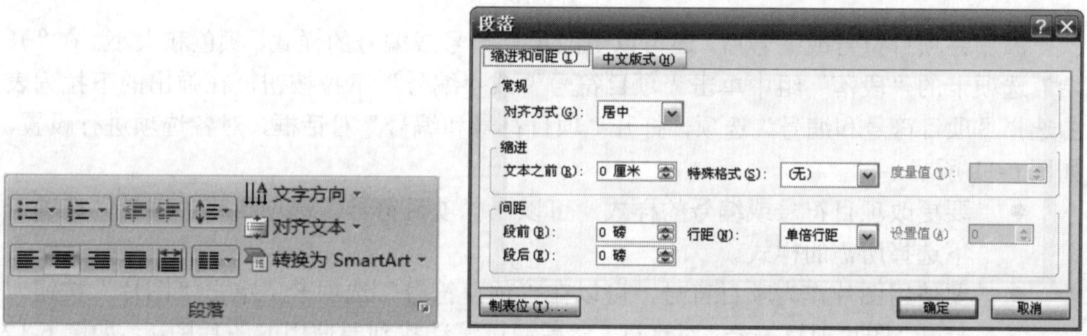

图 6-7

（2）设置整个演示文稿的文本格式。

如果要设置整个演示文稿的文本格式，只需设置该幻灯片母版的文本格式，则整个演示文稿都会以新的格式显示。

在“视图”选项卡的“演示文稿视图”组中，单击“幻灯片母版”按钮，如图 6-8 所示。

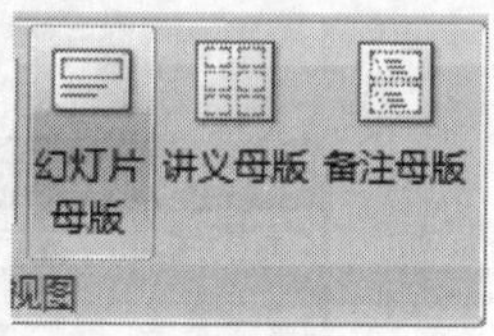

图 6-8

在包含幻灯片母版和版式的左侧窗格中，单击包含待设置的幻灯片母版缩略图或版式。在该幻灯片母版或版式中，选择要设置新格式的标题文本或正文级别。使用“开始”选项卡的“字体”组和“段落”组中的格式命令来设置文本的格式。

若要返回到幻灯片编辑页面，只需在“母版幻灯片”选项卡的“关闭”组中，单击“关闭母版视图”按钮，如图 6-9 所示。

图 6-9

3. 向文本添加项目符号或编号

选择要添加项目符号或编号的文本行，在“开始”选项卡的“段落”组中，单击“项目符号”或“编号”按钮。要更改项目符号或编号的样式，可以单击“项目符号”或“编号”按钮右侧的下拉按钮，然后选择所需的样式，如图 6-10 所示。

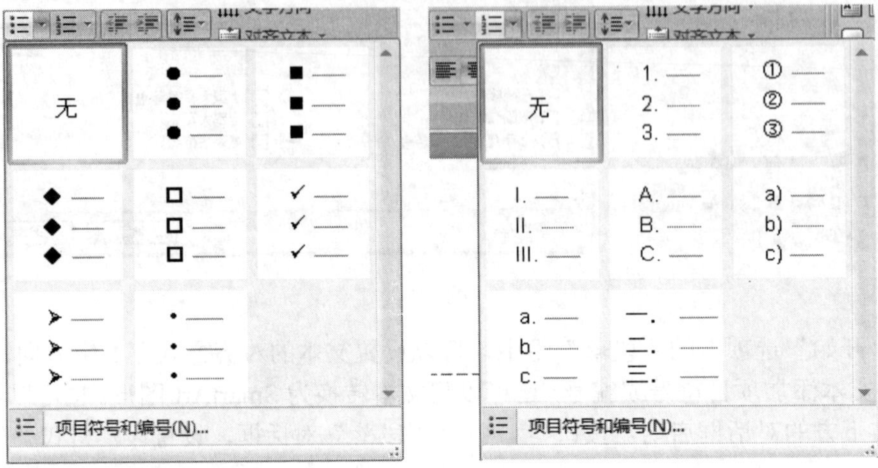

图 6-10

添加完项目符号或编号后，还可以更改项目符号或编号的样式、颜色和大小。在“开始”选项卡的“段落”组中单击“项目符号”或“编号”下拉按钮，在弹出的下拉列表中选择“项目符号和编号”选项，打开“项目符号和编号”对话框，对各选项进行设置，如图 6-11 所示。

- 要更改项目符号或编号的样式，可以在“项目符号”选项卡或“编号”选项卡下选择所需的样式。
- 要使用图片作为项目符号，可以在“项目符号”选项卡下单击“图片”按钮，打开“图片项目符号”对话框，然后通过滚动找到要使用的图片图标，如图 6-12 所示。

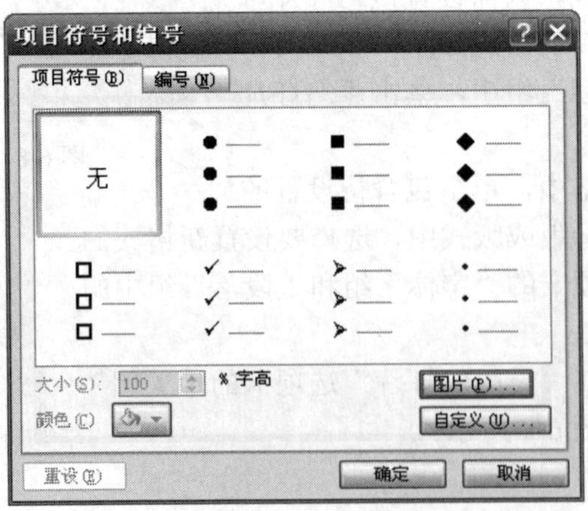

图 6-11

图 6-12

- 要将符号列表中的字符添加到“项目符号”或“编号”选项卡，可以在“项目符号”选项卡下单击“自定义”按钮，打开“符号”对话框，选择一个符号，然后单击“确定”按钮，如图 6-13 所示，就可以从样式列表中将符号应用到幻灯片了。

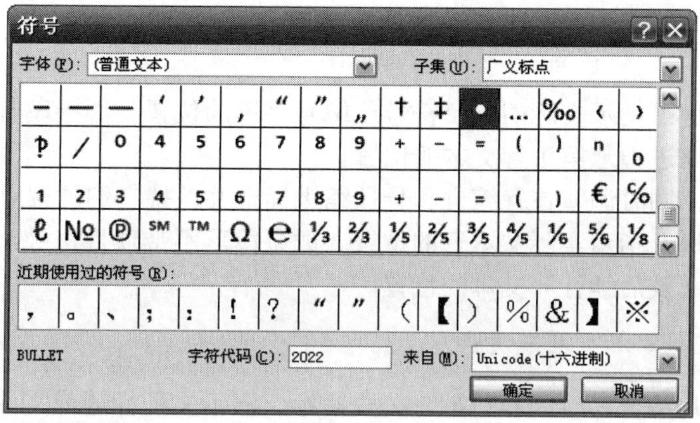

图 6-13

- 要更改项目符号或编号的颜色，可以在“项目符号”选项卡或“编号”选项卡下单击“颜色”按钮，然后选择一种颜色，如图 6-14 所示。
- 要更改项目符号或编号的大小，使其大小为相对于文本的特定大小，可以在“项目符号”选项卡或“编号”选项卡的“大小”区域输入一个百分数，如图 6-15 所示。

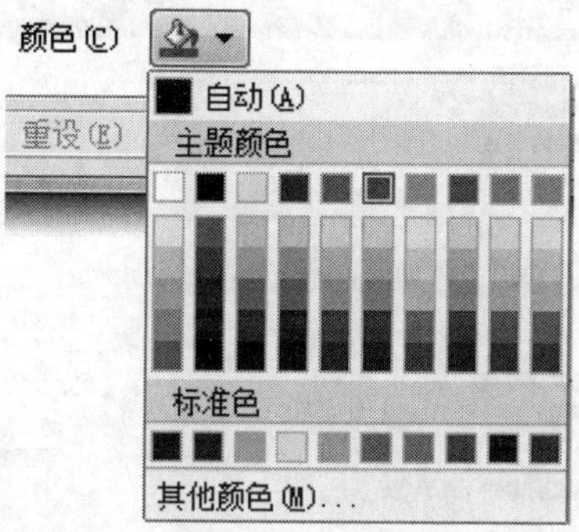

图 6-14

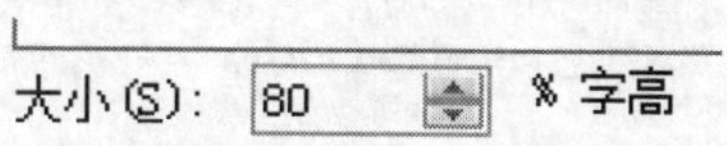

图 6-15

对于文本的项目符号或编号，还可以更改列表级别（缩进）、文本与项目符号或编号之间的间距以及更多内容。

若要在列表中创建缩进（附属）列表，可以将光标放在要缩进的行的开头，然后在“段落”组中单击“提高列表级别”按钮。若要将文本还原到列表中缩进较少的级别，可以将光标放在该行的开头，然后在“段落”组中，单击“降低列表级别”按钮。

要增大或减小一行中项目符号或编号与文本之间的间距，可以将光标放在文本行的开头。在“视图”选项卡的“显示/隐藏”组中勾选“标尺”复选框，然后在标尺上，单击悬挂缩进，拖动以调整文本与项目符号或编号之间的间距。标尺上显示 3 种不同的标记，指示为文本框定义的缩进，如图 6-16 所示。

①首行缩进 ②左缩进 ③悬挂缩进

图 6-16

- 首行缩进：指示实际的项目符号或编号字符的位置。如果段落不带项目符号，则首行缩进指示第 1 行文本的位置。
- 左缩进：同时调整首行缩进和悬挂缩进标记并保持它们的相对间距。
- 悬挂缩进：指示实际文本行的位置。如果段落不带项目符号，则悬挂缩进指示第 2 行（及后续行）文本的位置。

4. 向演示文稿添加页眉或页脚

若要将幻灯片编号、时间和日期、公司徽标、演示文稿标题或文件名、演示者姓名等信息添加到演示文稿中每个幻灯片的顶部或底部，可以使用页眉和页脚。

要为演示文稿添加页脚，需要在“插入”选项卡的“文本”组中，单击“页眉和页脚”按钮，打开“页眉和页脚”对话框。在“页眉和页脚”对话框的“幻灯片”选项卡上，勾选“页脚”复选框，然后输入要在幻灯片的底部居中显示的文本；如果只希望在所选幻灯片上显示页脚信息，单击“应用”按钮；如果要在演示文稿的所有幻灯片上显示页脚信息，单击“全部应用”按钮，如图 6-17 所示。

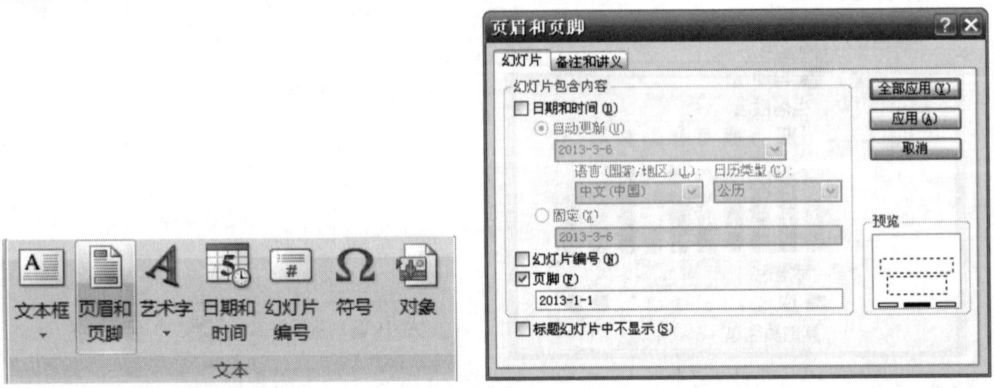

图 6-17

默认情况下，幻灯片不包含页眉，但是可以将页脚占位符移动到页眉位置。

另外，还可以对演示文稿中的页眉和页脚设置格式，只要在“视图”选项卡的“演示文稿视图”组中，单击“幻灯片母版”按钮。

- 要调整占位符的大小，需单击要更改的占位符，指向它的一个尺寸控点，然后当指针变为双向箭头时，拖动该控点。
- 要调整占位符的位置，需单击要更改的占位符，指向它的一个边界，然后当指针变为四向箭头时，将该占位符拖动到新位置。
- 要更改占位符内文字的字体、字号、大小写、颜色或间距，只要选择文字，然后在“字体”组中选择所需选项。

6.1.3　设置幻灯片的图片、剪贴画或形状

1. 将图片添加到幻灯片中

在 PowerPoint 2007 中，要将图片添加到幻灯片中，需在“插入”选项卡的“插图”组中，单击“图片”按钮，在打开的文件夹中选择所需图片，单击“插入”按钮，如图 6-18 所示。返回幻灯片，然后拖动以放置图片。

图 6-18

2. 设置图片格式

为图片添加样式，单击要对其应用新的样式的图片，在“图片工具”下的“格式”选项卡的“图片样式”组中，选择所需的样式，如图 6-19 所示。要查看更多的样式，则单击“其他”按钮。

图 6-19

可以通过更改图片的形状、边框或者向其添加效果来更改图片的外观。

- 单击要更改形状的图片，在“图片工具”下的“格式”选项卡的“图片样式”组中，单击“图片形状”下拉按钮，在其下拉列表中选择所需的形状，如图 6-20 所示。
- 单击要向其添加边框的图片，在“图片工具”下的“格式”选项卡的“图片样式”组中，单击“图片边框”下拉按钮，在其下拉列表中选择所需的颜色，如图 6-21 所示。
- 单击要向其添加效果的图片，在“图片工具”下的“格式”选项卡的“图片样式”组中，单击“图片效果”下拉按钮，在其下拉列表中选择所需的效果，如图 6-22 所示。

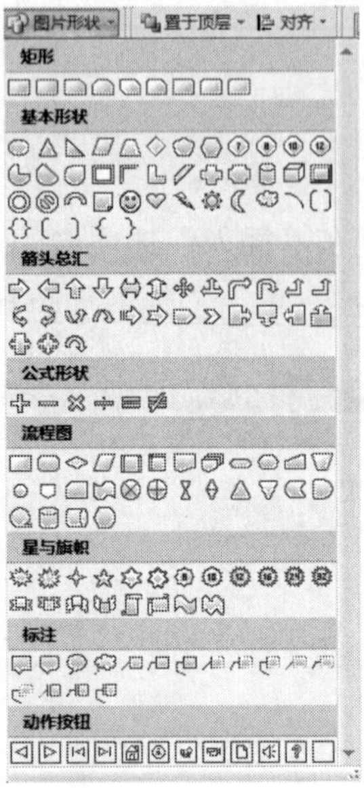

图 6-20

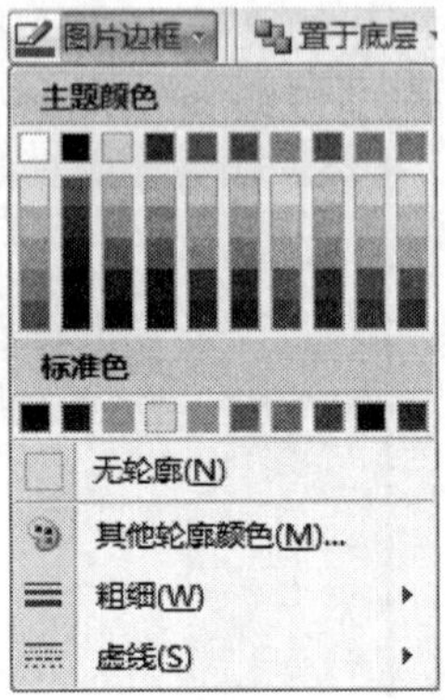

图 6-21

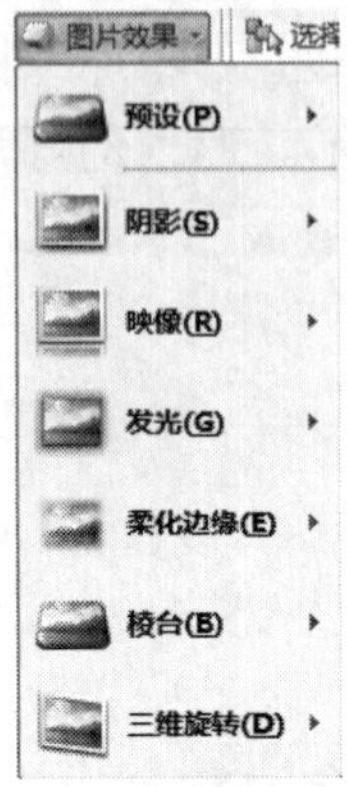

图 6-22

3．将剪贴画添加到幻灯片中

在 PowerPoint 2007 中，要将剪贴画添加到幻灯片中，需在“插入”选项卡的“插图”组中，单击“剪贴画”按钮。在幻灯片右侧出现“剪贴画”任务窗格，在“搜索文字”文本框中输入关键字，选定“搜索范围”和“结果类型”，单击“确定”按钮，如图 6-23 所示。将在下面出现搜索结果，单击所需的剪贴画，即将剪贴画添加到幻灯片中，然后拖动以放置剪贴画。

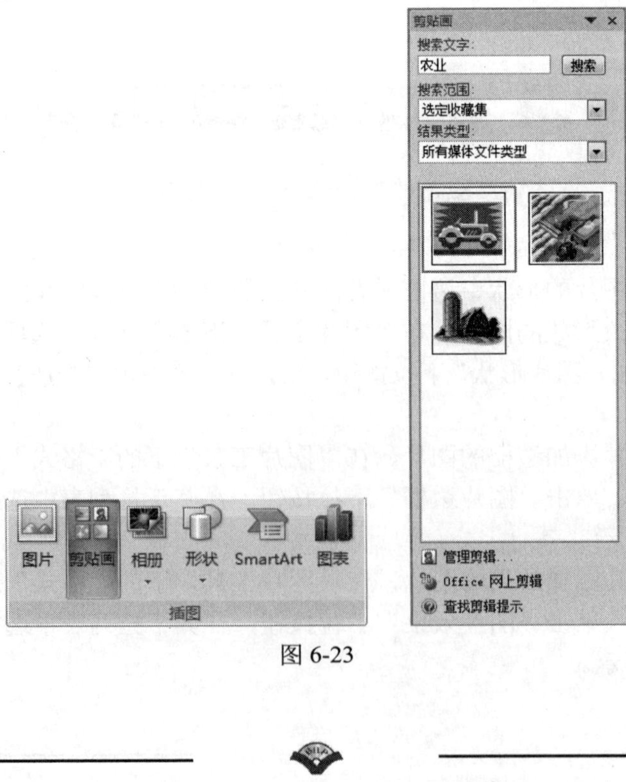

图 6-23

4. 设置剪贴画格式

剪贴画是图片的一种，设置剪贴画格式的方法和设置图片格式的方法一样，也可以使用“图片工具”下“格式”选项卡的“图片样式”组的各种样式命令来设置剪贴画的格式。

5. 将形状添加到幻灯片中

在 PowerPoint 2007 中，可用形状包括线条、基本几何形状、箭头、公式形状、流程图形状、星、旗帜和标注。要将形状添加到幻灯片中，需在“插入”选项卡的“插图”组中，单击“形状”按钮，在打开的下拉列表中单击所需形状，如图 6-24 所示。接着单击文档中的任意位置，然后拖动以放置形状。

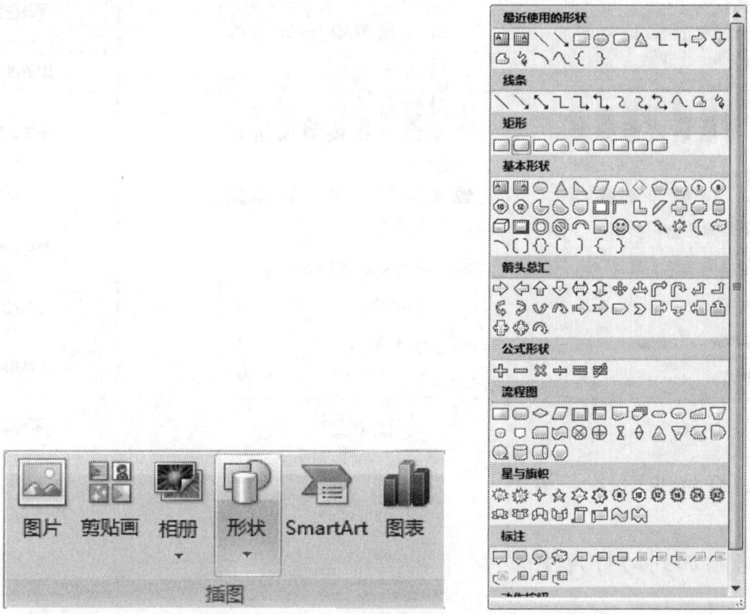

图 6-24

6. 设置形状格式

可以为形状添加样式，单击要对其应用新的样式的形状，在“绘图工具”下的“格式”选项卡的“形状样式”组中，单击所需的样式，如图 6-25 所示。要查看更多的样式，单击“其他”按钮。形状样式是不同格式选项的组合，在“形状样式”组中的样式库中显示为缩略图。将指针置于某个样式缩略图上时，可以看到“形状样式”对形状的影响。

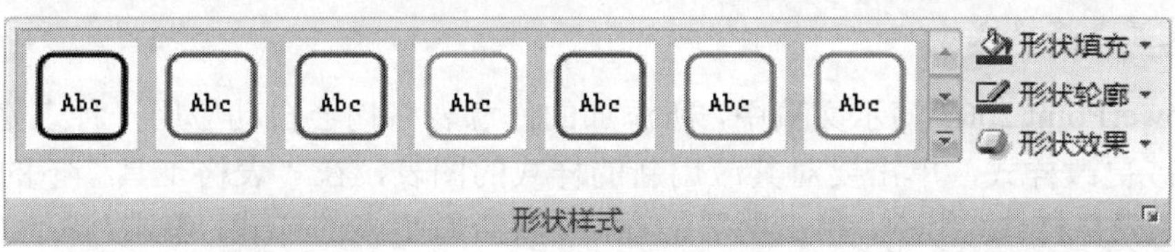

图 6-25

可以通过更改形状的填充、轮廓或者向其添加效果来更改形状的外观。

- 单击要向其添加填充的形状，在“绘图工具”下的“格式”选项卡的“形状样式”组中，单击“形状填充”下拉按钮，在其下拉列表中选择所需的颜色，如图 6-26 所示。
- 单击要向其添加轮廓的形状，在“绘图工具”下的“格式”选项卡的“形状样式”组中，单击“形状轮廓”下拉按钮，在其下拉列表中选择所需的颜色，如图 6-27 所示。
- 单击要向其添加效果的形状，在“绘图工具”下的“格式”选项卡的“形状样式”组中，单击“形状效果”下拉按钮，在其下拉列表中选择所需的效果，如图 6-28 所示。

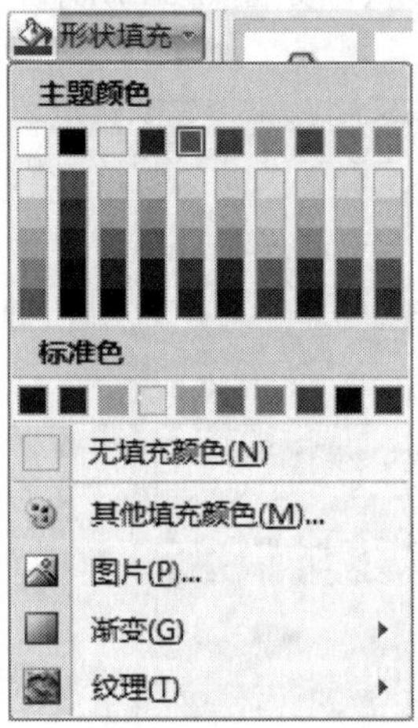

图 6-26

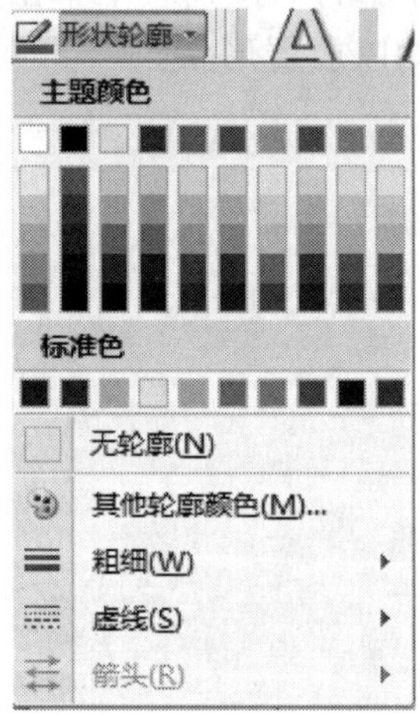

图 6-27

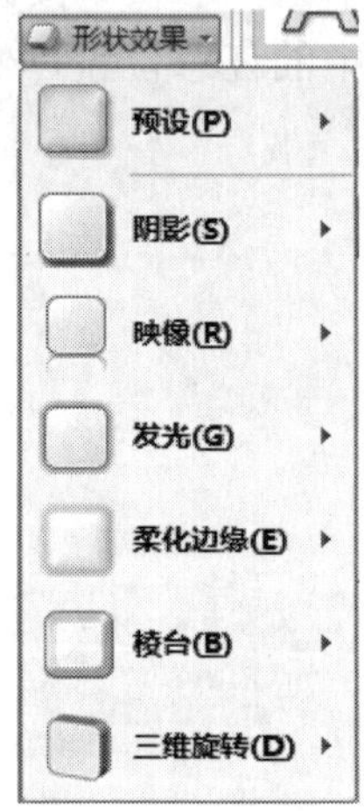

图 6-28

6.1.4　设置幻灯片的表格、图表

1. 将表格添加到幻灯片中

在 PowerPoint 2007 演示文稿中，重用 Word 2007 或 Excel 2007 中的表格非常容易。在 Word 2007 或 Excel 2007 中创建表格并设置表格的格式后，可以将此表格粘贴到演示文稿中而不必调整表格的外观或格式。当然，也可以在演示文稿中直接添加表格。

选择要向其添加表格的幻灯片，在“插入”选项卡的“表格”组中，单击“表格”按钮。在其下拉列表中，可以直接移动指针以选择所需的行数和列数，然后单击；也可以选择“插入表格”选项，打开“插入表格”对话框，在“列数”和“行数”列表中输入数字，如图 6-29 所示。要向表格单元格添加文字，只需单击某个单元格，然后输入文字。

2. 设置表格格式

在 PowerPoint 2007 演示文稿中，所添加的任意表格均会自动应用一种表格样式。为表格应用或更改样式，单击要对其应用新的样式的图表，在“表格工具”下的“设计”选项卡的“表格样式”组中，单击所需的样式。要查看更多的样式，单击“其他”按钮。表格样式是不同格式选项的组合，在“表格样式”组的样式库中显示为缩略图，如图 6-30 所示。将指针置于某个样式缩略图上时，可以看到“表格样式”对表格的影响。

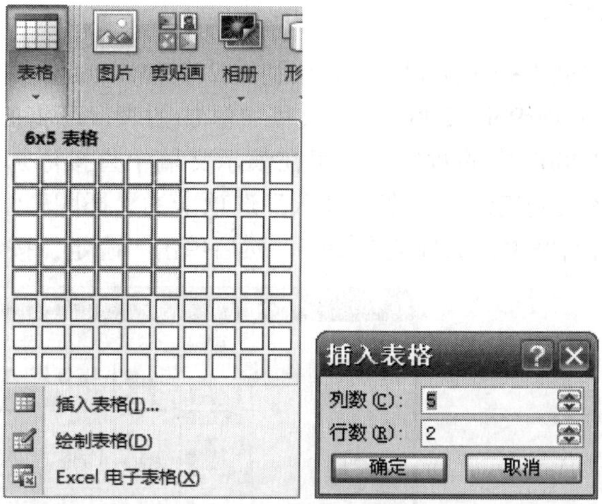

图 6-29

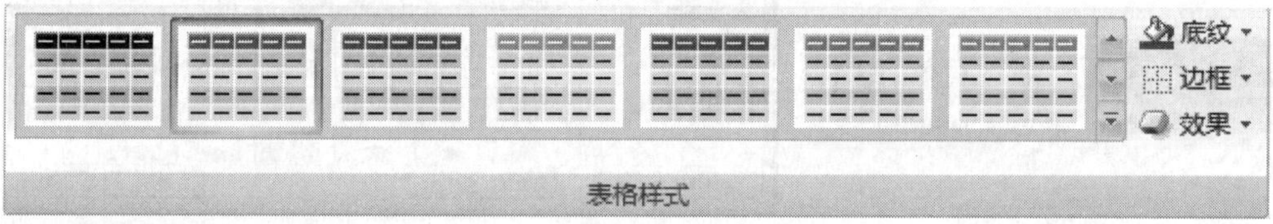

图 6-30

可以通过更改表格的底纹、边框或者向其添加效果来更改表格的外观。

- 单击要向其添加底纹的表格，在“表格工具”下的“设计”选项卡的“表格样式”组中，单击“底纹”下拉按钮，在其下拉列表中选择所需的颜色，如图 6-31 所示。
- 单击要向其添加边框的表格，在“表格工具”下的“设计”选项卡的“表格样式”组中，单击“边框”下拉按钮，在其下拉列表中选择所需的边框，如图 6-32 所示。
- 单击要向其添加效果的表格，在“表格工具”下“设计”选项卡的“表格样式”组中，单击“效果”下拉按钮，在其下拉列表中选择所需的效果，如图 6-33 所示。

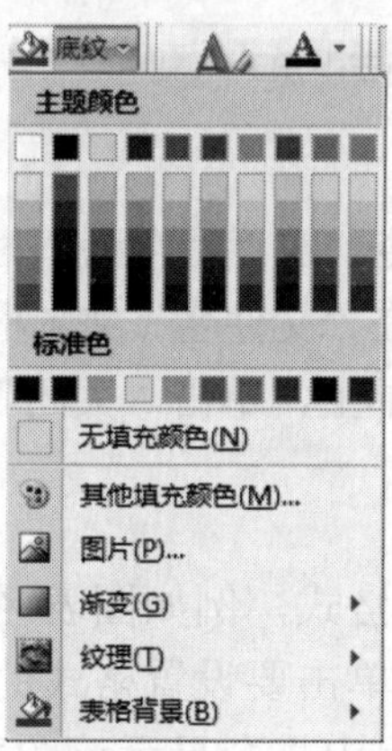

图 6-31

图 6-32

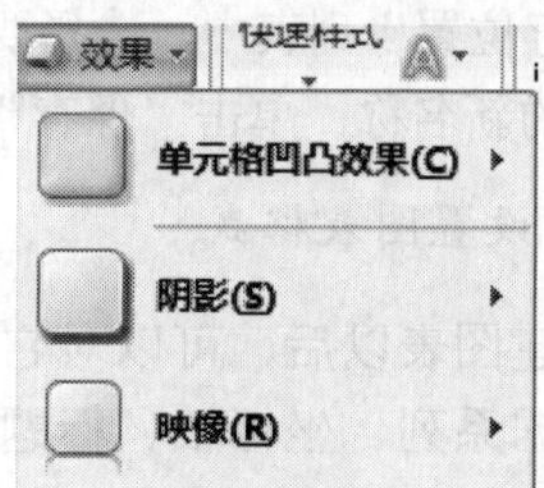

图 6-33

3. 将图表添加到幻灯片中

如果计算机上未安装 Excel 2007，则无法利用 2007 Microsoft Office system 中的高级图表制作功能。要在 PowerPoint 2007 演示文稿中添加图表，可将 Excel 图表粘贴到演示文稿中并链接到 Excel 2007 中的数据，也可在演示文稿中直接添加图表。

选择要向其添加图表的幻灯片，在“插入”选项卡的“插图”组中，单击“图表”按钮。在“插入图表”对话框中，选择某个图表，然后单击“确定”按钮，如图 6-34 所示。

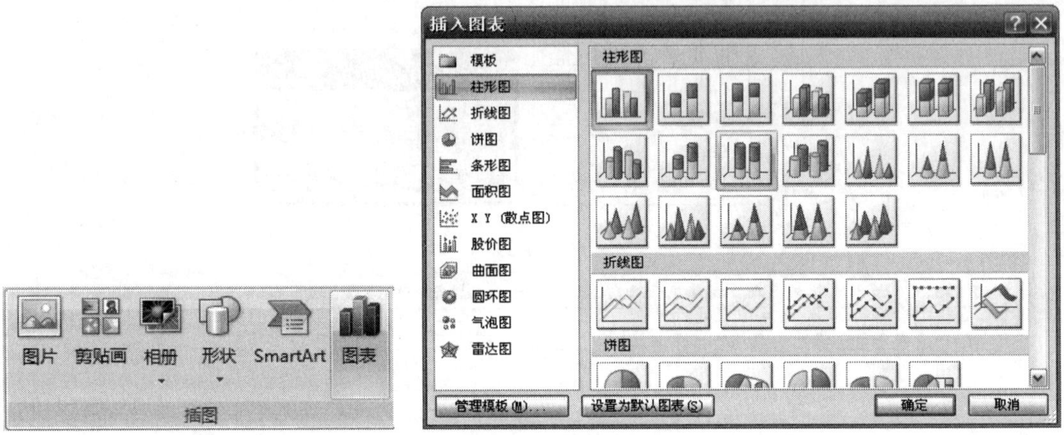

图 6-34

这时，Excel 2007 将在一个分开的窗口中打开，并在一个工作表中显示示例数据，如图 6-35 所示。在 Excel 中，若要更换示例数据，单击工作表上的单元格，然后输入所需的数据。还可以更换“A 列”中的示例轴标签以及“第 1 行”中的图例项名称。在更新工作表之后，PowerPoint 中的图表将用新数据自动更新。

	A	B	C	D	E	F
1		系列 1	系列 2	系列 3		
2	类别 1	4.3	2.4	2		
3	类别 2	2.5	4.4	2		
4	类别 3	3.5	1.8	3		
5	类别 4	4.5	2.8	5		
6						
7						
8		若要调整图表数据区域的大小，请拖拽区域的右下角。				

图 6-35

然后在 Excel 中，单击 Office 按钮，然后执行“另存为”命令。在“另存为”对话框中的“保存位置”列表中，选择要保存工作表的文件夹或驱动器。在“文件名”文本框中，输入文件的新名称。单击“保存”按钮。在 Excel 中的“文件”菜单上，单击“关闭”按钮。

4. 设置图表格式

创建图表以后，可以对它进行修改，设置各个图表元素的格式，例如图表区、绘图区、数据系列、坐标轴、标题、数据标签或图例。在图表中，单击要设置格式的图表元素，在“图表工具”下的“格式”选项卡的“当前所选内容”组中将会显示该图表元素，选择“设置所选内容格式”选项，如图 6-36 所示。然后选择需要的格式选项。

还可以快速地为图表应用预定义的图表布局和图表样式，而不必手动添加或更改图表元素或者设置图表格式。PowerPoint 2007 提供了多种有用的预定义布局和样式供选择。

应用预定义图表布局：单击要设置的图表，在“设计”选项卡的“图表布局”组中，单击要使用的图表布局，如图 6-37 所示。若要查看所有可用的布局，单击“更多”按钮。

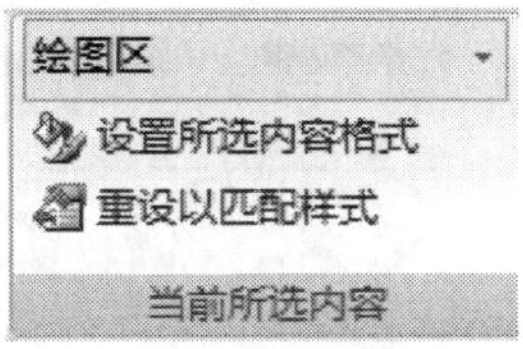

图 6-36

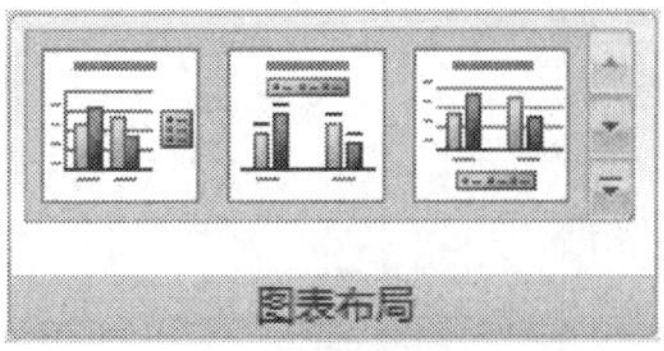

图 6-37

应用预定义图表样式：单击要设置格式的图表，在“设计”选项卡的“图表样式”组中，单击要使用的图表样式，如图 6-38 所示。若要查看所有预定义图表样式，单击“其他”按钮。

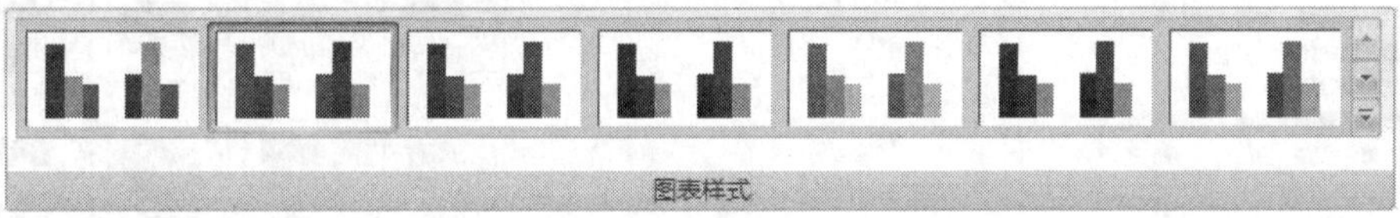

图 6-38

6.1.5　设置幻灯片的主题

1. 为幻灯片添加主题

演示文稿通过应用文档主题，可以快速而轻松地设置整个演示文稿的格式，赋予它专业和时尚的外观。

在“设计”选项卡的“主题”组中，单击要使用的文档主题，如图 6-39 所示。若要查看所有文档主题，单击“其他”按钮。文档主题是一组格式选项，包括一组主题颜色、一组主题字体（包括标题字体和正文字体）和一组主题效果（包括线条和填充效果）。在“主题”组中的样式库中显示为缩略图。将指针置于某个样式缩略图上时，可以看到“主题”对幻灯片的影响。

图 6-39

2. 设置主题格式

演示文稿应用主题后，可以通过更改主题的颜色、字体或者向其添加效果来更改主题的外观。

- 在“设计”选项卡的“主题”组中，单击“颜色”下拉按钮，在其下拉列表中选择所需的颜色，如图 6-40 所示。
- 在“设计”选项卡的“主题”组中，单击“字体”下拉按钮，在下拉列表中选择所需的字体，如图 6-41 所示。

- 在“设计”选项卡的“主题”组中，单击“效果”下拉按钮，在下拉列表中选择所需的效果，如图 6-42 所示。

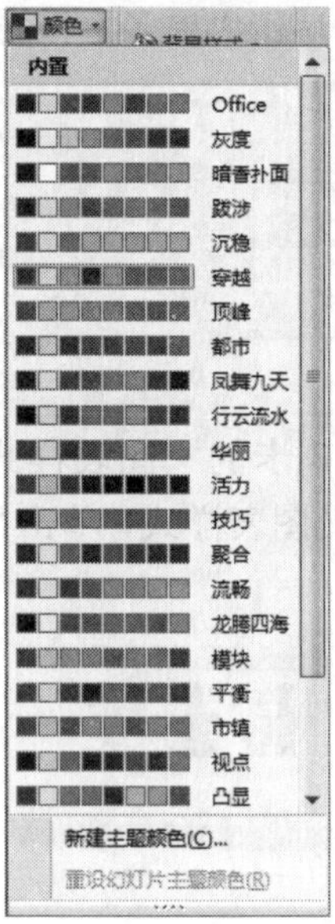

图 6-40

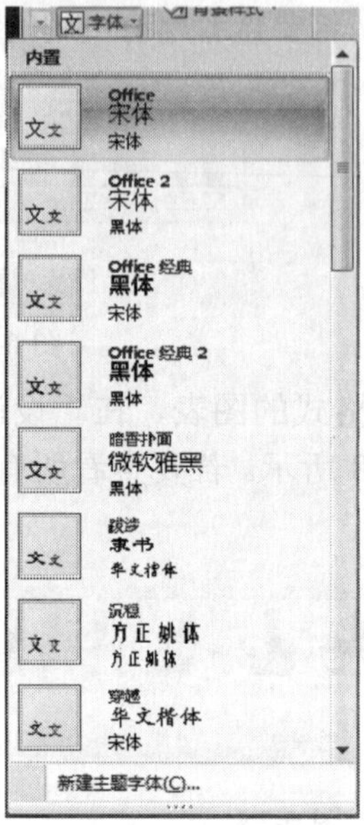

图 6-41

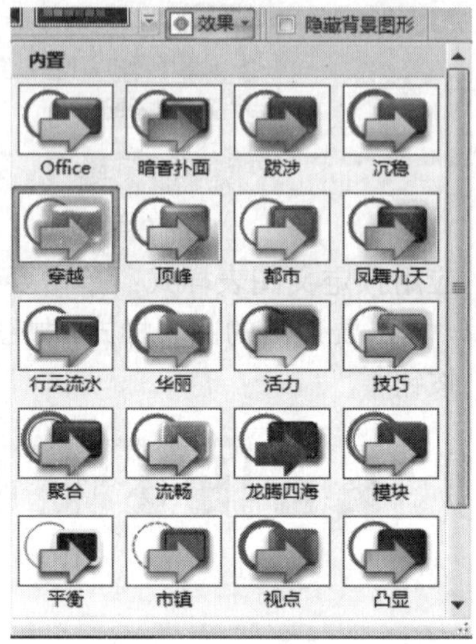

图 6-42

6.1.6　设置幻灯片的背景

1. 为幻灯片添加背景

在 PowerPoint 2007 中，向幻灯片添加背景是添加一个背景样式。背景样式是来自当前文档“主题”中主题颜色和背景亮度的组合的背景填充变体。当更改文档主题时，背景样式会随之更新以反映新的主题颜色和背景。如果希望只更改演示文稿的背景，则应选择其他背景样式。更改文档主题时，更改的不止是背景，同时会更改颜色、标题和正文字体、线条和填充样式以及主题效果的集合。

单击要向其添加背景样式的幻灯片，在“设计”选项卡的“背景”组中，单击“背景样式”下拉按钮。背景样式在“背景样式”库中显示为缩略图。将指针置于某个背景样式缩略图上时，可以预览该背景样式对幻灯片的影响。

右击所需的背景样式，要将该背景样式应用于所选幻灯片，选择“应用于所选幻灯片”选项；要将该背景样式应用于演示文稿中的所有幻灯片，选择“应用于所有幻灯片”选项，如图 6-43 所示。

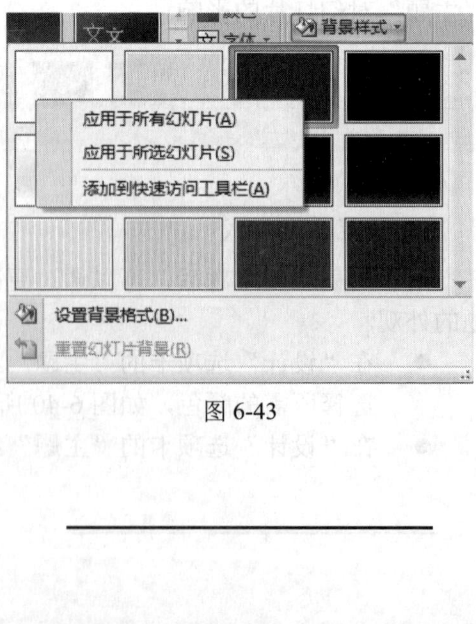

图 6-43

2. 设置背景格式

单击要设置背景格式的幻灯片，在“设计”选项卡的“背景”组中，单击“背景样式”下拉按钮，在其下拉列表中选择“设置背景格式”选项，打开“设置背景格式”对话框，可以为背景设置填充和图片，如图 6-44 所示。

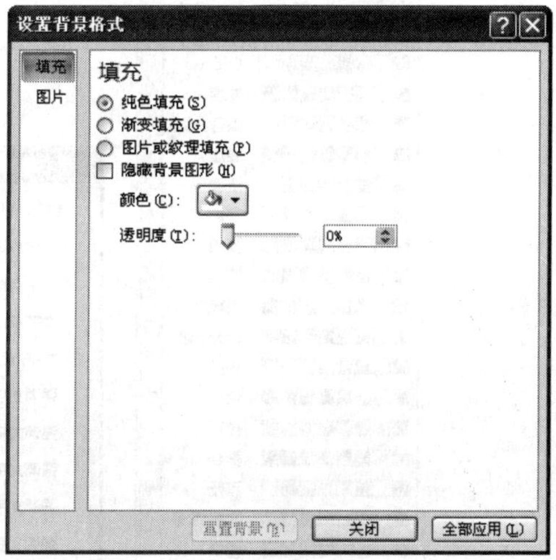

图 6-44

6.1.7 设置幻灯片的超链接

1. 为幻灯片添加超链接

在 PowerPoint 2007 中，超链接是从一张幻灯片到同一演示文稿中的另一张幻灯片的连接，可以从文本或一个对象（如图片、图形、形状或艺术字）创建链接。

在同一演示文稿中，要创建幻灯片的超链接，只需在“普通”视图中，选择要用作超链接的文本或对象。在“插入”选项卡的“链接”组中，单击“超链接”按钮，打开“插入超链接”对话框，如图 6-45 所示。

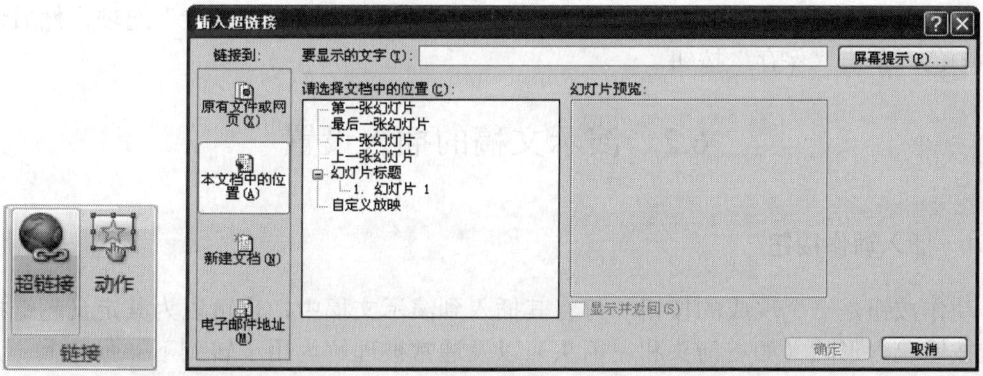

图 6-45

在“插入超链接”对话框中，在左侧的“链接到”区域，选择“本文档中的位置”选项。在右侧的“请选中文档中的位置”区域，单击要用作超链接目标的幻灯片。

2. 设置超链接

创建超链接后，可以更改超链接文本的颜色。

选择要更改的超链接文本，在“设计”选项卡的“主题”组中，单击“颜色”下拉按钮，在其下拉列表中选择“新建主题颜色”选项，打开“新建主题颜色”对话框，如图 6-46 所示。

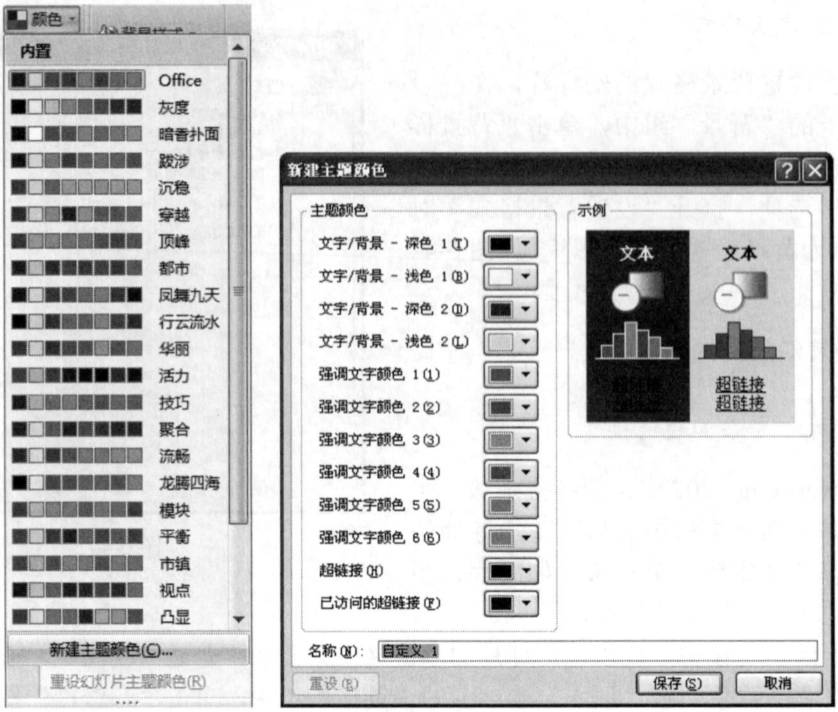

图 6-46

在“新建主题颜色”对话框中的“主题颜色”下，选择“超链接”选项，然后选择一种颜色，单击“保存”按钮。

6.2　演示文稿的插入设置

6.2.1　插入动作按钮

动作按钮是一个现成的按钮，可将其插入到演示文稿中，也可以为其定义超链接。动作按钮包含形状（如右箭头和左箭头）以及通常被理解为用于转到下一张、上一张、第一张和最后一张幻灯片和用于播放影片或声音的符号。动作按钮通常用于自运行演示文稿，例如，在摊位或展台上重复显示的演示文稿。

选择要插入动作按钮的幻灯片，在“插入”选项卡的“插图”组中，单击“形状”下拉按钮，打开其下拉列表，在“动作按钮”下，单击要添加的按钮。然后单击幻灯片上的一个位置，打开“动作设置”对话框，如图 6-47 所示。也可以通过拖动为该按钮绘制形状。

在“动作设置”对话框中，可以设置动作按钮在单击鼠标时的行为。动作行为包括创建超链接、运行程序、运行宏、执行对象动作等。勾选“播放声音”复选框，还可以为动作按钮添加播放声音。

动作按钮可以按照设置形状格式的方法设置其格式。

图 6-47

6.2.2　插入声音

为了增强演示文稿的效果，可以添加声音，以达到强调或实现特殊效果的目的。

1. 插入声音

在 PowerPoint 2007 中，只有.wav（波形音频数据）声音文件才可以嵌入，所有其他的媒体文件类型都只能以链接的方式插入。默认情况下，如果.wav 声音文件的大小超过 100KB，将自动链接到演示文稿，而不采用嵌入的方式。插入链接的声音文件时，PowerPoint 会创建一个指向该声音文件当前位置的链接。如果之后将该声音文件移动到其他位置，则在需要播放该文件时 PowerPoint 会找不到文件。因此，为防止可能出现的链接问题，最好在添加到演示文稿之前将这些声音复制到演示文稿所在的文件夹。

单击要添加声音的幻灯片，在“插入”选项卡的“媒体剪辑”组中，单击“声音”下拉按钮，选择“文件中的声音”选项，如图 6-48 所示。找到包含所需文件的文件夹，然后双击要添加的文件。

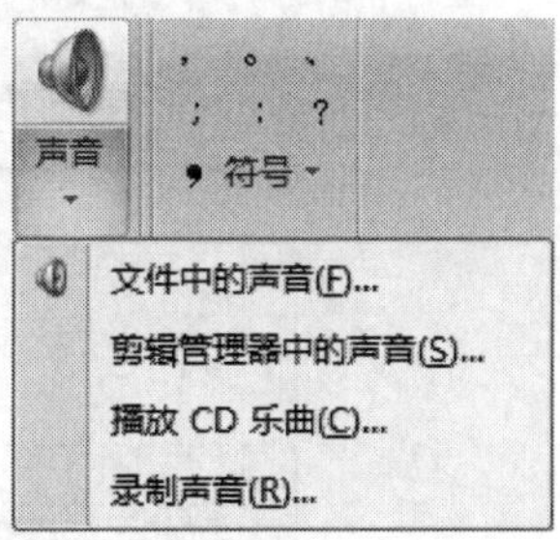

图 6-48

当系统提示选择声音在放映幻灯片时的播放方式时，若要在转到该幻灯片时自动播放声音，单击“自动”按钮。若要在单击声音图标时播放声音，单击“在单击时”按钮。

然后在幻灯片上将显示一个表示所插入声音文件的图标，可以通过拖动为该按钮绘制形状。

2. 预览声音

在幻灯片上，单击声音图标，在“声音工具”下的“选项”选项卡的“播放”组中，单击“预览”按钮。也可以双击声音图标。

3. 播放声音

（1）连续播放声音。

插入声音后，可以只在一张幻灯片放映期间连续播放某个声音，也可以跨多张幻灯片连续播放。

要在一张幻灯片放映期间连续播放声音，首先单击声音图标，在“声音工具”下的“选项”选项卡的“声音选项”组中，勾选“循环播放，直到停止”复选框，如图 6-49 所示。这样在循环播放时，声音将连续播放，直到转到下一张幻灯片为止。

若要跨多张幻灯片播放声音，需要在“动画”选项卡的“动画”组中，单击“自定义动画”按钮，如图 6-50 所示。

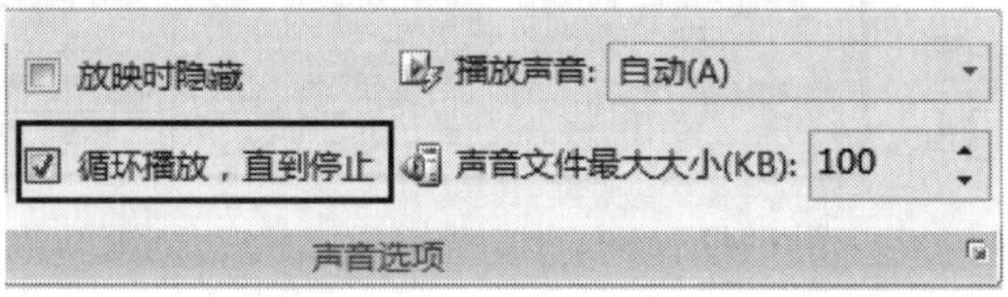

图 6-49

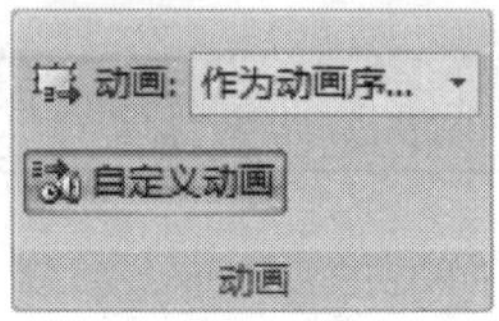

图 6-50

在“自定义动画”任务窗格中，单击“自定义动画”列表中所选声音右侧的下拉按钮，在其下拉列表中选择“效果选项”选项，打开“播放 声音”对话框，在“效果”选项卡上设置声音的开始和停止选项，如图 6-51 所示。

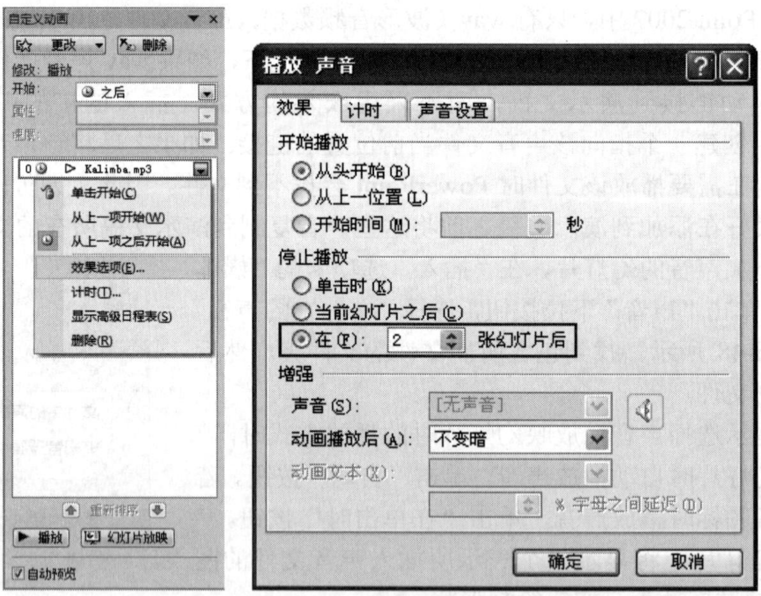

图 6-51

在“效果”选项卡的“开始播放”选项区域，选择声音的开始播放时间，执行下列任一操作.

- 若要立即开始播放声音文件，选中“从头开始”单选按钮。
- 若要从 CD 中上次播放的曲目处开始播放声音文件，选中“从上一位置”单选按钮。

- 若要在延迟一段时间后开始播放声音文件，选中“开始时间”单选按钮，然后输入延迟的秒数。

在“效果”选项卡的“停止播放”选项区域，选择声音的停止播放时间，执行下列任一操作。

- 若要通过单击此幻灯片来停止播放声音文件，选中“单击时”（默认设置）单选按钮。
- 若要在该幻灯片放映结束后停止播放声音文件，选中“当前幻灯片之后”单选按钮。
- 若要跨多张幻灯片播放声音文件，选中“在 张幻灯片后”单选按钮，然后输入在其上播放该文件的幻灯片总数。

（2）隐藏声音图标。

只有将声音设置为自动播放，才可以隐藏声音图标。

注意：在“普通”视图中，如果不把声音图标拖到幻灯片之外，将会一直显示图标。

单击要隐藏的声音图标，在“声音工具”下的“选项”选项卡的“声音选项”组中，勾选“放映时隐藏”复选框，如图 6-52 所示。

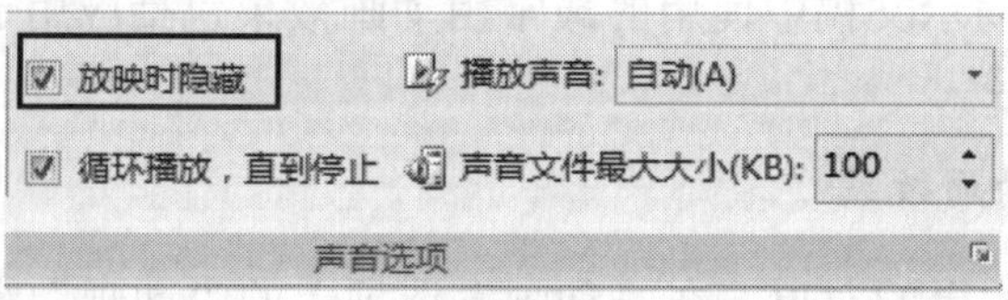

图 6-52

6.3　演示文稿的放映设置

为了在幻灯片放映时增加视觉效果，可以为幻灯片切换效果，也可以为幻灯片中的文本、图片、表格等对象自定义动画效果。

6.3.1　设置幻灯片的切换效果

幻灯片切换效果是在“幻灯片放映”视图中从一个幻灯片移到下一个幻灯片时出现的类似动画的效果。可以控制每个幻灯片切换效果的速度，还可以添加声音。

1. 为幻灯片添加切换效果

单击要添加切换效果的幻灯片，在“动画”选项卡的“切换到此幻灯片”组中，单击一个幻灯片切换效果，如图 6-53 所示。若要查看更多切换效果，可以在样式列表中单击“其他”按钮。

- 若要设置幻灯片切换声音，在“切换到此幻灯片”组中，单击“切换声音”下拉按钮，然后选择所需的声音。

图 6-53

- 若要设置幻灯片切换速度，在“切换到此幻灯片”组中，单击“切换速度”下拉按钮，然后选择所需的速度。
- 若要将演示文稿中的所有幻灯片添加相同的幻灯片切换效果，在“切换到此幻灯片”组中，单击“全部应用”按钮。
- 若要设置幻灯片换片方式，在“切换到此幻灯片”组中，勾选“单击鼠标时”复选框，还可以设置“在此之后自动设置动画效果”的时间。

2. 删除幻灯片的切换效果

单击要删除切换效果的幻灯片，在“动画”选项卡的“切换到此幻灯片”组中，单击“无切换效果”按钮。若要从演示文稿中删除所有幻灯片切换效果，则需要在“切换到此幻灯片”组中，单击“全部应用”按钮。

6.3.2 设置幻灯片的动画效果

PowerPoint 2007 演示文稿中使用的最常用动画效果包括应用于项目的进入、退出和声音效果以及动作路径。

1.为幻灯片添加动画效果

选择要添加动画效果的对象，在“动画”选项卡的“动画”组中，单击“自定义动画”按钮。在“自定义动画”任务窗格中，单击“添加效果”下拉按钮，在打开的下拉列表中选择所需的动画效果，如图 6-54 所示。

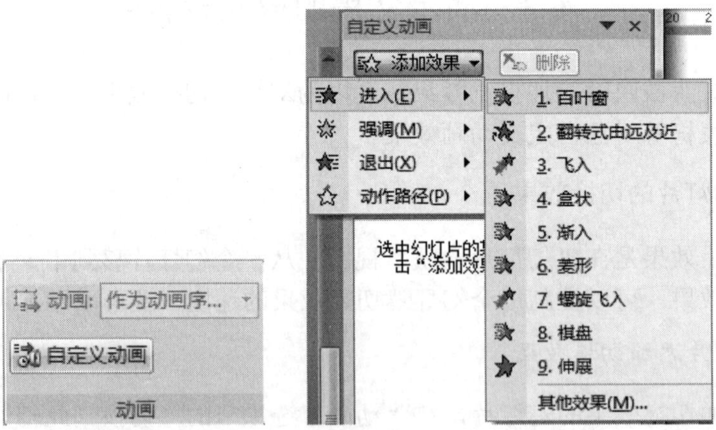

图 6-54

使用“自定义动画”还可以为幻灯片中的对象应用动作路径，但要先将对象拖到幻灯片上要开始移动的位置。然后在“自定义动画”任务窗格中，单击“添加效果”下拉按钮，在其下拉列表中的“动作路径”选项下，选择所需要的动作路径。

若为多个对象添加动画效果，则动画效果按照添加顺序依次显示在“自定义动画”列表中。添加一个或多个动画效果后，为确保它们有效，可以单击“自定义动画”任务窗格底部的“播放”按钮，以便测试动画效果。

2. 设置幻灯片的动画效果

在如图 6-55 所示的“自定义动画”任务窗格中，可以对添加的动画效果进行设置。

- 要指定动画效果如何以及何时开始，在“开始”列表中选择开始方式。
- 要指定动画效果的方向，在“方向”列表中选择所需方向。
- 要指定动画效果的速度，在“速度”列表中选择所需速度。

若需要对添加的动画效果应用声音效果，则要在“自定义动画”任务窗格中的“自定义动画”列表中，单击要添加声音效果的动画效果右侧的下拉按钮，然后执行“效果选项”命令，如图 6-56 所示，在打开的对话框的“效果”选项卡的“增强”区域的“声音”列表中，选择一种声音。若要从文件添加声音，可以选择“其他声音”选项，然后找到要使用的声音文件。

图 6-55

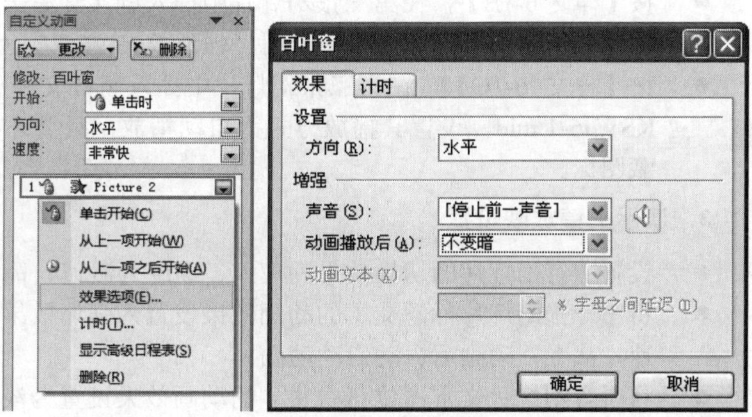

图 6-56

Ⅱ. 试题汇编

6.1 第 1 题

【操作要求】

在演示文稿程序中打开 A6.pptx，按如下要求进行操作。

1．演示文稿页面格式设置

- 按【样文 6-1A】，在标题母版中添加页脚“KSWJ6-1”，设置字体为微软雅黑、加粗、18 磅、青色（RGB：80，255，220）。
- 将第一张幻灯片中标题的字体设置为华文行楷，字号为 72，字体颜色为浅绿色。
- 按【样文 6-1B】，设置第二张幻灯片中文本占位符中段落的项目符号为✠，大小为字高的 115%，颜色为橙色。
- 将剩余幻灯片中带有项目符号的项均设置为与第二张幻灯片的项目符号样式相同。

2．演示文稿插入设置

- 按【样文 6-1B】，在第二张幻灯片中插入链接到第一张幻灯片和下一张幻灯片的动作按钮，并为动作按钮套用“强烈效果-强调颜色 3”的形状样式。
- 按【样文 6-1C】，在第三张幻灯片中插入声音文件 C:\Win2007GJW\KSML3\KSWJ6-1.mid，设置其播放方式为自动播放，且循环播放直到停止，放映时隐藏图标。

3．演示文稿放映设置

- 设置所有幻灯片的切换效果为楔入、速度为慢速、箭头的声音，单击换页。
- 将第一张幻灯片标题文本的动画效果设置为强调效果中的彩色延伸、速度为快速，从上一动画后自动启动动画。
- 将所有幻灯片文本占位符中文本的动画效果设置为淡出式缩放，速度为快速，从上一动画后自动启动动画。

【样文 6-1A】

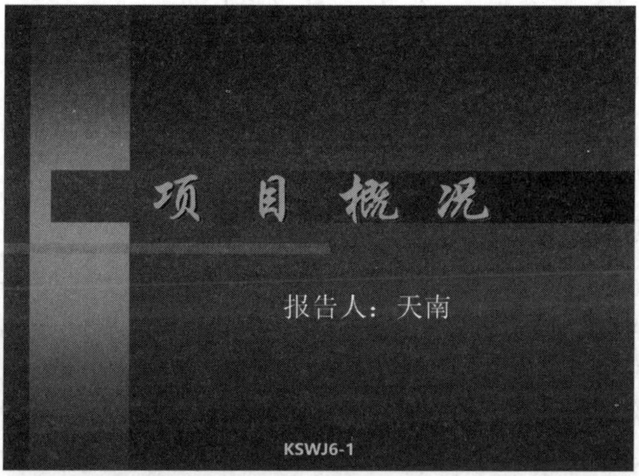

【样文 6-1B】

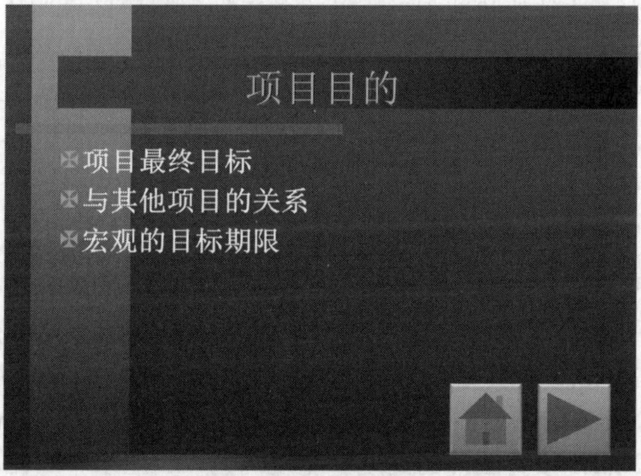

【样文 6-1C】

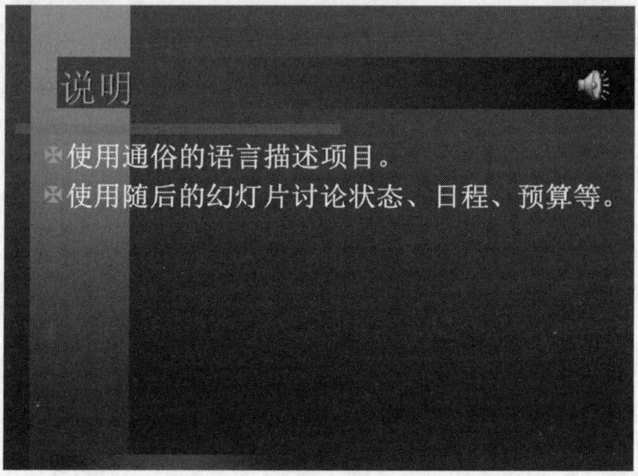

6.2 第 2 题

【操作要求】

在演示文稿程序中打开 A6.pptx，按如下要求进行操作。

1. 演示文稿页面格式设置

- 按【样文 6-2A】，将第一张幻灯片的背景填充为图片 C:\Win2007GJW\KSML3\KSWJ6-2A.gif。并设置所有幻灯片的主题为内置主题“流畅”，主题颜色为内置颜色“华丽”。
- 按【样文 6-2A】，将第一张幻灯片中的标题字体设置为 MonotypeCorsive、72 磅、白色、有阴影。
- 按【样文 6-2A】，将第一张幻灯片中的文本转换为“SmartArt 图形”，选择的图形布局为“连续块状流程”，并为其添加“金属场景”的三维效果，设置字体为华文新魏、24 磅。
- 为所有幻灯片添加页脚“天南工作室”，字体为华文行楷、字号为 24、对齐方式为居中、字体颜色为绿色。
- 按【样文 6-2C】，将第四张幻灯片的文本部分设置为 1.5 倍行距，并将文本框填充为中心辐射的渐变效果。

2. 演示文稿插入设置

- 按【样文 6-2A】，在第一张幻灯片中插入声音文件 C:\Win2007GJW\KSML3\KSWJ6-2B.mid,设置其播放方式为单击时开始播放，且循环播放直到停止。
- 按【样文 6-2B】，在第二张幻灯片中插入图片 C:\Win2007GJW\KSML3\KSWJ6-2C.gif，设置图片的高度和宽度均为 7.5 厘米、对比度为 30%，图片样式为“映像圆角矩形”。

3. 演示文稿放映设置

- 设置所有幻灯片的切换效果为水平百叶窗、速度为慢速、风铃的声音，单击换页。
- 将第一张幻灯片的标题文本的动画效果设置为自顶部飞入、速度为快速、打字机的声音，按字母发送，单击启动动画。
- 将第二张幻灯片中图片的动画效果设置为自左侧缓慢进入、速度为慢速、鼓掌的声音，单击启动动画。

【样文 6-2A】

【样文 6-2B】

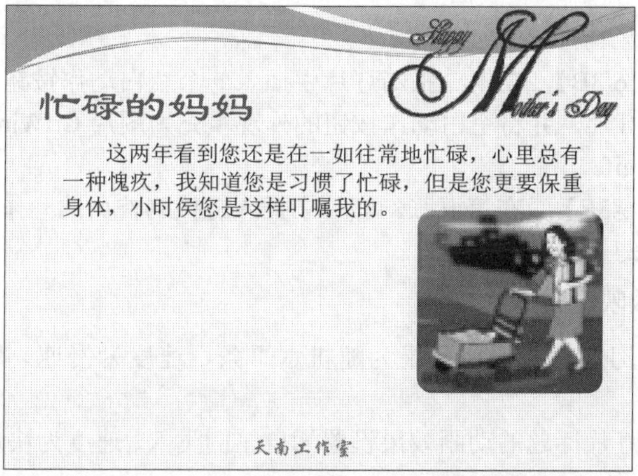

【样文 6-2C】

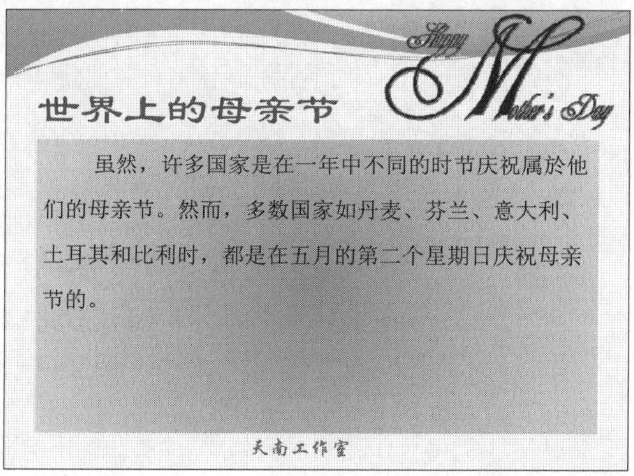

6.3　第 3 题

【操作要求】

在演示文稿程序中打开 A6.pptx，按如下要求进行操作。

1．演示文稿页面格式设置

- 按【样文 6-3A】，更改第一张幻灯片文本占位符中内容的项目符号为回，大小为文本的 130%，颜色为橙色。
- 按【样文 6-3A】，将第一张幻灯片中除标题外的文本分别与对应的幻灯片建立超链接。
- 按【样文 6-3C】，为第三张幻灯片中表格套用“主题样式 1 - 强调 2”的表格样式，并为单元格添加“棱台-凸起”的凹凸效果。
- 按【样文 6-3D】，将第四张幻灯片中图表的边框线设置为红色、5.13 磅的实线。

2．演示文稿插入设置

- 按【样文 6-3B】，在第二张幻灯片中插入一个空白动作按钮，将其超链接到最后一张幻灯片，并将空白动作按钮的外观填充为图片 C:\Win2007GJW\KSML3\KSWJ6-3.gif。
- 按【样文 6-3E】，在第五张幻灯片中插入链接到首页的动作按钮，设置其填充效果为“幻灯片背景填充”。

3．演示文稿放映设置

- 设置所有幻灯片的切换效果为随机水平条、速度为慢速、爆炸的声音，单击换页。
- 将所有幻灯片标题的动画效果设置为自左侧飞入、速度为快速、打字机的声音、按字母发送，单击启动动画。
- 将第五张幻灯片中的组织结构图的动画效果设置为渐入、鼓掌的声音，单击启动动画。

【样文 6-3A】

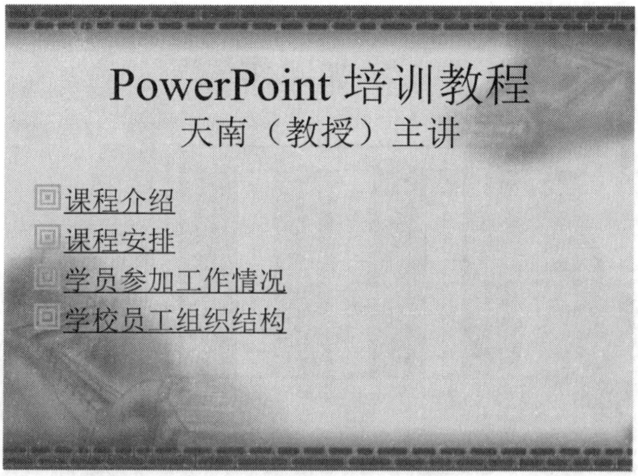

【样文 6-3B】

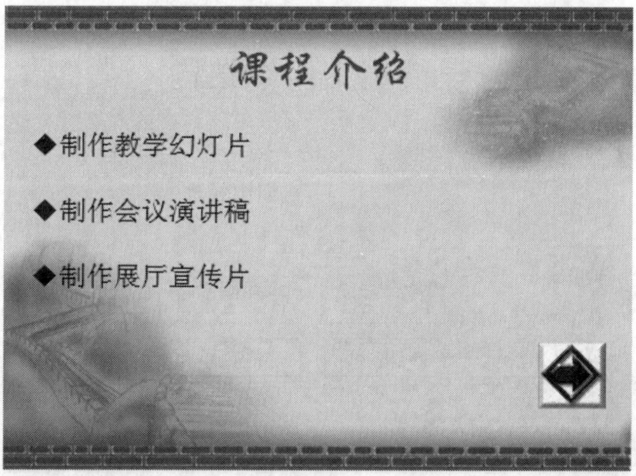

【样文 6-3C】

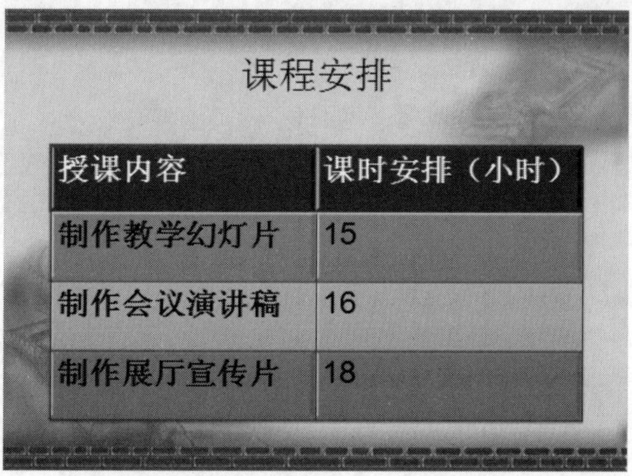

【样文 6-3D】

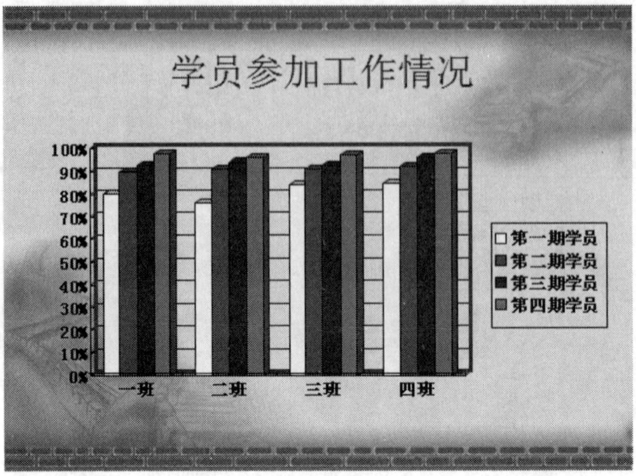
学员参加工作情况
100%
90%
80%
70%
60%
50%
40%
30%
20%
10%
0%
一班
二班
三班
四班
第一期学员
第二期学员
第三期学员
第四期学员

【样文 6-3E】

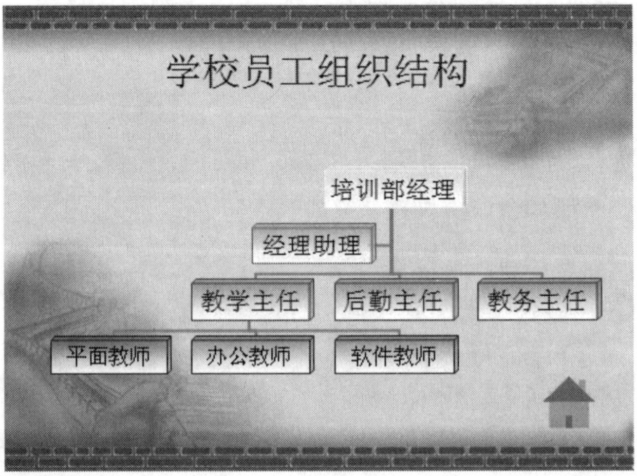
学校员工组织结构
培训部经理
经理助理
教学主任
后勤主任
教务主任
平面教师
办公教师
软件教师

6.4　第 4 题

【操作要求】

在演示文稿程序中打开 A6.pptx，按如下要求进行操作。

1．演示文稿页面格式设置

- 按【样文 6-4A】，将第一张幻灯片中除标题外的文本分别与对应的幻灯片建立超链接。
- 按【样文 6-4B】，设置第五张幻灯片中图表的标题字体为华文行楷、加粗、54 磅、红色。
- 按【样文 6-4C】，设置第六张幻灯片的项目符号和编号。

2．演示文稿插入设置

- 按【样文 6-4A】，在第一张幻灯片中插入图片 C:\Win2007GJW\KSML3\KSWJ6-4.png，设置图片的缩放比例为 150%，并为其添加“左上对角透视”的阴影效果。
- 按【样文 6-4B】，在第五张幻灯片中插入链接到开始和结束的动作按钮，将其大小设置为：高度、宽度均 2.2 厘米，并将其填充为预设颜色中“碧海青天”的射线渐变效果。

3．演示文稿放映设置

- 设置所有幻灯片的切换效果为横向棋盘式、速度为中速、鼓掌的声音，单击换页。
- 将第一张幻灯片中标题文本的动画效果设置为螺旋飞入、打字机的声音、速度为中速，单击启动动画效果。
- 将第一张幻灯片中图片的动画效果设置为玩具风车、风铃声音、速度为快速，单击启动动画效果。

【样文 6-4A】

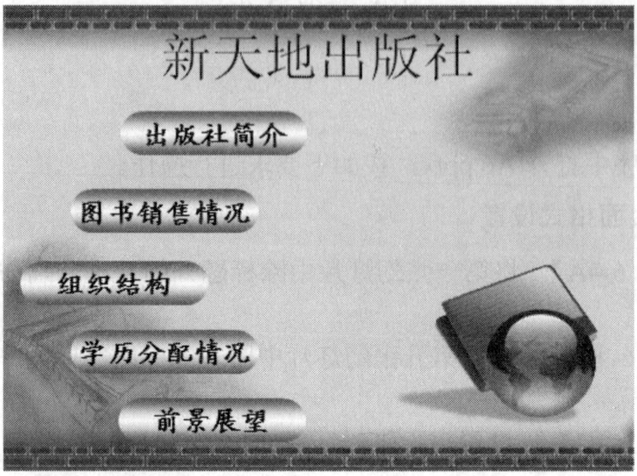

【样文 6-4B】

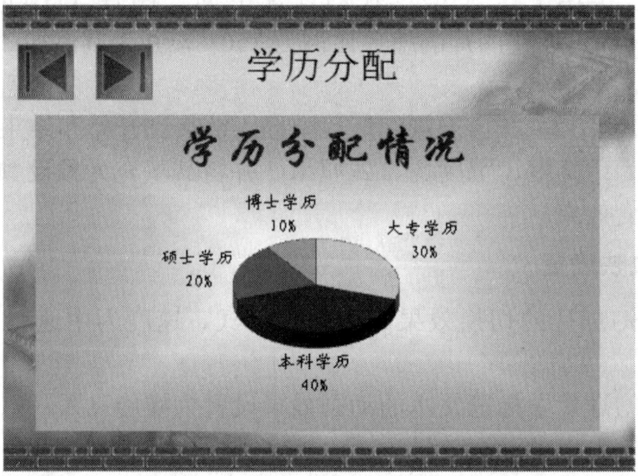

【样文 6-4C】

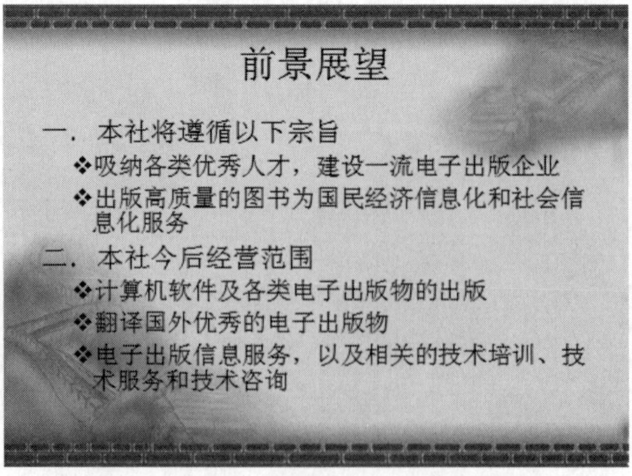

6.5　第 5 题

【操作要求】

在演示文稿程序中打开 A6.pptx，按如下要求进行操作。

1．演示文稿的页面格式设置

- 按【样文 6-5A】，将第一张幻灯片的版式设置为标题幻灯片，录入标题文字“打击恐怖，维护和平”，并设置标题的字体为华文新魏、60 磅、深蓝色、带阴影效果。
- 在幻灯片母版中将其他幻灯片中“标题文本”的样式设置为华文行楷、48 磅、红色。
- 按【样文 6-5C】，设置第五张幻灯片文本占位符中段落的编号，颜色为浅黄色（RGB：255，255，102），大小为文本的 120%。

2．演示文稿插入设置

- 按【样文 6-5B】，在第四张幻灯片中插入声音文件 C:\Win2007GJW\KSML3\KSWJ6-5.mid，设置其播放方式为自动播放，且循环播放直到停止。
- 按【样文 6-5D】，在第六张幻灯片中插入链接到首页的动作按钮，并将按钮的边缘柔化 10 磅。

3．演示文稿放映设置

- 设置所有幻灯片的切换效果为新闻快报，速度为中速，疾驰的声音，换页方式为单击换页。
- 将全部幻灯片的标题设置为缩放的动画效果，显示方式为从屏幕底部缩小，速度为快速，单击启动动画效果。
- 将全部幻灯片中的文本部分设置为自右侧缓慢进入的动画效果，速度为快速，风铃的声音，单击启动动画效果。

【样文 6-5A】

【样文 6-5B】

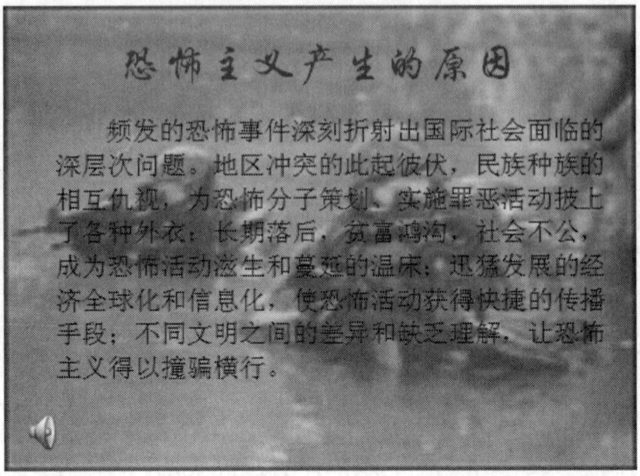

【样文 6-5C】

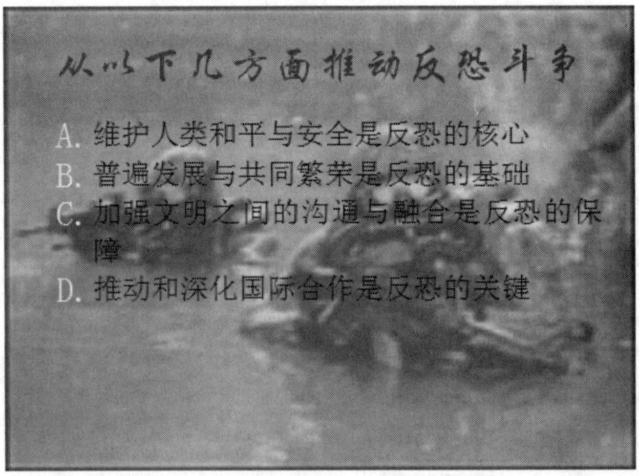

【样文 6-5D】

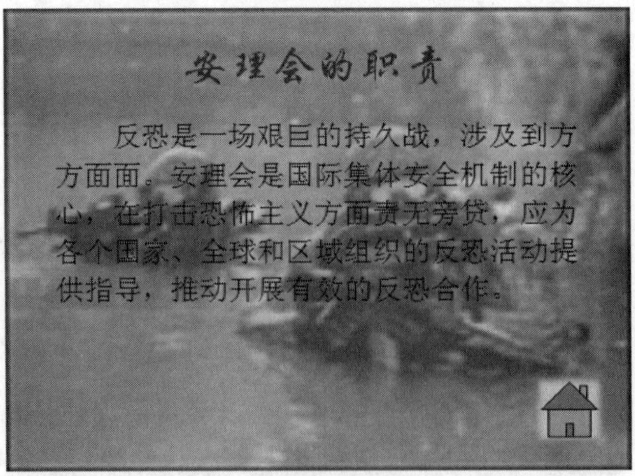

Ⅲ. 试题解答

6.1 第 1 题

单击 Office 按钮，执行“打开”命令，在“打开”对话框中，选取考生文件夹中的 A6.pptx，单击“打开”按钮。

1. 演示文稿页面格式设置

（1）在“视图”选项卡的“演示文稿视图”组中，单击“幻灯片母版”按钮，选中左边任务窗格中的标题幻灯片，在“插入”选项卡的“文本”组中单击“页眉和页脚”按钮，打开“页眉和页脚”对话框，在“幻灯片”选项卡下勾选“页脚”复选框，输入内容“KSWJ6-1”，单击“应用”按钮，如图 6-57 所示。

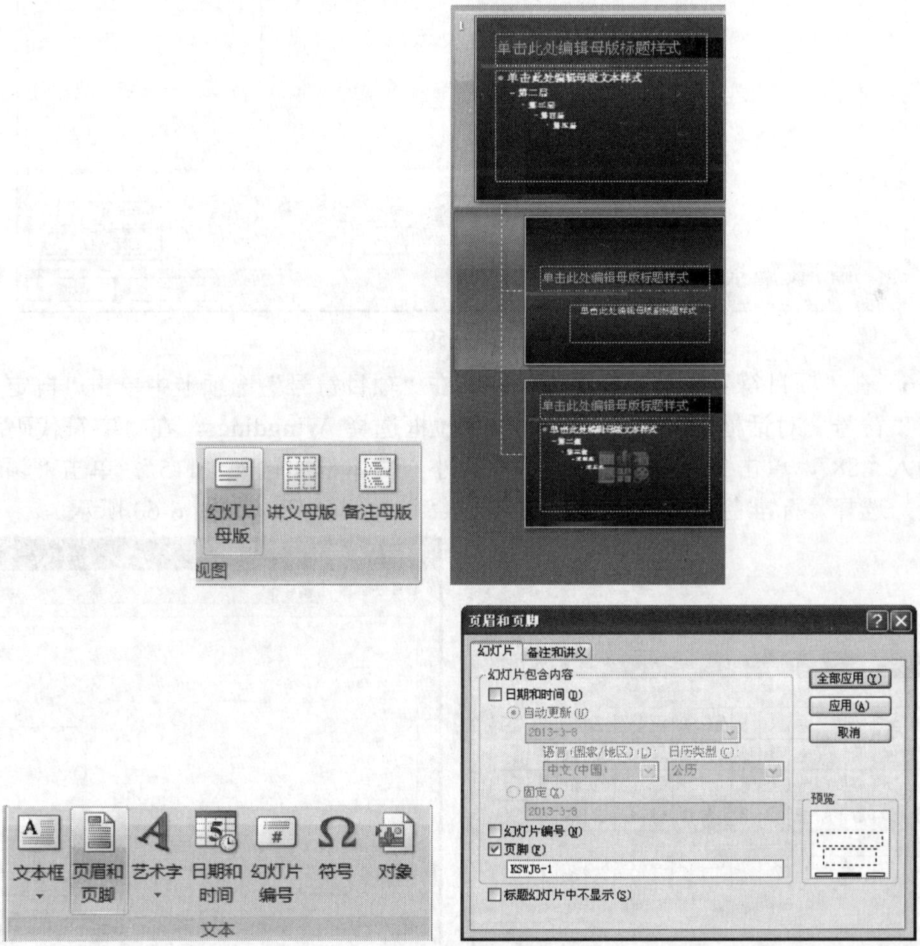

图 6-57

（2）在标题幻灯片中选中页脚的内容，单击“开始”选项卡，在“字体”下拉框中选择“微软雅黑”，在“字号”下拉框中选择“18”，在“颜色”下拉框中选择“其他颜色”，打开“颜色”对话框，在“自定义”选项卡下输入 RGB 值 80、255、220。

（3）在“幻灯片母版”选项卡上，单击“关闭母版视图”按钮，如图 6-58 所示。

图 6-58

（4）选中第一张幻灯片的标题占位符，在“开始”选项卡“字体”组中，在“字体”下拉框中选择“华文行楷”，在“字号”下拉框中选择“72”，在“颜色”下拉框中选择“标准色”下的“浅绿”色。

（5）选中第二张幻灯片的文本占位符，在“开始”选项卡“段落”组中，单击“项目符号”下拉按钮，选择“项目符号和编号”选项，打开“项目符号和编号”对话框，如图 6-59 所示。

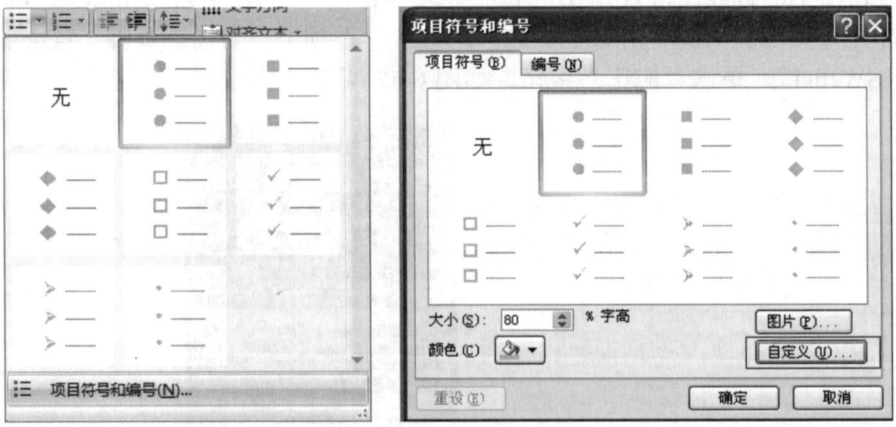

图 6-59

（6）在“项目符号和编号”对话框中，在“项目符号”选项卡中单击“自定义”按钮。在“符号”对话框中，单击“字体”下拉框选择 Wingdings，在“字符代码”文本框中输入“88”，单击“确定”按钮。在“大小”文本框中输入“115”，单击“颜色”下拉按钮，选择“标准色”下的“橙色”，单击“确定”按钮，如图 6-60 所示。

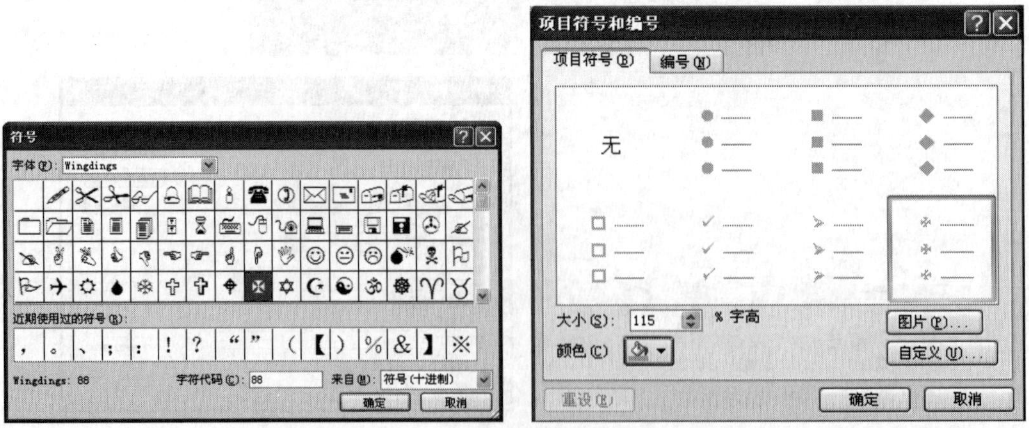

图 6-60

（7）同样方法设置 3、4、7 张幻灯片中的项目符号。

2. 演示文稿插入设置

（1）选中第二张幻灯片，在“插入”选项卡“插图”组中，单击“形状”下拉按钮，选择“动作按钮”下的“动作按钮：第一张幻灯片”。参照样文，单击第二张幻灯片，弹出“动作设置”对话框，单击“确定”按钮。在“插入”选项卡“插图”组中，单击“形状”下拉按钮，再单击“动作按钮”下的“动作按钮：前进或下一张”按钮。参照样文，单击第二张幻灯片，打开“动作设置”对话框，单击“确定”按钮，如图 6-61 所示。

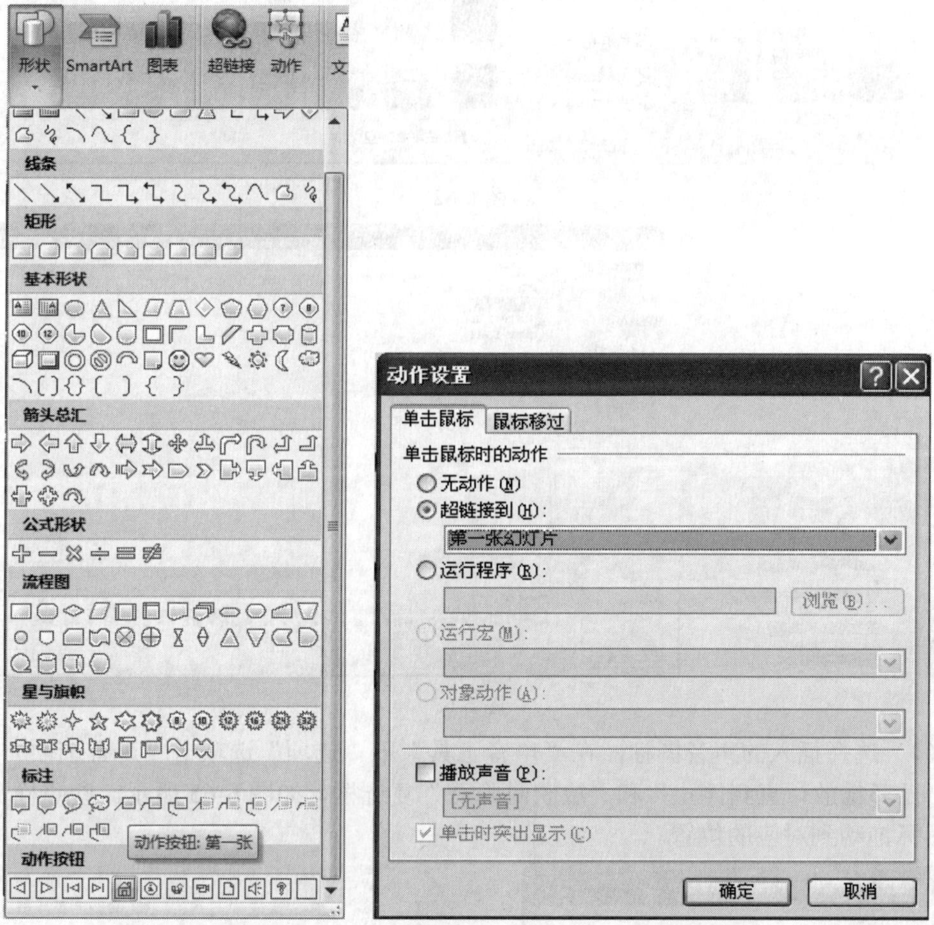

图 6-61

（2）选中做好的动作按钮，在“格式”选项卡“形状样式”组中，单击样式列表框右侧的下拉按钮，选择“强烈效果 - 强调颜色 3”，如图 6-62 所示。参照样文，将动作按钮拖动到对应的位置。

（3）选中第三张幻灯片，在“插入”选项卡“媒体剪辑”组中，单击“声音”下拉按钮，选择“文件中的声音”选项，在弹出的“插入声音”对话框（如图 6-63 所示）中，根据试题所给路径，选择文件 KSWJ6-1.mid，单击“确定”按钮，在弹出的如图 6-64 所示的对话框中单击“自动”按钮。

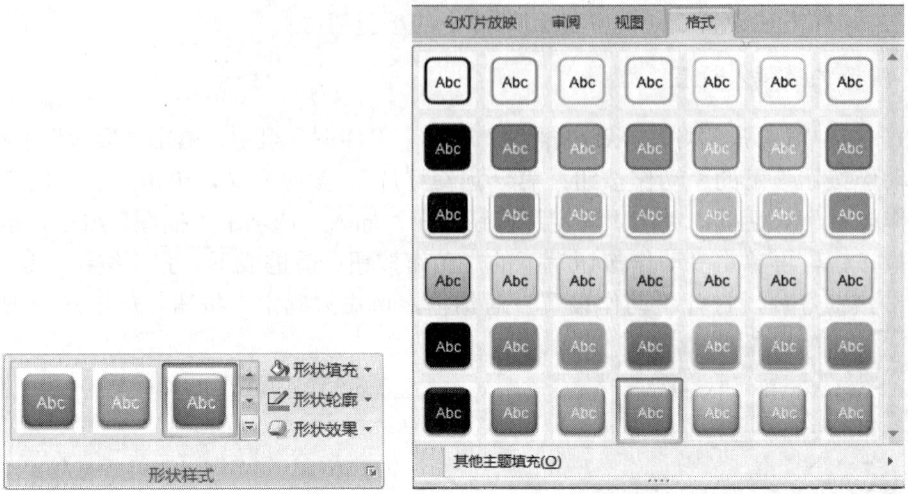

图 6-62

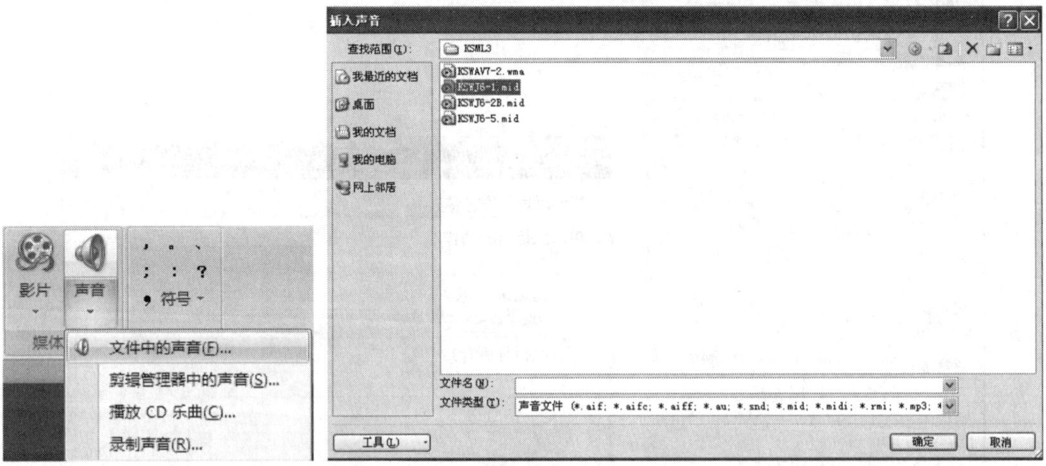

图 6-63

（4）选择插入的声音图标，在“声音工具”下“选项”选项卡“声音选项”组中，勾选“循环播放，直到停止”和“放映时隐藏”复选框，如图 6-65 所示。参照样文，将声音图标拖动到对应的位置。

图 6-64

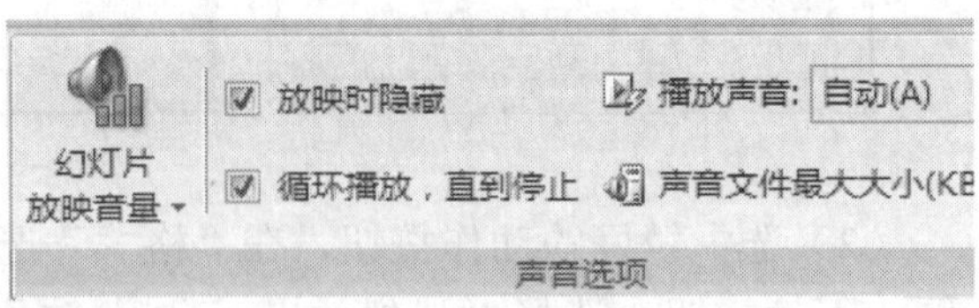

图 6-65

3. *演示文稿放映设置*

（1）选中任意一张幻灯片，在“动画”选项卡“切换到此幻灯片”组中，单击切换效果列表框右侧的下拉按钮，在“擦除”区域中选择“楔入”，如图 6-66 所示。

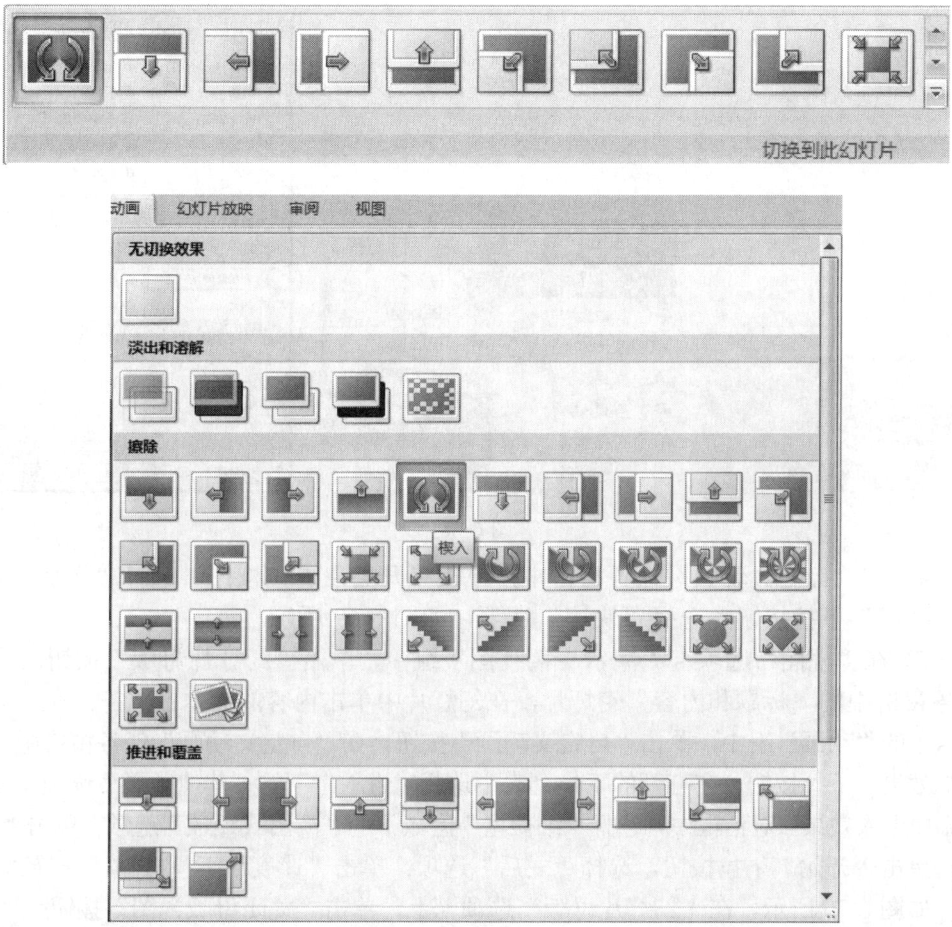

图 6-66

（2）在“动画”选项卡“切换到此幻灯片”组中，单击“切换声音”下拉按钮，选择“箭头”选项；单击“切换速度”下拉按钮，选择“慢速”选项；勾选“换片方式”下的“单击鼠标时”复选框，单击“全部应用”按钮，如图 6-67 所示。

图 6-67

（3）选中第一张幻灯片的标题占位符，在“动画”选项卡“动画”组中，单击“自定义动画”按钮。在“自定义动画”任务窗格中，单击“添加效果”下拉按钮，在打开的下拉列表中选择“强调”下的“其他效果”选项，在打开的“添加强调效果”对话框中，选择“温和型”区域下的“彩色延伸”，单击“确定”按钮，如图 6-68 所示。

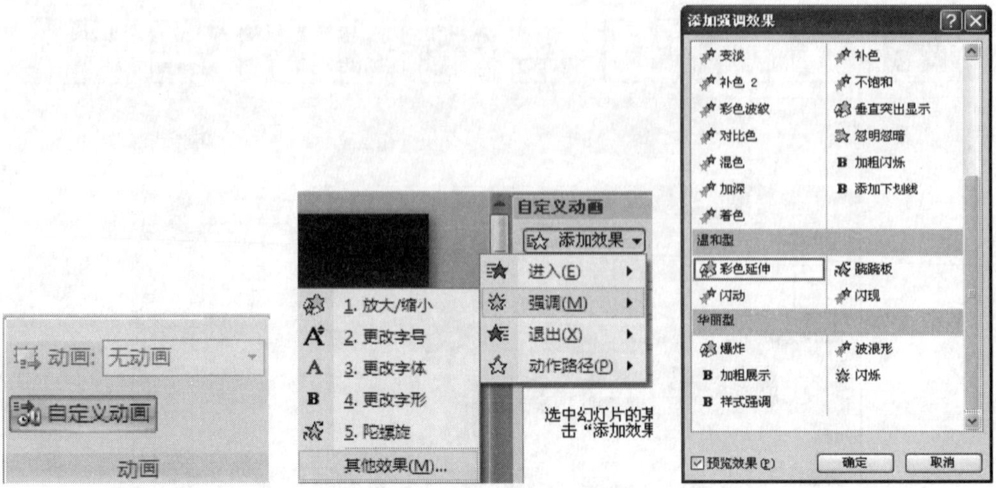

图 6-68

（4）在“自定义动画”任务窗格中，单击“开始”下拉按钮，选择“之后”选项，单击“速度”下拉按钮，选择“快速”选项，如图 6-69 所示。

（5）在“视图”选项卡“演示文稿视图”组中，单击“幻灯片母版”按钮。选中左边任务窗格中的“标题和内容”幻灯片，在幻灯片中单击内容的文本占位符。在“动画”选项卡上的“动画”组中，单击“自定义动画”按钮。在“自定义动画”任务窗格中，单击“添加效果”下拉按钮，在打开的下拉列表中选择“进入”下的“其他效果”选项，在打开的“添加进入效果”对话框中，选择“细微型”区域下的“淡出式缩放”选项，单击“确定”按钮。单击“开始”下拉按钮，选择“之后”选项；单击“速度”下拉按钮，选择“快速”选项，如图 6-70 所示。在“幻灯片母版”选项卡上，单击“关闭母版视图”按钮。

图 6-69

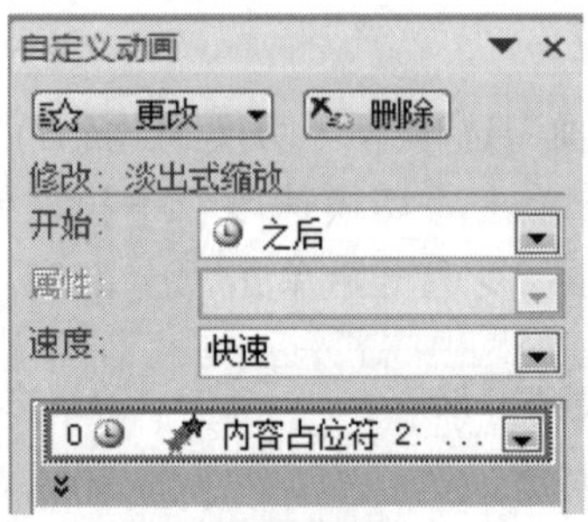

图 6-70

6.2 第 2 题

单击 Office 按钮，执行“打开”命令，在“打开”对话框中，选取考生文件夹中的 A6.pptx，单击“打开”按钮。

1. 演示文稿页面格式设置

（1）选中第一张幻灯片，在“插入”选项卡“插图”组中，单击“图片”按钮，根据试题所给路径，选择图片 KSWJ6-2A.gif，单击“确定”按钮。选中图片调整为合适大小，在“格式”选项卡“排列”组中，单击“置于底层”按钮，如图 6-71 所示。

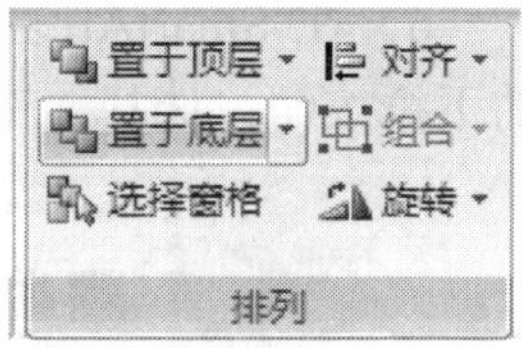

图 6-71

（2）选中任意幻灯片，在“设计”选项卡“主题”组中，单击主题列表框右侧的下拉按钮，选择内置主题中的“流畅”，如图 6-72 所示。

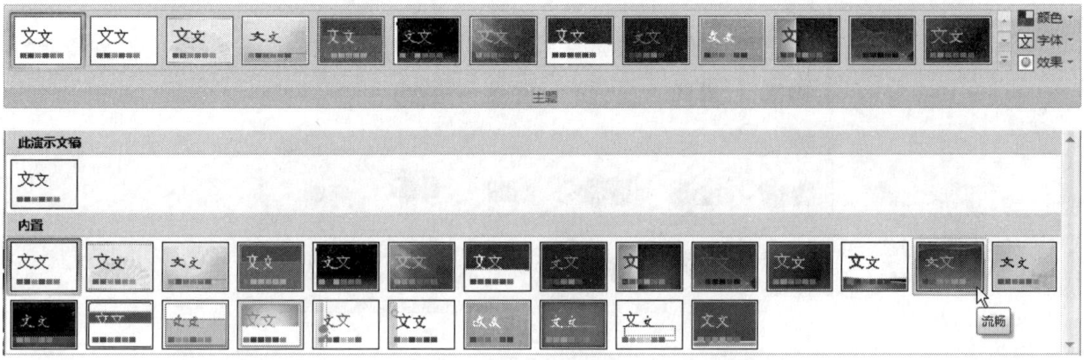

图 6-72

（3）在“设计”选项卡“主题”组中，单击“颜色”下拉按钮，选择“华丽”，如图 6-73 所示。

（4）选中第一张幻灯片的标题占位符，单击“开始”选项卡，在“字体”下拉框中选择 Monotype Corsive，在“字号”下拉框中选择“72”，在“颜色”下拉框中选择“白色”，单击“阴影”按钮。

（5）选中第一张幻灯片的文本占位符，在“开始”选项卡“段落”组中，选择“转换为 SmartArt”下的“连续块状流程”，如图 6-74 所示。

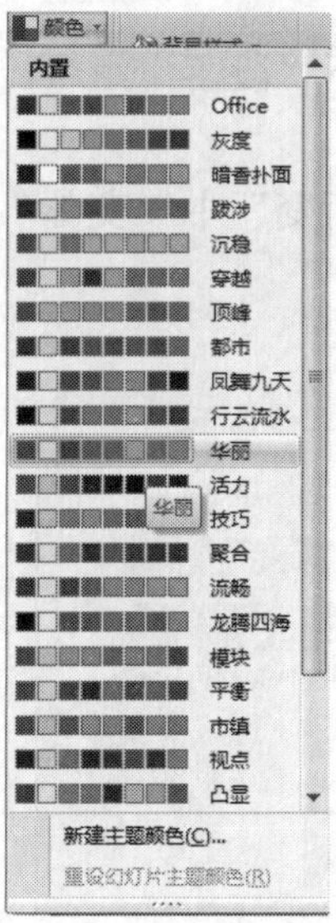

图 6-73

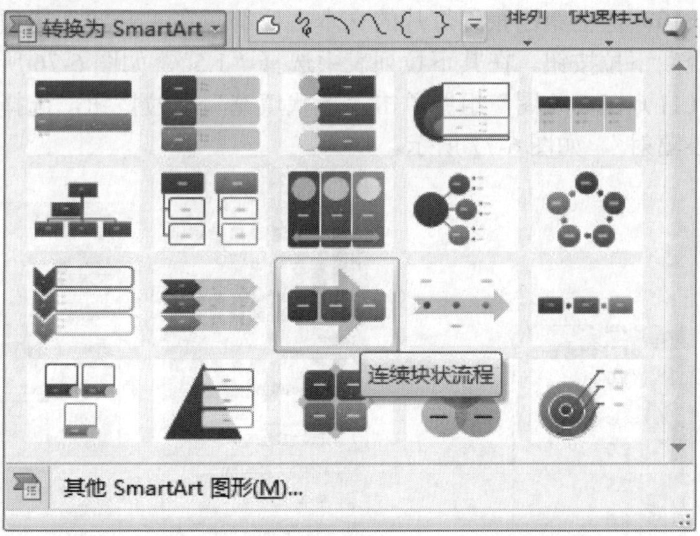

图 6-74

（6）在 SmartArt 工具下“设计”选项卡“SmartArt 样式”组中，单击样式列表框旁的下拉按钮，选择“三维”效果下的“金属场景”，如图 6-75 所示。

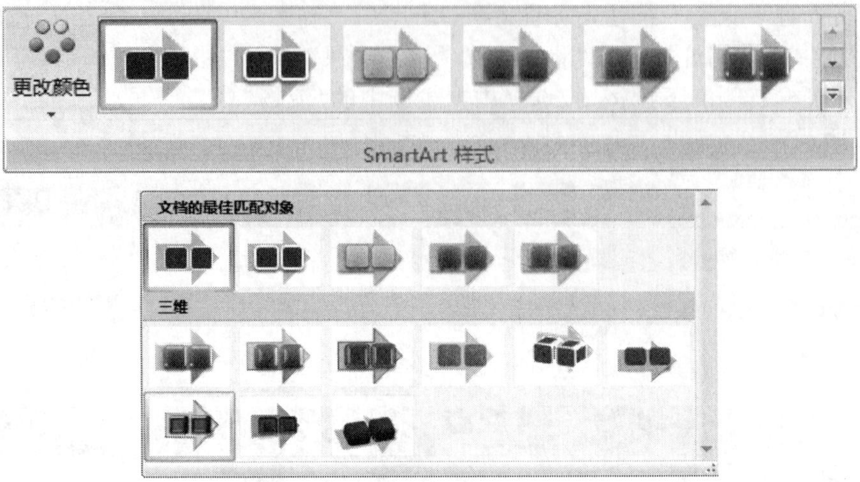

图 6-75

（7）选中 SmartArt 图形，单击“开始”选项卡，在“字体”下拉框中选择“华文新魏”，在“字号”下拉框中选择“24”。

（8）在“视图”选项卡“演示文稿视图”组中，单击“幻灯片母版”按钮。在“插入”选项卡“文本”组中，单击“页眉和页脚”按钮，在弹出的“页眉和页脚”对话框中勾选“页脚”复选框，输入“天南工作室”，单击“全部应用”按钮。

（9）在幻灯片母版上选中插入的页脚，单击“开始”选项卡，在“字体”下拉框中选择“华文行楷”，在“字号”下拉框中选择“24”，在“颜色”下拉框中选择“绿色”，单击“段落”组下“对齐方式”的“居中”按钮。在“幻灯片母版”选项卡上，单击“关闭母版视图”按钮。

（10）选中第四张幻灯片的文本占位符，在“开始”选项卡下“段落”组中，单击“行距”下拉按钮，在其下拉列表中选择“1.5”，如图 6-76 所示。

（11）在“绘图”组中单击“形状填充”下拉按钮，选择“渐变”中“变体”下的“中心辐射”，如图 6-77 所示。

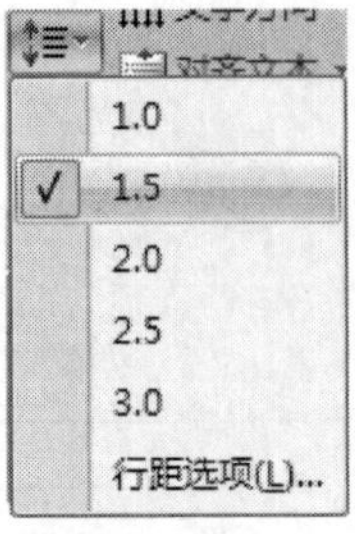

图 6-76

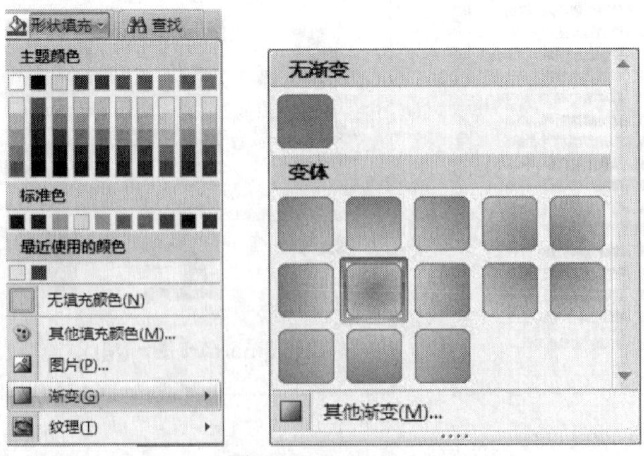

图 6-77

2. 演示文稿插入设置

（1）选中第一张幻灯片，在“插入”选项卡“媒体剪辑”组中，单击“声音”下拉按钮，选择“文件中的声音”选项，根据试题所给路径，选择文件 KSWJ6-1.mid，单击“确定”按钮，在打开的对话框中单击“在单击时”按钮。

（2）选择插入的声音图标，在“声音工具”下“选项”选项卡“声音选项”组中，勾选“循环播放，直到停止”复选框。参照样文，将声音图标拖动到对应的位置。

（3）选中第二张幻灯片，在“插入”选项卡“插图”组中，单击“图片”按钮，根据试题所给路径，选择文件 KSWJ6-2C.gif，单击“确定”按钮。

（4）在“格式”选项卡“大小”组中，将图片的“高度”和“宽度”改为“7.5 厘米”。

（5）选中图片，右击，选择“设置图片格式”选项，在打开的“设置图片格式”对话框中，在“图片”选项卡中选择“30%”对比度，单击“关闭”按钮，如图 6-78 所示。

图 6-78

（6）选中图片，在“格式”选项卡“图片样式”组中，选择“映像圆角矩形”，如图 6-79 所示。

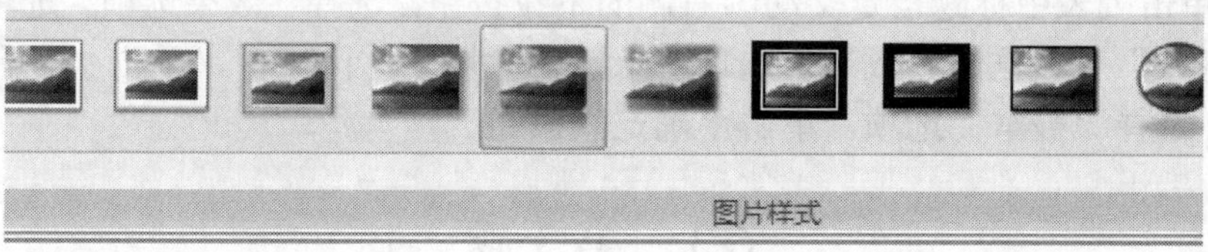

图 6-79

3. 演示文稿放映设置

（1）选中任意一张幻灯片，在“动画”选项卡“切换到此幻灯片”组中，单击切换效果列表框旁的下拉按钮，在“条纹和横纹”区域中选择“水平百叶窗”。

（2）在“动画”选项卡“切换到此幻灯片”组中，单击“切换声音”下拉按钮，在其下拉列表中选择“风铃”选项；单击“切换速度”下拉按钮，选择“慢速”选项；勾选“换片方式”下的“单击鼠标时”复选框，单击“全部应用”按钮。

（3）选中第一张幻灯片的标题占位符，在“动画”选项卡“动画”组中，单击“自定义动画”按钮。在“自定义动画”任务窗格中，单击“添加效果”下拉按钮，在其下拉列表中选择“进入”下的“飞入”选项。

（4）在“自定义动画”任务窗格中，单击“开始”下拉按钮，选择“单击时”选项；单击“方向”下拉按钮，选择“自顶部”选项；单击“速度”下拉按钮，选择“快速”选项。

（5）单击列表中标题自定义动画右侧的下拉按钮，选择“效果选项”选项，在打开的“飞入”对话框“效果”选项卡上，在“增强”区域中，单击“声音”右侧的下拉按钮，选择“打字机”选项；在“动画文本”区域中，单击“动画文本”右侧的下拉按钮，选择“按字母”选项，单击“确定”按钮，如图 6-80 所示。

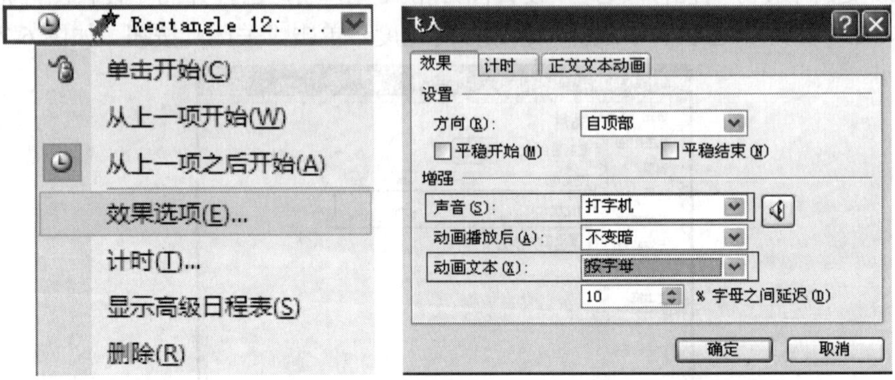

图 6-80

（6）选中第二张幻灯片的图片占位符，在“动画”选项卡“动画”组中，单击“自定义动画”按钮。在“自定义动画”任务窗格中，单击“添加效果”下拉按钮，在打开的下拉列表中单击“进入”下的“其他效果”选项，在打开的“添加进入效果”对话框中，选择“基本型”区域下的“缓慢进入”选项，单击“确定”按钮。

（7）在“自定义动画”任务窗格中，单击“开始”下拉按钮，选择“单击时”选项；单击“方向”下拉按钮，选择“自左侧”选项；单击“速度”下拉按钮，选择“慢速”选项。

（8）单击列表中标题自定义动画右侧的下拉按钮，选择“效果选项”选项，在打开的“缓慢进入”对话框的“效果”选项卡上，在“增强”区域中，单击“声音”右侧的下拉按钮，选择“鼓掌”选项，单击“确定”按钮。

6.3 第 3 题

单击 Office 按钮，执行“打开”命令，在“打开”对话框中，选取考生文件夹中的 A6.pptx，单击“打开”按钮。

1. 演示文稿页面格式设置

（1）选中第一张幻灯片的文本占位符，在“开始”选项卡“段落”组中，单击“项目符号”下拉按钮，选择“项目符号和编号”选项，打开“项目符号和编号”对话框，在“项目符号”选项卡中单击“自定义”按钮。在“符号”对话框中，单击“字体”右侧下拉框选择“Wingdings2”，在“字符代码”文本框中输入“170”，单击“确定”按钮。在“大小”文本框中输入“130”，单击“颜色”下拉按钮，选择“标准色”下的“橙色”，单击“确定”按钮。

（2）选中第一张幻灯片文本占位符中的“课程介绍”，在“插入”选项卡“链接”组中，单击“超链接”按钮，在打开的“插入超链接”对话框中，在左侧的“链接到”区域下，单击“本文档中的位置”按钮。在右侧的“请选择文档中的位置”区域下，单击要用作超链接目标的幻灯片，单击“确定”按钮，如图 6-81 所示。同样方法设置其他超链接。

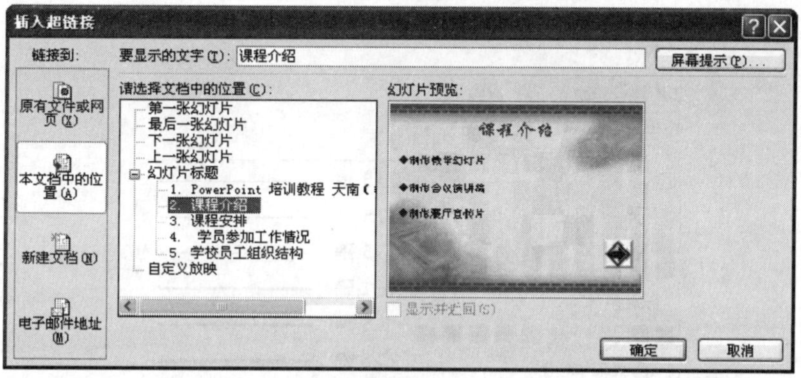

图 6-81

（3）选中第三张幻灯片的表格，在“设计”选项卡“表格样式”组中，单击样式列表框旁的下拉按钮，选择“文本的最佳匹配对象”区域下的“主题样式 1 - 强调 2”，如图 6-82 所示。

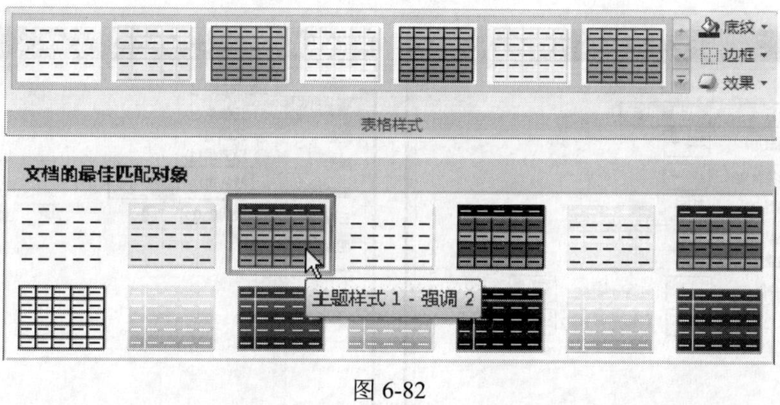

图 6-82

（4）在“设计”选项卡“表格样式”组中，单击“效果”下拉按钮，在其下拉列表中选择“单元格凹凸效果”下的“棱台”效果下的“凸起”效果，如图 6-83 所示。

（5）选中第四张幻灯片的图表边框，在“格式”选项卡“形状样式”组中，单击“形状轮廓”下拉按钮，选择“粗细”下拉列表的“其他线条”选项，在打开的“设置形状格式”对话框中，在左侧选择“线型”选项卡，在右侧的“宽度”中输入“5.13 磅”，在左侧选择“线条颜色”选项卡，在右侧的“颜色”中选择“红色”，如图 6-84 所示。

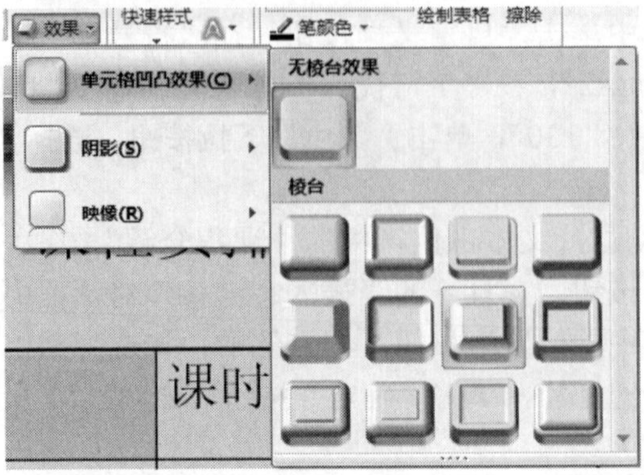
效果
快速样式
笔颜色
绘制表格
擦除
单元格凹凸效果(C)
阴影(S)
映像(R)
无棱台效果
棱台
课时

图 6-83

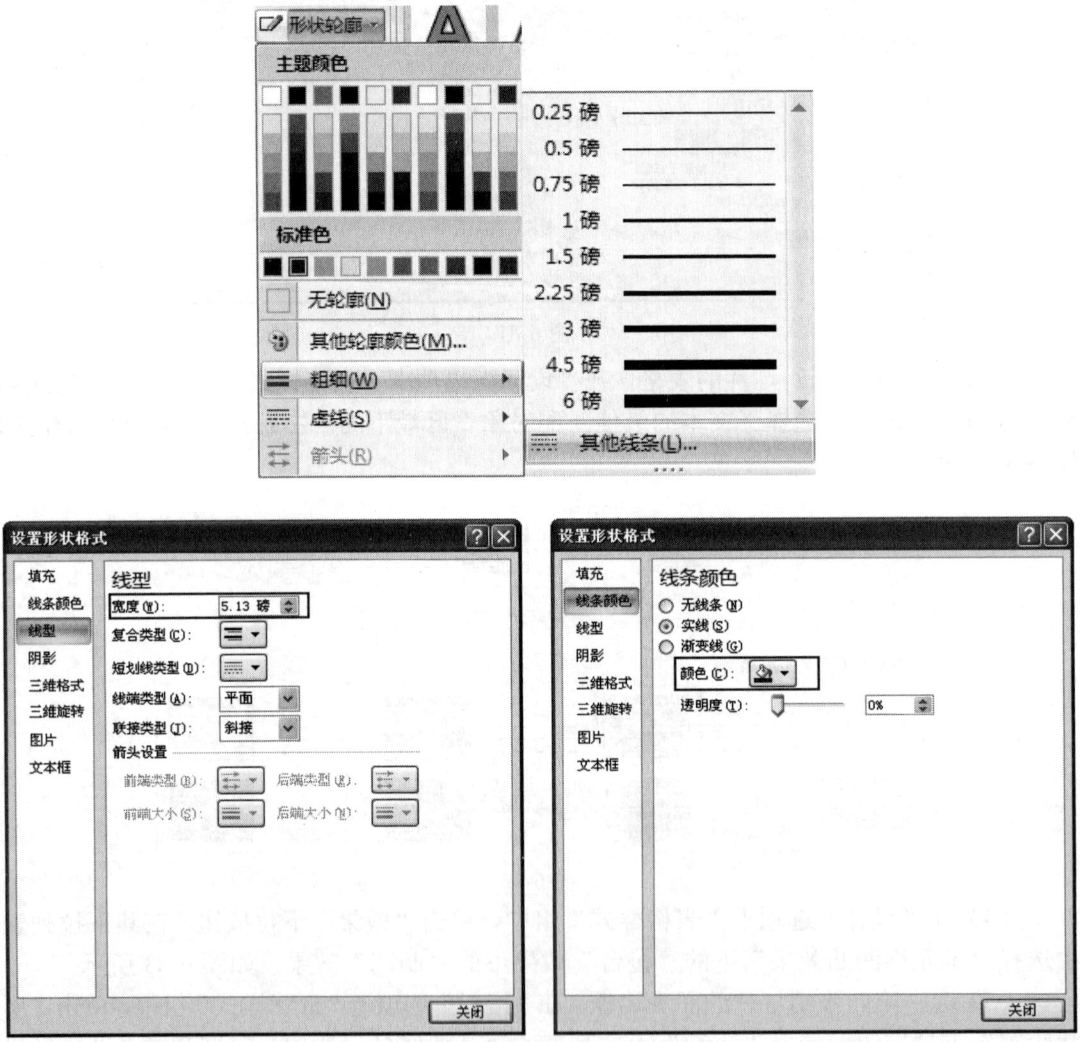
形状轮廓
主题颜色
标准色
无轮廓(N)
其他轮廓颜色(M)...
粗细(W)
虚线(S)
箭头(R)
0.25 磅
0.5 磅
0.75 磅
1 磅
1.5 磅
2.25 磅
3 磅
4.5 磅
6 磅
其他线条(L)...
设置形状格式
填充
线条颜色
线型
阴影
三维格式
三维旋转
图片
文本框
线型
宽度(W): 5.13 磅
复合类型(C):
短划线类型(D):
线端类型(A): 平面
联接类型(J): 斜接
箭头设置
前端类型(B):
后端类型(E):
前端大小(S):
后端大小(N):
关闭
线条颜色
无线条(N)
实线(S)
渐变线(G)
颜色(C):
透明度(T):
0%

图 6-84

2. 演示文稿插入设置

（1）选中第二张幻灯片，在“插入”选项卡“插图”组，单击“形状”下拉按钮，选择“动作按钮”下的“动作按钮：自定义”选项。参照样文，单击第二张幻灯片，打开“动作设置”对话框，在“单击鼠标”选项卡下选择“超链接到”选项，并在其下方的下拉框选择“最后一张幻灯片”选项，单击“确定”按钮。

（2）在“绘图工具”下“格式”选项卡“形状格式”组中，单击“形状填充”下拉按钮，选择“图片”选项，如图 6-85 所示。根据试题所给路径，选择文件 KSWJ6-3.gif，单击“确定”按钮。参照样文，将动作按钮拖动到对应的位置。

（3）选中第五张幻灯片，在“插入”选项卡“插图”组，单击“形状”下拉按钮，选择“动作按钮”下的“动作按钮：第一张”选项。参照样文，单击第五张幻灯片，打开“动作设置”对话框，单击“确定”按钮。

（4）选中动作按钮，右击，选择“设置形状格式”选项，打开“设置形状格式”对话框，在左侧选择“填充”选项卡，在右侧选中“幻灯片背景填充”单选按钮，单击“关闭”按钮，如图 6-86 所示。参照样文，将动作按钮拖动到对应的位置。

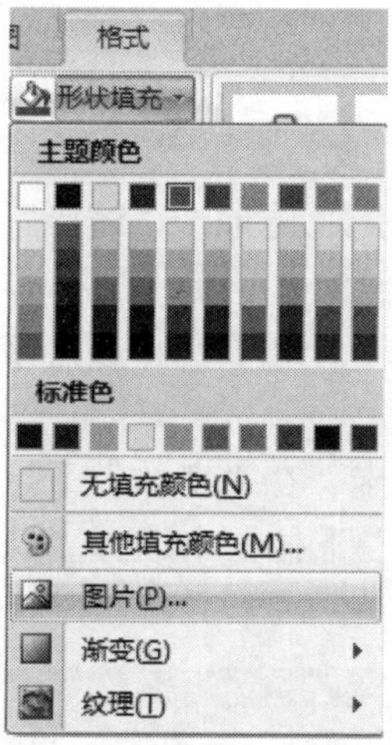

图 6-85

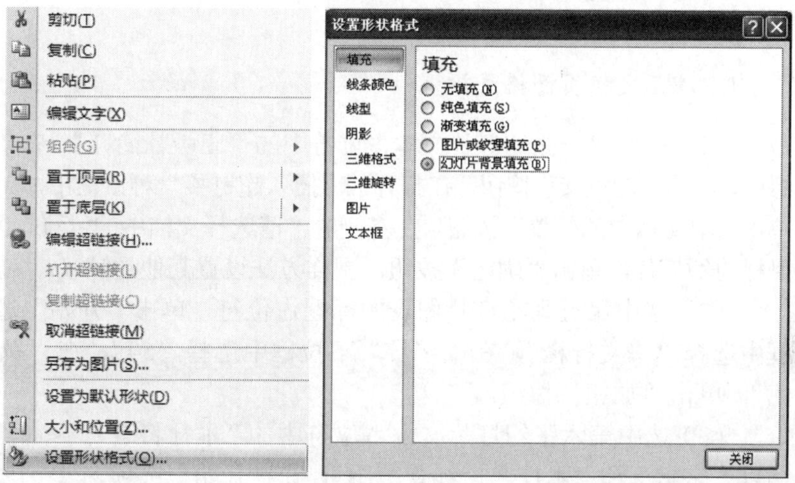

图 6-86

3. 演示文稿放映设置

（1）选中任意一张幻灯片，在“动画”选项卡“切换到此幻灯片”组中，单击切换效果列表框旁的下拉按钮，在“随机”区域中选择“随机水平条”选项；单击“切换声音”下拉按钮，选择“爆炸”选项；单击“切换速度”下拉按钮，选择“慢速”选项；勾选“换片方式”下的“单击鼠标时”的复选框，单击“全部应用”按钮。

（2）在“视图”选项卡的“演示文稿视图”组中，单击“幻灯片母版”按钮。选中母版幻灯片中的标题占位符，在“动画”选项卡“动画”组中，单击“自定义动画”按钮。在“自定义动画”任务窗格中，单击“添加效果”下拉按钮，在打开的下拉列表中选项“进入”下的“飞入”选项。单击“开始”下拉按钮，选择“单击时”选项；单击“方向”下拉按钮，选择“自左侧”选项；单击“速度”下拉按钮，选择“快速”选项。

（3）单击列表中标题自定义动画下拉按钮，选择“效果选项”选项，打开“飞入”对话框中的“效果”选项卡，在“增强”区域中，单击“声音”右边的下拉按钮，选择“打字机”选项；在“动画文本”区域中，单击“动画文本”右边的下拉按钮，选择“按字母”选项，单击“确定”按钮。返回“幻灯片母版”选项卡，单击“关闭母版视图”按钮。

（4）选中第五张幻灯片中的组织结构图，在“自定义动画”任务窗格中，单击“添加效果”下拉按钮，在打开的下拉列表中单击“进入”下的“其他效果”选项，在打开的“添加进入效果”对话框中，选择“温和型”区域下的“渐入”选项，单击“确定”按钮。单击“开始”下拉按钮，选择“单击时”选项。

（5）单击列表中组织结构图自定义动画下拉按钮，选择“效果选项”选项，打开“渐入”对话框的“效果”选项卡，在“增强”区域中，单击“声音”右侧的下拉按钮，选择“鼓掌”选项，单击“确定”按钮。

6.4　第 4 题

单击 Office 按钮，执行“打开”命令，在“打开”对话框中，选取考生文件夹中的 A6.pptx，单击“打开”按钮。

1. 演示文稿页面格式设置

（1）选中第一张幻灯片文本占位符中的“出版社简介”，在“插入”选项卡“链接”组中，单击“超链接”按钮。在打开的“插入超链接”对话框中，在左侧的“链接到”区域，单击“本文档中的位置”按钮。在右侧的“请选择文档中的位置”区域，单击要用作超链接目标的幻灯片，单击“确定”按钮。同样方法设置其他超链接。

（2）选中第五张幻灯片图表的标题占位符，单击“开始”选项卡，在“字体”下拉框中选择“华文行楷”，在“字号”下拉框中选择“54”，在“颜色”下拉框中选择“红色”，单击“加粗”按钮。

（3）选中第六张幻灯片文本占位符中的“本社将遵循以下宗旨”和“本社今后经营范围”，在“开始”选项卡的“段落”组中，单击“编号”下拉按钮，选择样文所示的编号，如图 6-87 所示。

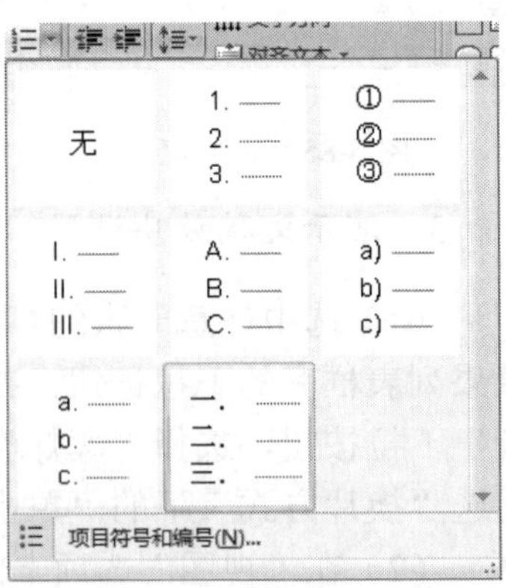

图 6-87

（4）选中第六张幻灯片的文本占位符中的其他文字，在“开始”选项卡“段落”组中，单击“项目符号”下拉按钮，选择“项目符号和编号”选项，打开“项目符号和编号”对话框，在“项目符号”选项卡中单击“自定义”按钮。在“符号”对话框中，单击“字体”右侧下拉框选择 Wingdings，在“字符代码”文本框中输入“118”，单击“确定”按钮。

2. 演示文稿插入设置

（1）选中第一张幻灯片，在“插入”选项卡的“插图”组中，单击“图片”按钮，根据试题所给路径，选择文件 KSWJ6-4.png，单击“确定”按钮。

（2）选中图片，在“格式”选项卡“大小”组中，单击右下方的对话框启动器按钮，打开“大小和位置”对话框，在“大小”选项卡的“缩放比例”中将“高度”和“宽度”改为“150%”，单击“确定”按钮，如图 6-88 所示。

（3）在“格式”选项卡“图片样式”组中，单击“图片效果”下拉按钮，在“阴影”中选择“透视区域”下的“左上对角透视”效果，如图 6-89 所示。

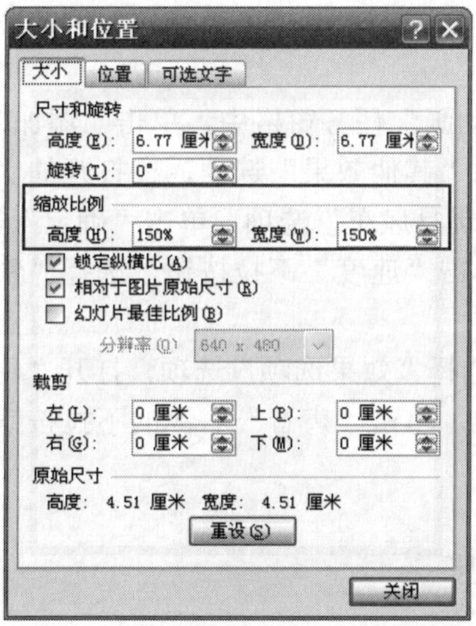

图 6-88

图 6-89

（4）选中第五张幻灯片，在“插入”选项卡的“插图”组，单击“形状”下拉按钮，选择“动作按钮”下的“动作按钮：开始”。参照样文，单击第五张幻灯片，打开“动作设置”对话框，单击“确定”按钮。在“插入”选项卡的“插图”组，单击“形状”下拉按钮，选择“动作按钮”下的“动作按钮：结束”。参照样文，单击第五张幻灯片，打开“动作设置”对话框，单击“确定”按钮。

（5）选中两个动作按钮，在“格式”选项卡“大小”组中，将动作按钮的“高度”和“宽度”改为“2.2 厘米”。

（6）选中两个动作按钮，在“格式”选项卡“形状样式”组中，单击“形状填充”下拉按钮，选择“渐变”下的“其他渐变”选项，在打开的“设置形状格式”对话框中，在左侧选择“填充”选项卡，在右侧选择“预设颜色”下的“碧海蓝天”，单击“关闭”按钮。参照样文，将动作按钮拖动到对应的位置。

3. 演示文稿放映设置

（1）选中任意一张幻灯片，在“动画”选项卡的“切换到此幻灯片”组中，单击切换效果列表框右侧的下拉按钮，在“条纹和横纹”区域中选择“横向棋盘式”选项，单击“确定”按钮。单击“切换声音”下拉按钮，选择“鼓掌”选项；单击“切换速度”下拉按钮，选择“中速”选项；勾选“换片方式”下的“单击鼠标时”复选框，单击“全部应用”按钮。

（2）选中第一张幻灯片的标题占位符，在“动画”选项卡“动画”组中，单击“自定义动画”按钮。在“自定义动画”任务窗格中，单击“添加效果”下拉按钮，在打开的下拉列表中单击“进入”下的“其他效果”选项，在打开的“添加进入效果”对话框中，选择“华丽型”区域下的“螺旋飞入”选项，单击“确定”按钮。单击“开始”下拉按钮，选择“单击时”选项；单击“速度”下拉按钮，选择“中速”选项。

（3）单击列表中标题自定义动画下拉按钮，选择“效果选项”选项，在打开的“螺旋飞入”对话框的“效果”选项卡上，在“增强”区域中，单击“声音”右侧的下拉按钮，选择“打字机”选项，单击“确定”按钮。

（4）选中第一张幻灯片的图片，在“自定义动画”任务窗格中，单击“添加效果”下拉按钮，在打开的下拉列表中单击“进入”下的“其他效果”选项，在打开的“添加进入效果”对话框中，选择“华丽型”区域下的“玩具风车”选项，单击“确定”按钮。单击“开始”下拉按钮，选择“单击时”选项；单击“速度”下拉按钮，选择“快速”选项。

（5）单击列表中图片自定义动画下拉按钮，选择“效果选项”选项，打开“玩具风车”对话框的“效果”选项卡，在“增强”区域中，单击“声音”右侧的下拉按钮，选择“风铃”选项，单击“确定”按钮。

6.5　第 5 题

单击 Office 按钮，执行“打开”命令，在“打开”对话框中，选取考生文件夹中的 A6.pptx，单击“打开”按钮。

1. 演示文稿页面格式设置

（1）选中第一张幻灯片，在“开始”选项卡的“幻灯片”组中，单击“版式”下拉按钮，在下拉列表中选择“标题幻灯片”选项。

（2）选中第一张幻灯片中的标题占位符，输入标题文字“打击恐怖，维护和平”。选择“开始”选项卡，在“字体”下拉框中选择“华文新魏”，在“字号”下拉框中选择“60”，在“颜色”下拉框中选择“标准色”中的“深蓝”色。单击“文字阴影”按钮。

（3）在“视图”选项卡的“演示文稿视图”组中，单击“幻灯片母版”按钮。选中左边任务窗格中的“标题和内容”幻灯片，在幻灯片中单击标题的文本占位符。单击“开始”选项卡，在“字体”下拉框中选择“华文行楷”，在“字号”下拉框中选择“48”，在“颜色”下拉框中选择“标准色”中的“红色”。在“幻灯片母版”选项卡中，单击“关闭母版视图”按钮。

（4）选中第五张幻灯片中的文本占位符，在“开始”选项卡的“段落”组中，单击“编号”下拉按钮，选择“项目符号和编号”选项，打开“项目符号和编号”对话框，在“编号”选项卡中单击“颜色”下拉按钮，选择“其他颜色”选项，在“颜色”对话框“自定义”选项卡下，输入 RGB 值 255、255、102，单击“确定”按钮；在“大小”文本框中输入“120”，单击“确定”按钮。

2. 演示文稿插入设置

（1）选中第四张幻灯片，在“插入”选项卡的“媒体剪辑”组中，单击“声音”下拉按钮，选择“文件中的声音”选项，根据试题所给路径，选择文件 KSWJ6-5.mid，单击“确定”按钮，在弹出的对话框中单击“自动”按钮。

（2）选择插入的声音图标，在“声音工具”下“选项”选项卡的“声音选项”组中，勾选“循环播放，直到停止”复选框。参照样文，将声音图标拖动到对应的位置。

（3）选中第六张幻灯片，在“插入”选项卡的“插图”组中，单击“形状”下拉按钮，选择“动作按钮”下的“动作按钮：第一张”。参照样文，单击第六张幻灯片，打开“动作设置”对话框，单击“确定”按钮。

（4）选中插入的动作按钮，在“格式”选项卡的“形状样式”组中，单击“形状效果”下拉按钮，选择“柔化边缘”下的“10 磅”。参照样文，将动作按钮拖动到对应的位置。

3. 演示文稿放映设置

（1）选中任意一张幻灯片，在“动画”选项卡的“切换到此幻灯片”组中，单击切换效果列表框右侧的下拉按钮，在“擦除”区域中选择“新闻快报”选项。单击“切换声音”下拉按钮，选择“疾驰”选项；单击“切换速度”下拉按钮，选择“中速”选项；勾选“换片方式”下的“单击鼠标时”复选框，单击“全部应用”按钮。

（2）在“视图”选项卡的“演示文稿视图”组中，单击“幻灯片母版”按钮。选中母版幻灯片中的标题占位符，在“动画”选项卡的“动画”组中，单击“自定义动画”按钮。在“自定义动画”任务窗格中，单击“添加效果”下拉按钮，在打开的下拉列表中单击“进入”下的“其他效果”选项，在打开的“添加进入效果”对话框中，选择“温和型”区域下的“缩放”选项，单击“确定”按钮。单击“开始”下拉按钮，选择“单击时”选项；单击“显示比例”下拉按钮，选择“从屏幕底部缩小”选项；单击“速度”下拉按钮，选择“快速”选项。

（3）选中母版幻灯片中的文本占位符，在“自定义动画”任务窗格中，单击“添加效果”下拉按钮，在打开的下拉列表中单击“进入”下的“其他效果”选项，在打开的“添加进入效果”对话框中，选择“基本型”区域下的“缓慢进入”选项，单击“确定”按钮。单击“开始”下拉按钮，选择“单击时”选项；单击“方向”下拉按钮，选择“自右侧”选项；单击“速度”下拉按钮，选择“快速”选项。

（4）单击列表中文本自定义动画下拉按钮，选择“效果选项”选项，打开“缓慢进入”对话框的“效果”选项卡，在“增强”区域中，单击“声音”右侧的下拉按钮，选择“风铃”选项，单击“确定”按钮。

第 7 章　办公软件的联合应用

Ⅰ．知识讲解

知识要点

- Word 与其他应用软件的联合操作
- Excel 与其他应用软件的联合操作
- PowerPoint 与其他应用软件的联合操作

评分细则

（1）操作题题型 1，3 个评分点，每题 12 分。

评分项	分值	得分条件	判分要求
办公软件间的信息转换	5	正确插入工作表	在指定的位置插入工作表，否则不得分
宏的编制	5	按要求条件录制宏，设定正确的快捷键，并应用于指定段落	宏名正确，运行时必须利用快捷键，否则不得分
在各种办公软件间转换文件格式	2	按指定的文件格式保存文档并设置页面标题	文档须保存至考生文件夹下

（2）操作题题型 2，4 个评分点，每题 12 分。

评分项	分值	得分条件	判分要求
插入图表	3	按要求生成图表并插入指定文档	图表操作须全部符合要求，否则不得分
文档中插入声音文件	3	正确的插入声音文件，替换图标，设置对象格式并激活对象	错一项扣 1 分，直至扣完为止
宏的编制	4	按要求条件录制宏，设定正确的快捷键，并应用于指定段落	宏名正确，运行时必须利用快捷键，错一项扣 1 分，直至扣完为止
在各种办公软件间转换文件格式	2	按指定的文件格式保存文档并设置页面标题	文档须保存至考生文件夹下

（3）操作题题型 3，4 个评分点，每题 12 分。

评分项	分值	得分条件	判分要求
复制工作表	2	正确复制指定的工作表	须带格式全表复制，否则不得分
录制宏	6	正确运用单元格的相对引用录制新宏，设置正确的快捷键	宏名正确，错一项扣 1 分，直至扣完为止
运行宏	2	正确运行文件中的宏	宏名正确，运行时必须利用快捷键，错一项扣 1 分，直至扣完为止
在各种办公软件间转换文件格式	2	按指定的文件格式保存文档并设置页面标题	文档须保存至考生文件夹下

Microsoft Office 中的各组件都具有强大的功能，但是各组件的特长却有所不同。例如，Excel 擅长处理数据和表格，而 Word 更适合处理文档，PowerPoint 则可以把数据、图片和表格做成幻灯片。因此，在实际应用中，往往是多个软件一起协作，才能更快更好地完成一项工作。

7.1　Word 与其他应用软件的联合操作

7.1.1　在文档中创建、编辑、使用宏

使用宏可以快速执行日常编辑和格式设置任务，也可以合并需要按顺序执行的多个命令，还可以自动执行一系列复杂的任务。

宏是一系列 Word 命令的集合，通过运行宏的一个命令就可以完成一系列的 Word 命令，达到简化编辑操作的目的。Word 中的宏在进行一系列费时而单调的重复性操作时，能够自动完成所需任务。可以把自己创建的宏指定到工具栏、菜单或者快捷键上，通过单击一个按钮、选取一个命令或者按下一组快捷键的方式来运行宏。

1. 录制宏

对于重复性的工作，可以将其录制为一个宏，当需要再进行同样的操作时，执行该宏即可快速完成相同的工作。录制宏的具体操作方法如下。

（1）录制之前，要先做好准备工作，尤其要弄清楚需要宏执行的命令，以及这些命令的次序。

（2）在“视图”选项卡的“宏”组中，单击“宏”下拉按钮，在打开的列表中选择“录制宏”选项，如图 7-1 所示。

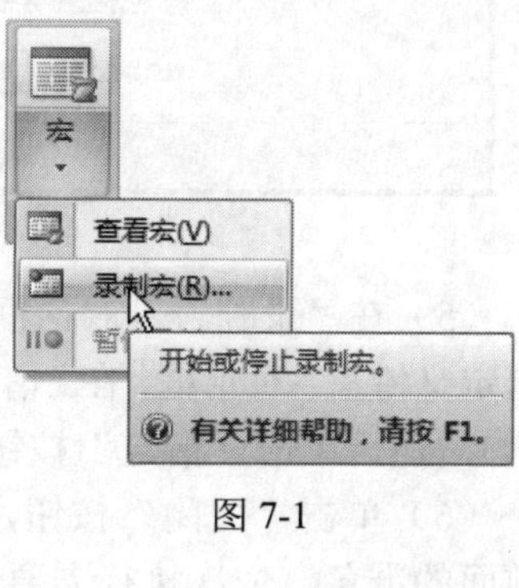

图 7-1

（3）在打开的“录制宏”对话框中，可在“宏名”文本框中输入新录制宏的名称。在“将宏保存在”下

拉列表中可以选择保存宏的位置，如果选择 Normal 选项，则表示这个宏在所有文档中都可以使用，如果选择将该项宏保存在某个模板或者文档中，则只有指定的文档才可以使用该宏。在“说明”文本框中可以输入该宏的说明信息，默认的说明信息是宏的录制日期和用户名，如图 7-2 所示。

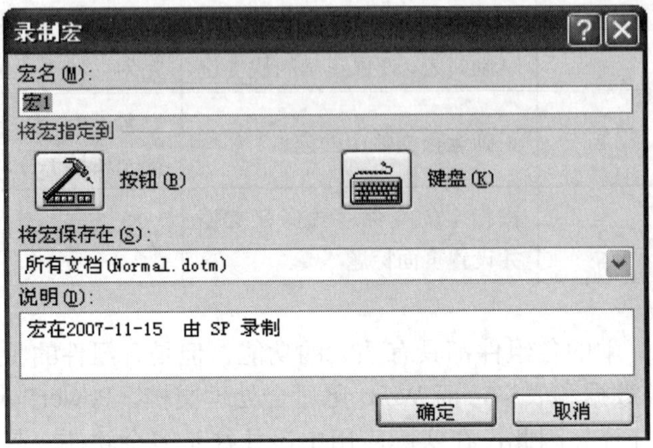

图 7-2

（4）在“将宏指定到”选项区域中，单击“按钮”按钮，打开“Word 选项”对话框，在“自定义”选项卡下可以将宏添加到“自定义快速访问工具栏”中，如图 7-3 所示。

图 7-3

（5）在“录制宏”对话框中的“将宏指定到”选项区域，单击“键盘”按钮，打开“自定义键盘”对话框，在“请按新快捷键”文本框中按下快捷键（此处以“Ctrl+Shift+A”为例），然后单击“指定”按钮，即可指定运行该宏的快捷键，如图 7-4 所示。

（6）单击“关闭”按钮，这时指针会变成形状，此时就可以开始录制宏了，按照前面的准备，依次执行宏要进行的操作。

（7）录制完毕后，在“视图”选项卡的“宏”组中，单击“宏”下拉按钮，在打开的列表中执行“停止录制”命令即可，如图 7-5 所示。这样，以后只需要按下快捷键即可运行该宏，完成一系列的操作。

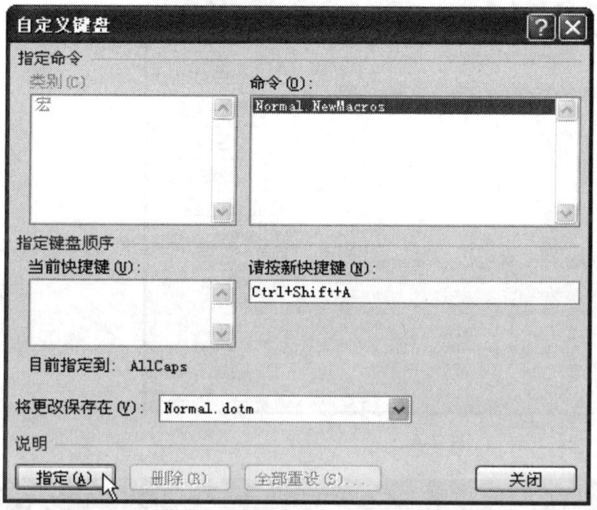

图 7-4

图 7-5

注意：首先，宏的命名不能与 Word 中已有的标准宏重名，否则 Word 就会用新录制的宏记录的操作替换原有的宏记录的操作。其次，宏录制工具不记录执行的操作，只记录操作的结果。所以，不能记录鼠标在文档中的移动，如果要录制移动光标或选择、复制等操作，只能用键盘执行。

2. 运行宏

如果创建的宏被指定到快速访问工具栏上，可通过单击相应的命令来执行。如果创建的宏被指定快捷键上，可通过按该快捷键来执行。如果要运行在特殊模板上创建的宏，则应首先打开该模板或基于该模板创建的文档，然后运行宏即可。

在“视图”选项卡的“宏”组中，直接单击“宏”按钮，在打开的“宏”对话框中，选中要运行的宏命令，单击“运行”按钮，即可执行该宏命令，如图 7-6 所示。如果单击“单步执行”按钮，就可以每次只执行一步操作，可以清楚地看到每一步操作及其效果。

3. 管理宏

默认情况下，宏作为一个名为 NewMacros 的 VisualBasic 命令保存在 Normal 模板中。Normal 模板中的宏可应用到每一个 Word 文档中，利用“管理器”对话框，也可以将它保存在其他模板或单个模板中。

在 Word 2007 中，可以很容易地从一个模板（或文档）中复制一组宏到另一个模板（或文档）中，宏被保存于模板或组中，不能传递单个宏，只能传递一组宏。要在模板或文档中复制宏，可以在“宏”对话框中单击“管理器”按钮，在打开的“管理器”对话框中进行相关的设置。

（1）在“管理器”对话框的左侧列表框中，显示的是当前活动文档中使用的宏组，右侧列表框中显示的是 Normal 模板中的宏。在右侧列表中选择要复制的宏组，单击“复制”按钮，将选定的宏组复制到左边的当前活动文档中，如图 7-7 所示。

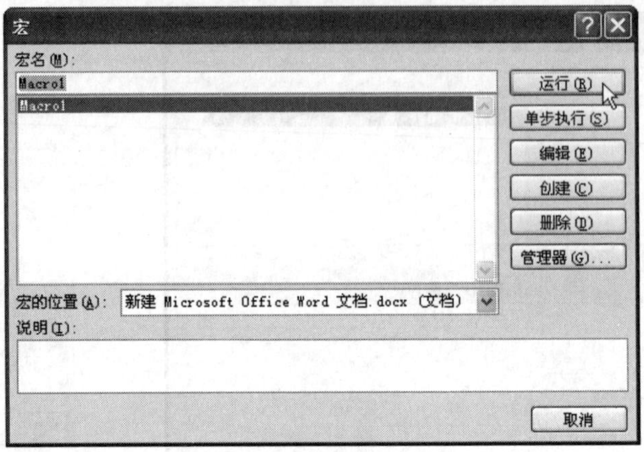

图 7-6

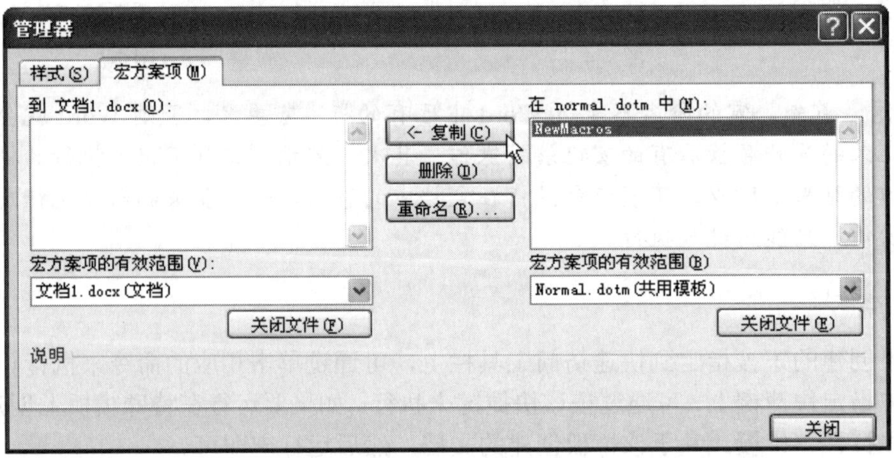

图 7-7

（2）复制完成后，单击“关闭”按钮，完成宏的复制，此时在活动文档中可以使用该宏命令。

如果想复制别的模板或文件中的宏，可以单击下面的“关闭文件”按钮，关闭 Normal 模板，此时“关闭文件”按钮会变成“打开文件”按钮，再次单击该按钮，即可在打开的对话框中选择要复制宏的模板或文件。

4. 删除宏

要删除在文档或模板中不需要的宏命令，只需在“视图”选项卡的“宏”组中单击“宏”按钮，在打开的“宏”对话框中，选中要删除的宏命令，单击“删除”按钮，这时打开删除问询对话框，在该对话框中单击“是（Y）”按钮，即可删除该宏命令。

7.1.2　在文档中插入对象

1．插入声音和视频

在 Word 中没有实际的插入声音和视频的操作，实际上是用插入链接的方式，在 Word 文档中输入声音或视频文件的存放路径。为了保证文档显示的正确性，应将待插入的声音和视频文件与 Word 文档保存于同一个文件夹下，且相对路径固定。在文档中插入声音和视频的操作方法相同，具体操作步骤如下。

（1）打开 Word 文档，将光标定位在插入点上，在“插入”选项卡的“文本”组中单击“对象”按钮，如图 7-8 所示。打开“对象”对话框。

（2）在“对象”对话框的“由文件创建”选项卡下，单击右侧的“浏览”按钮，如图 7-9 所示，打开“浏览”对话框。

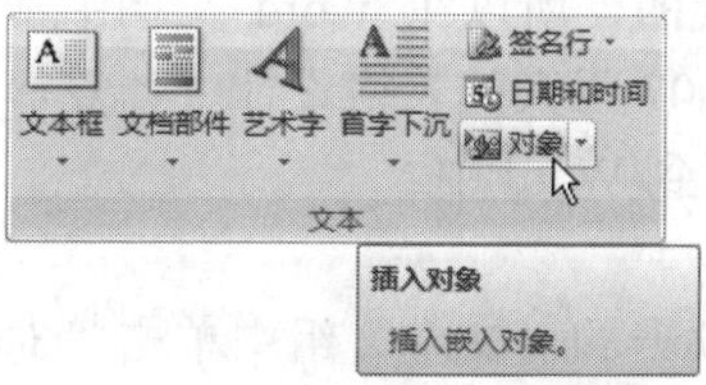

图 7-8

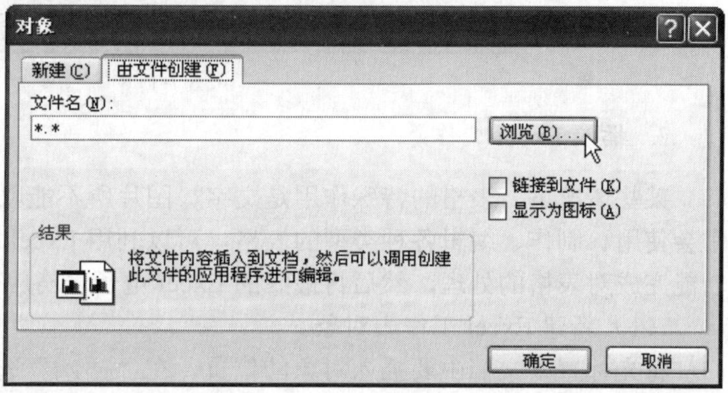

图 7-9

（3）在“浏览”对话框中选择要插入的声音或视频文件，单击“插入”按钮，如图 7-10 所示。返回至“对象”对话框。

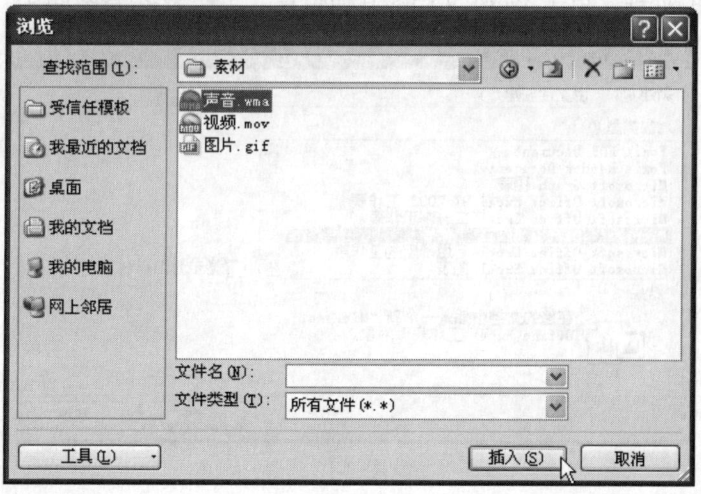

图 7-10

（4）在“对象”对话框中可以设置是否将插入对象显示为图标，如图 7-11 所示。

若显示为图标，则“更改图标”按钮被激活，可以自定义图标样式，还可通过“设置对象格式”命令修改其格式；若不显示为图标，则文件以默认格式插入到文档中。双击插入的对象，可激活对象，并以嵌入或链接的方式播放。

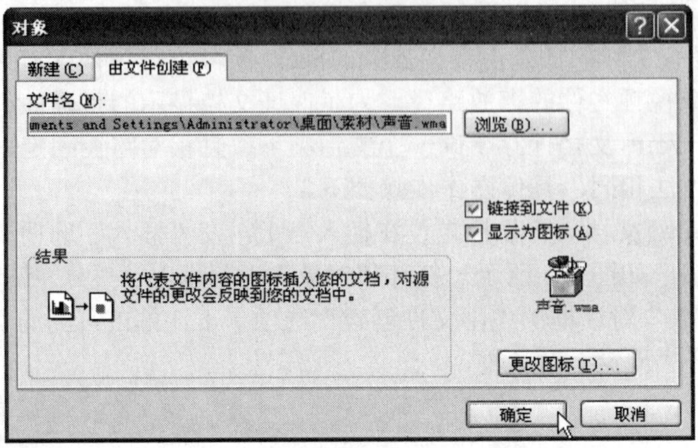

图 7-11

2. 插入 Excel 工作簿

某些情况下，表格的特殊作用是文字、图片所不能取代的，所以在 Word 文档中常常会使用、制作、编辑各种类型的表格。可以利用 Excel 2007 强大的表格设计、计算等功能完成对表格的处理，然后将最终的 Excel 电子表格应用到 Word 中。

（1）新建 Excel 工作表对象。

将光标置于文档中要插入对象的位置，在“插入”选项卡的“文本”组中单击“对象”按钮，打开“对象”对话框。

在“新建”选项卡的“对象类型”列表框中选择“Microsoft Office Excel 工作表”选项，如图 7-12 所示。单击“确定”按钮，文档中即嵌入一个 Excel 工作表。可以直接在工作表中进行复杂数据的处理，单击 Word 文档的其他位置，工作表将转变为图片形式。

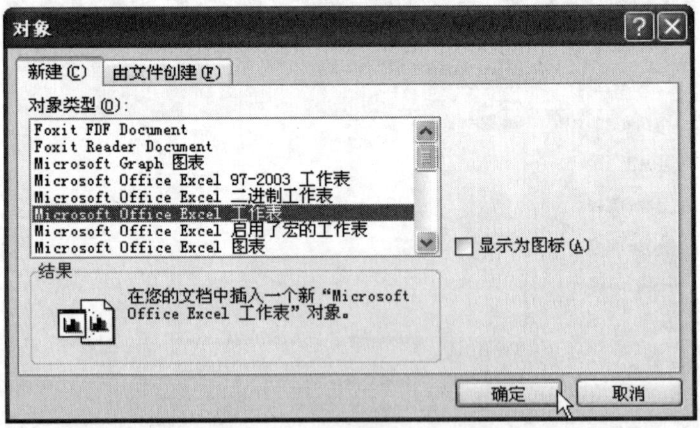

图 7-12

（2）由文件创建 Excel 工作表对象。

将光标置于文档中要插入对象的位置，在“插入”选项卡的“文本”组中单击“对象”按钮，打开“对象”对话框。

切换到“由文件创建”选项卡，单击“浏览”按钮，在“浏览”对话框中定位并选中要插入的对象，单击“插入”按钮，返回至“由文件创建”选项卡中，所选中文件的路径会自动出现在“文件名”文本框中，如图 7-13 所示。

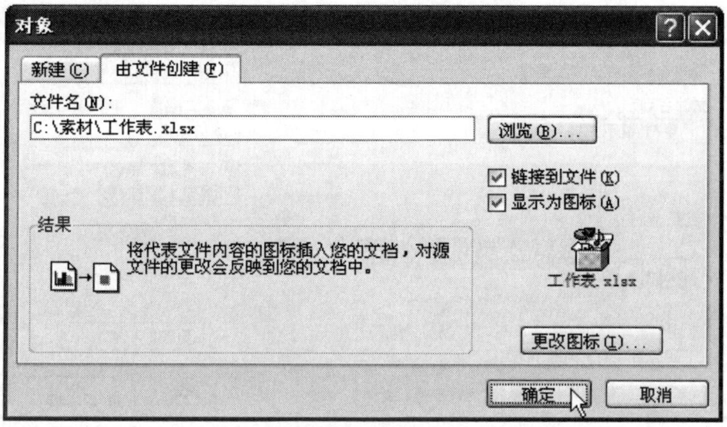

图 7-13

单击“确定”按钮，工作表将以图片形式插入 Word 文档中。

如果勾选了“链接到文件”复选框，Word 文档中表格的数据将与源工作表同步更新（在重新打开 Word 文档时会出现是否进行更新的询问框）；如果不选，则该工作表将以静态副本形式嵌入到文档中。要修改数据的话，只需要双击图片，系统会在文档中调用 Excel（嵌入工作表时）或直接打开源工作表（链接工作表时）。

3. 插入演示文稿

在 Word 文档中，将光标置于文档要插入对象的位置，在“插入”选项卡的“文本”组中单击“对象”按钮，打开“对象”对话框。在“新建”选项卡的“对象类型”列表框中选择“Microsoft Office PowerPoint 幻灯片”选项，单击“确定”按钮，如图 7-14 所示。文档中即嵌入一个新的幻灯片，可以直接对其进行编辑，单击 Word 文档的其他位置，幻灯片将转变为图片形式。

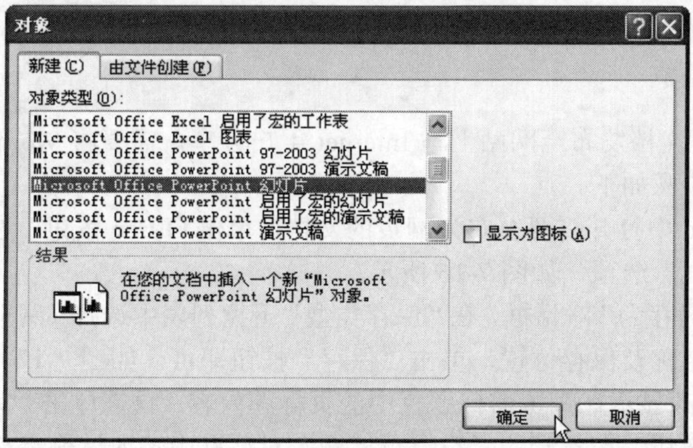

图 7-14

在“对象”对话框的“由文件创建”选项卡下，单击“浏览”按钮，在“浏览”对话框中选择要插入的演示文稿文件，单击“插入”按钮，返回至“由文件创建”选项卡中；确定该文件的显示方式（是否链接到文件，是否显示为图标），单击“确定”按钮，如图 7-15 所示。

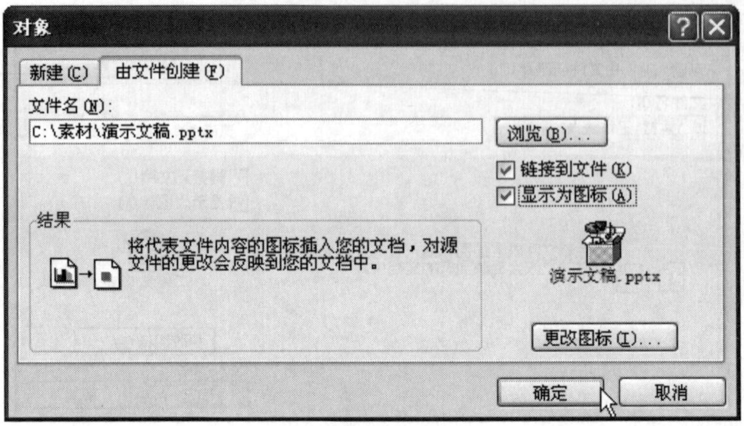

图 7-15

在 Word 文档中双击插入的对象，可激活演示文稿，以放映的方式进行播放，为了保证正常显示，应使插入的对象（尤其是使用“链接到文件”选项的文件）与文档保存于同一文件夹下，且相对路径固定。

7.1.3 Word 文档的类型转换

1. Word 文档常见的转换类型

- Web 文件类型：Web 格式就是网页格式，常用扩展名为.html 或.htm，占用存储空间很小，便于网页传输和网页浏览。
- RTF 文本类型号：Rich Text Format 的缩写，即多文本格式，使用“附件”中的“写字板”就能打开并进行编辑，但占用的存储空间较大。
- 纯文本类型：没有任何修饰的文本，常见扩展名为.txt，可用“记事本”打开和编辑。

2. 发布 Web 页

为了将 Word 文档发布至网站上与 Internet 用户分享，需要将 Word 文档转换为网页格式，具体操作步骤如下。

（1）在 Word 中打开需要发布为网页的文档，单击 Office 按钮，选择“另存为”选项下的“其他格式”选项，如图 7-16 所示。

（2）打开“另存为”对话框，在“保存类型”下拉列表中选择“网页（*.htm;*.html）”选项，设置文件名称及保存位置，单击“保存”按钮即可，如图 7-17 所示。

（3）若要更改显示在浏览器标题栏中的页标题内容，只需单击“另存为”对话框中的“更改标题”按钮，在打开的“设置页标题”对话框中输入标题名称，单击“确定”

按钮即可，如图 7-18 所示。

图 7-16

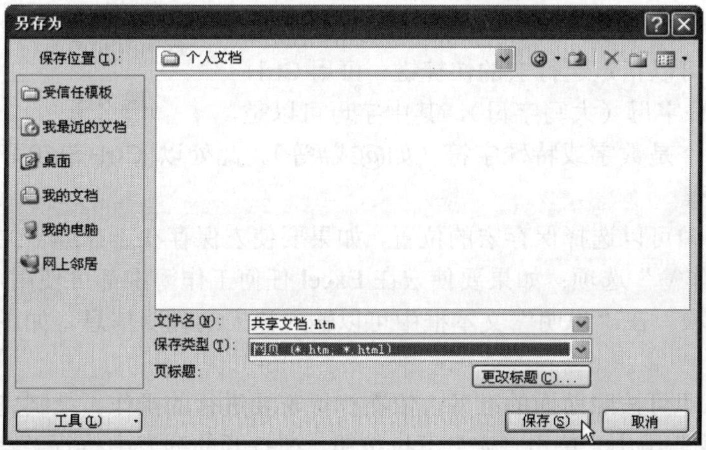

图 7-17

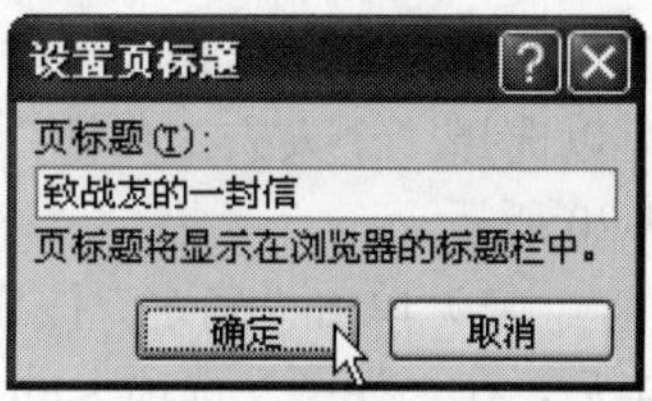

图 7-18

注意：在 Word 文档转换为网页格式后，大部分安全设置将会自动失效。例如密码保护、阅读权限设置等，所以对于非公开的内容，建议不要随意转换为网页格式，避免意外泄密。

7.2　Excel 与其他应用软件的联合操作

7.2.1　Excel 的宏操作

简单说来，宏是一系列 Excel 命令的集合，通过运行宏可以完成一系列的 Excel 命令，以实现任务执行的自动化。可以把创建的宏指定到工具栏、菜单或者快捷键上，通过单击命令或者快捷键的方式来运行宏。

使用宏可以反复执行某项任务，宏的一些典型应用有：组合多个命令，如插入具有指定尺寸和边框、指定行数和列数的表格；还可以自动执行一系列复杂的任务。

1. 录制宏

一般创建宏的方法有两种：录制法（用键盘和鼠标）和直接输入法（利用宏编辑窗口）。通常比较方便地创建宏的方法是使用键盘和鼠标来录制一系列需要的操作。

录制之前，要先弄清楚需要宏执行的指令，以及这些指令的顺序，然后就可以录制宏了。具体操作步骤如下。

（1）在“视图”选项卡的“宏”组中，单击“宏”下拉按钮，在打开的列表中选择“录制宏”选项，如图 7-19 所示。

图 7-19

（2）打开“录制新宏”对话框，在“宏名”文本框中输入新录制宏的名称，此处以 testtime 为例。

（3）在“快捷键”区域中可以指定运行宏的快捷键，可用 Ctrl+字母（小写字母）或 Ctrl+Shift+字母（大写字母），其中字母可以是键盘上的任意字母键，但不允许是数字或特殊字符（如@或#等）。此处以 Ctrl+Shift+F 为例，只需按下 Shift+F 键即可。

（4）在“保存在”下拉框中可以选择保存宏的位置，如果要使宏保存在正在编辑的工作簿中，可以选择“当前工作簿”选项；如果要使宏在 Excel 任何工作簿中都可使用，可以选择“个人宏工作簿”选项。在“说明”文本框中可以输入该宏的说明信息。如图 7-20 所示。

（5）单击“确定”按钮，即可按照前面的准备，依次执行宏要进行的操作。录制完毕后，在“视图”选项卡的“宏”组中，单击“宏”下拉按钮，在打开的列表中执行“停止录制”命令即可，如图 7-21 所示。以后，只需要按下“Ctrl+Shift+F”快捷键即可在该工作簿中运行宏 testtime。

2. 管理宏

管理宏是指对已经存在的宏进行改变说明、改变内容以及删除等操作。具体操作步骤如下。

（1）在“视图”选项卡的“宏”组中，单击“宏”下拉按钮，在打开的列表中选择“查看宏”选项，打开“宏”对话框，如图 7-22 所示。

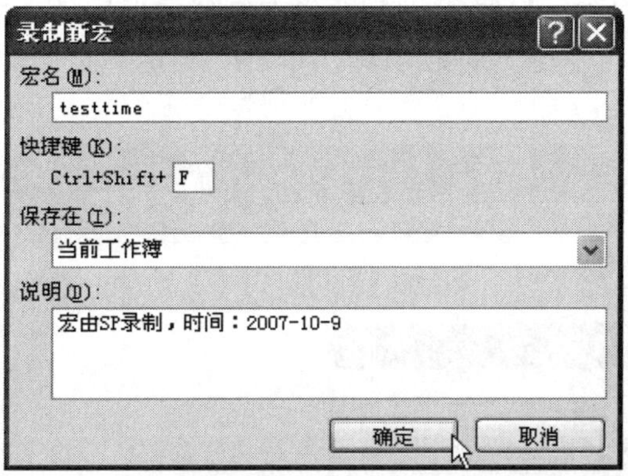

图 7-20

图 7-21

（2）在对话框的“宏名”列表框中显示了宏的名称，在其中可以修改宏的名字。选定一个宏后，如果想运行它，可单击“执行”按钮。如果想改变某个宏的说明或快捷键，可单击“选项”按钮，打开“宏选项”对话框，从中可以修改宏的快捷键和说明，如图 7-23 所示。

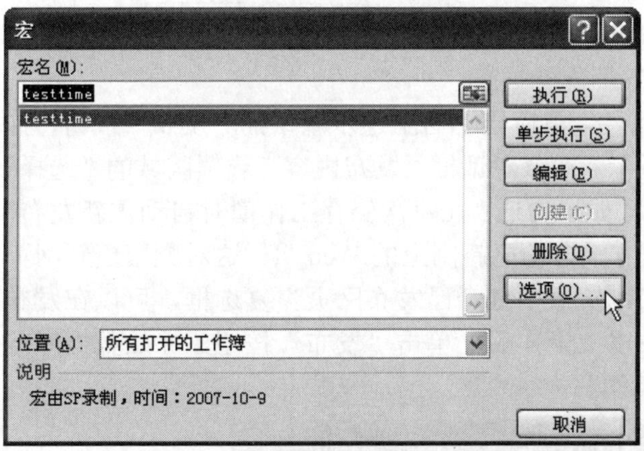

图 7-22

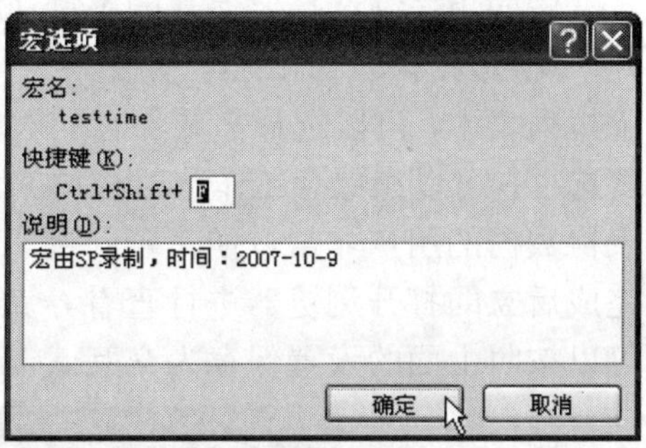

图 7-23

（3）如果想删除宏，可以在“宏”对话框中选择宏后，单击“删除”按钮，打开确认对话框，单击“是(Y)”按钮即可删除宏。

7.2.2　发布 Web 页

随着信息化建设的发展，越来越多的单位拥有了办公网络。如何将数据发布到网上，并供用户浏览、分析和查询呢？许多人利用很多编程工具编写适当的程序来完成这一工作，但其实用 Excel 便可以轻松完成此项工作，并极易满足简单事务管理对数据库的需要。

当数据全部输入工作表，就可以保存为交互式 Web 页，然后链接到局域网主页。首先打开含有数据库的 Excel 工作簿，单击 Office 按钮，在打开的下拉菜单中选择“另存为”选项，即可打开“另存为”对话框。在该对话框的“保存类型”下拉列表中选择“网页（*.htm;*.html）”文件类型。最后选择正确的保存路径及 Web 页文件名，单击“保存”按钮即可。（注意：自定义的视窗、合并计算、方案不能被发布。）若要更改显示在浏览器标题栏中的页标题内容，只需单击“另存为”对话框中的“更改标题”按钮，在打开的“设置页标题”对话框中输入标题名称，单击“确定”按钮即可，如图 7-24 所示。

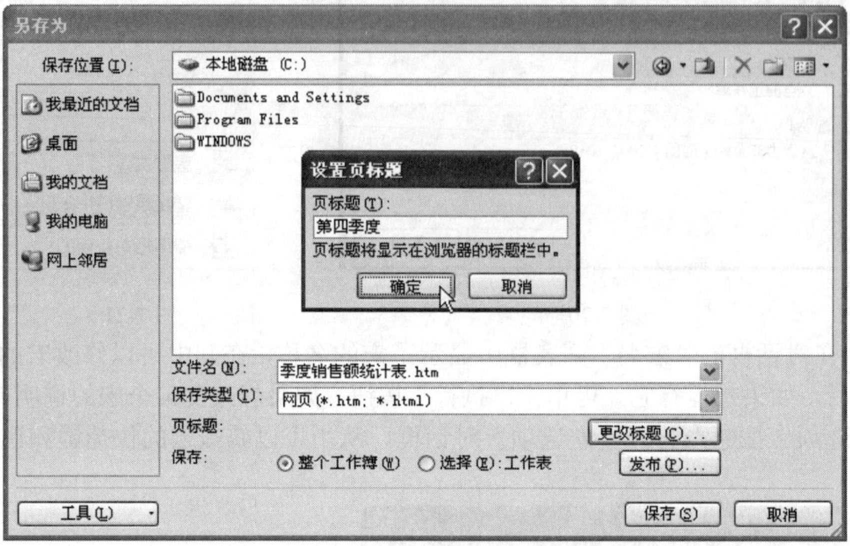

图 7-24

假如想仔细选择要保存的 Web 页属性，就应当单击上述步骤中的“发布”按钮，打开“发布为网页”对话框，如图 7-25 所示。在该对话框“发布内容”选项区域的“选择”下拉列表中，可以选择需要保存的对象。如果勾选“在每次保存工作簿时自动重新发布”复选框，可以在保存工作簿时按原来的方式自动更新网上的 Web 页，这对频繁更新网页表格数据的用户非常方便。若勾选“在浏览器中打开已发布网页”复选框，可以在发布完成后立即打开浏览器进行查看。完成以上操作后，单击“发布”按钮，原始数据库就可以按照上面的设置保存为交互式 Web 页。

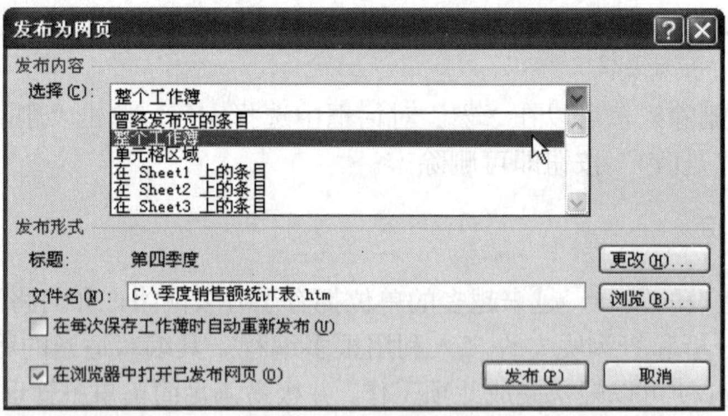

图 7-25

7.3　PowerPoint 与其他应用软件的联合操作

7.3.1　发送 Word 文档到演示文稿

在日常工作中，有时需要根据一篇 Word 文档的文字内容来创建 PowerPoint 演示文稿，这时，可以利用 Word 中的内置命令来快速创建一个演示文稿的草稿，从而省去大量繁琐的复制粘贴操作。

首先需要对 Word 文档中的内容进行必要的精简，如仅保留各种标题和简明的文字说明，然后进行格式设置。在 Word 2007 中，对文字进行样式设置时，可直接在“开始”选项卡的“样式”组中进行。一般文档中的“标题 1”样式的段落将被放置到幻灯片的标题占位符中，而“标题 2”样式的段落都会成为第一级文本，以此类推。如果文档中的内容没有被设置为标题格式，则每个段落文字会被放置到各幻灯片的标题占位符中。

在 Word 2007 中，“发送到 Microsoft PowerPoint”命令不在功能区中，可以通过如下设置将其添加到快速访问工具栏。

（1）单击“快速访问工具栏”右则的下拉按钮，在打开的快捷菜单中选择“其他命令”选项，如图 7-26 所示。

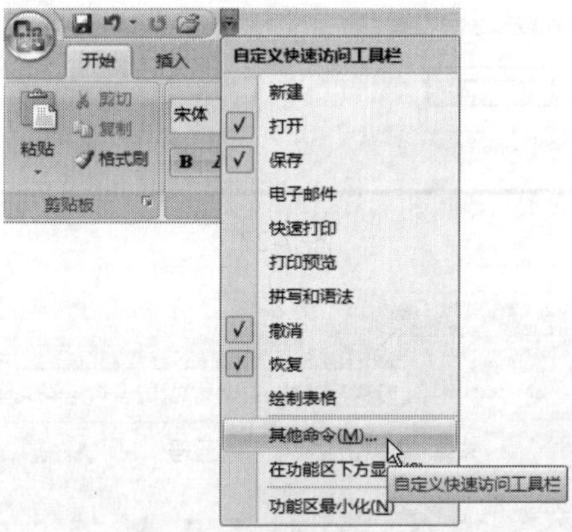

图 7-26

（2）打开“Word 选项”对话框，选择左侧的“自定义”选项卡，在右侧的“从下列位置选择命令”的下拉列表中选择“不在功能区中的命令”选项，找到“发送到 Microsoft Office PowerPoint”命令，单击“添加”按钮，然后单击“确定”按钮，如图 7-27 所示。

（3）“发送到 Microsoft Office PowerPoint”命令就被添加到快速访问工具栏中，如图 7-28 所示。单击该命令即可将 Word 文档中的内容发送到一个新建的 PowerPoint 演示文稿中。

图 7-27

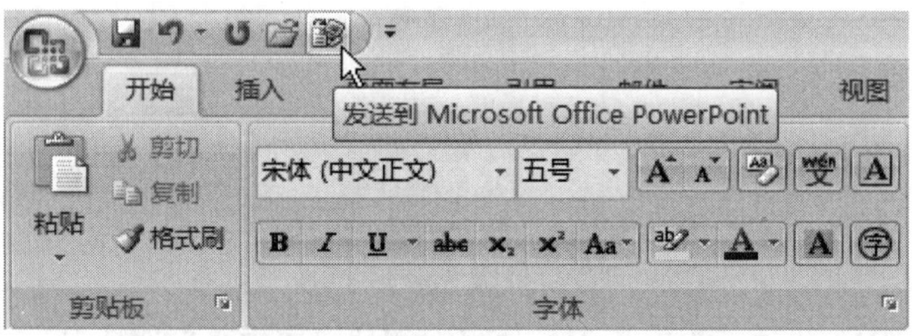

图 7-28

7.3.2 在演示文稿中插入影片或声音对象

在 PowerPoint 2007 中可以通过插入对象功能，将音频（视频）文件作为对象插入到幻灯片中。与“插入文件中的声音（影片）”的方法不同的是，它可以随心所欲地选择实际需要播放的声音（视频）片段，然后再播放。

首先，打开需要插入声音（视频）文件的幻灯片，在“插入”选项卡的“文本”组中单击“对象”按钮，打开“插入对象”对话框，如图 7-29 所示。

然后，选中“由文件创建”单选按钮，单击“浏览”按钮，在“浏览”对话框中定位并选中要插入的对象，单击“插入”按钮，返回至“插入对象”对话框中，所选中文件的路径会自动出现在“文件”框中。

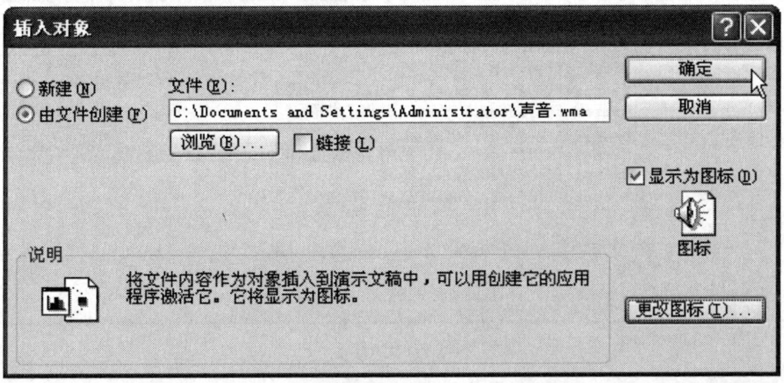

图 7-29

如果选中了“链接”复选框，当双击该图标时，系统会自动选择打开原声音（视频）文件；如果不选，则该对象将以静态副本形式嵌入到幻灯片中。

如果选中了“显示为图标”复选框，可以在幻灯片中对图标属性进行设置。右击该图标，在打开的快捷菜单中选择“设置对象格式”命令，在打开的“设置对象格式”对话框中可以对图标的尺寸、位置、颜色等属性进行设置。

7.3.3　在演示文稿中插入工作表或图表

1. 插入工作表对象

在 PowerPoint 2007 中提供了很多种在幻灯片中插入表格的方法，但有时候需要插入的不只是一两个表格，而是整个工作表，可以使 PowerPoint 目标文件中的数据表与 Excel 源文件保持一致，在此表格中可以实现独立的 Excel 表格操作。而单击幻灯片其他地方时，又可返回至 PowerPoint 2007 的操作界面。对于这些要求可以利用插入对象的方法来实现，具体操作步骤如下。

（1）在“插入”选项卡的“文本”组中单击“对象”按钮，打开“插入对象”对话框，在“对象类型”中选择“Microsoft Office Excel 工作表”，单击“确定”按钮，即可在幻灯片中插入一个新的工作表，如图 7-30 所示。另外，PowerPoint 2007 向下兼容低版本的 Excel 表格，如果要在幻灯片中插入 Excel 97-2003 格式的表格，也可通过此方法完成操作。

（2）如果需要自行决定插入的对象，那么可以在“插入对象”对话框中，选中“由文件创建”单选按钮，然后从硬盘中寻找相应的表格文件插入即可，如图 7-31 所示。

2. 插入图表对象

插入对象是插入选项中功能最多的，可以插入系统中安装的许多文件类型，如 ACDSee BMP 图像、Adobe Photoshop Image、Flash 影片、媒体剪辑、Word 文档、Excel 工作表等。也就是说，利用此插入功能，可以在幻灯片中添加更多的演示效果。

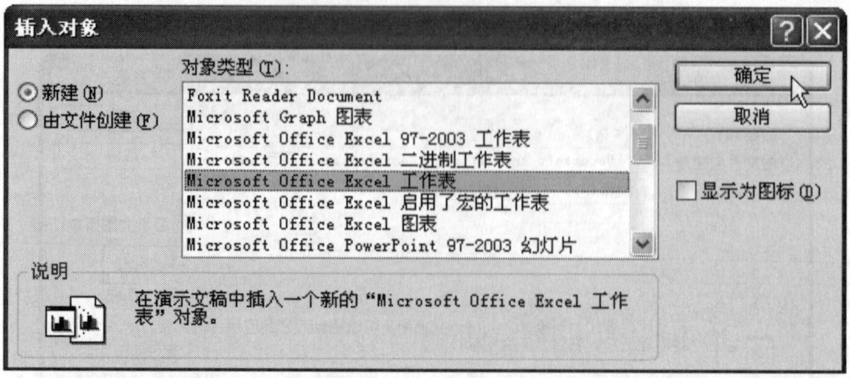

图 7-30

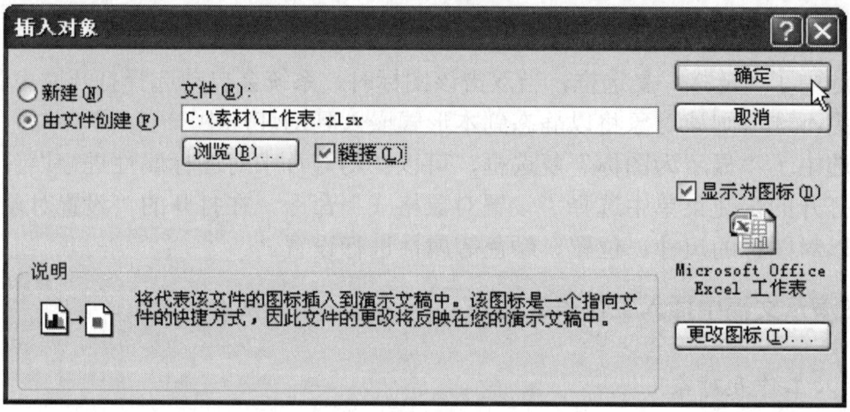

图 7-31

如果要使用此功能插入图表，具体操作方法为：在“插入”选项卡的“文本”组中单击“对象”按钮，打开“插入对象”对话框，在“对象类型”中选择“Microsoft Office Excel 图表”，单击“确定”按钮，如图 7-32 所示。即可在幻灯片中看到默认插入的图表，然后可以像在 Excel 中编辑一样来编辑这个图表。

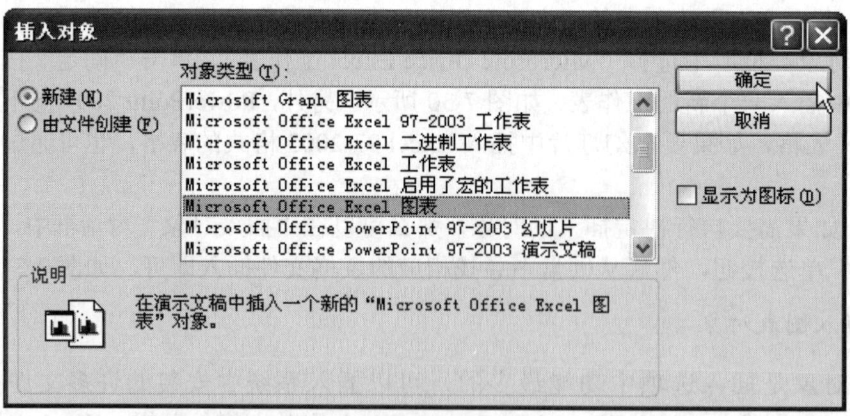

图 7-32

如果已经做好了一个图表，则可以在“插入对象”对话框中选中“由文件创建”单选按钮，然后从硬盘目录中直接导入该图表所在文件即可。

7.3.4　发布演示文稿

用 PowerPoint 2007 编辑制作的演示文稿可以保存为网页文档，并保留动画等功能。在 Web 上发布演示文稿的操作步骤如下。

（1）首先打开要发布为网页的演示文稿，完成相应的编辑操作后，单击 Office 按钮，在打开的下拉列表中选择“另存为”选项，即可打开“另存为”对话框。将“保存类型”设置为“网页（*.htm;*.html）”或“单个文件网页（*.mht;*.mhtml）”。

（2）单击“更改标题”按钮，打开“设置页标题”对话框，可以为网页设置一个显示在浏览器标题栏中的标题，单击“确定”按钮返回，如图 7-33 所示。

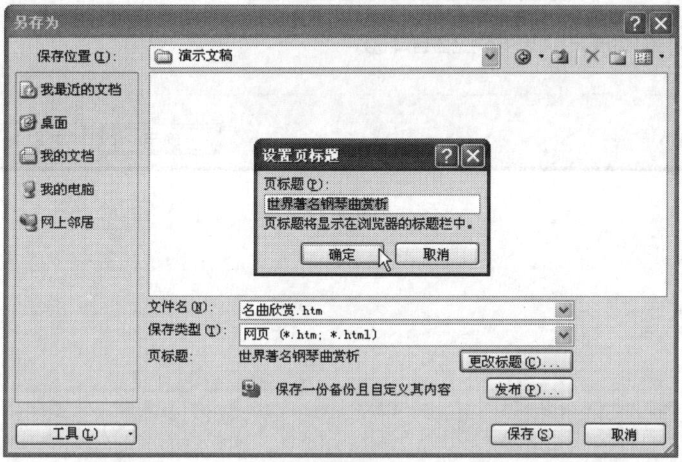

图 7-33

（3）单击“发布”按钮，打开“发布为网页”对话框，设置相关的选项后，单击“浏览”按钮可以确定网页的保存位置，并输入一个名称，如图 7-34 所示。

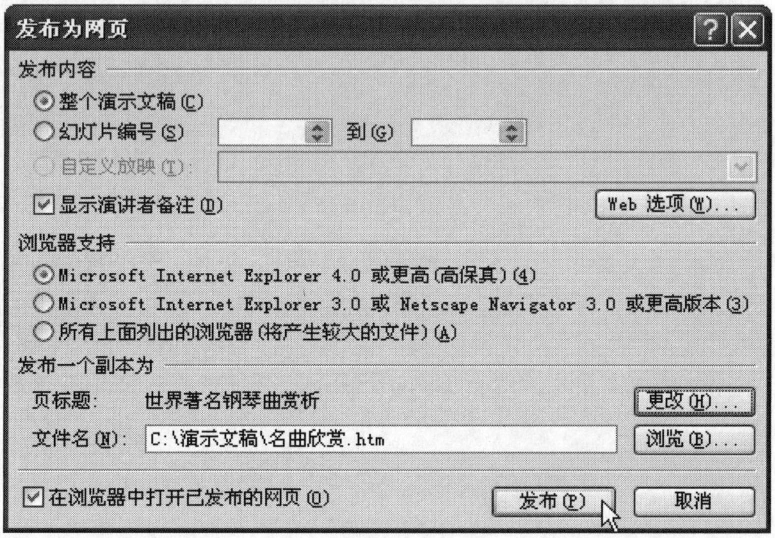

图 7-34

（4）单击“Web 选项”按钮，打开“Web 选项”对话框，在“常规”选项卡下，勾选“浏览时显示幻灯片动画”和“添加幻灯片浏览控件”复选框，并设置一种颜色方案，如图 7-35 所示。其他选项卡可以使用默认的设置，单击“确定”按钮返回至“发布为网页”对话框，再单击“发布”按钮，即可将演示文稿保存为网页文档。

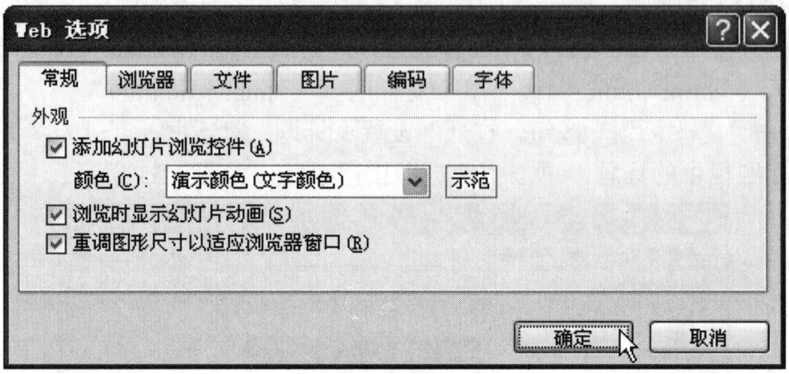

图 7-35

Ⅱ. 试题汇编

7.1　第 1 题

【操作要求】

打开文档 A7.docx，按如下要求进行操作。

1. 在文档中插入工作表或图表

按照【样文 7-1】所示，在文档的末尾插入一张工作表 C:\Win2007GJW\KSML1\KSSJB7-1.xlsx。

2. 宏的创建、运行

- 在文档 A7.docx 中以 KSMACRO1 为宏名录制宏，将宏保存在当前文档中，并指定快捷键为 Alt+Z。要求设置字体为华文行楷、加粗、四号、红色、带下划线，行间距为固定值 25 磅。
- 按照【样文 7-1】所示，利用快捷键将录制的宏应用在第 1 段中。
- 将当前文档以“启用宏的 Word 文档”的类型进行保存。

3. 在各种办公软件间转换文件格式

保存当前文档后，再重新将文档以“网页”的文件类型进行另存，并更改页面标题为“蒙娜丽莎”。

【样文 7-1】

名作《蒙娜丽莎》草图尘封 500 年终见世人

巴黎卢浮宫博物馆馆长亨利·鲁瓦耶日前在接受法国艺术杂志《art press》特约记者采访时指出，名作《蒙娜丽莎》的草图首次在卢浮宫展出。

1956 年巴黎卢浮宫接到远在瑞士的一份捐赠声明，捐赠者为意大利裔流亡富商巴托洛米欧·尤斯塔皮奥。但对于《蒙娜丽莎》草图一事学术界多年众说纷纭一直没有定论。直到 2001 年以后借助先进的 X 光分析技术，《蒙娜丽莎》草图绘画颜料显示作品约绘于 1504 年前后。

草图的用笔痕迹明显表明为左撇子用笔习惯，画作左上角为达·芬奇的签名，经鉴定决非仿制，符合达·芬奇的签名习惯。左下角为第一任收藏人安吉罗·鲁菲尼的印章，达·芬奇的多幅创作草图，以及素描作品均有安吉罗·鲁菲尼的收藏印章。草图用笔大胆奔放，颜料厚重，效果强烈是达·芬奇少有的作品风格，造型却不失严谨，构图基本与《蒙娜丽莎》原作无二，只是背景略有不同，可以断定作品仅在一小时之内即完成。

HH学院教职员工工资一览表						
编号	姓名	部门	基本工资	工龄工资	津贴	实发工资
HH01	王飞	教务处	1800	50	150	2000
HH02	陈瑚	后勤处	2000	55	250	2305
HH03	林风	教研处	2100	60	350	2510
HH04	赵亚	办公室	2200	45	200	2445
HH05	何平	后勤处	2500	50	180	2730
HH06	杨帅	教务处	2800	53	160	3013
HH07	张芷	保卫处	2300	28	130	2458

7.2　第 2 题

【操作要求】

打开文档 A7.docx，按如下要求进行操作。

1．在文档中插入工作表或图表

按照【样文 7-2】所示，在当前文档末尾插入 C:\Win2007GJW\KSML1\KSSJB7-2.xlsx 工作表中的图表。

2．文档中插入声音文件

- 按照【样文 7-2】所示，在文档中插入声音文件 C:\Win2007GJW\KSML3\KSWAV7-2.wma，并将图标替换为 C:\Win2007GJW\KSML3\KSEXE7-2.exe，设置对象格式为宽 2.5 厘米，高 1.5 厘米，环绕方式为浮于文字上方。
- 激活插入到文档中的声音对象。

3．宏的创建、运行

- 在文档 A7.docx 中以 KSMACRO2 为宏名录制宏，将宏保存在当前文档中，并指定快捷键为 Alt+F。要求设置字体格式为隶书、加粗、倾斜、小四、粉红（RGB：255，51，153）。
- 按照【样文 7-2】所示，利用快捷键将录制的宏应用在第 1 段中。
- 将当前文档以“启用宏的 Word 文档”的类型进行保存。

4．在各种办公软件间转换文件格式

保存当前文档后，再重新将文档以“网页”的文件类型进行另存，并更改页面标题为“散文选摘”。

【样文 7-2】

新年，我爬的这座山

国人历来讲究“一元复始，万象更新”。所以，这过年一放假，大家就变着法子去“更新”。诸如泛舟啦，野炊啦，影楼上重披婚纱啦，“梨园春”里唱两腔啦，等等，尽可能地玩得新雅有趣，我虽未免俗，却又翻不出名堂，无奈之下，就在家里练爬山。

居室之内如何爬山？说来也很平常。

众人皆知，中国有两座大山堪称世界之最。一曰喜马拉雅山珠穆朗玛峰，一曰《红楼梦》。前者是自然的山，物质的峰。后者是精神的山，文学的峰。尤其《红楼梦》这座文学之峰，更是高插云天，博大雄深，神奇玄奥。不仅让国内一代又一代的“红学”专家毕其一生，潜研不辍，也更使海外的“红学”痴迷者顶礼膜拜，攀爬不已。拉美爆炸文学大师博尔赫斯，便是一位识得“红山”真面目的探索者。博氏在国家图书馆数度寒暑，潜心“红学”，称《红楼梦》是最杰出的小说，《红楼梦》里所写的 421 个人物活灵活现，这在世界小说之林中很少见，令人惊叹。外国文豪对《红楼梦》尚且如此高山仰止，而况国人乎？我对《红楼梦》的崇敬之情无以复加，我且试爬它。

你瞧，这开卷第一回，就叫人百读不厌。嗨，我一见“灵石”，便爱不释手。这块当年女娲氏炼石补天时剩下的一块巨石，自经锻炼，灵性已通，一心想到红尘享受享受。适逢一僧一道经过青埂峰下，那僧便大施佛法，大展幻术，“将一块大石登时变成一块鲜明莹洁的美玉，且又缩成扇坠大小的可佩可拿”，“再镌上数字，使人一见便知是奇物方妙”，并打算让其“到那昌明隆盛之邦，诗礼簪缨之族，花柳繁华地，温柔富贵乡，去安身乐业”。石头听了，喜不能禁，乃问：“…不知携了弟子到何地方？”那僧笑道：“你且莫问，日后自然明白的。”说着便袖了这石，同那道人飘然而去…真可谓笔法娴熟，语妙天下，雅人深致！也难怪曹雪芹的“红粉知己”脂砚斋在此亦庄亦谐地作眉批道：“余亦恨不能随此石而去也。聊供阅者一笑！”

作者与批阅者是何等心有灵犀，志趣相投，相映成辉！面对这样的“红山”，谁不想攀爬不止，把玩再三，神往之矣！

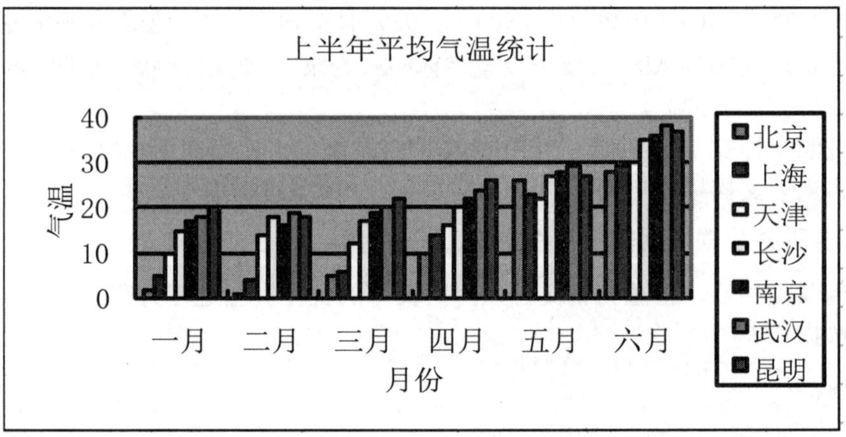

7.3　第 3 题

【操作要求】

打开文档 A7.docx，按如下要求进行操作。

1．在文档中插入表格

按照【样文 7-3A】所示，在当前文档末尾插入文档 C:\Win2007GJW\KSML1\KSDOC7-3.docx 中的表格。

2．办公软件间的信息转换

- 按照【样文 7-3B】所示，在当前文档的第 2 页插入工作簿 C:\Win2007GJW\KSML1\KSSJB7-3.xlsx，并将“前六车间产品统计”工作表中的数据生成图表，图表类型为“分离型三维饼图”。
- 按照【样文 7-3C】所示，将第 2 页的图表以 Excel 对象的形式复制粘贴至当前文档的第 3 页，并将图表类型更改为“复合条饼图”。

3．宏的创建

- 按照【样文 7-3A】所示，以 KSMACRO3 为宏名录制宏，将宏保存在当前文档中，并指定快捷键为 ALT+Z。要求设置字体格式为华文彩云、加粗、四号、粉红（RGB：255，0，102），行间距为固定值 24 磅，利用快捷键将录制的宏应用在第 1 段中。
- 按照【样文 7-3A】所示，将 KSML1 的模板文件 KSDOTM7.dotm 中的宏 KSMACROB 复制到当前文档中，并应用在第 2 段中。
- 将当前文档以“启用宏的 Word 文档”的类型进行保存。

4．在各种办公软件间转换文件格式

保存当前文档后，再重新将文档以“网页”的文件类型进行另存，并更改页面标题为“沈氏园里的传说”。

【样文 7-3A】

沈氏园里一段不老的传说

位于浙江省绍兴市区鲁迅路和延安路之间的沈氏园，是绍兴历代众多古典园林中唯一保存至今的宋代园林。这里蕴藏着一个八百多年前陆游和唐琬凄婉动人的爱情故事，而当时陆游在墙上即

兴而作的一阕《钗头凤》，成为千古绝唱，沈园亦因此成为千古名园。

在一个暖洋洋的冬日午后，跨过放翁桥，迈过高高的黑漆门槛，我走进了这座雅致的宋代名园，去寻找那个脍炙人口的不老的传说。

问梅槛里，凭栏而坐，脚下是吱吱的木板，头上是萋萋的菖草，身后是幽幽的梅林，眼前是静静的宋池。我没有看到感觉上应有的那个夏日绮梦的景致，那是一朵亭亭的出水芙蓉，几片如盖的绿叶旋舞着地，托举着一个美的梦。现在，这微波荡漾的水面上，依然有几尾红鲤不甘寂寞地相互追逐着、嬉戏着，等待着睡莲的醒期。心中想着陆游，想着唐琬，想着此时，想着彼时……恍惚中，仿佛看到了一个沾满露水的夏日清晨，心中的莲，正一层一层地绽开那美丽的笑靥，在我的面前泛开胭红一片……。

孤鹤轩前，那一方新砌的残垣断壁，承载着这个园内的不老的传说。

“红酥手，黄滕酒，满城春色宫墙柳。

东风恶，欢情薄，一怀愁绪，几年离索。错！错！错！

春如旧，人空瘦，泪痕红挹鲛绡透。

桃花落，闲池阁，山盟虽在，锦书难托。莫！莫！莫！”

方案	市场情况	上半年		下半年	
		概率	利润(元)	概率	利润(元)
甲方案	良好	50%	60000	60%	100000
	一般	20%	40000	20%	80000
	较差	30%	40500	20%	70000
乙方案	良好	20%	38000	30%	60000
	一般	50%	45000	30%	50000
	较差	30%	69000	40%	40000

【样文 7-3B】

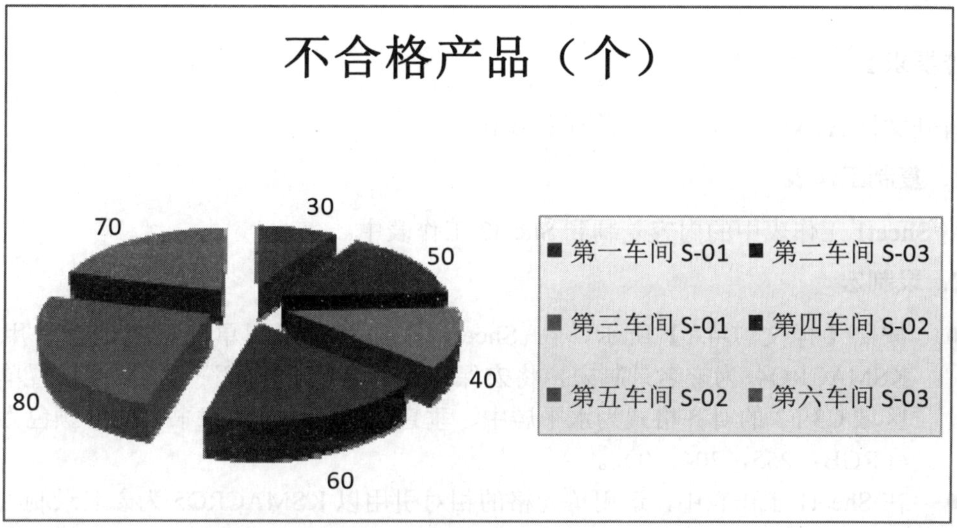
不合格产品（个）
30
50
70
40
80
60
第一车间 S-01
第二车间 S-03
第三车间 S-01
第四车间 S-02
第五车间 S-02
第六车间 S-03

【样文 7-3C】

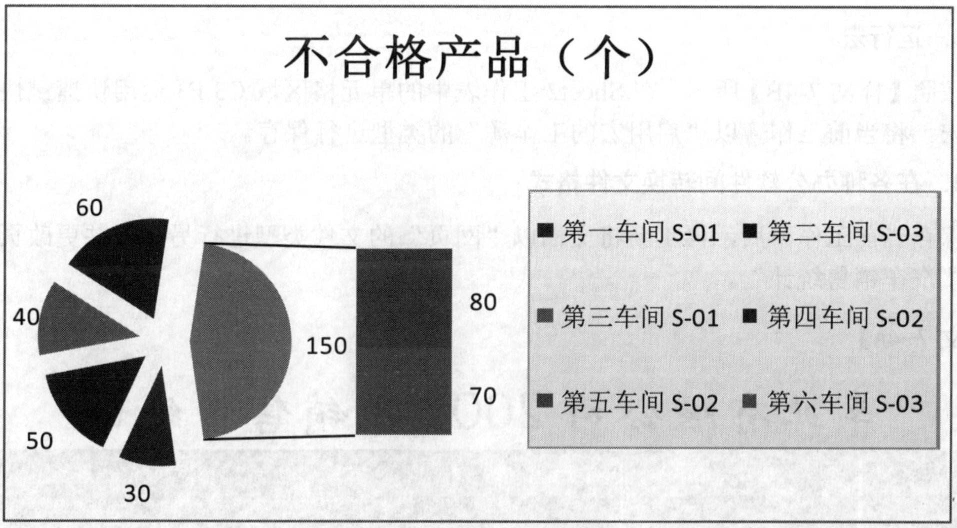
不合格产品（个）
60
40
150
80
70
50
30
第一车间 S-01
第二车间 S-03
第三车间 S-01
第四车间 S-02
第五车间 S-02
第六车间 S-03

7.4　第 4 题

【操作要求】

打开文档 A7.xlsx，按如下要求进行操作。

1．复制工作表

将 Sheet1 工作表中的内容复制到 Sheet2 工作表中。

2．录制宏

- 按照【样文 7-4A】所示，在 Sheet1 工作表中运用单元格的绝对引用，以 KSMACRO4 为宏名录制宏，将宏保存在“当前工作簿”中，要求设置单元格区域 C3:F3 的对齐格式为水平居中、垂直居中，字体为隶书，文字颜色为金色（RGB：255，204，0）。
- 在 Sheet1 工作表中，运用单元格的相对引用以 KSMACRO5 为宏名录制宏，创建快捷键 Ctrl+z，将宏保存在“当前工作簿”中，要求设置单元格的对齐格式为水平居中，垂直居中，字体为楷体_GB2312，字号为 14 磅，文字颜色为金色（RGB：255，204，0）。

3．运行宏

按照【样文 7-4B】所示，在 Sheet2 工作表中的单元格区域 C3:F3 运用快捷键快速运行该宏。将当前工作簿以“启用宏的工作簿”的类型进行保存。

4．在各种办公软件间转换文件格式

保存当前工作簿后，再重新将文档以“网页”的文件类型进行另存，并更改页面标题为“汽车销售统计”。

【样文 7-4A】

车业有限公司 2007 年销售量统计

车名	第一季度（辆）	第二季度（辆）	第三季度（辆）	第四季度（辆）
AF-0105	2000	2500	2800	3000
DE-1111	1500	2200	1900	2000
FB-0506	1200	1800	2000	2100
TH-E003	1000	1600	2300	2600
LK-0008	900	700	800	1000
BS-JLMM	800	1700	1500	1600
BK-T510	2300	2800	3000	3200

【样文 7-4B】

车业有限公司 2007 年销售量统计

车名	第一季度（辆）	第二季度（辆）	第三季度（辆）	第四季度（辆）
AF-0105	2000	2500	2800	3000
DE-1111	1500	2200	1900	2000
FB-0506	1200	1800	2000	2100
TH-E003	1000	1600	2300	2600
LK-0008	900	700	800	1000
BS-JLMM	800	1700	1500	1600
BK-T510	2300	2800	3000	3200

7.5 第 5 题

【操作要求】

打开文档 A7.xlsx，按如下要求进行操作。

1．复制工作表

将 Sheet1 工作表中的内容复制到 Sheet2 工作表中。

2．录制宏

- 按照【样文 7-5A】所示，在 Sheet1 工作表中运用单元格的绝对引用，以 KSMACRO6 为宏名录制宏，将宏保存在“当前工作簿”中，要求设置单元格区域 B3:L9 的外边框线为粗实线、内边框线为细实线。
- 在 Sheet1 工作表中，运用单元格的相对引用以 KSMACRO7 为宏名录制宏，创建快捷键 Ctrl+z，将宏保存在“当前工作簿”中，要求设置单元格的字体格式为隶书、加粗，字号为 18 磅，单元格的外边框线为蓝色的粗实线。

3．运行宏

按照【样文 7-5B】所示，在 Sheet2 工作表中的单元格区域 B2:L9 运用快捷键快速运行该宏，将当前工作簿以“启用宏的工作簿”的类型进行保存。

4．在各种办公软件间转换文件格式

保存当前工作簿后，再重新将文档以“网页”的文件类型进行另存，并更改页面标题为“服装超市销售情况表”。

【样文 7-5A】

服装超市 2007 年第一季度销售情况表

货号	品名规格	单位	数量	单价	金额					
					千	百	十	元	角	分
1	时尚	元	1	70			7	0	0	0
2	优美	元	2	120		2	4	0	0	0
3	大众	元	4	80		3	2	0	0	0
4	众成	元	10	12	1	2	0	0	0	0
合计人民币（大写） 壹仟 捌佰 参拾 零元 零角 零分 1830.00 元										

【样文 7-5B】

服装超市2007年第一季度销售情况表										
货号	品名规格	单位	数量	单价	金额					
					千	百	十	元	角	分
1	时尚	元	1	70			7	0	0	0
2	优美	元	2	120		2	4	0	0	0
3	大众	元	4	80		3	2	0	0	0
4	众成	元	10	12	1	2	0	0	0	0
合计人民币（大写） 壹仟 捌佰 叁拾 零元 零角										

Ⅲ. 试题解答

7.1　第 1 题

单击 Office 按钮，执行“打开”命令，在“查找范围”文本框中找到指定路径，选择 A7.docx 文件，单击“打开”按钮。

1. 在文档中插入工作表或图表

（1）将光标定位于文档末尾处，在“插入”选项卡的“文本”组中单击“对象”按钮，打开“对象”对话框。

（2）在打开的“对象”对话框的“由文件创建”选项卡下，单击“文件名”区域的“浏览”按钮，按照指定路径选择 KSML1 文件夹下的 KSSJB7-1.xlsx 文件，单击“插入”按钮，返回到“对象”对话框，单击“确定”按钮即可。

2. 宏的创建、运行

（1）在“视图”选项卡的“宏”组中，单击“宏”下拉按钮，在打开的列表中选择“录制宏”选项。

（2）打开“录制宏”对话框，在“宏名”文本框中输入新录制宏的名称 KSMACRO1，在“将宏保存在”下拉列表中选择当前文档，单击“键盘”按钮，如图 7-36 所示。

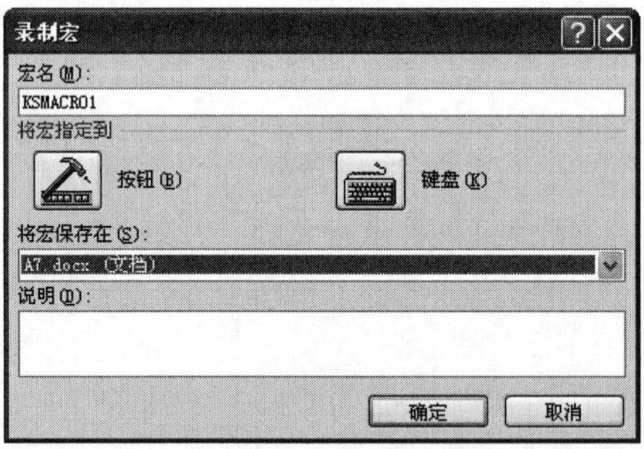

图 7-36

（3）打开“自定义键盘”对话框，在“请按新快捷键”文本框中按下快捷键 Alt+Z，在“将更改保存在”下拉列表中选择当前文档，然后单击“指定”按钮，即可指定运行该宏的快捷键了，最后单击“关闭”按钮，如图 7-37 所示。

（4）开始录制宏，在“开始”选项卡的“字体”组中单击“字体”右侧的下拉按钮，从“字体”下拉列表中选择“华文行楷”；单击“字号”右侧的下拉按钮，从“字号”下拉列表中选择“四号”；单击“加粗”按钮 **B** 为选中状态；单击“字体颜色”右侧的下拉按钮，从“字体颜色”下拉列表中选择标准色中的“红色”；单击“下划线”按钮 U

为选中状态。

图 7-37

（5）在“开始”选项卡下单击“段落”组右下方的对话框启动器按钮，打开“段落”对话框。在“缩进和间距”选项卡的“行距”下拉列表中选择“固定值”选项，在“设置值”文本框中选择或输入“25 磅”，单击“确定”按钮。

（6）录制完毕后，在“视图”选项卡的“宏”组中，单击“宏”下拉按钮，在打开的列表中选择“停止录制”选项。

（7）选中正文第 1 自然段，按 Alt+Z 快捷键即可将该宏应用于所选文本。

（8）单击 Office 按钮，在打开的下拉列表中执行“另存为”命令，打开“另存为”对话框，在“保存位置”列表中选择考生文件夹所在位置，在“文件名”文本框中输入文件名“A7”，在“保存类型”列表中选择“启用宏的 Word 文档”，单击“保存”按钮。

3. 在各种办公软件间转换文件格式

单击 Office 按钮，在打开的下拉列表中执行“另存为”命令，打开“另存为”对话框，在“保存位置”列表中选择考生文件夹所在位置，在“文件名”文本框中输入文件名“A7”，在“保存类型”列表中选择“网页”选项，单击“更改标题”按钮，打开“设置页标题”对话框，在“页标题”区域文本框中输入文本“蒙娜丽莎”，单击“确定”按钮。返回到“另存为”对话框，单击“保存”按钮。

7.2　第 2 题

单击 Office 按钮，执行“打开”命令，在“查找范围”文本框中找到指定路径，选择 A7.docx 文件，单击“打开”按钮。

1. 在文档中插入工作表或图表

（1）将光标定位于文档末尾处，在“插入”选项卡的“文本”组中单击“对象”按钮，打开“对象”对话框。

（2）在打开的“对象”对话框的“由文件创建”选项卡下，单击“文件名”区域的“浏览”按钮，按照指定路径选择 KSML1 文件夹下的 KSSJB7-2.xlsx 文件，单击“插入”按钮，返回到“对象”对话框，单击“确定”按钮即可。

2. 文档中插入声音文件

（1）将光标定位于指定的文档中，在“插入”选项卡的“文本”组中单击“对象”按钮，打开“对象”对话框。

（2）在打开的“对象”对话框的“由文件创建”选项卡下，单击“文件名”区域的“浏览”按钮，按照指定路径选择 KSML3 文件夹下的 KSWAV7-2.wma 文件，单击“插入”按钮返回到“对象”对话框；勾选“链接到文件”和“显示为图标”复选框，单击“更改图标”按钮。打开“更改图标”对话框。

（3）单击“更改图标”对话框的“文件名”区域的“浏览”按钮，按照指定路径选择 KSML3 文件夹下的 KSEXE7-2.exe 文件，单击“打开”按钮返回到“更改图标”对话框，如图 7-38 所示。

（4）单击“确定”按钮返回到“对象”对话框，单击“确定”按钮即可，如图 7-39 所示。

图 7-38

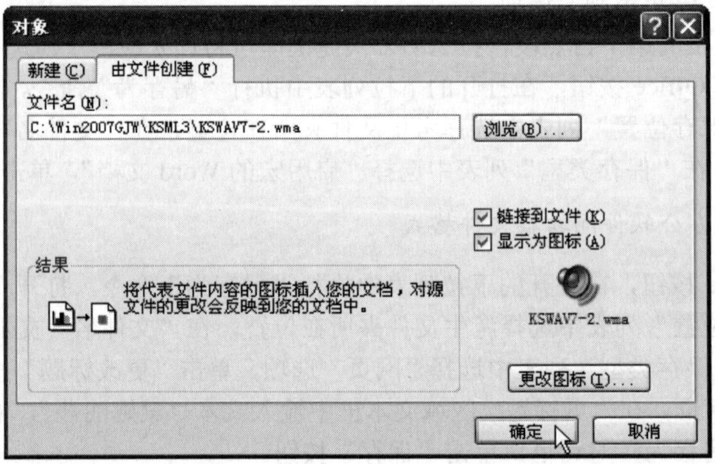

图 7-39

（5）右击插入的声音文件图标，在打开的快捷菜单中单击“设置对象格式”按钮，打开“设置对象格式”对话框，在“大小”选项卡下取消选中“锁定纵横比”复选框，在“高度”区域的“绝对值”文本框中选择或输入“1.5 厘米”，在“宽度”区域的“绝对值”文本框中选择或输入“2.5 厘米”，如图 7-40 所示。

（6）在“版式”选项卡的“环绕方式”选项区域中单击“浮于文字上方”按钮，单击“确定”按钮，如图 7-41 所示。

（7）双击插入的声音图标，打开如图 7-42 所示的对话框，单击“打开”按钮，即可激活对象。

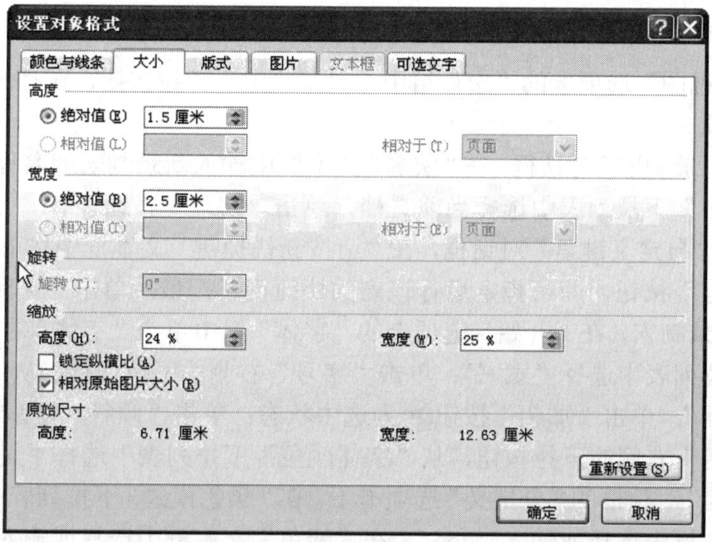

图 7-40

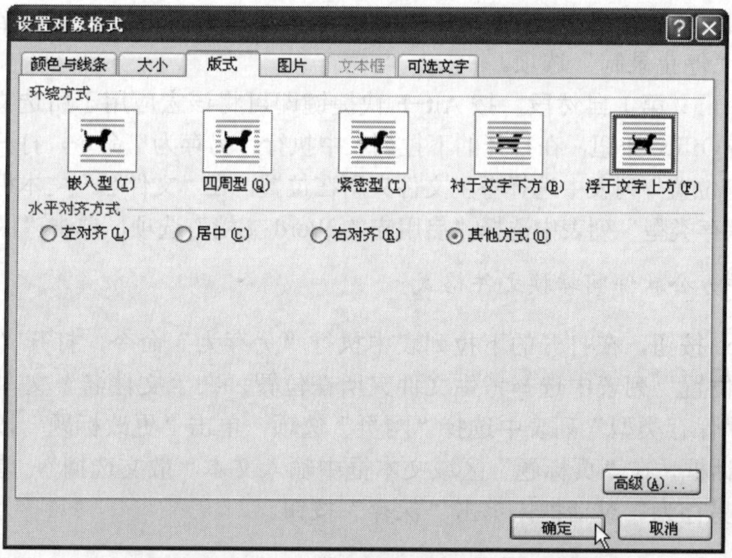

图 7-41

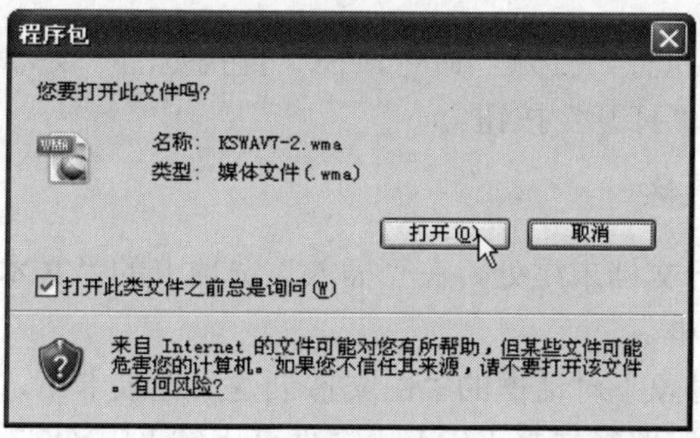

图 7-42

3. 宏的创建、运行

（1）在“视图”选项卡的“宏”组中，单击“宏”下拉按钮，在打开的列表中选择“录制宏”选项。

（2）打开“录制宏”对话框，在“宏名”文本框中输入新录制宏的名称 KSMACRO2，在“将宏保存在”下拉列表中选择当前文档，单击“键盘”按钮。

（3）打开“自定义键盘”对话框，在“请按新快捷键”文本框中按下 Alt+F 快捷键，然后单击“指定”按钮，即可指定运行该宏的快捷键了，最后单击“关闭”按钮。

（4）开始录制宏，在“开始”选项卡的“字体”组中单击“字体”右侧的下拉按钮，从“字体”下拉列表中选择“隶书”；单击“字号”右侧的下拉按钮，从“字号”下拉列表中选择“小四”；单击“加粗”按钮 **B** 为选中状态；单击“倾斜”按钮 *I* 为选中状态；单击“字体颜色”右侧的下拉按钮，从“字体颜色”下拉列表中选择“其他颜色”选项，在打开的“颜色”对话框的“自定义”选项卡下，在“颜色模式”下拉列表中选择“RGB”，在“红色”文本框中选择或输入“255”，在“绿色”文本框中选择或输入“51”，在“蓝色”文本框中选择或输入“153”，单击“确定”按钮。

（5）录制完毕后，在“视图”选项卡的“宏”组中，单击“宏”下拉按钮，在打开的列表中选择“停止录制”选项。

（6）选中正文第 1 自然段，按 Alt+F 快捷键即可将该宏应用于所选文本。

（7）单击 Office 按钮，在打开的下拉列表中执行“另存为”命令，打开“另存为”对话框，在“保存位置”列表中选择考生文件夹所在位置，在“文件名”文本框中输入文件名“A7”，在“保存类型”列表中选择“启用宏的 Word 文档”选项，单击“保存”按钮。

4. 在各种办公软件间转换文件格式

单击 Office 按钮，在打开的下拉列表中执行“另存为”命令，打开“另存为”对话框，在“保存位置”列表中选择考生文件夹所在位置，在“文件名”文本框中输入文件名“A7”，在“保存类型”列表中选择“网页”选项，单击“更改标题”按钮，打开“设置页标题”对话框，在“页标题”区域文本框中输入文本“散文选摘”，单击“确定”按钮，返回到“另存为”对话框，单击“保存”按钮。

7.3 第 3 题

单击 Office 按钮，执行“打开”命令，在“查找范围”文本框中找到指定路径，选择 A7.docx 文件，单击“打开”按钮。

1. 在文档中插入表格

（1）将光标定位于文档末尾处，在“插入”选项卡的“文本”组中单击“对象”按钮，打开“对象”对话框。

（2）在打开的“对象”对话框的“由文件创建”选项卡下，单击“文件名”区域的“浏览”按钮，按照指定路径选择 KSML1 文件夹下的 KSDOC7-3.docx 文件，单击“插入”按钮，返回到“对象”对话框，单击“确定”按钮即可。

2. 办公软件间的信息转换

（1）将光标定位在当前文档的第 2 页，在“插入”选项卡的“文本”组中单击“对象”按钮，打开“对象”对话框。

（2）在打开的“对象”对话框的“由文件创建”选项卡下，单击“文件名”区域的“浏览”按钮，按照指定路径选择 KSML1 文件夹下的 KSSJB7-3.xlsx 文件，单击“插入”按钮，返回到“对象”对话框，单击“确定”按钮即可。

（3）双击插入的工作簿将其激活，选中工作表中的表格区域 B3:D9，在“插入”选项卡的“图表”组中单击“饼图”按钮，在打开的列表框中的“三维饼图”区域选择“分离型三维饼图”选项，如图 7-43 所示。即可插入“分离型三维饼图”统计图。

（4）选中图表，打开“表格工具”的“布局”选项卡，在“标签”组中单击“数据标签”按钮，在打开的下拉列表中选择“数据标签外”选项，如图 7-44 所示。

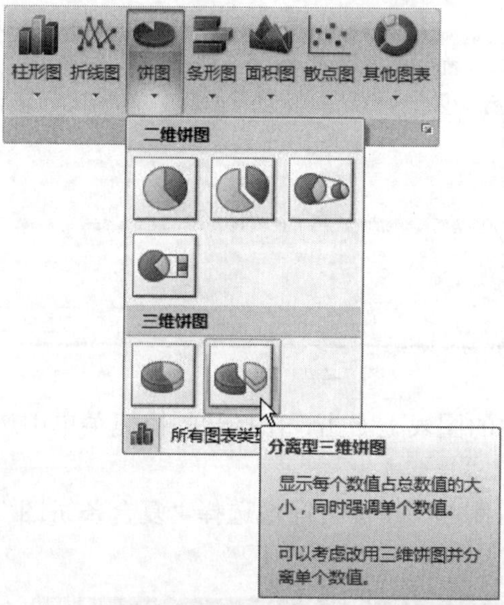

图 7-43

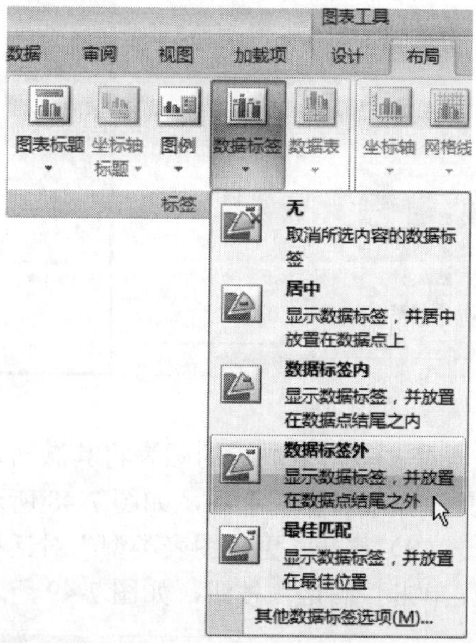

图 7-44

（5）选中图表中的“图例”区域，打开“表格工具”的“格式”选项卡，在“形状样式”组中单击“形状样式”右侧的“其他”按钮，在打开的列表框中选择“细微效果 - 强调颜色 3”的图表样式，如图 7-45 所示。

（6）在文档中选中图表，在“开始”选项卡的“剪贴板”组中单击“复制”按钮，或使用 Ctrl+C 快捷键进行复制。将光标定位文档第 3 页的起始处，在“开始”选项卡的“剪贴板”组中单击“粘贴”的下拉按钮，在打开的下拉列表中执行“选择性粘贴”命令或直接使用 Alt+Ctrl+V 快捷键，如图 7-46 所示。

（7）在打开的“选择性粘贴”对话框中选中“粘贴”单选按钮，然后在“形式”列表中选中“Microsoft Office Excel 工作表对象”选项，并单击“确定”按钮，如图 7-47 所示。

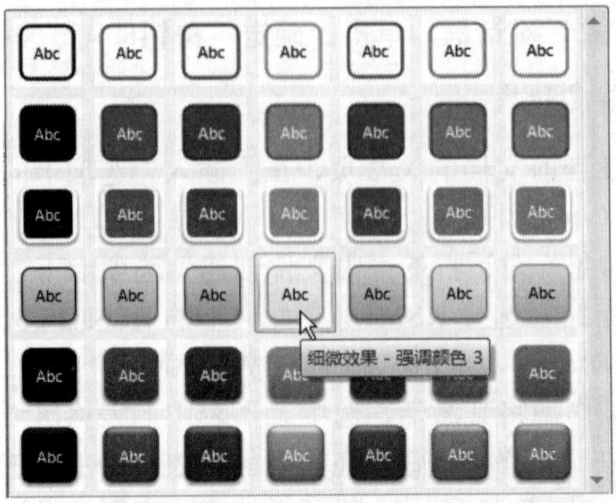

图 7-45

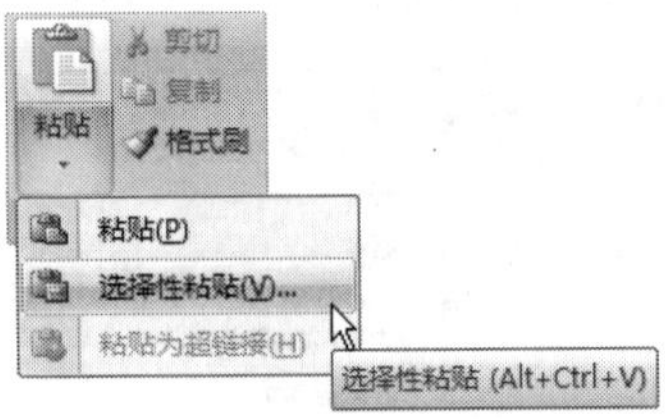

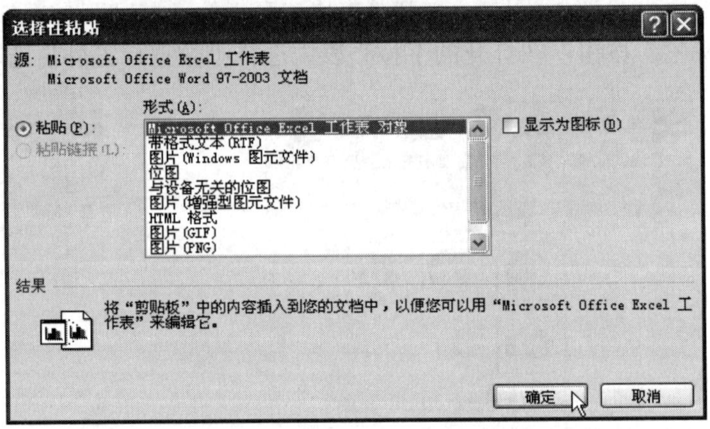

图 7-46　　　　　　　　图 7-47

（8）双击复制后的图表将其激活，在选中的图表上右击，在打开的快捷菜单中选择"更改图表类型"选项，如图 7-48 所示。

（9）打开"更改图表类型"对话框，在右侧的"饼图"区域选择"复合条饼图"选项，单击"确定"按钮，如图 7-49 所示。

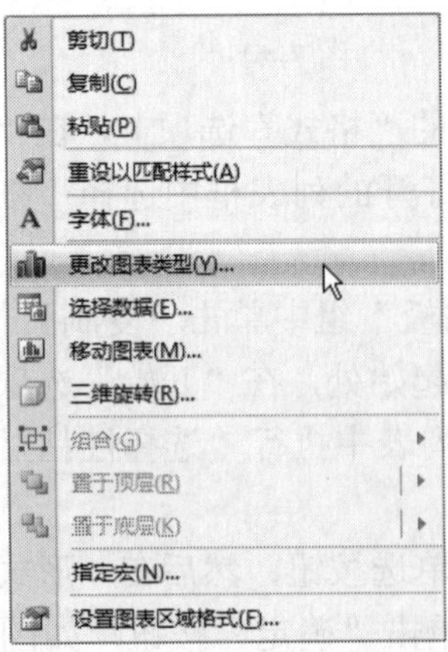

图 7-48　　　　　　　　图 7-49

3. 宏的创建

（1）在“视图”选项卡的“宏”组中，单击“宏”下拉按钮，在打开的列表中选择“录制宏”选项。

（2）打开“录制宏”对话框，在“宏名”文本框中输入新录制宏的名称 KSMACRO3，在“将宏保存在”下拉列表中选择当前文档，单击“键盘”按钮。

（3）打开“自定义键盘”对话框，在“请按新快捷键”文本框中按下 Alt+Z 快捷键，然后单击“指定”按钮，即可指定运行该宏的快捷键了，最后单击“关闭”按钮。

（4）开始录制宏，在“开始”选项卡的“字体”组中单击“字体”右侧的下拉按钮，从“字体”下拉列表中选择“华文彩云”；单击“字号”右侧的下拉按钮，从“字号”下拉列表中选择“四号”；单击“加粗”按钮 B 为选中状态；单击“字体颜色”右侧的下拉按钮，从“字体颜色”下拉列表中选择“其他颜色”选项，在打开的“颜色”对话框的“自定义”选项卡下，在“颜色模式”下拉列表中选择“RGB”，在“红色”文本框中选择或输入“255”，在“绿色”文本框中选择或输入“0”，在“蓝色”文本框中选择或输入“102”，单击“确定”按钮。

（5）在“开始”选项卡下单击“段落”组右下方的对话框启动器按钮，打开“段落”对话框。在“缩进和间距”选项卡的“行距”下拉列表中选择“固定值”选项，“设置值”文本框中选择或输入“24 磅”，单击“确定”按钮。

（6）录制完毕后，在“视图”选项卡的“宏”组中，单击“宏”下拉按钮，在打开的列表中选择“停止录制”选项。

（7）选中正文第 1 自然段，按 Alt+Z 快捷键即可将该宏应用于所选文本。

（8）在“视图”选项卡的“宏”组中，单击“宏”下拉按钮，在打开的列表中选择“查看宏”选项。打开“宏”对话框，单击“管理器”按钮。

（9）在打开的“管理器”对话框的“宏方案项”选项卡下，单击右侧“在 normal.dotm 中”列表下方的“关闭文件”按钮，如图 7-50 所示。

（10）当“关闭文件”按钮变为“打开文件”按钮时，单击该按钮，打开“打开”对话框，按照指定路径选择 KSML1 文件夹下的 KSDOTM7.dotm 文件，单击“打开”按钮。

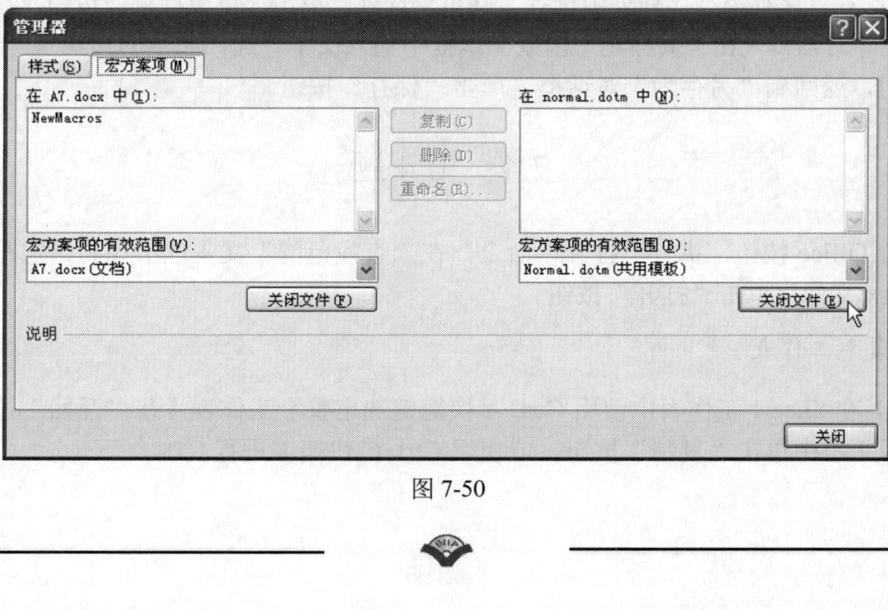

图 7-50

（11）返回到“管理器”对话框之后，在右侧列表中选择 KSMACROB，单击“复制”按钮，即可将模板中的宏复制到左侧的列表中。最后，单击“关闭”按钮，如图 7-51 所示。

（12）选中正文第 2 自然段，在“视图”选项卡的“宏”组中，单击“宏”下拉按钮，在打开的列表中选择“查看宏”选项。打开“宏”对话框，在“宏名”列表框中选择 KSMACROB 选项，单击“运行”按钮，即可将该宏应用于所选文本。

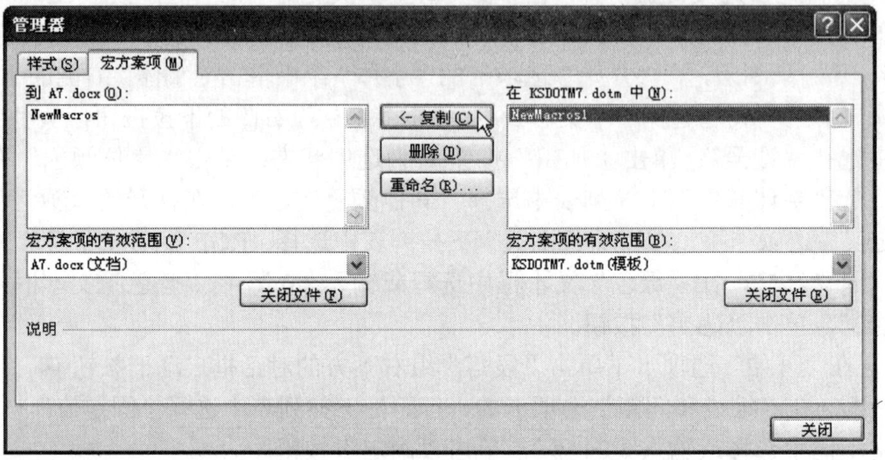

图 7-51

（13）单击 Office 按钮，在打开的下拉列表中执行“另存为”命令，打开“另存为”对话框，在“保存位置”列表中选择考生文件夹所在位置，在“文件名”文本框中输入文件名“A7”，在“保存类型”列表中选择“启用宏的 Word 文档”选项，单击“保存”按钮。

4. 在各种办公软件间转换文件格式

单击 Office 按钮，在打开的下拉列表中执行“另存为”命令，打开“另存为”对话框，在“保存位置”列表中选择考生文件夹所在位置，在“文件名”文本框中输入文件名“A7”，在“保存类型”列表中选择“网页”选项，单击“更改标题”按钮，打开“设置页标题”对话框，在“页标题”区域文本框中输入文本“沈氏园里的传说”，单击“确定”按钮，返回到“另存为”对话框，单击“保存”按钮。

7.4 第 4 题

单击 Office 按钮，执行“打开”命令，在“查找范围”文本框中找到指定路径，选择 A7.xlsx 文件，单击“打开”按钮。

1. 复制工作表

（1）在 Sheet1 工作表中使用 Ctrl+A 快捷键选定整个工作表，在“开始”选项卡的“剪贴板”组中单击“复制”按钮，或使用 Ctrl+C 快捷键进行复制。

（2）在 Sheet2 工作表中将光标定位在 A1 单元格处，在“开始”选项卡的“剪贴板”组中单击“粘贴”的下拉按钮，在打开的下拉菜单中执行“粘贴”命令或直接使用 Ctrl+V 快捷键。

2. 录制宏

（1）在 Sheet1 工作表中，在“视图”选项卡的“宏”组中，单击“宏”下拉按钮，在打开的列表中选择“录制宏”选项。

（2）打开“录制新宏”对话框，在“宏名”文本框中输入新录制宏的名称 KSMACRO4，在“保存在”下拉列表中选择“当前工作簿”选项，单击“确定”按钮，开始录制操作。

（3）选定单元格区域 C3:F3，在“开始”选项卡的“对齐方式”组中，单击“居中”按钮为选中状态，再单击“垂直居中”按钮为选中状态；在“字体”组中单击“字体”右侧的下拉按钮，从“字体”下拉列表中选择“隶书”；单击“字体颜色”右侧的下拉按钮，从“字体颜色”下拉列表中选择“其他颜色”选项，在打开的“颜色”对话框的“自定义”选项卡下，在“颜色模式”下拉列表中选择“RGB”，在“红色”文本框中选择或输入“255”，在“绿色”文本框中选择或输入“204”，在“蓝色”文本框中选择或输入“0”，单击“确定”按钮。

（4）录制完毕后，在“视图”选项卡的“宏”组中，单击“宏”下拉按钮，在打开的列表中选择“停止录制”选项。

（5）在 Sheet1 工作表中，在“视图”选项卡的“宏”组中，单击“宏”下拉按钮，在打开的列表中选择“录制宏”选项。

（6）打开“录制新宏”对话框，在“宏名”文本框中输入新录制宏的名称 KSMACRO5，将光标定位在“快捷键”下面的空白文本框中，按下 z 键，在“保存在”下拉列表中选择“当前工作簿”选项，单击“确定”按钮，开始录制操作。

（7）在“开始”选项卡的“对齐方式”组中，单击“居中”按钮为选中状态，再单击“垂直居中”按钮为选中状态；在“字体”组中单击“字体”右侧的下拉按钮，从“字体”下拉列表中选择“楷体_GB2312”；单击“字号”右侧的下拉按钮，从“字号”下拉列表中选择“14”磅；单击“字体颜色”右侧的下拉按钮，从“字体颜色”下拉列表中选择“其他颜色”选项，在打开的“颜色”对话框的“自定义”选项卡下的“颜色模式”下拉列表中选择“RGB”，在“红色”文本框中选择或输入“255”，在“绿色”文本框中选择或输入“204”，在“蓝色”文本框中选择或输入“0”，单击“确定”按钮。

（8）录制完毕后，在“视图”选项卡的“宏”组中，单击“宏”下拉按钮，在打开的列表中选择“停止录制”选项。

3. 运行宏

（1）在 Sheet2 工作表中选定单元格区域 C3:F3，按 Ctrl+z 快捷键即可将该宏应用在此工作表中。

（2）单击 Office 按钮，在打开的下拉列表中执行“另存为”命令，打开“另存为”对话框，在“保存位置”列表中选择考生文件夹所在位置，在“文件名”文本框中输入文件名“A7”，在“保存类型”列表中选择“Excel 启用宏的工作簿”选项，单击“保存”按钮。

4. 在各种办公软件间转换文件格式

单击 Office 按钮，在打开的下拉列表中执行“另存为”命令，打开“另存为”对话框，在“保存位置”列表中选择考生文件夹所在位置，在“文件名”文本框中输入文件名“A7”，在“保存类型”列表中选择“网页”选项，单击“更改标题”按钮，打开“设置页标题”对话框，在“页标题”区域文本框中输入文本“汽车销售统计”，单击“确定”按钮，返回到“另存为”对话框，单击“保存”按钮。

7.5 第 5 题

单击 Office 按钮，执行“打开”命令，在“查找范围”文本框中找到指定路径，选择 A7.xlsx 文件，单击“打开”按钮。

1. 复制工作表

（1）在 Sheet1 工作表中使用 Ctrl+A 快捷键选定整个工作表，在“开始”选项卡的“剪贴板”组中单击“复制”按钮，或使用 Ctrl+C 快捷键进行复制。

（2）在 Sheet2 工作表中将光标定位在 A1 单元格处，在“开始”选项卡的“剪贴板”组中单击“粘贴”下拉按钮，在打开的下拉菜单中执行“粘贴”命令或直接使用 Ctrl+V 快捷键。

2. 录制宏

（1）在 Sheet1 工作表中，在“视图”选项卡的“宏”组中，单击“宏”下拉按钮，在打开的列表中选择“录制宏”选项。

（2）打开“录制新宏”对话框，在“宏名”文本框中输入新录制宏的名称 KSMACRO6，在“保存在”下拉列表中选择“当前工作簿”选项，单击“确定”按钮，开始录制操作。

（3）选定单元格区域 B3:L9，在“开始”选项卡的“字体”组中，单击“边框”右侧的下拉按钮，从“边框”下拉列表中选择“其他边框”选项，打开“设置单元格格式”对话框。

（4）在“设置单元格格式”对话框的“边框”选项卡下，在“线条”区域的“样式”列表框中选择“粗实线”（2 列 5 行），在“预置”选项区单击“外边框”按钮；在“线条”区域的“样式”列表框中选择“细实线”（1 列 7 行），在“预置”选项区单击“内部”按钮，最后单击“确定”按钮。

（5）录制完毕后，在“视图”选项卡的“宏”组中，单击“宏”下拉按钮，在打开的列表中选择“停止录制”选项。

（6）在 Sheet1 工作表中，在“视图”选项卡的“宏”组中，单击“宏”下拉按钮，在打开的列表中选择“录制宏”选项。

（7）打开“录制新宏”对话框，在“宏名”文本框中输入新录制宏的名称 KSMACRO7，将光标定位在“快捷键”下面的空白文本框中，按下 z 键，在“保存在”下拉列表中选择“当前工作簿”选项，单击“确定”按钮，开始录制操作。

（8）在“开始”选项卡的“字体”组中单击“字体”右侧的下拉按钮，从“字体”下拉列表中选择“隶书”；单击“字号”右侧的下拉按钮，从“字号”下拉列表中选择“18”磅；单击“加粗”按钮B为选中状态；单击“边框”右侧的下拉按钮，从“边框”下拉列表中选择“其他边框”选项，在打开的“设置单元格格式”对话框的“边框”选项卡，在“线条”区域的“样式”列表框中选择“粗实线”（2 列 5 行），在“颜色”下拉列表中选择标准色中的“蓝色”，在“预置”选项区单击“外边框”按钮，最后单击“确定”按钮。

（9）录制完毕后，在“视图”选项卡的“宏”组中，单击“宏”下拉按钮，在打开的列表中选择“停止录制”选项。

3. 运行宏

（1）在 Sheet2 工作表中选定单元格区域 B2:L9，按 Ctrl+z 快捷键即可将该宏应用在此工作表中。

（2）单击 Office 按钮，在打开的下拉列表中执行“另存为”命令，打开“另存为”对话框，在“保存位置”列表中选择考生文件夹所在位置，在“文件名”文本框中输入文件名“A7”，在“保存类型”列表中选择“Excel 启用宏的工作簿”选项，单击“保存”按钮。

4. 在各种办公软件间转换文件格式

单击 Office 按钮，在打开的下拉列表中执行“另存为”命令，打开“另存为”对话框，在“保存位置”列表中选择考生文件夹所在位置，在“文件名”文本框中输入文件名“A7”，在“保存类型”列表中选择“网页”选项，单击“更改标题”按钮，打开“设置页标题”对话框，在“页标题”区域文本框中输入文本“服装超市销售情况表”，单击“确定”按钮，返回到“另存为”对话框，单击“保存”按钮。

第 8 章　桌面信息管理程序应用

Ⅰ. 知识讲解

知识要点

- 邮件的基本操作
- 日历的基本操作
- 通讯簿的基本操作
- 数据保存

评分细则

（1）操作题题型 1，4 个评分点，每题 8 分。

评分项	分值	得分条件	判分要求
答复邮件	2	正确答复、标记邮件并插入附件	须标记邮件、插入附件，否则不得分
定制约会	2	正确设置安排指定约会选项	按指定的约会选项进行设置，错一项扣 1 分，直至扣完为止
通讯簿操作	2	将通讯簿正确导入联系人列表并添加新的联系人	正确添加指定的联系人
导出结果	2	正确导出操作结果	正确导出个人文件夹及其子文件夹

（2）操作题题型 2，4 个评分点，每题 8 分。

评分项	分值	得分条件	判分要求
转发邮件	2	正确转发邮件	须在转发的邮件中插入附件，否则不得分
安排会议	1	正确安排会议	按指定的会议选项进行设置，错一项则不得分
安排任务	3	将现有邮件正确设置为新任务	有时间和日期要求的须严格掌握，错一项扣 1 分，直至扣完为止
导出结果	2	正确导出操作结果	正确导出个人文件夹及其子文件夹

8.1　邮件的基本操作

在 Outlook 2007 中，创建电子邮件是最常见的一项任务。此任务还可以提供任何 Outlook 功能的大多数选项和配置。无论撰写的邮件属于何种类型（商务或个人），都可以找到一种方式来添加自己的独特样式。

8.1.1　创建电子邮件

要创建新的电子邮件，在“文件”菜单上，选择“新建”选项，在其下拉列表中选择“邮件”选项。打开新的电子邮件，在“主题”文本框中，输入邮件的主题。在“收件人”、“抄送”或“密件抄送”文本框中输入收件人的名称。当发送给多人时，需要使用分号将各个名称隔开。在文本框里输入邮件的内容，当准备好发送邮件时，单击“收件人”和“抄送”旁边的“发送”按钮，如图 8-1 所示。

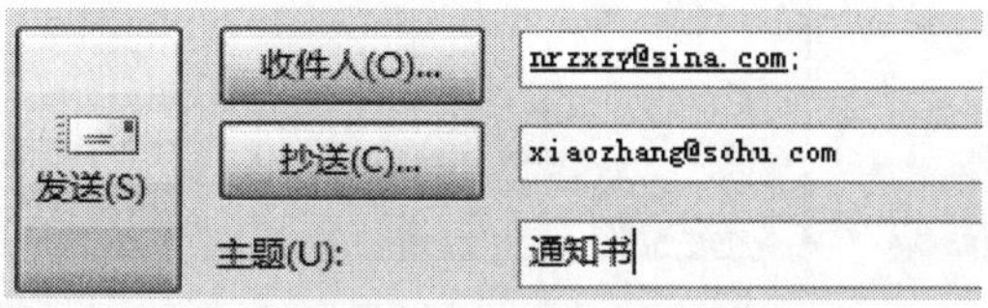

图 8-1

若要从列表中选择收件人名称，单击“收件人”、“抄送”或“密件抄送”按钮，打开“选择姓名：联系人”对话框，选择需要的联系人，如图 8-2 所示。

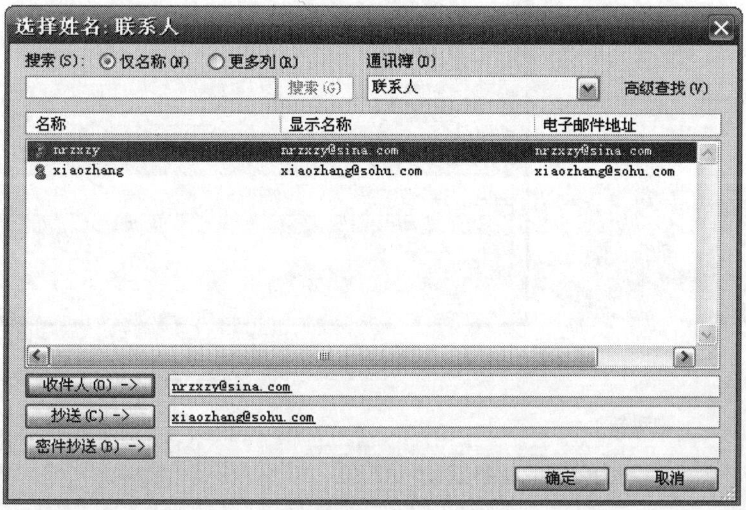

图 8-2

1. 添加附件或项目

如果需要为邮件添加附件，则在“邮件”选项卡的“添加”组中，单击“附加文件”按钮。通过浏览找到并选择要附加的文件，然后单击“插入”按钮，如图 8-3 所示。

如果需要为邮件添加项目，则在“邮件”选项卡的“添加”组中，单击“附加项目”按钮，打开“插入项目”对话框。通过查找找到并选择要附加的项目，然后单击“确定”按钮，如图 8-4 所示。

附件在邮件中的显示位置取决于撰写邮件所使用的格式，如果邮件格式为 HTML 或纯文本，附件将出现在“附件”文本框中。撰写邮件所使用的格式在邮件顶部的标题栏中指明。如图 8-5 所示。

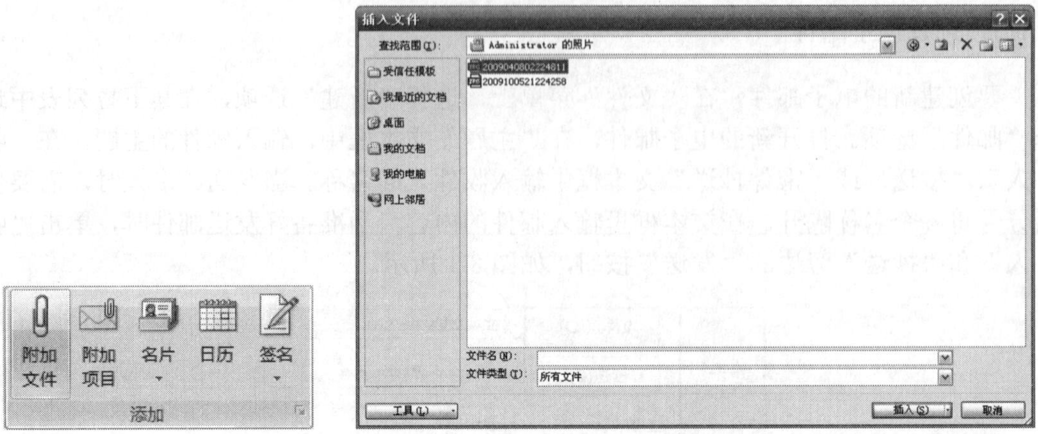

图 8-3

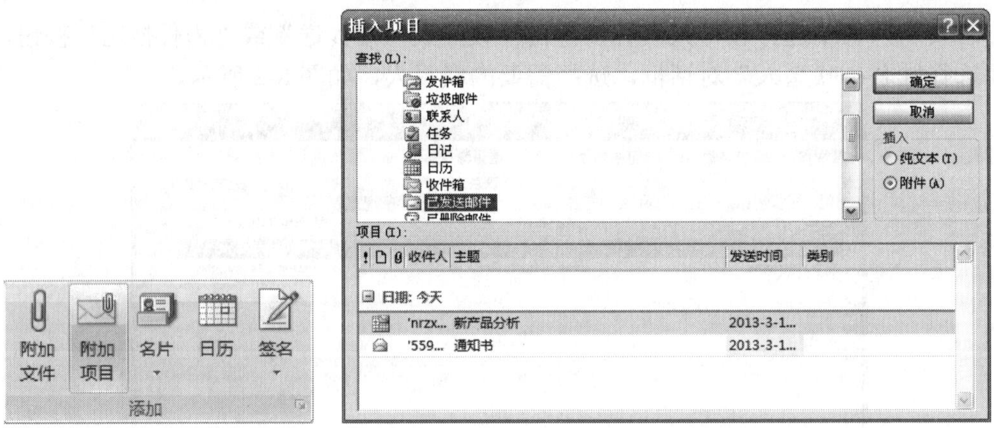

图 8-4

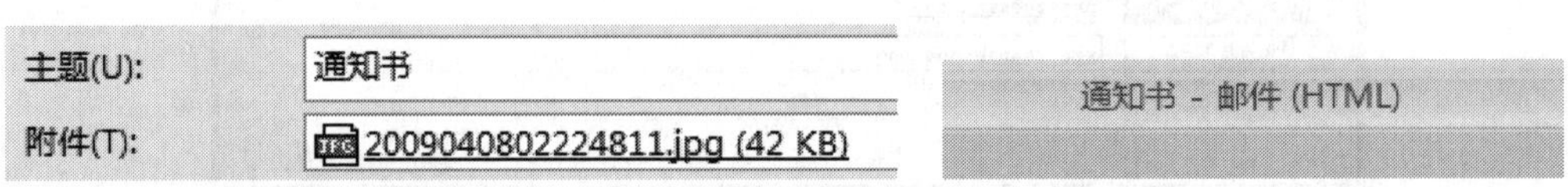

图 8-5

2. 设置电子邮件

（1）分配邮件的重要性级别。

可以设置邮件的重要性级别，以便收件人在其“收件箱”中打开该项目之前可以看到设置的指示符。通过设置重要性级别，还可以使收件人根据重要性对邮件进行排序。

在“邮件”选项卡的“选项”组中，单击“重要性 - 高”按钮 或“重要性 - 低”按钮 ，如图 8-6 所示。

（2）设置邮件的敏感度。

可以设置邮件的敏感度，以便保证邮件的私密性。敏感度分为普通、个人、私密和机密 4 个级别。

在“邮件”选项卡的“选项”组中，单击对话框启动器按钮 ，弹出“邮件选项”对话框，在“邮件设置”区域，单击“敏感度”右侧的下拉按钮进行选择，如图 8-7 所示。

图 8-6

图 8-7

（3）设置邮件的回执。

送达回执说明电子邮件已送达收件人的邮箱，但并不表明收件人已看到或阅读该邮件。已读回执说明邮件已被打开。在这两种情况下，如果邮件已被送达或阅读，都将收到一封邮件通知。邮件通知的内容随后会自动记录在“已发送邮件”文件夹内的原始邮件中。

在“邮件”选项卡的“选项”组中，单击右下方的对话框启动器按钮，弹出“邮件选项”对话框，在“投票和跟踪选项”区域，勾选“请在送达此邮件后给出‘送达’回执”或“请在阅读此邮件后给出‘已读’回执”复选框，如图 8-8 所示。

（4）标记邮件。

标记的电子邮件有助于更好地管理邮件。可为发件人或收件人创建待办事项，例如，发件人可以标记请求某一特定日期前所需信息的电子邮件。当收件人收到该邮件时，还会显示一个标志。当在 Outlook 中打开该邮件后，将在阅读窗格的信息栏中和该邮件的顶部显示一条消息。

在“邮件”选项卡的“选项”组中，单击“后续标志”按钮，然后选择后续标志截止日期，或选择“自定义”选项，如图 8-9 所示。

如果希望添加此带标志邮件的提醒，在“邮件”选项卡的“选项”组中，单击“后续标志”按钮，然后选择“添加提醒”选项。如果需要，可以更改提醒的日期和时间，如图 8-10 所示。

还可根据需要向收件人添加标志，以提醒收件人注意期限。在“邮件”选项卡的“选项”组中，单击“后续标志”按钮，然后单击“收件人标记”。要向收件人添加此带标志邮件的提醒，勾选“提醒”复选框，然后更改日期和时间（如有必要），如图 8-11 所示。

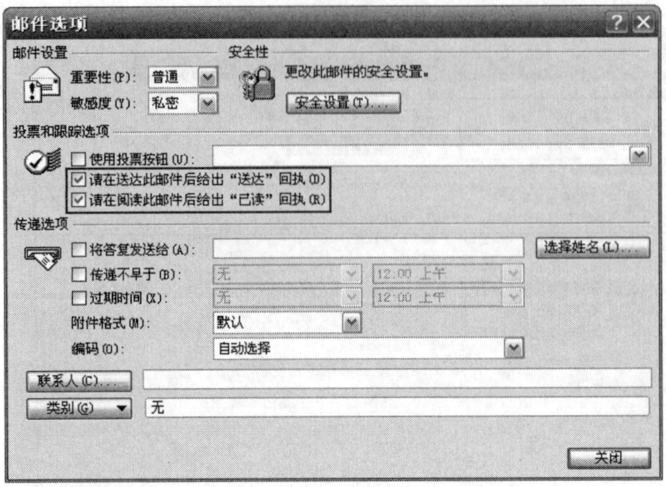

图 8-8

图 8-9

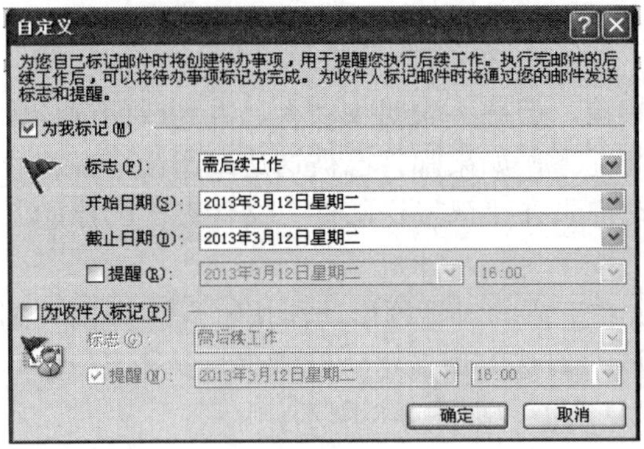

图 8-10

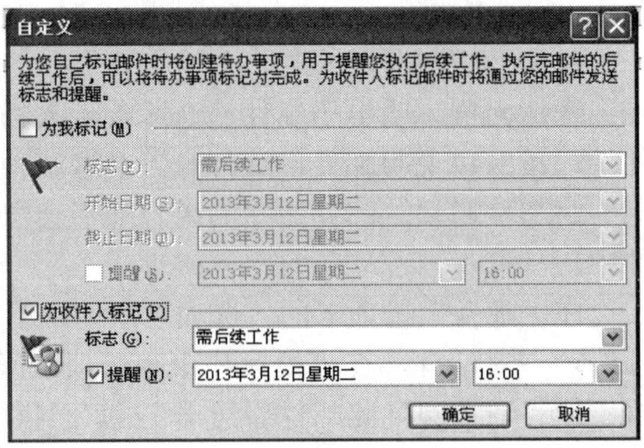

图 8-11

8.1.2 答复或转发邮件

1. 答复发件人

如果只想答复电子邮件的发件人，当邮件已选定但未在单独的窗口中打开时，在“常用”工具栏上，单击“答复”按钮；当邮件已打开并且看到内容时，在“邮件”选项卡的“响应”组中，单击“答复”按钮；如图 8-12 所示。然后撰写邮件，完成后单击“发送”按钮。

图 8-12

默认情况下，答复电子邮件时，会在邮件正文中包含邮件原件。

当然，以只答复电子邮件的发件人，也可以同时答复“收件人”和“抄送”字段中列出的所有其他人。很多情况下，不需要在答复中包括每个人。使用“全部答复”时要非常谨慎，尤其答复中有许多收件人或通讯组列表时。如果只需要与邮件发件人交流，“答复”是更好的选择。也可以删除不需要阅读该答复的人员名称和通讯组列表。

如果要全部答复，当邮件已选定但未在单独的窗口中打开时，在“常用”工具栏上，单击“全部答复”按钮。当邮件打开时，在“邮件”选项卡的“响应”组中，单击“全部答复”按钮。然后撰写邮件，完成后单击“发送”按钮。

2. 转发邮件

转发邮件时，需要在“收件人”、“抄送”和“密件抄送”文本框中指定收件人。该邮件将包括随邮件原件一起到达的任何附件。

当邮件已选定但未在单独的窗口中打开时，在“常用”工具栏上，单击“转发”按钮。当邮件打开时，在“邮件”选项卡的“响应”组中，单击“转发”按钮。然后撰写邮件，在“收件人”文本框中输入收件人的姓名，完成后单击“发送”按钮。

必须在“收件人”、“抄送”或“密件抄送”文本框中至少填写一个有效的电子邮件收件人，才能发送邮件。

8.1.3　将邮件标记为已读或未读

未读邮件的标题在“收件箱”中以加粗文本显示。在导航窗格的文件夹名旁边可以看到未读邮件数。

要将邮件标记为已读或未读，首先选择要更改的邮件，在“编辑”菜单上，选择需要的标记方式，如图 8-13 所示。

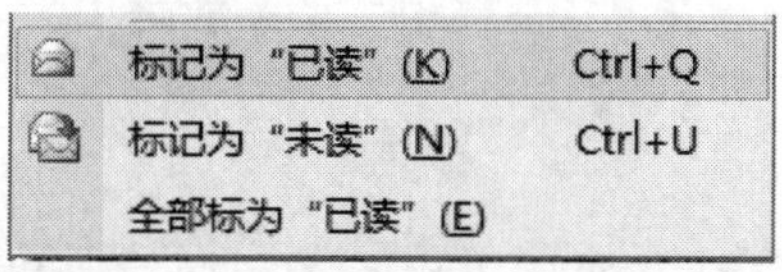

图 8-13

如果将已答复或转发的邮件标记为未读，则邮件符号将继续显示为打开的信封。但是，在排序、分组或筛选时，仍将其视为未读。

8.2　日历的基本操作

Outlook 2007 日历是 Outlook 2007 的日历和计划组件，并与电子邮件、联系人和其他功能完全集成。使用日历可以创建约会、组织会议、安排任务等。

8.2.1　创建约会

约会是在日历中计划的活动，不涉及邀请其他人或保留资源。可以计划约会，按天、周或月查看约会和设置约会的提醒。通过将约会的时间指定为忙、闲、暂定或外出，可以指定其他人可看到的该日历中的约会状况。

在“文件”菜单上，选择“新建”选项，在其下拉列表中选择“约会”选项。在打开的约会窗口的“主题”文本框中，输入说明；在“地点”文本框中，输入地点；输入会议开始和结束时间；选择所需的任何其他选项；如图 8-14 所示。

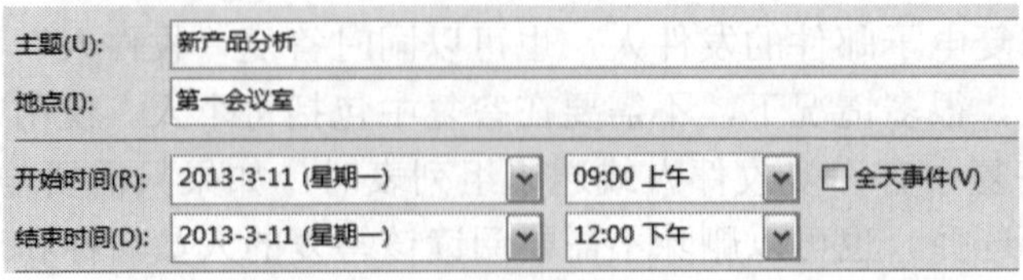

图 8-14

在“开始时间”和“结束时间”下拉框中也可以输入特定的字词和短语，例如，可以输入“今天”、“明天”、“元旦”、“从明天开始的两周”、“从昨天开始的一周”、“元旦前的三天”以及许多节日名称。

若要使约会成为定期约会，在“约会”选项卡的“选项”组中，单击“重复周期”按钮。打开“约会周期”对话框，单击约会重复发生的频率（“按天”、“按周”、“按月”或“按年”），然后选定该频率的选项，单击“确定”按钮，如图 8-15 所示。

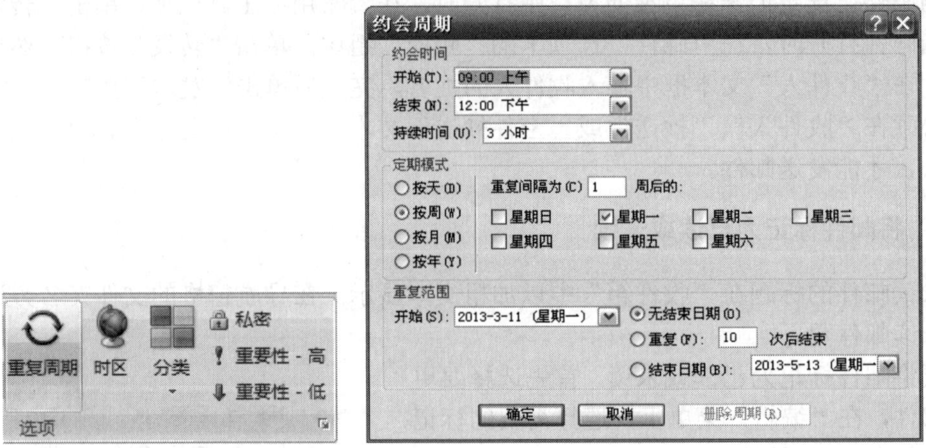

图 8-15

对于创建的新约会，还可以设置提醒。在“约会”选项卡的“选项”组中，单击“提醒”右侧的下拉按钮选择在约会之前提前多长时间发出提醒，如图 8-16 所示。

图 8-16

也可以对邮件进行分类，在“约会”选项卡的“选项”组中，单击“分类”下拉按钮，在其下拉列表中选择所需类别。如果想要其他类别，可以选择“所有类别”选项，打开“颜色类别”对话框。在“颜色类别”对话框中，可以添加新类别，单击“新建”按钮，打开“添加新类别”对话框，在“名称”框中输入类别名称，在“颜色”下拉框中选择类别的颜色，如图 8-17 所示。

设置完成后，在“约会”选项卡的“动作”组中，单击“保存并关闭”按钮，如图 8-18 所示。

创建约会后，还可以邀请其他人参加此会议。打开设置好的约会，在“约会”选项卡的“动作”组中，单击“邀请与会者”按钮。在“收件人”文本框中输入收件人的名称，也可以附加文件和项目，操作方法与邮件相同，如图 8-19 所示。

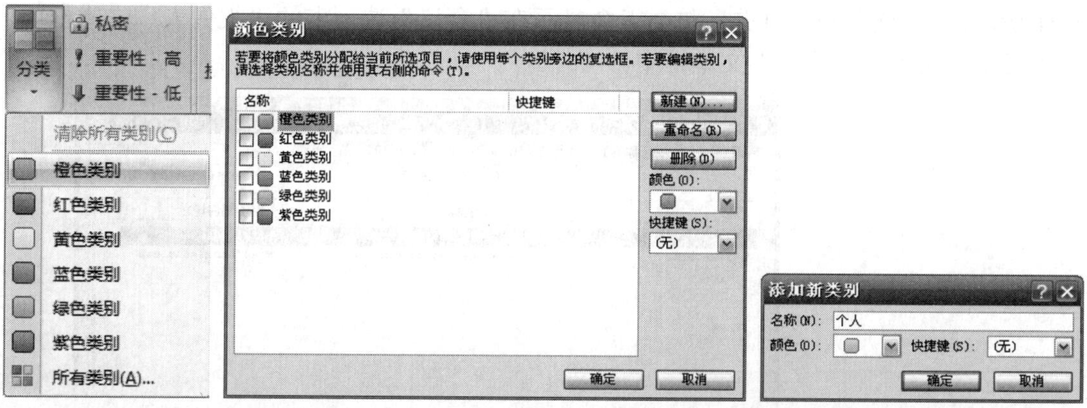

图 8-17

图 8-18

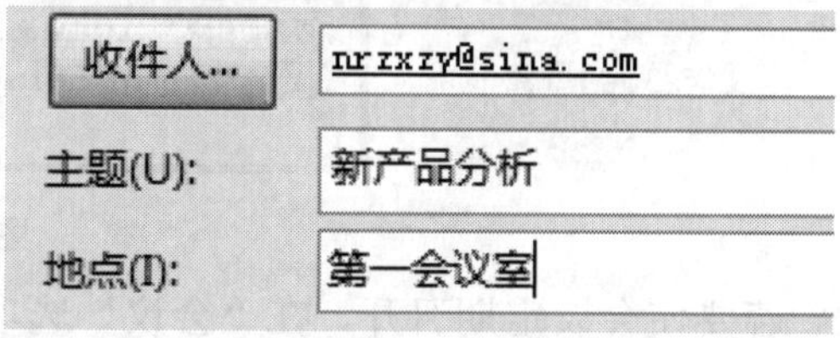

图 8-19

8.2.2　组织会议

会议是邀请人员参加或为其预定资源的约会。可以创建并发送会议要求，并为面对面会议或联机会议预定资源。创建会议时，需要标识要邀请的人员和要预定的资源，并选出会议时间。对会议要求的响应显示在“收件箱”中。此外，还可以向现有会议中添加人员或重新安排会议。

在“文件”菜单上，单击“新建”下拉按钮，在其下拉列表中选择“会议要求”选项。在打开的会议窗口的“主题”文本框中，输入说明；在“地点”文本框中输入地点；在“开始时间”和“结束时间”下拉框中，选择会议的开始时间和结束时间。如果这是一个全天事件，则勾选“全天事件”复选框，如图 8-20 所示。

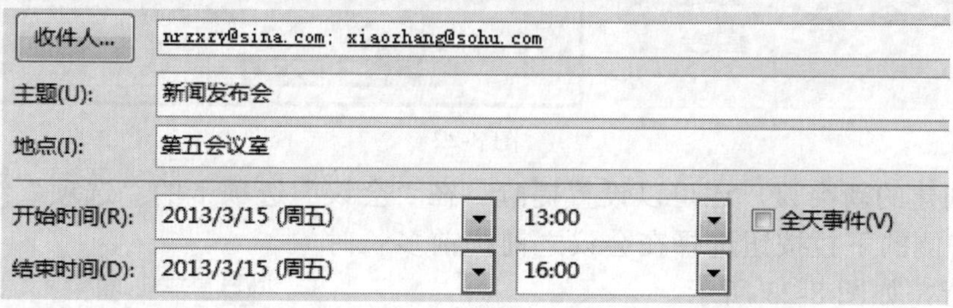

图 8-20

可以在“收件人”文本框中输入收件人的名称，也可以在“会议”选项卡的“与会者”组中，单击“通讯簿”按钮，打开“选择与会者及资源”对话框。在“搜索”文本框中，输入希望邀请参加会议的与会者的姓名或会议所需资源的名称。从结果列表中选择相应的名称，单击“必选”、“可选”或“资源”按钮，然后单击“确定”按钮，如图

8-21 所示。“必选”和“可选”与会者会显示在“会议”选项卡的“收件人”文本框中，而“资源”显示在“地点”文本框中。

图 8-21

若要使会议定期召开，在“会议”选项卡的“选项”组中，单击“重复周期”按钮。打开“约会周期”对话框，单击定期会议的预期召开频率（“按天”、“按周”、“按月”或“按年”），然后选择该频率对应的选项，最后单击“确定”按钮，如图 8-22 所示。

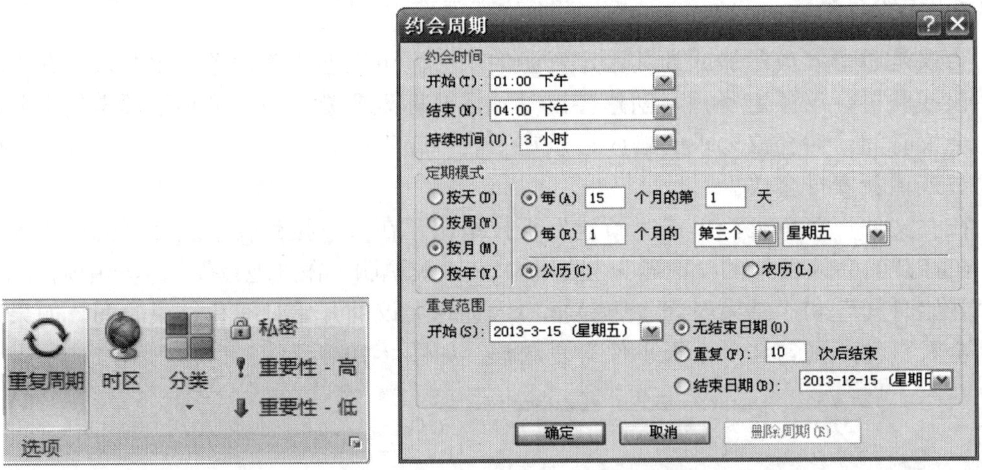

图 8-22

对于创建的新会议，还可以设置提醒。在“会议”选项卡的“选项”组中，单击“提醒”右侧的下拉按钮选择在会议之前提前多长时间发出提醒，如图 8-23 所示。

在会议要求中可以输入要与收件人共享的任何信息，附加任何文件，操作方法与邮件相同。设置完成后，单击“发送”按钮。

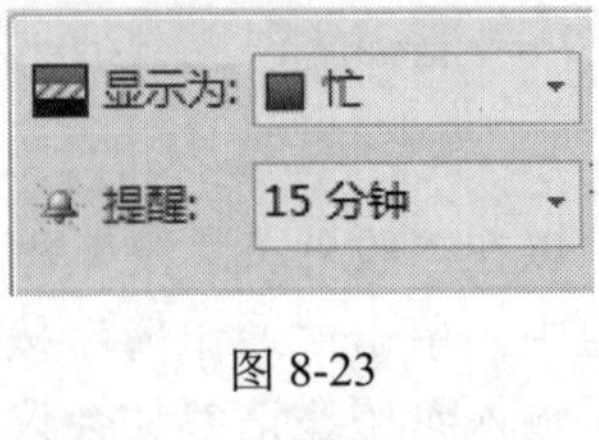

图 8-23

8.2.3　安排任务

通常，一个事件会发生一次并可以持续一天或几天。

在“文件”菜单上，选择“新建”选项，在其下拉列表中选择“任务”选项。在打开的任务窗口的“主题”文本框中，输入说明；在“开始日期”和“截止日期”列表中，选择任务的开始日期和截止日期；在“状态”、“优先级”和“完成率”下拉框中选择任务的相应情况；如图 8-24 所示。

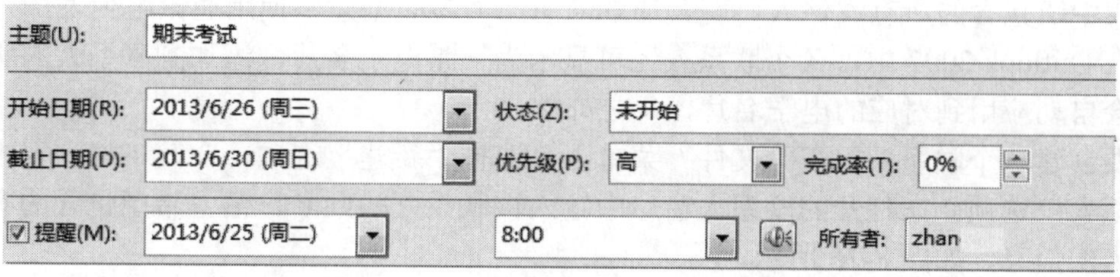

图 8-24

对于创建的新任务，可以设置提醒。在“会议”选项卡，勾选“提醒”复选框，选择提醒的日期和时间。

还可以将任务分配给其他人。在“会议”选项卡的“管理任务”组中，单击“分配任务”按钮，在“收件人”文本框中输入收件人的名称，操作方法与邮件相同。设置完成后，单击“发送”按钮，如图 8-25 所示。

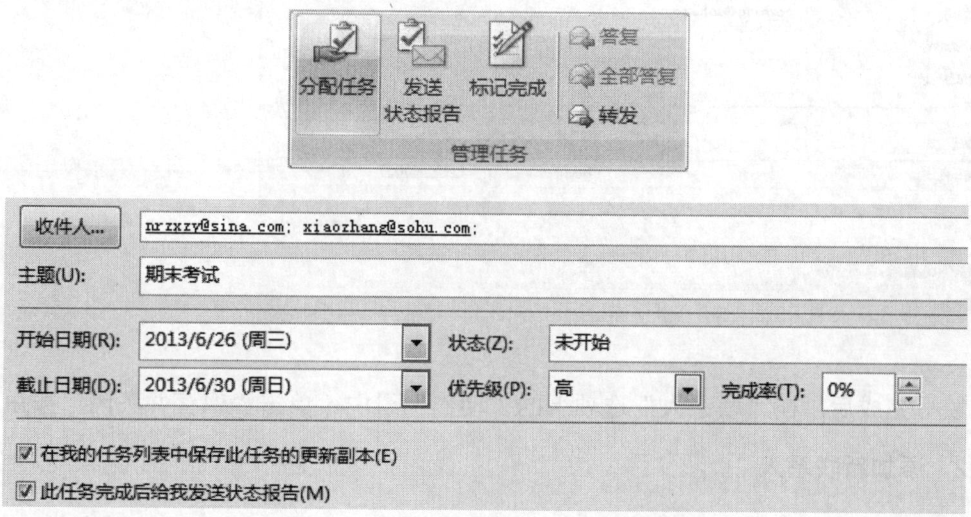

图 8-25

8.3　通讯簿的基本操作

通讯簿是根据 Outlook 联系人文件夹创建的通讯簿或地址列表的集合。当写入电子邮件地址时，可以使用“通讯簿”查找和选择名称、电子邮件地址以及通讯组列表。

8.3.1 创建联系人

可以直接在新联系人窗体中输入所有信息，或利用发送给联系人自动填写部分或全部信息，从而向 Outlook 2007“联系人”中添加新的联系人。可以使用联系人文件夹来组织联系人组。在“联系人”中创建一个新文件夹，并进行命名，然后移动或复制特定的联系人。联系人文件夹将列在导航窗格中的“我的联系人”下。

也可以创建通讯组列表对联系人进行分组。发送给通讯组列表的邮件将送达给通讯组列表中所包含的所有收件人。有关详细信息，请参阅创建并使用通讯组列表。

在 Outlook 2007 中，各个联系人还可显示为一张电子名片。添加到联系人的所有信息都会自动应用到对应的电子名片，反之亦然。

要创建一个联系人，在“文件”菜单上，选择“新建”选项，在其下拉列表中选择“联系人”选项。在打开的联系人窗口中输入该联系人的姓名，输入希望包含的有关该联系人的信息，如图 8-26 所示。

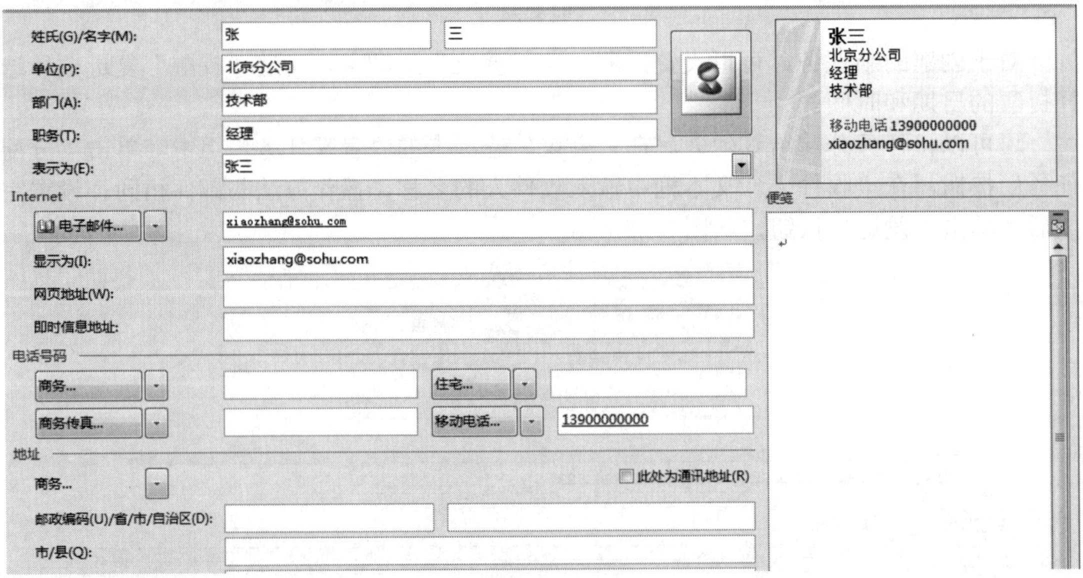

图 8-26

填写完成后，在“联系人”选项卡的“动作”组中，单击“保存并关闭”按钮。

8.3.2 添加新联系人

在许多情况下，不需要将新联系人的所有信息输入 Outlook 2007 中，可以使用一些更轻松的快捷方式。

1. 从收到的邮件添加联系人

要从收到的邮件添加联系人，首先打开或预览包含要添加到联系人中的姓名的邮件。右击要成为联系人的发件人的姓名，然后选择快捷菜单上的“添加到联系人”选项，如图 8-27 所示。然后在联系人窗体中输入希望包含的有关该联系人的信息。填写完成后，在“联系人”选项卡的“动作”组中，单击“保存并关闭”按钮。

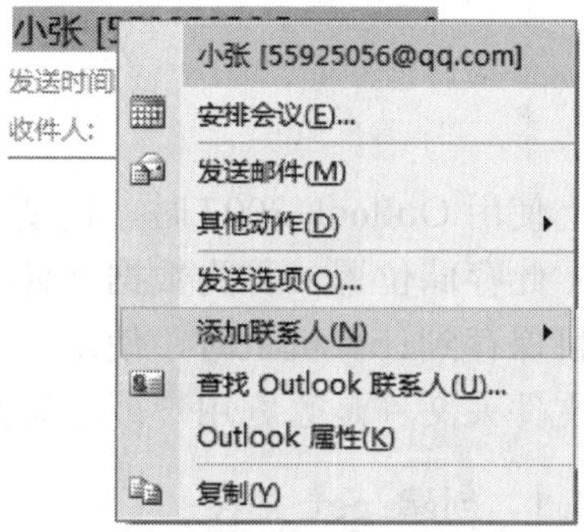

图 8-27

注意：在 Outlook 2007 中，无法在答复联系人时将联系人信息自动添加到“联系人”或“通讯簿”中。

2. 从收到的电子名片添加联系人

保存在邮件中收到的电子名片时，可以创建一个新联系人。如果已有相同姓名的联系人，则可以将重复的联系人保存为一个新联系人或更新原始联系人。

图 8-28

在打开的邮件中，右击名片，然后单击快捷菜单上的“添加到 Outlook 联系人”，如图 8-28 所示。在联系人窗体中打开新联系人。然后在“联系人”选项卡的“动作”组中，单击“保存并关闭”按钮。

如果已有相同姓名的联系人，Outlook 将检测重复联系人，并弹出“检测到重复的联系人”对话框，如图 8-29 所示。选中“添加新联系人”单选按钮，将创建重复联系人，包含联系人窗体和电子名片；选中“更新所选联系人的信息”单选按钮，将列出现有的重复联系人。双击联系人以便更新，然后更新联系人窗体上的信息并保存。

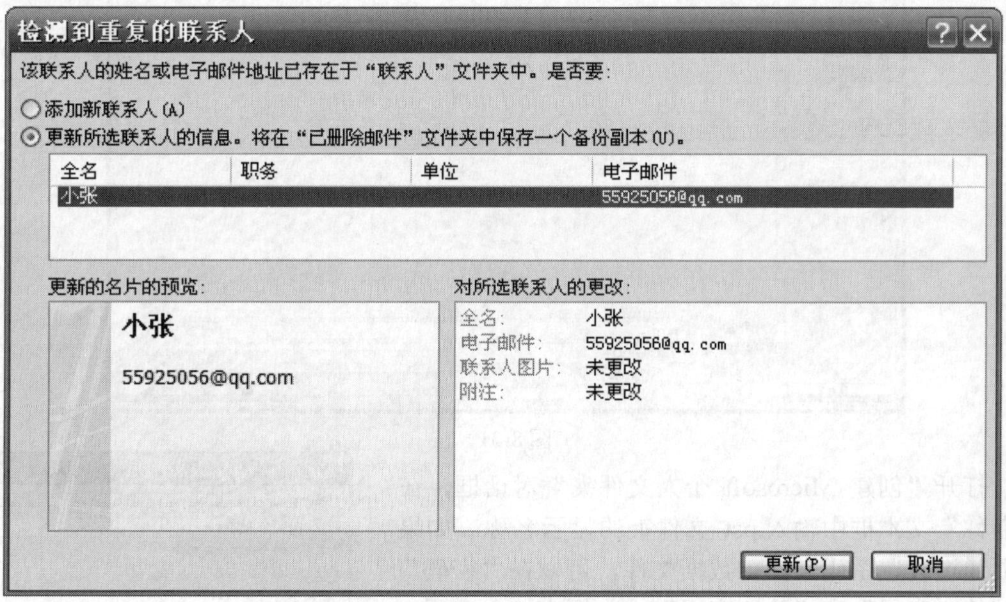

图 8-29

8.4 数据保存

使用 Outlook 2007 时，需要在一个用于保存电子邮件、日历、任务和其他项目的位置，此存储位置（称为数据文件）可以在自己的计算机上保留数据。当 Outlook 2007 将项目保存到计算机上时，使用一种称为 Outlook个人文件夹文件（.pst）的数据文件。个人文件夹文件是家庭用户或小型组织在保存 Outlook 2007 中的信息时最常使用的格式。

8.4.1 创建.pst 文件

要创建.pst 文件，在“文件”菜单上，选择“新建”选项，在其下拉列表中选择“Outlook 数据文件”选项。打开“新建 Outlook 数据文件”对话框的“存储类型”文本框中选择“Office Outlook 个人文件夹文件(.pst)”，然后单击“确定”按钮，如图 8-30 所示。

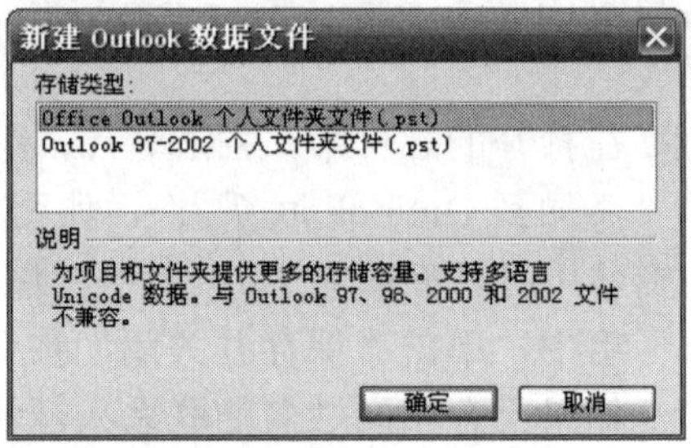

图 8-30

打开“创建或打开 Outlook 数据文件”对话框，在“文件名”文本框中输入文件的名称，然后单击“确定”按钮，如图 8-31 所示。

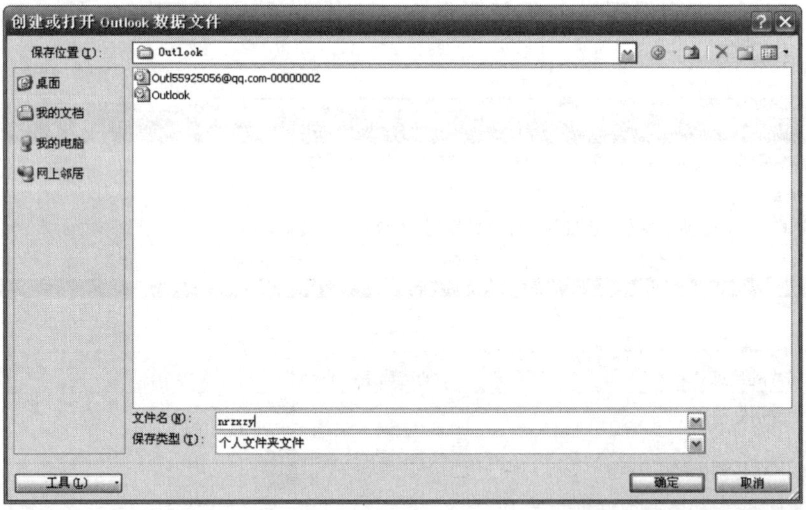

图 8-31

打开“创建 Microsoft 个人文件夹”对话框，在“名称”文本框中输入.pst 文件夹的显示名称。如果想要通过设置密码来保护数据文件，可以在“密码”区域的“密码”和“验证密码”文本框中输入密码，然后单击“确定”按钮，如图 8-32 所示。与该数据文件关联的文件夹名称将出现在“文件夹列表”中。

图 8-32

8.4.2　将.pst 文件导入 Outlook

要将.pst 文件导入到 Outlook 2007 中，可在“文件”菜单上，选择“导入和导出”选项。

（1）打开“导入和导出向导”对话框，在“请选择要执行的操作”文本框中，选择“从另一程序或文件导入”选项，再单击“下一步”按钮，如图 8-33 所示。

（2）打开“导入文件”对话框，在“从下面位置选择要导入的文件类型”文本框中，选择“个人文件夹文件(.pst)”选项，然后单击“下一步”按钮，如图 8-34 所示。

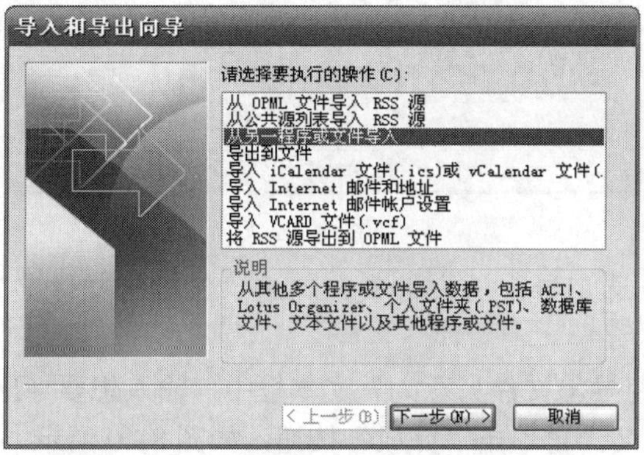

图 8-33

图 8-34

（3）打开“导入个人文件夹”对话框，在“导入文件”文本框中，输入想要导入的 Outlook 2007 个人文件夹文件的路径及文件名，再单击“下一步”按钮，如图 8-35 所示。

（4）打开“导入个人文件夹”对话框，选定导入的文件夹，勾选“包括子文件夹”复选框，再单击“完成”按钮，如图 8-36 所示。

图 8-35

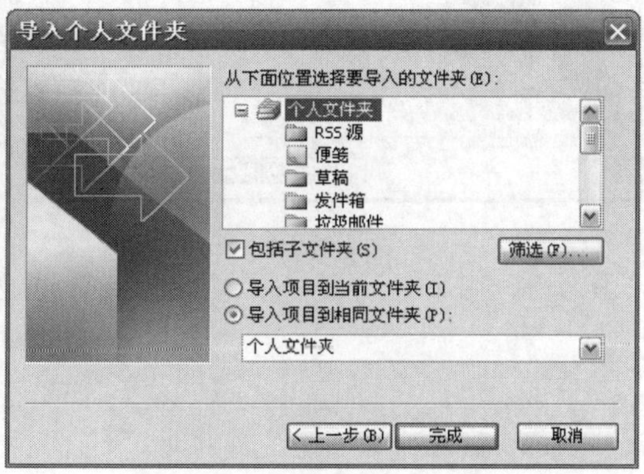

图 8-36

8.4.3　将项目导出到.pst 文件

要将 Outlook 2007 中的项目导入到.pst 文件，需在“文件”菜单上，选择“导入和导出”选项。

（1）打开“导入和导出向导”对话框，选择“导出到文件”选项，再单击“下一步”

按钮，如图 8-37 所示。

（2）打开“导出到文件”对话框，在“创建文件的类型”文本框中，选择“个人文件夹文件(.pst)”选项，然后单击“下一步”按钮，如图 8-38 所示。

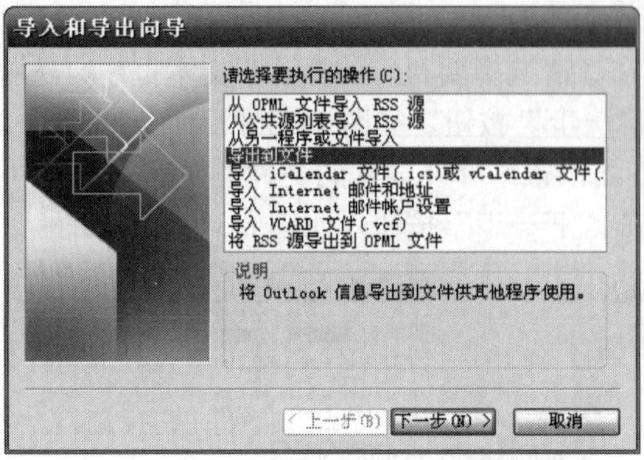

图 8-37

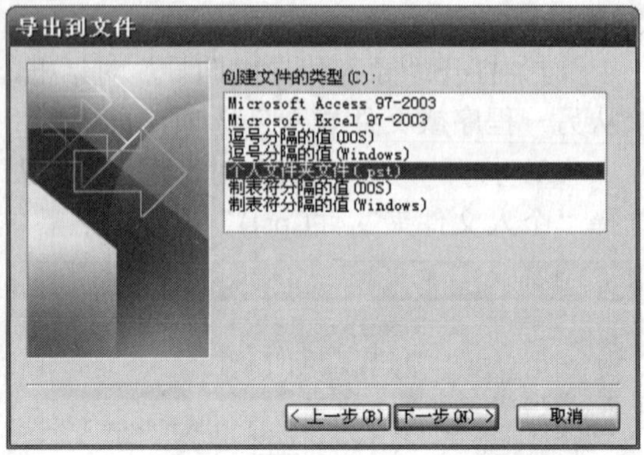

图 8-38

（3）打开“导出个人文件夹”对话框，选定导出的文件夹，勾选“包括子文件夹”复选框，再单击“下一步”按钮，如图 8-39 所示。

（4）在“导出个人文件夹”对话框的“将导出文件另存为”文本框中，输入想要导出的 Outlook 2007 个人文件夹文件的路径及文件名，再单击“完成”按钮，如图 8-40 所示。

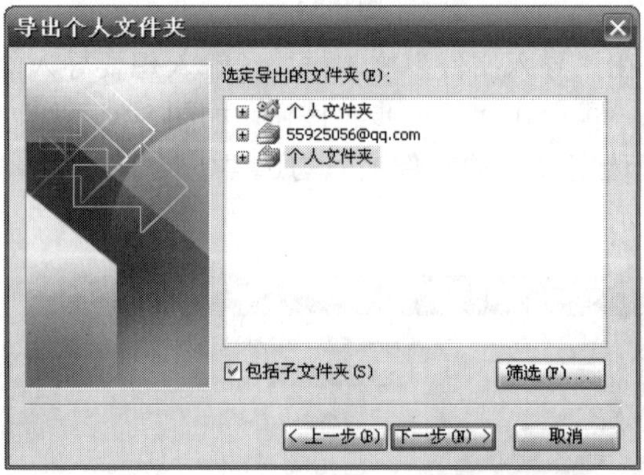

图 8-39

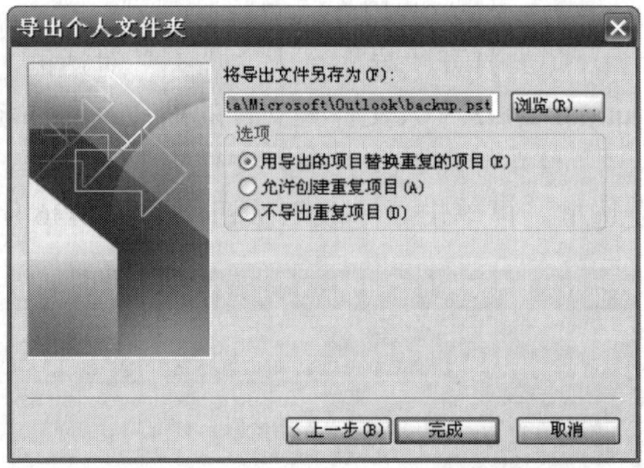

图 8-40

Ⅱ. 试题汇编

8.1　第 1 题

【操作要求】

请考生确认以 KS 邮箱登录，进入 Outlook，引入文件 A8.pst 至个人文件夹中，用引入的项目替换重复的项目，按下列要求进行操作。

1．答复邮件

- 按【样文 8-1A】，答复周涛的邮件，并在答复的邮件中插入附件为 C:\Win2007GJW\KSML3\fujian8-1.docx。
- 按【样文 8-1B】，答复李明的邮件，抄送至王冰，将邮件为我标记为“无须响应”，为收件人标记为“仅供参考”。

2．定制约会

- 按【样文 8-1C】，添加一次约会，主题为“张蕴华老师的生日”；地点为“张老师的家”；时间为“2008 年 9 月 18 日”，20：00 开始，21：00 结束，以年为周期；并通知“张波、张兰”；提前一天提醒。
- 按【样文 8-1D】，利用主题为“参加考试”的邮件定制一次约会，地点为“一高”；时间为“2008 年 8 月 22 日”，8：00 开始，11：00 结束，提前一天提醒。

3．通讯簿操作

按【样文 8-1E】所示，将“王天南”的相关信息添加到联系人列表中。

4．导出结果

导出个人文件夹（包括子文件夹）至 A8-A.pst。

【样文 8-1A】

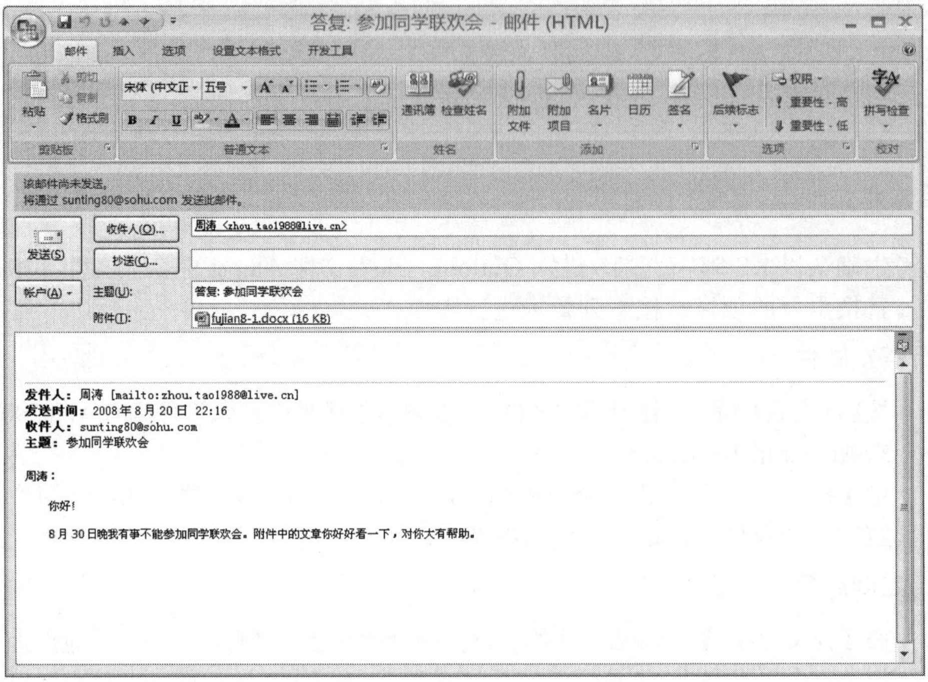
答复: 参加同学联欢会 - 邮件 (HTML)
该邮件尚未发送。
将通过 sunting80@sohu.com 发送此邮件。
收件人(O)... 周涛 <zhou.tao1988@live.cn>
抄送(C)...
主题(U): 答复: 参加同学联欢会
附件(T): fujian8-1.docx (16 KB)
发件人：周涛 [mailto:zhou.tao1988@live.cn]
发送时间：2008 年 8 月 20 日 22:16
收件人：sunting80@sohu.com
主题：参加同学联欢会
周涛：
你好!
8 月 30 日晚我有事不能参加同学联欢会。附件中的文章你好好看一下，对你大有帮助。

【样文 8-1B】

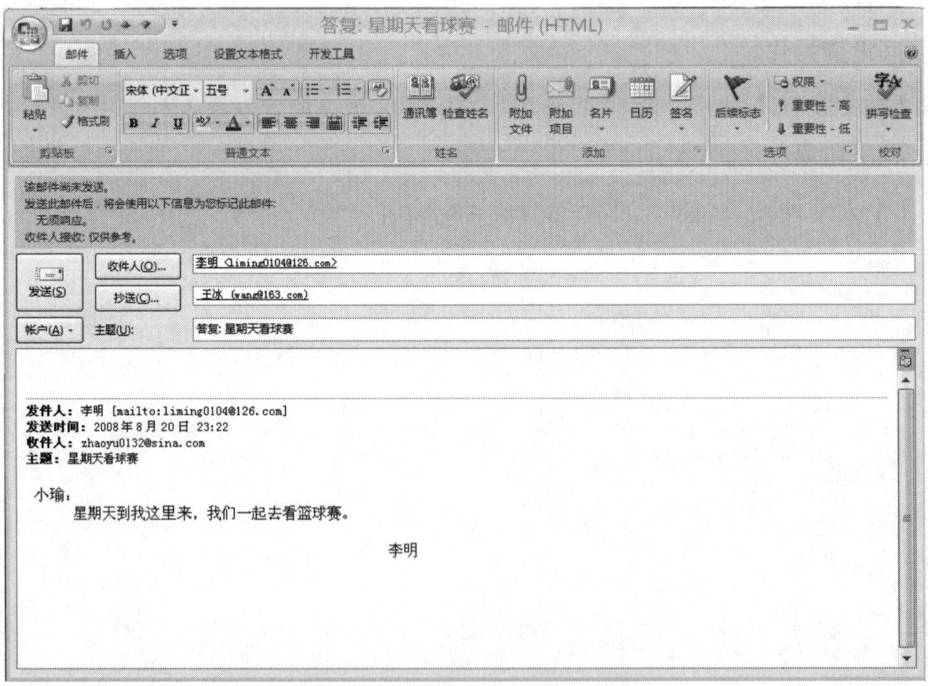
答复: 星期天看球赛 - 邮件 (HTML)
该邮件尚未发送。
发送此邮件后，将会使用以下信息为您标记此邮件:
无须响应。
收件人接收: 仅供参考。
收件人(O)... 李明 <liming0104@126.com>
抄送(C)... 王冰 (wang@163.com)
主题(U): 答复: 星期天看球赛
发件人：李明 [mailto:liming0104@126.com]
发送时间：2008 年 8 月 20 日 23:22
收件人：zhaoyu0132@sina.com
主题：星期天看球赛
小瑜：
星期天到我这里来，我们一起去看篮球赛。
李明

【样文 8-1C】

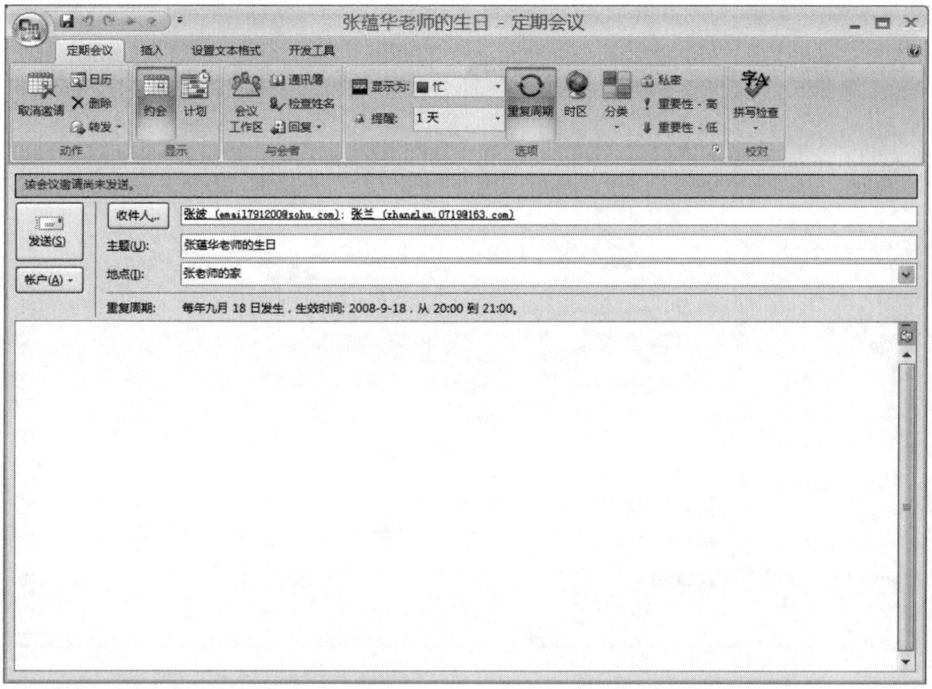
张蕴华老师的生日 - 定期会议
定期会议
插入
设置文本格式
开发工具
取消邀请
日历
删除
转发
约会
计划
会议工作区
通讯簿
检查姓名
回复
显示为:
忙
提醒:
1 天
重复周期
时区
分类
私密
重要性 - 高
重要性 - 低
拼写检查
动作
显示
与会者
选项
校对
该会议邀请尚未发送。
发送(S)
帐户(A)
收件人...
主题(U):
张蕴华老师的生日
地点(I):
张老师的家
重复周期:
每年九月 18 日发生，生效时间: 2008-9-18，从 20:00 到 21:00。

【样文 8-1D】

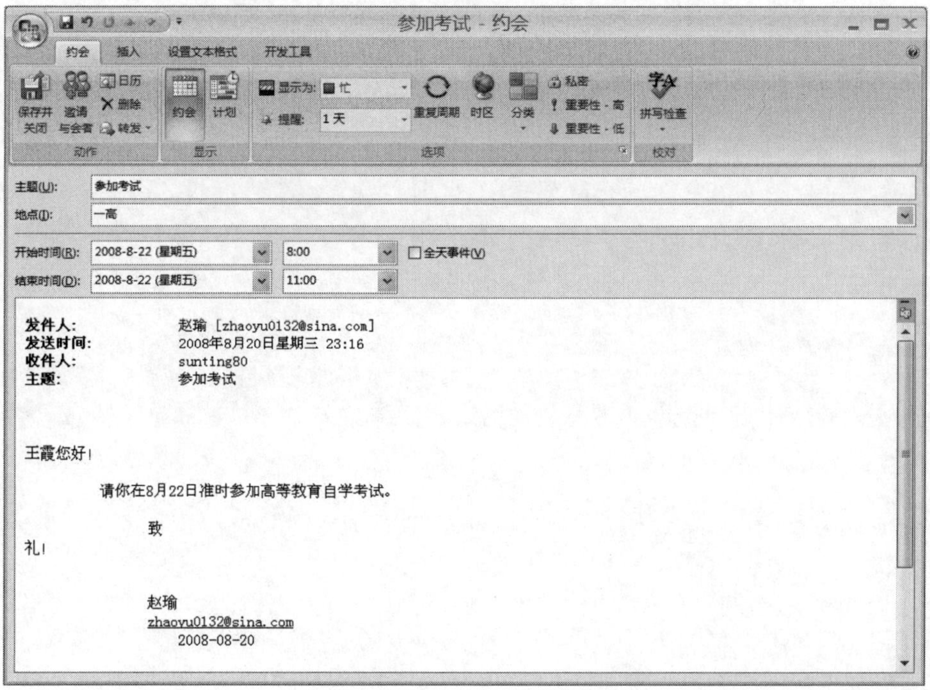
参加考试 - 约会
约会
插入
设置文本格式
开发工具
保存并关闭
邀请与会者
日历
删除
转发
约会
计划
显示为:
忙
提醒:
1 天
重复周期
时区
分类
私密
重要性 - 高
重要性 - 低
拼写检查
动作
显示
选项
校对
主题(U):
参加考试
地点(I):
一高
开始时间(R):
2008-8-22 (星期五)
8:00
全天事件(V)
结束时间(D):
2008-8-22 (星期五)
11:00
发件人:
赵瑜 [zhaoyu0132@sina.com]
发送时间:
2008年8月20日星期三 23:16
收件人:
sunting80
主题:
参加考试
王霞您好！
请你在8月22日准时参加高等教育自学考试。
致
礼！
赵瑜
zhaoyu0132@sina.com
2008-08-20

【样文 8-1E】

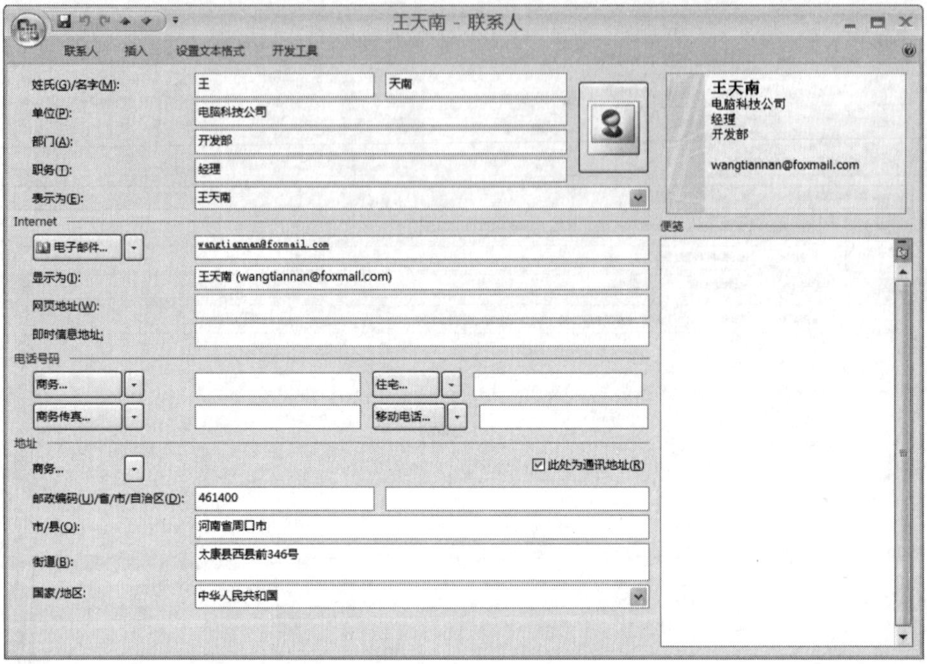
王天南 - 联系人
联系人
插入
设置文本格式
开发工具
姓氏(G)/名字(M):
王
天南
单位(P):
电脑科技公司
部门(A):
开发部
职务(T):
经理
表示为(E):
王天南
王天南
电脑科技公司
经理
开发部
wangtiannan@foxmail.com
Internet
电子邮件...
wangtiannan@foxmail.com
显示为(I):
王天南 (wangtiannan@foxmail.com)
网页地址(W):
即时信息地址:
便笺
电话号码
商务...
住宅...
商务传真...
移动电话...
地址
商务...
此处为通讯地址(R)
邮政编码(U)/省/市/自治区(D):
461400
市/县(Q):
河南省周口市
街道(B):
太康县西县前346号
国家/地区:
中华人民共和国

8.2　第 2 题

【操作要求】

请考生确认以 KS 邮箱登录，进入 Outlook，引入文件 A8.pst 至个人文件夹中，用引入的项目替换重复的项目，按下列要求进行操作。

1．答复邮件

- 按【样文 8-2A】，答复王霞的邮件，并在答复的邮件中插入附件为 C:\Win2007GJW\KSML3\fujian8-2.docx。
- 按【样文 8-2B】，答复赵瑜的邮件，抄送至赵树林，将邮件标记为“已读”，重要性设置为“高”。

2．定制约会

- 按【样文 8-2C】，添加一次约会，主题为“庆祝建校二十周年”；地点为“学校操场”；时间为“2008 年 8 月 29 日”，8：00 开始，12：00 结束；提前 30 分钟提醒；类别为“个人”。
- 按【样文 8-2D】，利用主题为“参加同学联欢会”的邮件定制一次约会，地点为“青年宾馆”；时间为“2008 年 8 月 30 日”，19：00 开始，21：00 结束，提前一小时提醒。

3．通讯簿操作

按【样文 8-2E】所示，将“孔明”的相关信息添加到联系人列表中。

4．导出结果

导出个人文件夹（包括子文件夹）至 A8-A.pst。

【样文 8-2A】

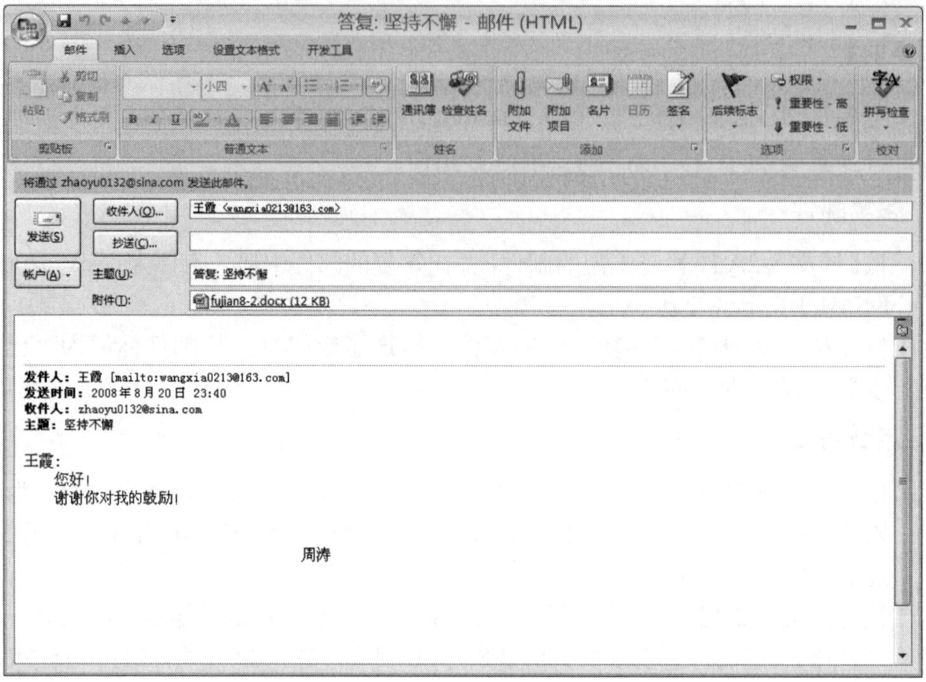
答复: 坚持不懈 - 邮件 (HTML)
邮件
插入
选项
设置文本格式
开发工具
将通过 zhaoyu0132@sina.com 发送此邮件。
发送(S)
收件人(O)...
王霞 <wangxia0213@163.com>
抄送(C)...
帐户(A)
主题(U):
答复: 坚持不懈
附件(T):
fujian8-2.docx (12 KB)
发件人: 王霞 [mailto:wangxia0213@163.com]
发送时间: 2008 年 8 月 20 日 23:40
收件人: zhaoyu0132@sina.com
主题: 坚持不懈
王霞:
您好!
谢谢你对我的鼓励!
周涛

【样文 8-2B】

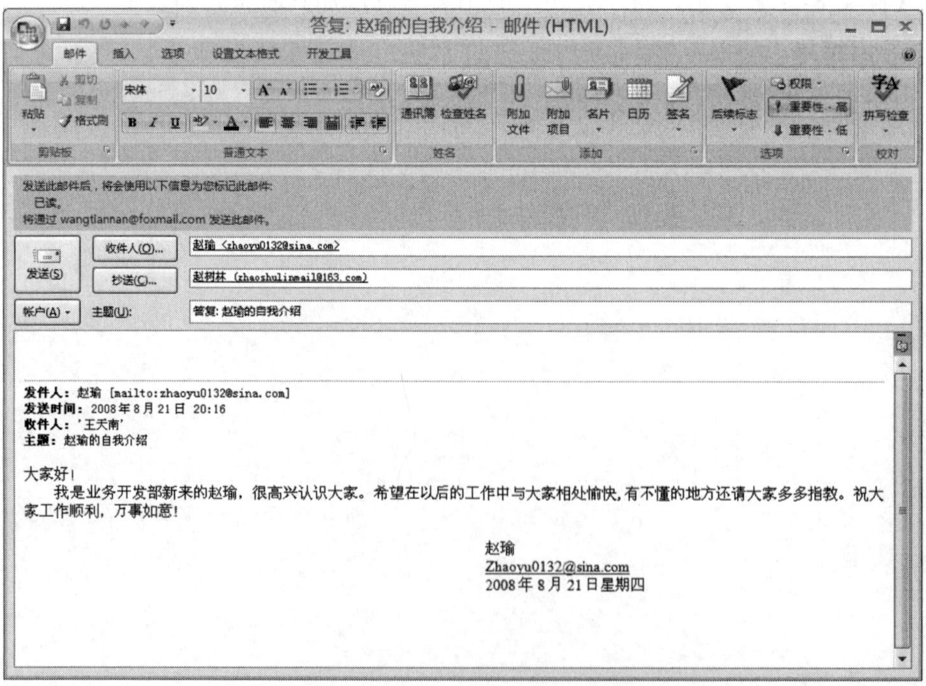
答复: 赵瑜的自我介绍 - 邮件 (HTML)
邮件
插入
选项
设置文本格式
开发工具
发送此邮件后，将会使用以下信息为您标记此邮件:
已读。
将通过 wangtiannan@foxmail.com 发送此邮件。
发送(S)
收件人(O)...
赵瑜 <zhaoyu0132@sina.com>
抄送(C)...
赵树林 (zhaoshulinmail@163.com)
帐户(A)
主题(U):
答复: 赵瑜的自我介绍
发件人: 赵瑜 [mailto:zhaoyu0132@sina.com]
发送时间: 2008 年 8 月 21 日 20:16
收件人: '王天南'
主题: 赵瑜的自我介绍
大家好!
我是业务开发部新来的赵瑜，很高兴认识大家。希望在以后的工作中与大家相处愉快，有不懂的地方还请大家多多指教。祝大家工作顺利，万事如意!
赵瑜
Zhaoyu0132@sina.com
2008 年 8 月 21 日星期四

【样文 8-2C】

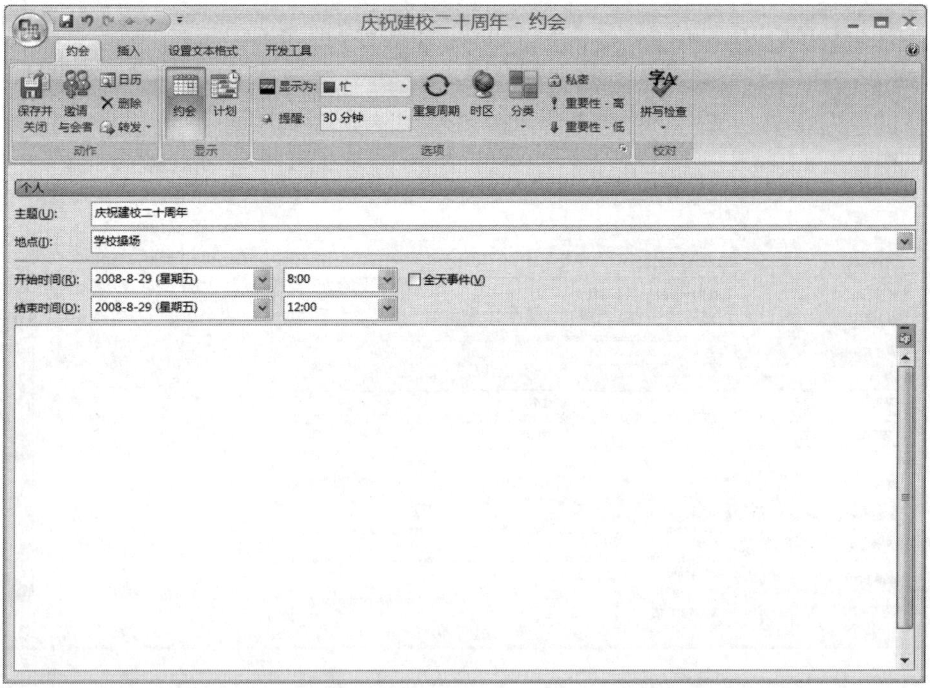
庆祝建校二十周年 - 约会
约会
插入
设置文本格式
开发工具
保存并关闭
邀请与会者
日历
删除
转发
动作
约会
计划
显示
显示为:
忙
提醒:
30 分钟
重复周期
时区
分类
私密
重要性 - 高
重要性 - 低
选项
拼写检查
校对
个人
主题(U):
庆祝建校二十周年
地点(I):
学校操场
开始时间(R):
2008-8-29 (星期五)
8:00
全天事件(V)
结束时间(D):
2008-8-29 (星期五)
12:00

【样文 8-2D】

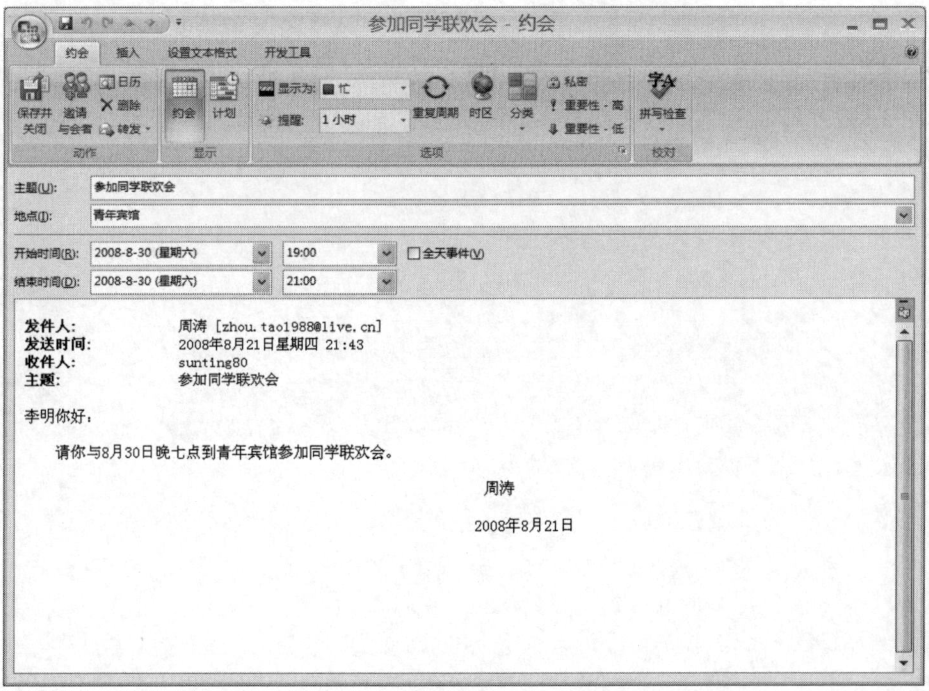
参加同学联欢会 - 约会
约会
插入
设置文本格式
开发工具
保存并关闭
邀请与会者
日历
删除
转发
动作
约会
计划
显示
显示为:
忙
提醒:
1 小时
重复周期
时区
分类
私密
重要性 - 高
重要性 - 低
选项
拼写检查
校对
主题(U):
参加同学联欢会
地点(I):
青年宾馆
开始时间(R):
2008-8-30 (星期六)
19:00
全天事件(V)
结束时间(D):
2008-8-30 (星期六)
21:00
发件人:　周涛 [zhou.tao1988@live.cn]
发送时间:　2008年8月21日星期四 21:43
收件人:　sunting80
主题:　参加同学联欢会
李明你好：
请你与8月30日晚七点到青年宾馆参加同学联欢会。
周涛
2008年8月21日

【样文 8-2E】

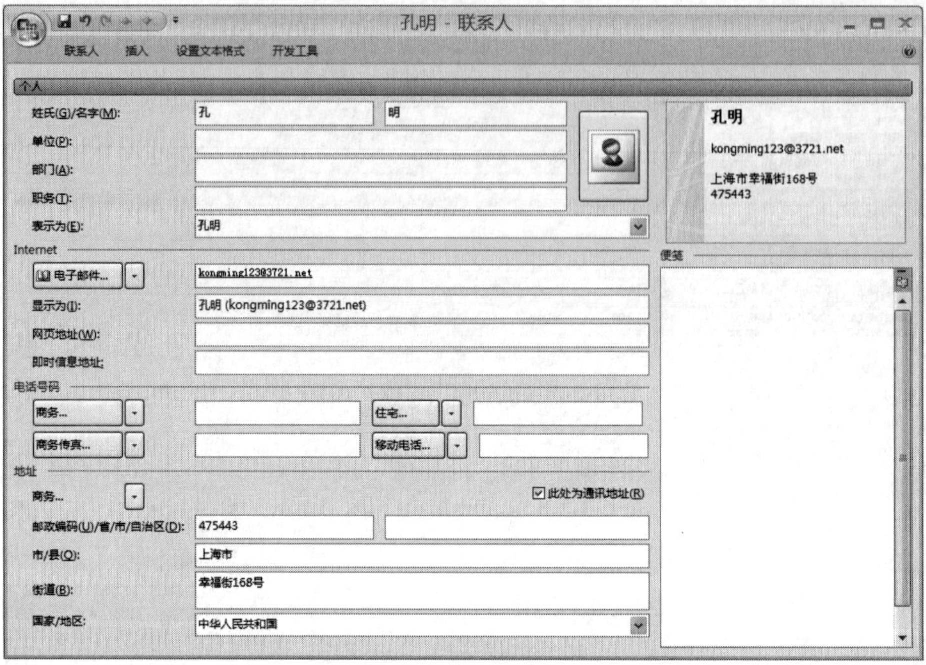
孔明 - 联系人
联系人
插入
设置文本格式
开发工具
个人
姓氏(G)/名字(M):
孔
明
单位(P):
部门(A):
职务(T):
表示为(E):
孔明
孔明
kongming123@3721.net
上海市幸福街168号
475443
Internet
电子邮件...
kongming123@3721.net
显示为(I):
孔明 (kongming123@3721.net)
网页地址(W):
即时信息地址:
便笺
电话号码
商务...
住宅...
商务传真...
移动电话...
地址
商务...
此处为通讯地址(R)
邮政编码(U)/省/市/自治区(D):
475443
市/县(Q):
上海市
街道(B):
幸福街168号
国家/地区:
中华人民共和国

8.3　第 3 题

【操作要求】

请考生确认以 KS 邮箱登录，进入 Outlook，引入文件 A8.pst 至个人文件夹中，用引入的项目替换重复的项目，按下列要求进行操作。

1．答复邮件

- 按【样文 8-3A】，答复郑琳的邮件，并在答复的邮件中插入附件为 C:\Win2007GJW\KSML3\fujian8-3.xlsx。
- 按【样文 8-3B】，答复王霞的邮件，抄送至赵树林，将邮件标记为“请全部答复”，敏感度设置为“个人”。

2．定制约会

- 按【样文 8-3C】，添加一次约会，主题为“同学聚会”；地点为“人民宾馆”；时间为“2008 年 9 月 12 日”，17：00 开始，22：00 结束，并通知张波；提前 1 小时提醒。
- 按【样文 8-3D】，利用主题为“星期天去看海”的邮件定制一次约会，地点为“海滨南路”；时间为“2008 年 10 月 12 日”，9：00 开始，11：00 结束，并向 wangxia0810@126.com发送邀请，提前 30 分钟提醒。

3．通讯簿操作

按【样文 8-3E】所示，将“秦军”的相关信息添加到联系人列表中。

4．导出结果

导出个人文件夹（包括子文件夹）至 A8-A.pst。

【样文 8-3A】

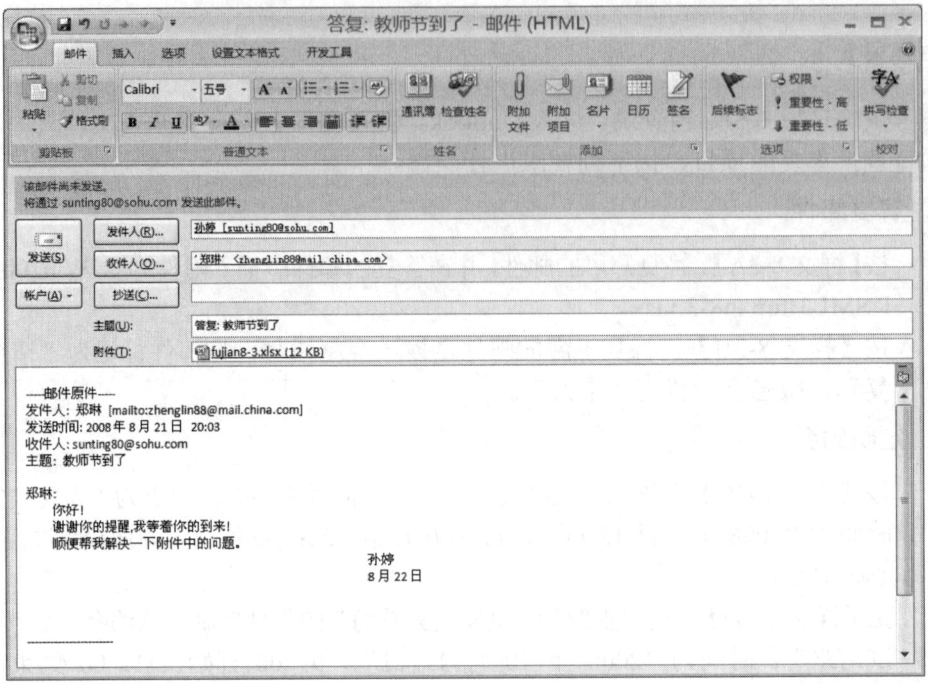
答复: 教师节到了 - 邮件 (HTML)
该邮件尚未发送。
将通过 sunting80@sohu.com 发送此邮件。
发件人(R)...
收件人(O)...
抄送(C)...
主题(U):
附件(T):
答复: 教师节到了
fujian8-3.xlsx (12 KB)
-----邮件原件-----
发件人: 郑琳 [mailto:zhenglin88@mail.china.com]
发送时间: 2008 年 8 月 21 日 20:03
收件人: sunting80@sohu.com
主题: 教师节到了
郑琳:
你好!
谢谢你的提醒,我等着你的到来!
顺便帮我解决一下附件中的问题。
孙婷
8 月 22 日

【样文 8-3B】

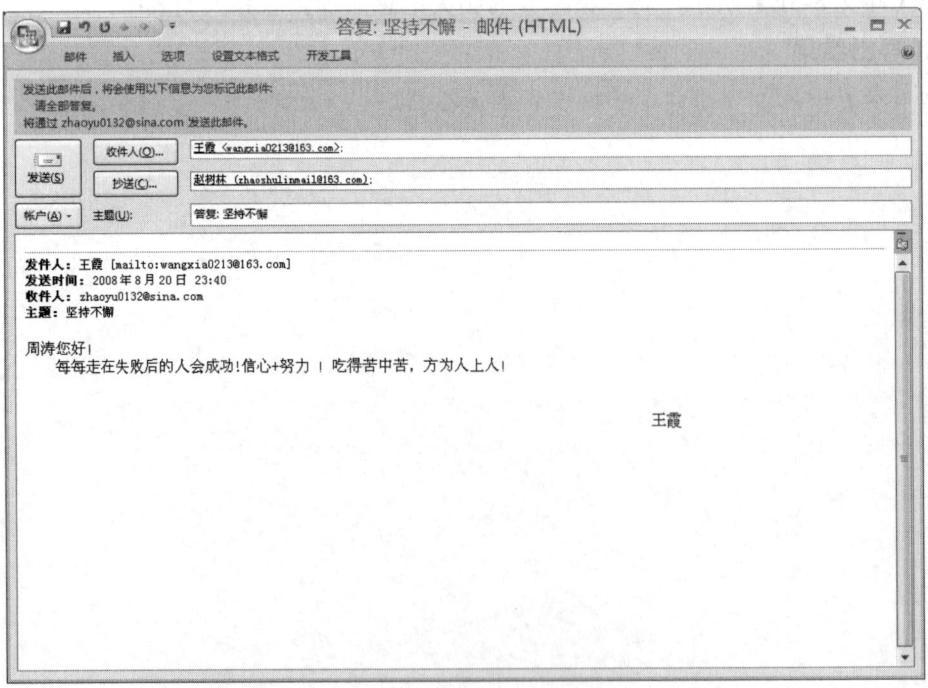
答复: 坚持不懈 - 邮件 (HTML)
发送此邮件后，将会使用以下信息为您标记此邮件:
请全部答复。
将通过 zhaoyu0132@sina.com 发送此邮件。
收件人(O)...
抄送(C)...
主题(U):
答复: 坚持不懈
发件人: 王霞 [mailto:wangxia0213@163.com]
发送时间: 2008 年 8 月 20 日 23:40
收件人: zhaoyu0132@sina.com
主题: 坚持不懈
周涛您好!
每每走在失败后的人会成功!信心+努力！吃得苦中苦，方为人上人!
王霞

【样文 8-3C】

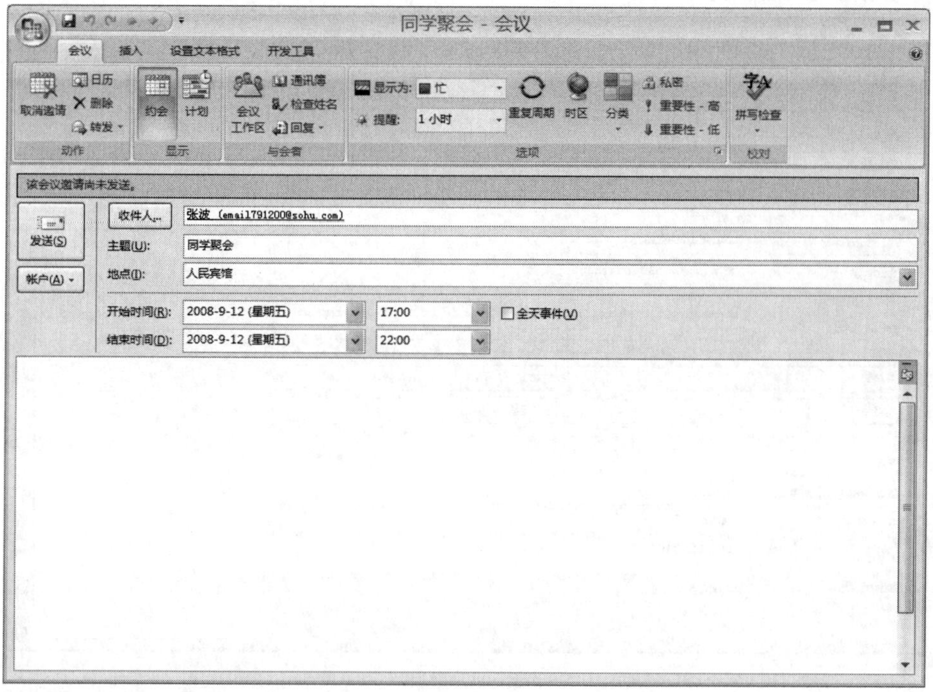
同学聚会 - 会议
会议
插入
设置文本格式
开发工具
取消邀请
日历
删除
转发
约会
计划
会议工作区
通讯簿
检查姓名
回复
显示为:
忙
提醒:
1 小时
重复周期
时区
分类
私密
重要性 - 高
重要性 - 低
拼写检查
动作
显示
与会者
选项
校对
该会议邀请尚未发送。
发送(S)
帐户(A)
收件人...
张波 (email791200@sohu.com)
主题(U):
同学聚会
地点(I):
人民宾馆
开始时间(R):
2008-9-12 (星期五)
17:00
全天事件(V)
结束时间(D):
2008-9-12 (星期五)
22:00

【样文 8-3D】

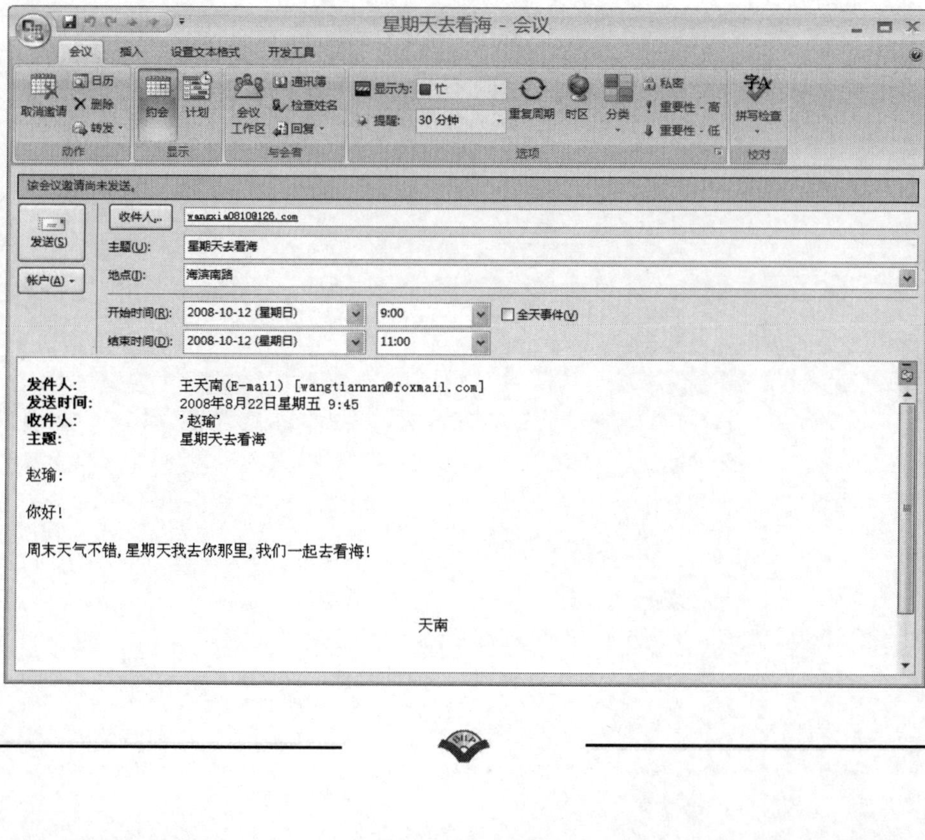
星期天去看海 - 会议
会议
插入
设置文本格式
开发工具
取消邀请
日历
删除
转发
约会
计划
会议工作区
通讯簿
检查姓名
回复
显示为:
忙
提醒:
30 分钟
重复周期
时区
分类
私密
重要性 - 高
重要性 - 低
拼写检查
动作
显示
与会者
选项
校对
该会议邀请尚未发送。
发送(S)
帐户(A)
收件人...
wangxia0810@126.com
主题(U):
星期天去看海
地点(I):
海滨南路
开始时间(R):
2008-10-12 (星期日)
9:00
全天事件(V)
结束时间(D):
2008-10-12 (星期日)
11:00
发件人:
王天南(E-mail) [wangtiannan@foxmail.com]
发送时间:
2008年8月22日星期五 9:45
收件人:
'赵瑜'
主题:
星期天去看海
赵瑜:
你好!
周末天气不错,星期天我去你那里,我们一起去看海!
天南

【样文 8-3E】

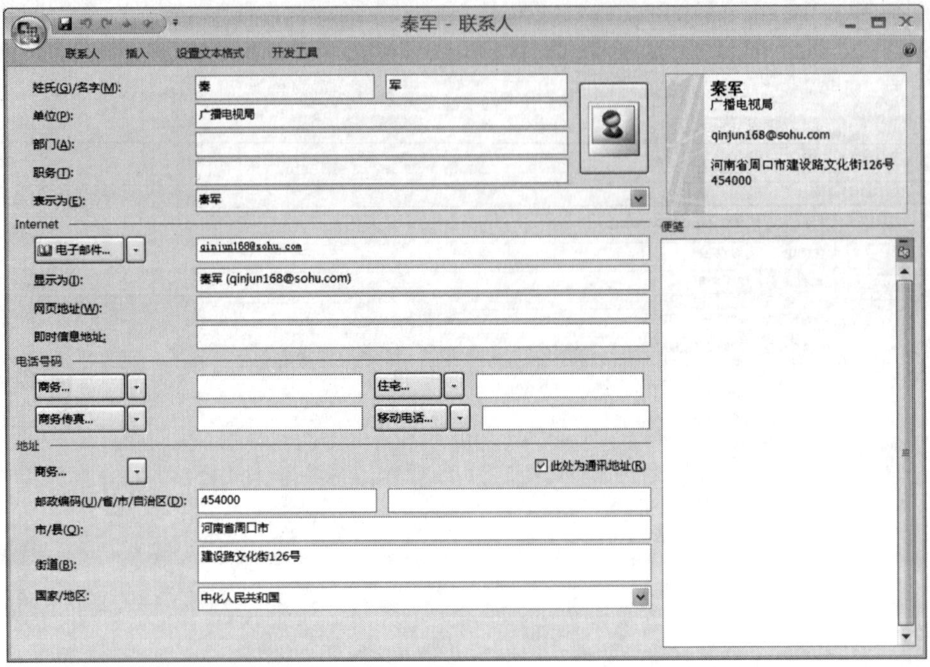
秦军 - 联系人
联系人
插入
设置文本格式
开发工具
姓氏(G)/名字(M):
秦
军
单位(P):
广播电视局
部门(A):
职务(T):
表示为(E):
秦军
Internet
电子邮件...
qinjun168@sohu.com
显示为(I):
秦军 (qinjun168@sohu.com)
网页地址(W):
即时信息地址:
电话号码
商务...
住宅...
商务传真...
移动电话...
地址
商务...
此处为通讯地址(R)
邮政编码(U)/省/市/自治区(D):
454000
市/县(Q):
河南省周口市
街道(B):
建设路文化街126号
国家/地区:
中化人民共和国
秦军
广播电视局
qinjun168@sohu.com
河南省周口市建设路文化街126号
454000
便笺

8.4　第 4 题

【操作要求】

请考生确认以 KS 邮箱登录，进入 Outlook，引入文件 A8.pst 至个人文件夹中，用引入的项目替换重复的项目，按下列要求进行操作。

1．转发邮件

- 按【样文 8-4A】，将邮件“倡议书”转发给史明，并在转发的邮件中插入附件为 C:\Win2007GJW\KSML3\fujian8-4.xlsx。
- 按【样文 8-4B】，将邮件“参加考试”转发给李宁，并将邮件标记为“无须响应”，重要性为“高”，在阅读此邮件后给出“已读”回执。

2．安排会议

按【样文 8-4C】，安排一次会议，主题为“经济技术工作会议”；地点为“中州路财源宾馆”；时间为“2008 年 8 月 26 日”，9：00 开始，11：00 结束；张波是必选与会者，王永是可选与会者，提前 1 小时提醒。

3．安排任务

- 按【样文 8-4D】，安排“全国测量工资格培训考试”的任务日程；开始时间为“2008 年 8 月 25 日”，结束时间为“2008 年 8 月 29 日”。
- 按【样文 8-4E】，安排“书写财务报告”的任务日程；开始时间为“2008 年 10 月 13 日”，结束时间为“2008 年 10 月 17 日”，将任务分配给王冰和张兰。

4．导出结果

导出个人文件夹（包括子文件夹）至 A8-A.pst。

【样文 8-4A】

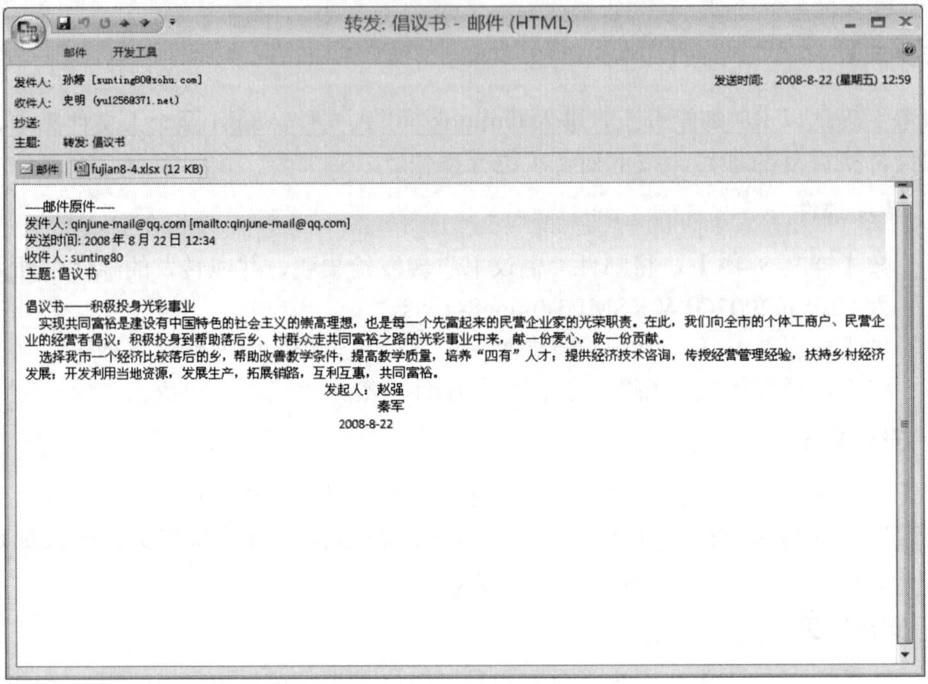
转发: 倡议书 - 邮件 (HTML)
邮件　开发工具
发件人:　孙婷 [sunting80@sohu.com]
发送时间:　2008-8-22 (星期五) 12:59
收件人:　史明 (yu1256@371.net)
抄送:
主题:　转发: 倡议书
邮件　fujian8-4.xlsx (12 KB)
-----邮件原件-----
发件人: qinjune-mail@qq.com [mailto:qinjune-mail@qq.com]
发送时间: 2008 年 8 月 22 日 12:34
收件人: sunting80
主题: 倡议书
倡议书——积极投身光彩事业
实现共同富裕是建设有中国特色的社会主义的崇高理想，也是每一个先富起来的民营企业家的光荣职责。在此，我们向全市的个体工商户、民营企业的经营者倡议：积极投身到帮助落后乡、村群众走共同富裕之路的光彩事业中来，献一份爱心，做一份贡献。
选择我市一个经济比较落后的乡，帮助改善教学条件，提高教学质量，培养“四有”人才；提供经济技术咨询，传授经营管理经验，扶持乡村经济发展；开发利用当地资源，发展生产，拓展销路，互利互惠，共同富裕。
发起人：赵强
秦军
2008-8-22

【样文 8-4B】

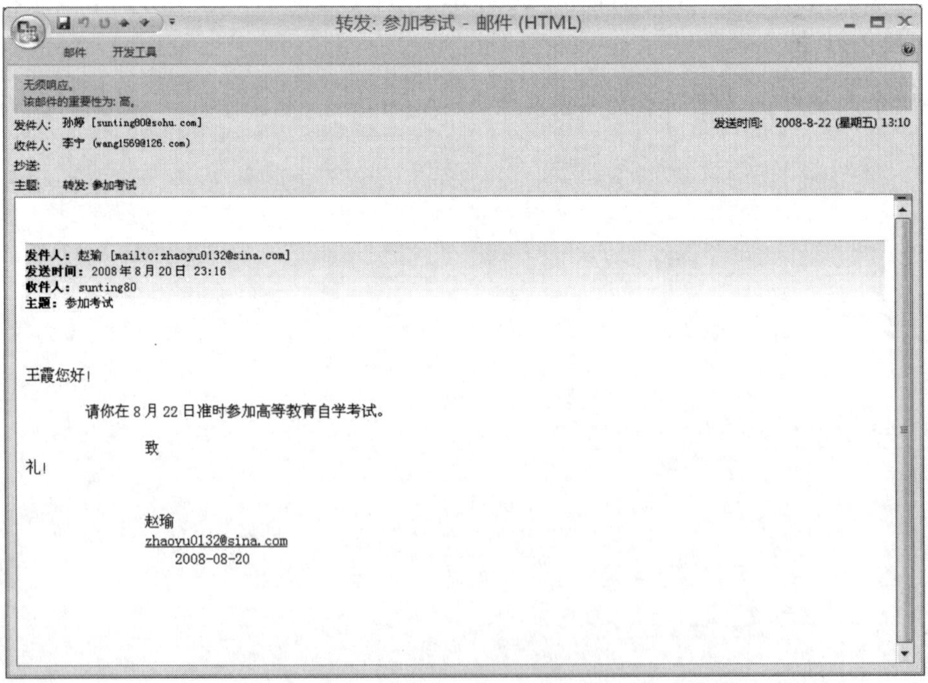
转发: 参加考试 - 邮件 (HTML)
邮件　开发工具
无须响应。
该邮件的重要性为: 高。
发件人:　孙婷 [sunting80@sohu.com]
发送时间:　2008-8-22 (星期五) 13:10
收件人:　李宁 (wang1569@126.com)
抄送:
主题:　转发: 参加考试
发件人：赵瑜 [mailto:zhaoyu0132@sina.com]
发送时间：2008 年 8 月 20 日 23:16
收件人：sunting80
主题：参加考试
王霞您好！
请你在 8 月 22 日准时参加高等教育自学考试。
致
礼！
赵瑜
zhaoyu0132@sina.com
2008-08-20

【样文 8-4C】

经济技术工作会议 - 会议
会议
插入
设置文本格式
开发工具
取消邀请
日历
删除
转发
动作
约会
计划
显示
会议工作区
通讯簿
检查姓名
回复
与会者
显示为:
忙
提醒:
1 小时
重复周期
时区
分类
私密
重要性 - 高
重要性 - 低
选项
拼写检查
校对
该会议邀请尚未发送。
发送(S)
帐户(A)
收件人...
主题(U):
经济技术工作会议
地点(I):
中州路财源宾馆
开始时间(R):
2008-8-26 (星期二)
9:00
全天事件(V)
结束时间(D):
2008-8-26 (星期二)
11:00

【样文 8-4D】

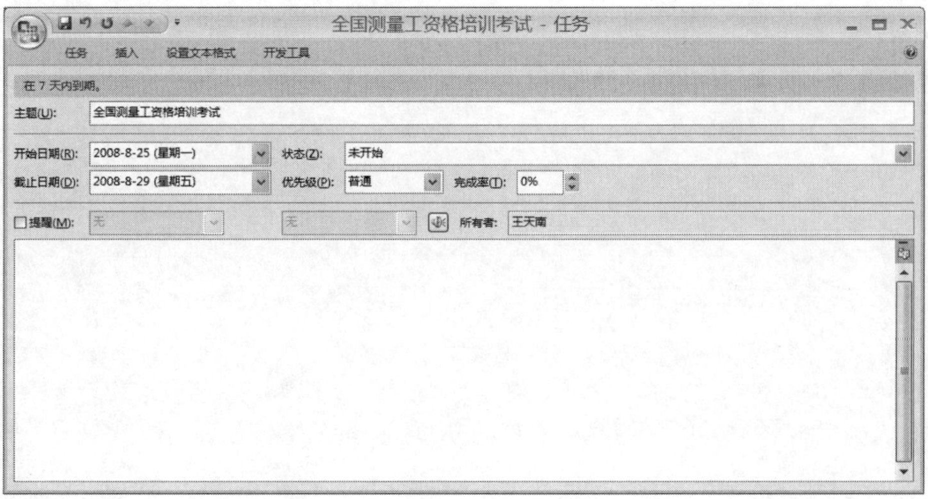
全国测量工资格培训考试 - 任务
任务
插入
设置文本格式
开发工具
在 7 天内到期。
主题(U):
全国测量工资格培训考试
开始日期(R):
2008-8-25 (星期一)
状态(Z):
未开始
截止日期(D):
2008-8-29 (星期五)
优先级(P):
普通
完成率(I):
0%
提醒(M):
无
无
所有者:
王天南

【样文 8-4E】

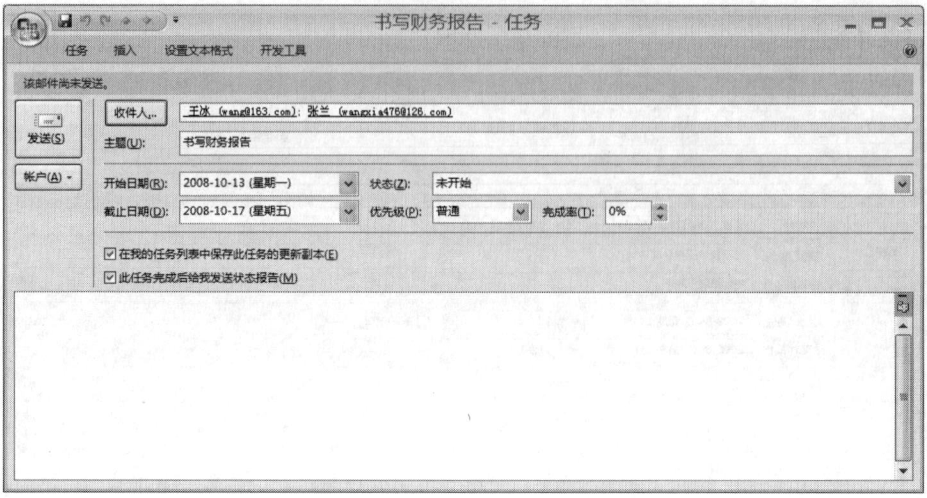
书写财务报告 - 任务
任务
插入
设置文本格式
开发工具
该邮件尚未发送。
发送(S)
帐户(A)
收件人...
主题(U):
书写财务报告
开始日期(R):
2008-10-13 (星期一)
状态(Z):
未开始
截止日期(D):
2008-10-17 (星期五)
优先级(P):
普通
完成率(T):
0%
在我的任务列表中保存此任务的更新副本(E)
此任务完成后给我发送状态报告(M)

8.5　第 5 题

【操作要求】

请考生确认以 KS 邮箱登录，进入 Outlook，引入文件 A8.pst 至个人文件夹中，用引入的项目替换重复的项目，按下列要求进行操作。

1．转发邮件

- 按【样文 8-5A】，将邮件“十一快乐”转发给张兰，并在转发的邮件中插入附件为 C:\Win2007GJW\KSML3\fujian8-5.xlsx。
- 按【样文 8-5B】，将邮件“坚持不懈”转发给李明，并将邮件标记为“仅供参考”；敏感度为“私密”，在送达此邮件后给出“送达”回执。

2．安排会议

按【样文 8-5C】，安排一次会议，主题为“关于绿云小区物业管理费的收缴”；地点为“物业管理办公室”；时间为“2008 年 9 月 1 日”，16：30 开始，17：00 结束；并通知郑琳必须参加，提前 2 小时提醒。

3．安排任务

- 按【样文 8-5D】，安排“劳动和社会保障部全国计算机信息高新技术考试”的任务日程；开始时间为 2008 年 9 月 10 日，结束时间为 2008 年 9 月 12 日，并在 2008 年 9 月 10 日 7：00 提醒。
- 按【样文 8-5E】，安排“购买打印机”的任务日程；开始时间为“2008 年 9 月 16 日”，结束时间为“2008 年 9 月 17 日”，将任务分配给周涛。

4．导出结果

导出个人文件夹（包括子文件夹）至 A8-A.pst。

【样文 8-5A】

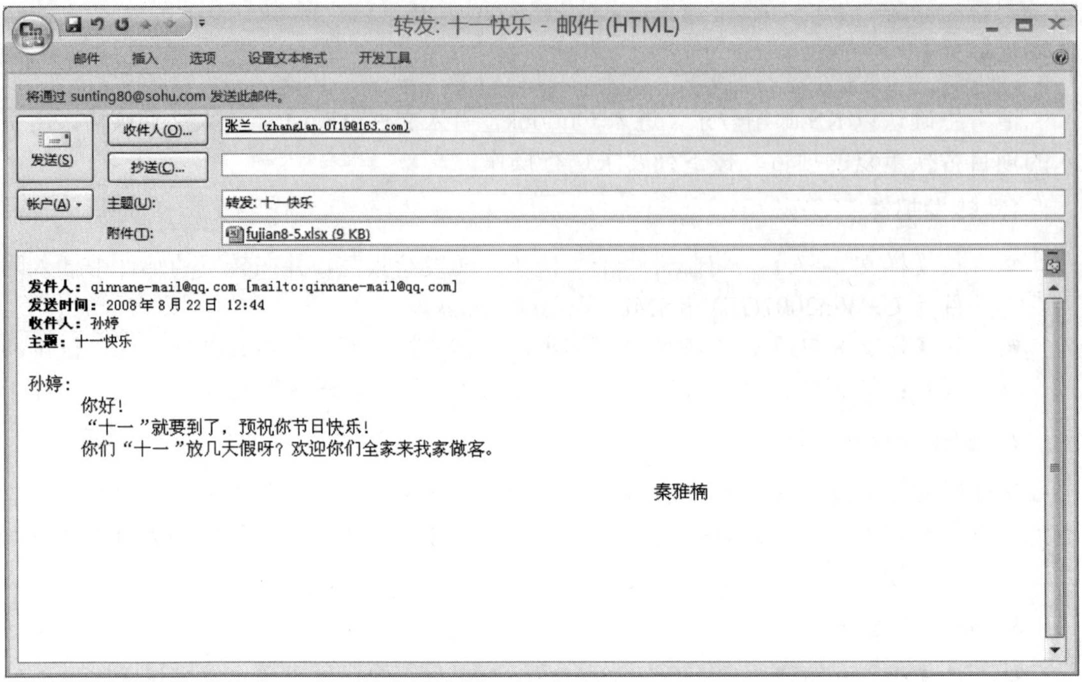
转发: 十一快乐 - 邮件 (HTML)
邮件 插入 选项 设置文本格式 开发工具
将通过 sunting80@sohu.com 发送此邮件。
发送(S)
收件人(O)... 张兰 (zhanglan.0719@163.com)
抄送(C)...
帐户(A)
主题(U): 转发: 十一快乐
附件(T): fujian8-5.xlsx (9 KB)
发件人: qinnane-mail@qq.com [mailto:qinnane-mail@qq.com]
发送时间: 2008年8月22日 12:44
收件人: 孙婷
主题: 十一快乐
孙婷:
你好!
"十一"就要到了，预祝你节日快乐!
你们"十一"放几天假呀? 欢迎你们全家来我家做客。
秦雅楠

【样文 8-5B】

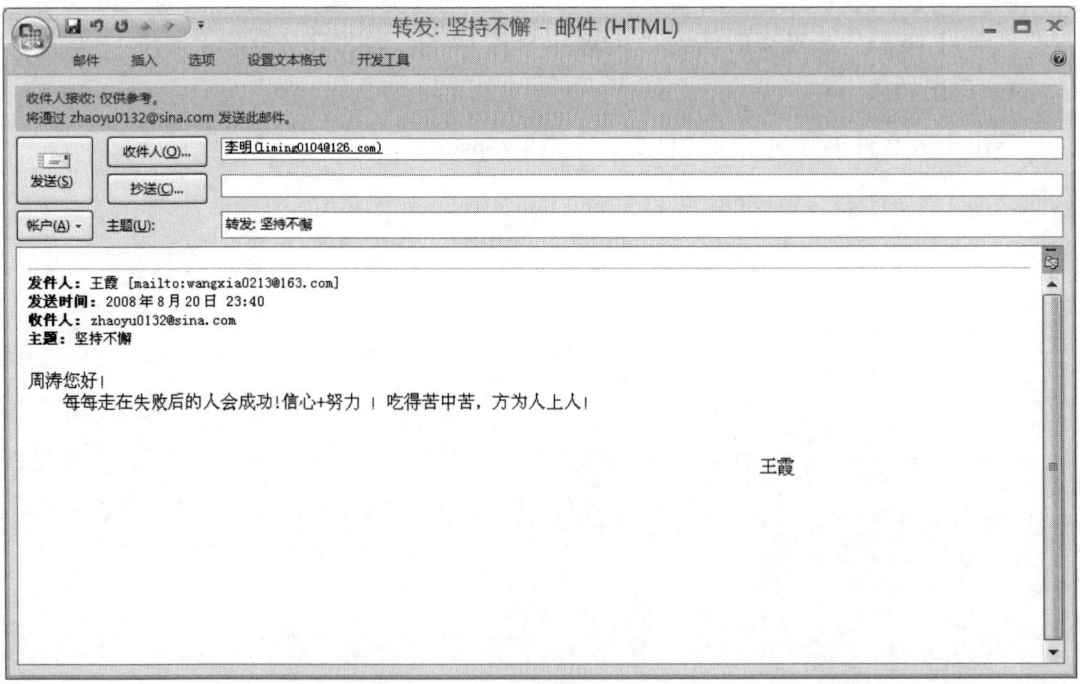
转发: 坚持不懈 - 邮件 (HTML)
邮件 插入 选项 设置文本格式 开发工具
收件人接收: 仅供参考。
将通过 zhaoyu0132@sina.com 发送此邮件。
发送(S)
收件人(O)... 李明 (liming0104@126.com)
抄送(C)...
帐户(A)
主题(U): 转发: 坚持不懈
发件人: 王霞 [mailto:wangxia0213@163.com]
发送时间: 2008年8月20日 23:40
收件人: zhaoyu0132@sina.com
主题: 坚持不懈
周涛您好!
每每走在失败后的人会成功!信心+努力 ! 吃得苦中苦，方为人上人!
王霞

【样文 8-5C】

关于绿云小区物业管理费的收缴 - 会议
会议
插入
设置文本格式
开发工具
取消邀请
日历
删除
转发
动作
约会
计划
显示
会议工作区
通讯簿
检查姓名
回复
与会者
显示为:
忙
提醒:
2 小时
重复周期
时区
分类
私密
重要性 - 高
重要性 - 低
选项
拼写检查
校对
该会议邀请尚未发送。
发送(S)
帐户(A)
收件人...
郑琳 (zhenglin88@mail.china.com)
主题(U):
关于绿云小区物业管理费的收缴
地点(I):
物业管理办公室
开始时间(R):
2008-9-1 (星期一)
16:30
全天事件(V)
结束时间(D):
2008-9-1 (星期一)
17:00

【样文 8-5D】

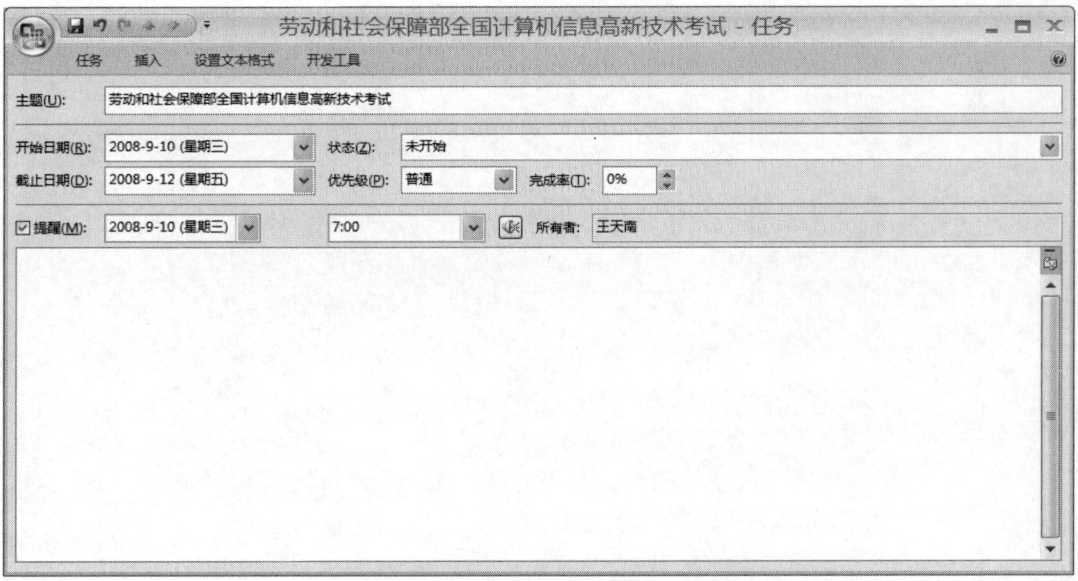
劳动和社会保障部全国计算机信息高新技术考试 - 任务
任务
插入
设置文本格式
开发工具
主题(U):
劳动和社会保障部全国计算机信息高新技术考试
开始日期(R):
2008-9-10 (星期三)
状态(Z):
未开始
截止日期(D):
2008-9-12 (星期五)
优先级(P):
普通
完成率(T):
0%
提醒(M):
2008-9-10 (星期三)
7:00
所有者:
王天南

【样文 8-5E】

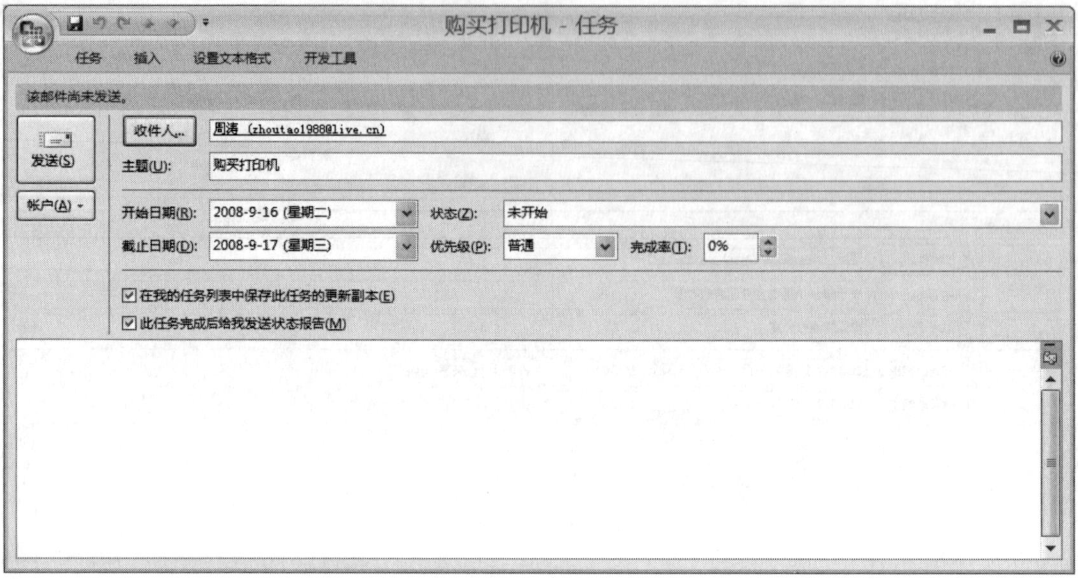
购买打印机 - 任务
任务
插入
设置文本格式
开发工具
该邮件尚未发送。
发送(S)
帐户(A)
收件人...
周涛 (zhoutao1988@live.cn)
主题(U):
购买打印机
开始日期(R):
2008-9-16 (星期二)
状态(Z):
未开始
截止日期(D):
2008-9-17 (星期三)
优先级(P):
普通
完成率(T):
0%
在我的任务列表中保存此任务的更新副本(E)
此任务完成后给我发送状态报告(M)

Ⅲ. 试题解答

8.1　第 1 题

进入 Outlook，在“文件”菜单上选择“导入和导出”选项，根据“导入和导出向导”，将考生文件夹中的 A8.pst 导入 Outlook。

1．答复邮件

（1）在“收件箱”中，选择“周涛”的邮件，在“常用”工具栏上，单击“答复”按钮。在答复邮件中的“邮件”选项卡的“添加”组中，单击“附件文件”按钮，打开“插入文件”对话框，根据试题描述所给路径，选择文件“fujian8-1.docx”，单击“插入”按钮。单击“发送”按钮，如图 8-41 所示。

图 8-41

（2）在“收件箱”中，选择“李明”的邮件，在“常用”工具栏上，单击“答复”按钮。

（3）单击“抄送”按钮，打开“选择姓名：联系人”对话框，双击“王冰”，单击“确定”按钮，如图 8-42 所示。

（4）在答复邮件的“邮件”选项卡“选项”组中，单击“后续标记”按钮，选择“收件人标记”选项。

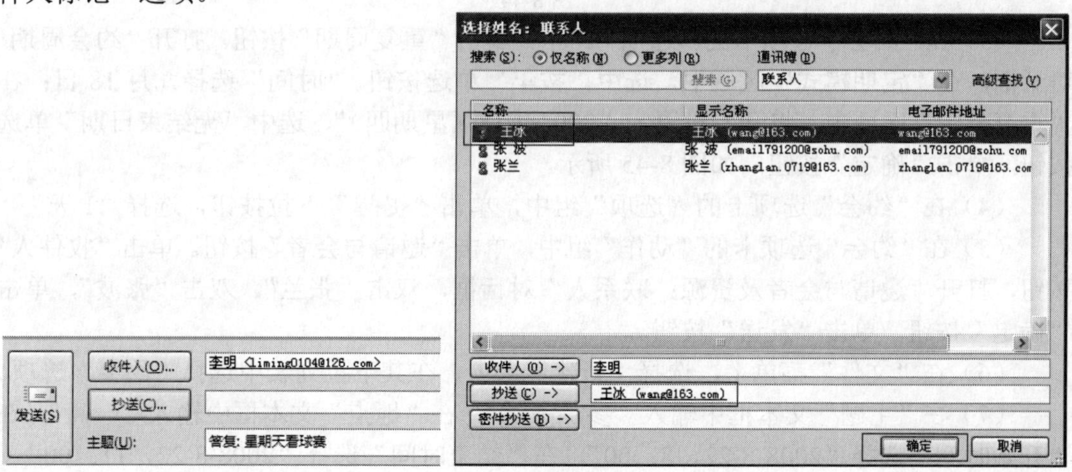

图 8-42

（5）打开“自定义”对话框，勾选“为我标记”复选框，在“标志”下拉列表中选择“无须响应”选项；勾选“为收件人标记”复选框，在“标志”下拉列表中选择“仅供参考”选项，单击“确定”按钮，如图 8-43 所示。单击“发送”按钮。

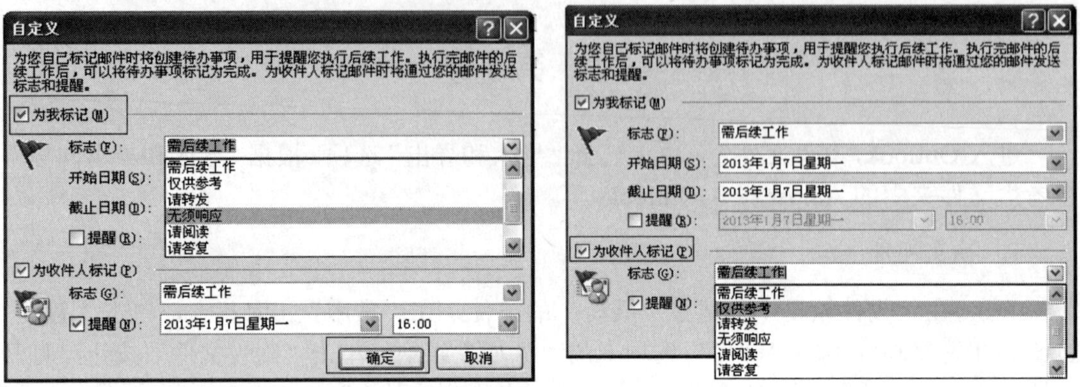

图 8-43

2. 定制约会

（1）在“文件”菜单上，选择“新建”选项，然后选择“约会”选项。

（2）在“主题”文本框中输入“张蕴华老师的生日”，在“地点”文本框中输入“张老师的家”。在“开始时间”选择“2008-9-18，20：00”，在“结束时间”选择“2008-9-18，21：00”，如图 8-44 所示。

图 8-44

（3）在“约会”选项卡的“选项”组中，单击“重复周期”按钮。打开“约会周期”对话框，在“定期模式”区域中，选中“按年”单选按钮，“时间”选择九月 18 日；在“重复范围”区域中，将开始设置为“2008-9-18（星期四）”，选中“无结束日期”单选按钮，单击“确定”按钮，如图 8-45 所示。

（4）在“约会”选项卡的“选项”组中，单击“提醒”下拉按钮，选择“1 天”。

（5）在“约会”选项卡的“动作”组中，单击“邀请与会者”按钮。单击“收件人”按钮，打开“邀请与会者及资源：联系人”对话框，双击“张兰”，双击“张波”，单击“确定”按钮。单击“发送”按钮。

（6）在“文件”菜单上，选择“新建”选项，在其下拉列表中选择“约会”选项。

（7）在“主题”文本框中输入“参加考试”，在“地点”文本框中输入“一高”。在“开始时间”选择“2008-8-22，8：00”，在“结束时间”选择“2008-8-22，11：00”。

（8）在“约会”选项卡的“选项”组中，单击“提醒”下拉按钮，选择“1 天”。

（9）在“插入”选项卡的“添加”组中，单击“附加项目”按钮，打开“插入项目”

对话框。在“插入”区域中选中“纯文本”单选按钮，在“项目”中选择主题为“参加考试”的邮件，单击“确定”按钮，如图 8-46 所示。

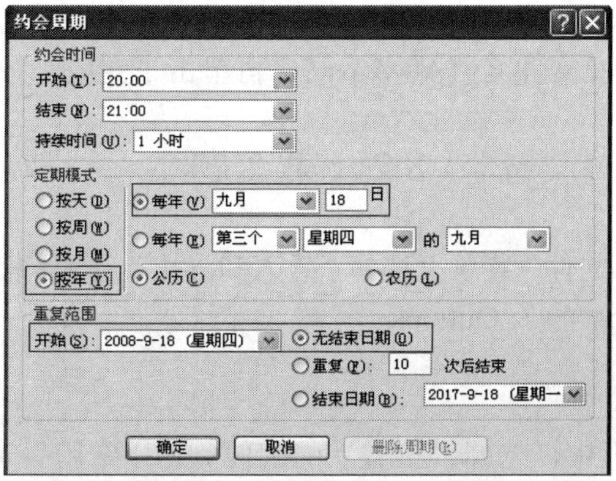

图 8-45

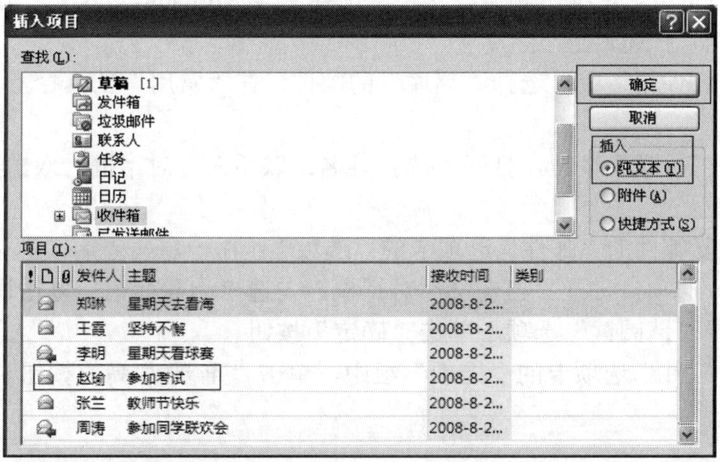

图 8-46

（10）在“约会”选项卡的“动作”组中，单击“保存并关闭”按钮。

3. 通讯簿操作

（1）在“文件”菜单上，选择“新建”选项，在其下拉列表中选择“联系人”选项。

（2）在联系人窗体中，根据样文，输入该联系人相关信息。

（3）填写完成后，在“联系人”选项卡的“动作”组中，单击“保存并关闭”按钮。

4. 导出结果

（1）在“文件”菜单上，选择“导入和导出”选项。

（2）打开“导入和导出向导”对话框，选择“导出到文件”选项，再单击“下一步”按钮。

（3）打开“导出到文件”对话框，选择“个人文件夹文件(.pst)”选项，再单击“下一步”按钮。

（4）打开“导出个人文件夹”对话框，选择“个人文件夹”，勾选“包括子文件夹”复选框，再单击“下一步”按钮。

（5）在“导出个人文件夹”对话框，在“将导出文件另存为”文本框中，输入导出的个人文件夹文件路径及文件名“A8-A.pst”，再单击“完成”按钮。

8.2 第 2 题

进入 Outlook，在“文件”菜单上选择“导入和导出”选项，根据“导入和导出向导”，将考生文件夹中的 A8.pst 导入 Outlook。

1. 答复邮件

（1）在“收件箱”中，选择“王霞”的邮件，在“常用”工具栏上，单击“答复”按钮。在答复邮件中的“邮件”选项卡的“添加”组中，单击“附件文件”按钮，打开“插入文件”对话框，根据试题所给路径，选择文件“fujian8-2.docx”，单击“插入”按钮。单击“发送”按钮。

（2）在“收件箱”中，选择“赵瑜”的邮件，在“常用”工具栏上，单击“答复”按钮。

（3）单击“抄送”按钮，打开“选择姓名：联系人”对话框，双击“赵树林”，单击“确定”按钮。

（4）在答复邮件的“邮件”选项卡的“选项”组中，单击“后续标记”按钮，选择“收件人标记”选项。打开“自定义”对话框，勾选“为我标记”复选框，在“标志”下拉列表中选择“请阅读”选项，单击“确定”按钮。

（5）在“邮件”选项卡的“选项”组中，单击“重要性-高”按钮。单击“发送”按钮。

2. 定制约会

（1）在“文件”菜单上，选择“新建”选项，在其下拉列表中选择“约会”选项。

（2）在“主题”文本框中输入“庆祝建校二十周年”，在“地点”文本框中输入“学校操场”。在“开始时间”选择“2008-8-29，8：00”，在“结束时间”选择“2008-8-29，12：00”。

（3）在“约会”选项卡的“选项”组中，单击“提醒”下拉按钮，在其下拉列表中选择“30 分钟”选项。

（4）在“约会”选项卡的“选项”组中，单击“分类”按钮，在其下拉列表中选择“个人”选项。

（5）在“约会”选项卡的“动作”组中，单击“保存并关闭”按钮。

（6）在“文件”菜单上，选择“新建”选项，在其下拉列表中选择“约会”选项。

（7）在“主题”文本框中输入“参加同学联欢会”，在“地点”文本框中输入“青年宾馆”。在“开始时间”选择“2008-8-30，19：00”，在“结束时间”选择“2008-8-30，21：00”。

（8）在“约会”选项卡的“选项”组中，单击“提醒”下拉按钮，在其下拉列表中选择“1 小时”选项。

（9）在“插入”选项卡的“添加”组中，单击“附加项目”按钮，打开“插入项目”对话框。在“插入”区域中选择“纯文本”选项，在“项目”中选择主题为“参加同学联欢会”的邮件，单击“确定”按钮。

（10）在“约会”选项卡的“动作”组中，单击“保存并关闭”按钮。

步骤 3~4 请参考 8.1 解答，此处略。

8.3　第 3 题

进入 Outlook，在“文件”菜单上选择“导入和导出”选项，根据“导入和导出向导”，将考生文件夹中的 A8.pst 导入 Outlook。

1. 答复邮件

（1）在“收件箱”中，选择“郑琳”的邮件，在“常用”工具栏上，单击“答复”按钮。在答复邮件中的“邮件”选项卡的“添加”组中，单击“附件文件”按钮，打开“插入文件”对话框，根据试题所给路径，选择文件“fujian8-3.xlsx”，单击“插入”按钮。单击“发送”按钮。

（2）在“收件箱”中，选择“王霞”的邮件，在“常用”工具栏上，单击“答复”按钮。

（3）单击“抄送”按钮，打开“选择姓名：联系人”对话框，双击“赵树林”，单击“确定”按钮。

（4）在答复邮件的“邮件”选项卡“选项”组中，单击“后续标记”按钮，选择“收件人标记”选项。打开“自定义”对话框，勾选“为我标记”复选框，在“标志”下拉列表中选择“请全部答复”选项，单击“确定”按钮。

（5）在“邮件”选项卡的“选项”组中，单击右下方的对话框启动器按钮，弹出“邮件选项”对话框，在“邮件设置”区域，单击“敏感度”右侧的下拉按钮，选择“个人”选项，单击“关闭”按钮。单击“发送”按钮。

2. 定制约会

（1）在“文件”菜单上，选择“新建”选项，在其下拉列表中选择“约会”选项。

（2）在“主题”文本框中输入“同学聚会”，在“地点”文本框中输入“人民宾馆”。在“开始时间”选择“2008-9-12，17：00”，在“结束时间”选择“2008-9-12，22：00”。

（3）在“约会”选项卡的“选项”组中，单击“提醒”下拉按钮，选择“1 小时”选项。

（4）在“约会”选项卡的“动作”组中，单击“邀请与会者”按钮，单击“收件人”按钮，打开“邀请与会者及资源：联系人”对话框，双击“张波”，单击“确定”按钮。

（5）单击“发送”按钮。

（6）在“文件”菜单上，选择“新建”选项，在其下拉列表中选择“约会”选项。

（7）在“主题”文本框中输入“星期天去看海”，在“地点”文本框中输入“海滨南路”。在“开始时间”选择“2008-10-12，9：00”，在“结束时间”选择“2008-10-12，11：00”。

（8）在“约会”选项卡的“选项”组中，单击“提醒”下拉按钮，选择“30 分钟”选项。

（9）在“约会”选项卡的“动作”组中，单击“邀请与会者”按钮。在“收件人”文本框中输入“wangxia0810@126.com”。

（10）在“插入”选项卡的“添加”组中，单击“附加项目”按钮，打开“插入项目”对话框。在“插入”区域中选择“纯文本”选项，在“项目”中选择主题为“星期天去看海”的邮件，单击“确定”按钮。

（11）单击“发送”按钮。

步骤 3~4 请参考 8.1 解答，此处略。

8.4　第 4 题

进入 Outlook，在“文件”菜单上选择“导入和导出”选项，根据“导入和导出向导”，将考生文件夹中的 A8.pst 导入 Outlook。

1. 转发邮件

（1）在“收件箱”中，选择“倡议书”的邮件，在“常用”工具栏上，单击“转发”按钮。单击“收件人”按钮，打开“选择姓名：联系人”对话框，双击“史明”，单击“确定”按钮。

（2）在转发邮件中的“邮件”选项卡的“添加”组中，单击“附件文件”按钮，打开“插入文件”对话框，根据试题所给路径，选择文件“fujian8-4.xlsx”，单击“插入”按钮。单击“发送”按钮。

（3）在“收件箱”中，选择“参加考试”的邮件，在“常用”工具栏上，单击“转发”按钮。

（4）单击“收件人”按钮，打开“选择姓名：联系人”对话框，双击“李宁”，单击“确定”按钮。

（5）在转发邮件的“邮件”选项卡的“选项”组中，单击“后续标记”按钮，选择“收件人标记”选项。打开“自定义”对话框，勾选“为收件人标记”复选框，在“标志”下拉列表中选择“无须响应”选项，单击“确定”按钮。

（6）在“邮件”选项卡的“选项”组中，单击“重要性-高”按钮。

（7）在“邮件”选项卡的“选项”组中，单击右下方的对话框启动器按钮，弹出“邮件选项”对话框，在“投票和跟踪选项”区域，勾选“请在阅读此邮件后给出‘已读’回执”复选框，单击“关闭”按钮。单击“发送”按钮。

2. 安排会议

（1）在“文件”菜单上，选择“新建”选项，在其下拉列表中选择“会议要求”选项。

（2）在“主题”文本框中输入“经济技术工作会议”，在“地点”文本框中输入“中州路财源宾馆”。在“开始时间”选择“2008-8-26，9：00”，在“结束时间”选择“2008-8-26，11：00”。

（3）在“约会”选项卡的“选项”组中，单击“提醒”下拉按钮，选择“1 小时”。

（4）单击“收件人”按钮，打开“选择与会者及资源：联系人”对话框，选中“张波”，单击“必选”按钮；选中“王永”，单击“可选”按钮，然后单击“确定”按钮。单击“发送”按钮。

3. 安排任务

（1）在“文件”菜单上，选择“新建”选项，在其下拉列表中选择“任务”选项。

（2）在“主题”文本框中输入“全国测量工资格培训考试”。

（3）将“开始日期”设置为“2008 年 8 月 25 日”，“结束日期”设置为“2008 年 8 月 29 日”。

（4）在“任务”选项卡的“动作”组中，单击“保存并关闭”按钮。

（5）在“文件”菜单上，选择“新建”选项，在其下拉列表中选择“任务”选项。

（6）在“主题”文本框中输入“书写财务报告”。

（7）将“开始日期”设置为“2008 年 10 月 13 日”，“结束日期”设置为“2008 年 10 月 17 日”。

（8）在“会议”选项卡的“管理任务”组中，单击“分配任务”按钮。

（9）单击“收件人”按钮，打开“选择任务收件人：联系人”对话框，双击“王冰”，双击“张兰”，单击“确定”按钮。

（10）在“任务”选项卡的“动作”组中，单击“保存并关闭”按钮。

步骤 4 请参考 8.1 解答，此处略。

8.5　第 5 题

进入 Outlook，在“文件”菜单上选择“导入和导出”选项，根据“导入和导出向导”，将考生文件夹中的 A8.pst 导入 Outlook。

1. 转发邮件

（1）在“收件箱”中，选择“十一快乐”的邮件，在“常用”工具栏上，单击“转发”按钮。单击“收件人”按钮，打开“选择姓名：联系人”对话框，双击“张兰”，单击“确定”按钮。

（2）在转发邮件中的“邮件”选项卡的“添加”组中，单击“附件文件”按钮，打开“插入文件”对话框，根据试题所给路径，选择文件“fujian8-5.xlsx”，单击“插入”按钮。单击“发送”按钮。

（3）在“收件箱”中，选择“坚持不懈”的邮件，在“常用”工具栏上，单击“转发”按钮。

（4）单击“收件人”按钮，打开“选择姓名：联系人”对话框，双击“李明”，单击“确定”按钮。

（5）在转发邮件的“邮件”选项卡的“选项”组中，单击“后续标记”按钮，选择“收件人标记”选项。打开“自定义”对话框，勾选“为收件人标记”复选框，在“标志”下拉列表中选择“仅供参考”选项，单击“确定”按钮。

（6）在“邮件”选项卡的“选项”组中，单击右下方的对话框启动器按钮，弹出“邮件选项”对话框，在“邮件设置”区域，单击“敏感度”右侧的下拉按钮选择“私密”选项；在“投票和跟踪选项”区域，勾选“请在送达此邮件后给出‘送达’回执”复选框，单击“关闭”按钮。

2. 安排会议

（1）在“文件”菜单上，选择“新建”选项，在其下拉列表中选择“会议要求”选项。

（2）在“主题”文本框中输入“关于绿云小区物业管理费的收缴”，在“地点”文本框中输入“物业管理办公室”。在“开始时间”选择“2008-9-1，16：30”，在“结束时间”选择“2008-9-1，17：00”。

（3）在“约会”选项卡的“选项”组中，单击“提醒”下拉按钮，选择“2 小时”选项。

（4）单击“收件人”按钮，打开“选择与会者及资源：联系人”对话框，选中“郑琳”，单击“必选”按钮，然后单击“确定”按钮。单击“发送”按钮。

3. 安排任务

（1）在“文件”菜单上，选择“新建”选项，在其下拉列表中选择“任务”选项。

（2）在“主题”文本框中输入“劳动和社会保障部全国计算机信息高新技术考试”。

（3）将“开始日期”设置为“2008 年 9 月 10 日”，“结束日期”设置为“2008 年 9 月 12 日”。

（4）勾选“提醒”复选框，设置日期为“2008 年 9 月 10 日”，设置时间为“7：00”。

（5）在“任务”选项卡的“动作”组中，单击“保存并关闭”按钮。

（6）在“文件”菜单上，选择“新建”选项，在其下拉列表中选择“任务”选项。

（7）在“主题”文本框中输入“购买打印机”。

（8）将“开始日期”设置为“2008 年 9 月 16 日”，“结束日期”设置为“2008 年 9 月 17 日”。

（9）在“会议”选项卡的“管理任务”组中，单击“分配任务”按钮。

（10）单击“收件人”按钮，打开“选择任务收件人：联系人”对话框，双击“周涛”，单击“确定”按钮。

（11）在“任务”选项卡的“动作”组中，单击“保存并关闭”按钮。

步骤 4 请参考 8.1 解答，此处略。